CRAFTSMAN LAUNDRY

세탁기능사 필기

나올 것만 **공**부하여 **시**간을 **절**약하자!

이 책의 구성

- 중요 핵심요점을 박스화하여 상세히 다룸으로써 쉽게 접근할 수 있도록 구성
- 핵심요점에 해당하는 유사 적중예상문제를 다수 수록하여 문제풀이의 반복학습 강조
- 과년도 기출 600제와 자세한 해설 수록에 따른 완벽 시험 대비

27년의 노하우로 축적된
최고의 적중률!

핵심을 파고드는 이론과 함께
다양한 기출문제 수록!

철저한 분석을 통한
최신 출제경향 반영!

P R E F A C E
CRAFTSMAN LAUNDRY

나올 것만 공부하여 시간을 절약하자!

최근 들어 세탁기능사에 대한 관심이 매우 높아지면서 시험에 응시하려는 수험생이 지속적으로 늘어나고 있는 추세입니다. 이에 어떻게 하면 보다 내용을 쉽고 빠르게 이해하고, 좀 더 편하게 공부할 수 있을지 고민을 거듭하여 수험생의 입장에서 최대한 시간을 줄이면서 효과적으로 공부할 수 있도록 한국산업인력공단 최근 출제기준에 의하여 시험 출제 빈도가 높은 부분 위주로 다음과 같이 한눈에 보이도록 정리하였습니다.

■ 이 책의 특징

- **중요 핵심요점을 박스화하여 상세히 다룸으로써 쉽게 접근할 수 있도록 구성**
- **핵심요점에 해당하는 유사 적중예상문제를 다수 수록하여 문제풀이의 반복학습 강조**
- **과년도 기출 600제와 자세한 해설 수록에 따른 완벽 시험 대비**

최근 해외동포들이 체류자격비자(F4)를 취득하려는 경우가 늘면서 세탁기능사에 대한 관심 또한 증가하고 있는 실정으로 빠른 취득을 돕기 위하여 본문을 요점정리화하여 쉽고 편하게 준비할 수 있도록 설명하였습니다.

이 책을 통하여 세탁기능사를 공부하는 모든 수험생들에게 좋은 결과가 있기를 기원하며 끝으로 이 책을 출판하기까지 도와주신 조경애 강사님, 이철한 원장님, 주경야독 윤동기 대표님을 비롯하여 본서의 출간을 흔쾌히 맡아주신 도서출판 예문사 사장님과 장충상 전무님 및 편집부 직원 모두에게 깊은 감사를 드립니다.

저자 일동

CBT 전면시행에 따른

CBT PREVIEW

한국산업인력공단(www.q - net.or.kr)에서는 실제 컴퓨터 필기시험 환경과 동일하게 구성된 자격검정 CBT 웹 체험을 제공하고 있습니다. 또한, 주경야독(http : //www.yadoc.co.kr)에서는 회원가입 후 CBT 형태의 모의고사를 풀어볼 수 있으니 참고하여 활용하시기 바랍니다.

수험자 정보 확인

시험장 감독위원이 컴퓨터에 나온 수험자 정보와 신분증이 일치하는지를 확인하는 단계입니다. 수험번호, 성명, 주민등록번호, 응시종목, 좌석번호를 확인합니다.

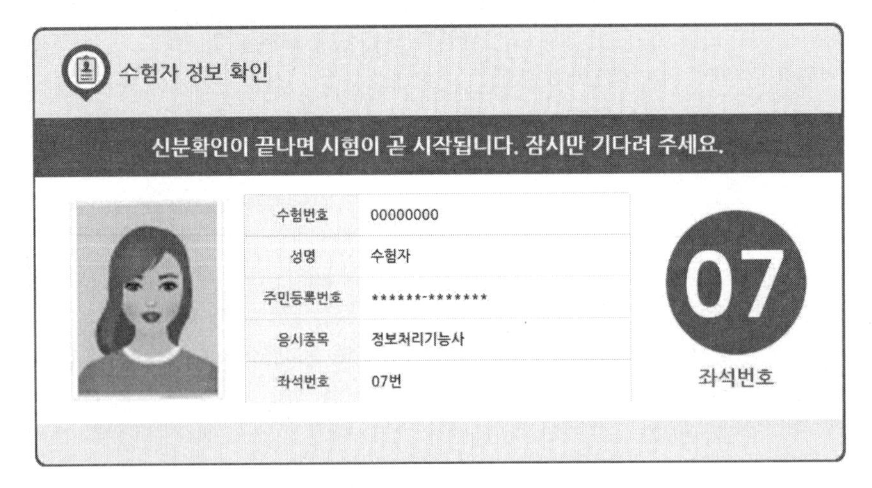

안내사항

시험에 관련된 안내사항이므로 꼼꼼히 읽어보시기 바랍니다.

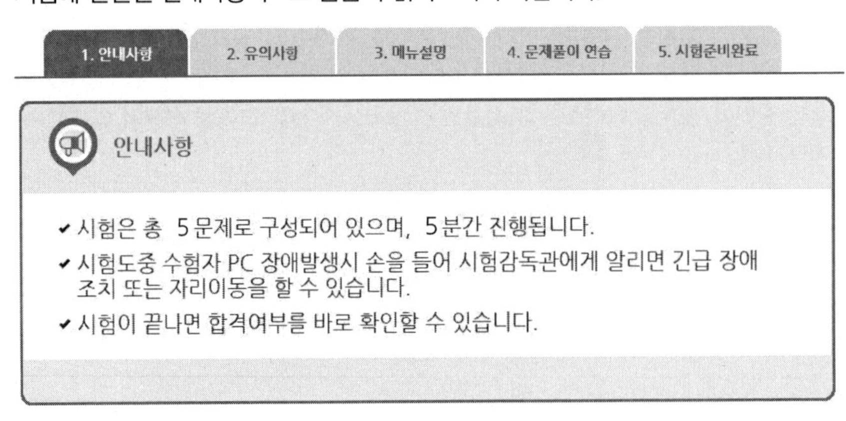

유의사항

부정행위는 절대 안 된다는 점, 잊지 마세요!

유의사항 - [1/3]

- 다음과 같은 부정행위가 발각될 경우 감독관의 지시에 따라 퇴실 조치되고, 시험은 무효로 처리되며, 3년간 국가기술자격검정에 응시할 자격이 정지됩니다.

✔ 시험 중 다른 수험자와 시험에 관련한 대화를 하는 행위
✔ 시험 중에 다른 수험자의 문제 및 답안을 엿보고 답안지를 작성하는 행위
✔ 다른 수험자를 위하여 답안을 알려주거나, 엿보게 하는 행위
✔ 시험 중 시험문제 내용과 관련된 물건을 휴대하여 사용하거나 이를 주고받는 행위

다음 유의사항 보기 ▶

문제풀이 메뉴 설명

문제풀이 메뉴에 대한 주요 설명입니다. CBT에 익숙하지 않다면 꼼꼼한 확인이 필요합니다. (글자크기/화면배치, 전체/안 푼 문제 수 조회, 남은 시간 표시, 답안 표기 영역, 계산기 도구, 페이지 이동, 안 푼 문제 번호 보기/답안 제출)

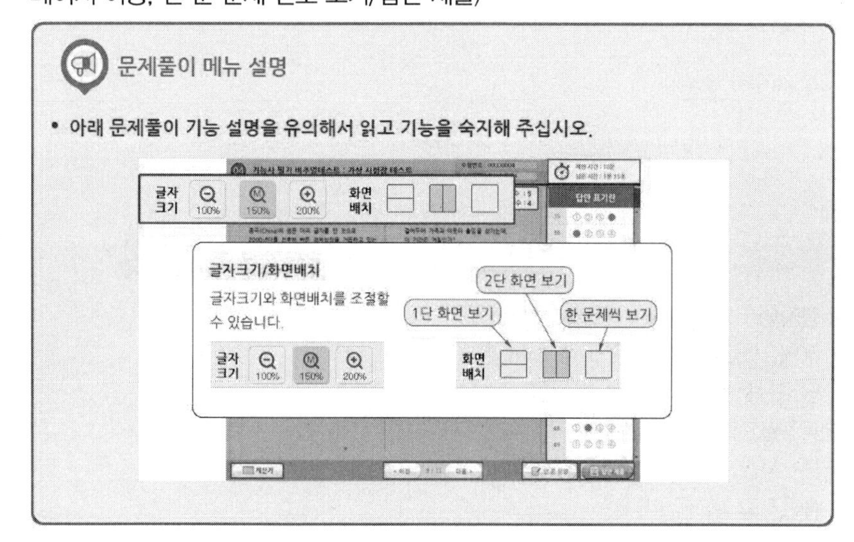

시험준비 완료!

이제 시험에 응시할 준비를 완료합니다.

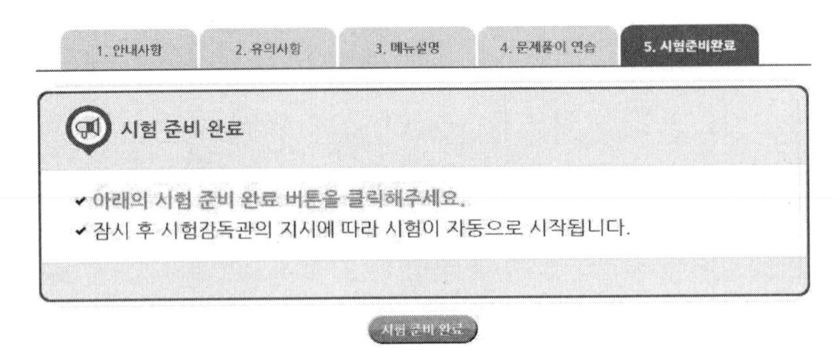

시험화면

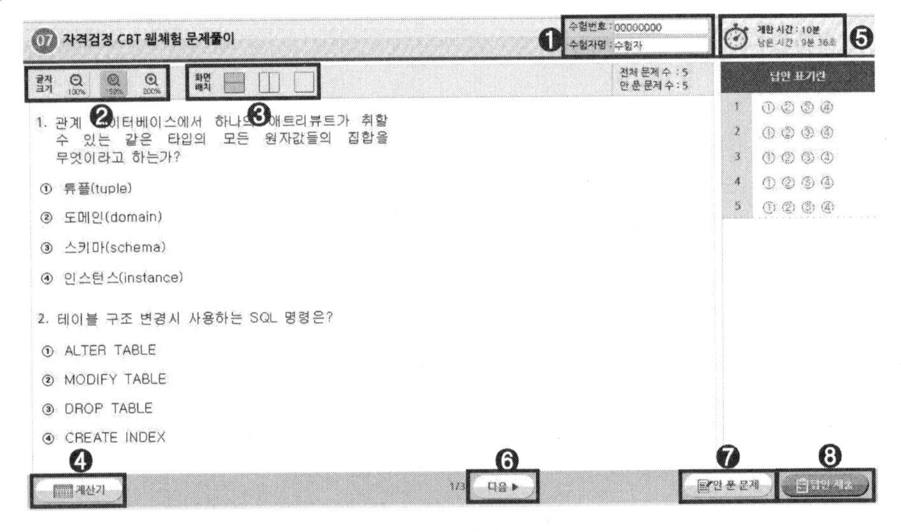

❶ 수험번호, 수험자명 : 본인이 맞는지 확인합니다.
❷ 글자크기 : 100%, 150%, 200%로 조정 가능합니다.
❸ 화면배치 : 2단 구성, 1단 구성으로 변경합니다.
❹ 계산기 : 계산이 필요할 경우 사용합니다.
❺ 제한 시간, 남은 시간 : 시험시간을 표시합니다.
❻ 다음 : 다음 페이지로 넘어갑니다.
❼ 안 푼 문제 : 답안 표기가 되지 않은 문제를 확인합니다.
❽ 답안 제출 : 최종답안을 제출합니다.

답안 제출

문제를 다 푼 후 답안 제출을 클릭하면 위와 같은 메시지가 출력됩니다.
여기서 '예'를 누르면 답안 제출이 완료되며 시험을 마칩니다.

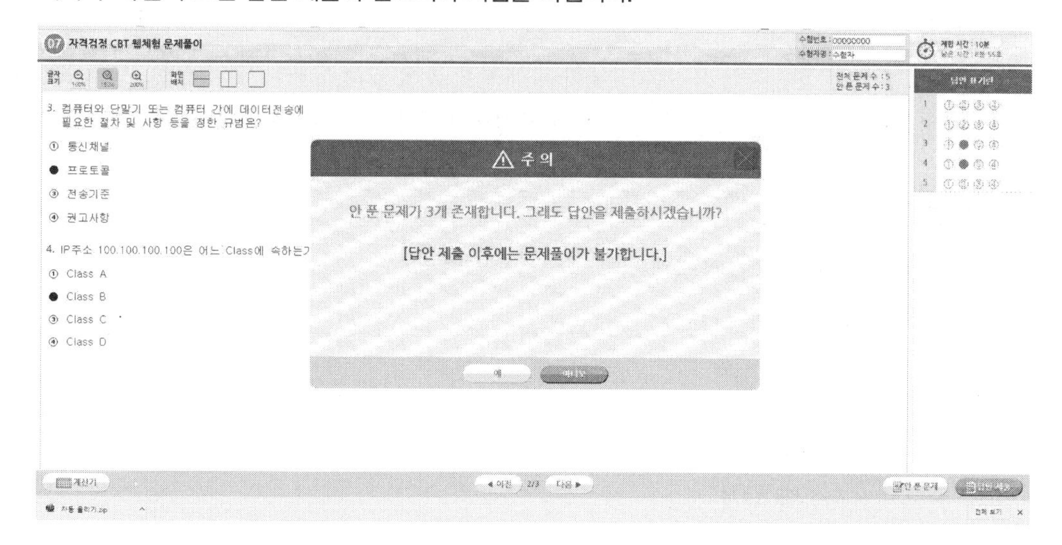

알고 가면 쉬운 CBT 4가지 팁

1. 시험에 집중하자.
기존 시험과 달리 CBT 시험에서는 같은 고사장이라도 각기 다른 시험에 응시할 수 있습니다. 옆 사람은 다른 시험을 응시하고 있으니, 자신의 시험에 집중하면 됩니다.

2. 필요하면 연습지를 요청하자.
응시자의 요청에 한해 시험장에서는 연습지를 제공하고 있습니다. 연습지는 시험이 종료되면 회수되므로 필요에 따라 요청하시기 바랍니다.

3. 이상이 있으면 주저하지 말고 손을 들자.
갑작스럽게 프로그램 문제가 발생할 수 있습니다. 이때는 주저하며 시간을 허비하지 말고, 즉시 손을 들어 감독관에게 문제점을 알려주시기 바랍니다.

4. 제출 전에 한 번 더 확인하자.
시험 종료 이전에는 언제든지 제출할 수 있지만, 한 번 제출하고 나면 수정할 수 없습니다. 맞게 표기하였는지 다시 확인해보시기 바랍니다.

INFORMATION

01 세탁기능사 시험 정보

개요

세탁에 관련된 전문적인 지식을 이용하여 세제나 용제 등을 사용하여 의류 및 기타 섬유 제품 등의 세탁, 얼룩빼기, 마무리 작업 등의 공정을 세탁물 원형에 가깝게 보전해야 한다.

시험 요강

① 시행처 : 한국산업인력공단

② 합격 기준 : 100점 만점에 60점 이상

③ 응시자격 : 제한 없음

④ 검정 방법

- 필기 : 객관식 4지 택일형 60문항(60분)
- 실기 : 작업형(55분 정도)

필기 · 실기 시험 과목

① 필기 과목

- 세탁대상
- 세탁방법
- 세탁관리

② 실기 과목

세탁 실무

02 세탁기능사 필기 출제기준

직무분야	섬유 · 의복	중직무분야	의복	자격종목	세탁기능사	적용기간	2020. 1. 1～2022. 12. 31

○ 직무내용 : 세탁 대상품의 오염물질을 제거하기 위해 용제와 세제를 사용하여 기계나 기구를 조작하고 세탁물을 청결히 한 후 가공처리와 다림질하여 의복에 기능성을 부여하고 가치를 원상태에 가깝게 회복시켜 주는 직무이다.

필기 검정방법	객관식	문제 수	60	시험시간	1시간

필기과목명	문제 수	주요 항목	세부항목	세세항목
세탁대상, 세탁방법, 세탁관리	60	1. 세탁작업준비	1. 고객상담	1. 세탁물의 접수 및 접객예절 2. 오염원 점검 및 원인파악 3. 클리닝 경영 4. 워싱 서비스 5. 패션케어 서비스 6. 클리닝 공정 7. 클리닝 효과 8. 의복의 접수 9. 의복의 진단 10. 의복의 기능
			2. 약품취급	1. 세탁약품 사용 설명서 이해 2. 세탁약품의 유해성 3. 얼룩의 종류와 특성
			3. 기계 · 전기사용	1. 세탁기계기구의 구조와 장치 2. 세탁기계의 종류 3. 세탁기계의 조작방법 4. 보일러의 개요 5. 보일러의 구조와 장치
			4. 환경오염방지 · 폐기물처리	1. 수질오염의 원인과 발생 2. 세탁폐기물 처리방법 3. 세탁용수
		2. 섬유감별	1. 감별방법선택	1. 세탁물에 부착된 품질표시 이해 2. 섬유종류별 감별방법 이해 3. 실의 종류와 특성
			2. 셀룰로스섬유 감별	1. 셀룰로스 섬유의 종류 2. 셀룰로스 섬유의 물리적, 화학적 성질 3. 셀룰로스 섬유의 용도

INFORMATION

필기과목명	문제 수	주요 항목	세부항목	세세항목
세탁대상, 세탁방법, 세탁관리	60	2. 섬유감별	3. 단백질섬유 감별	1. 단백질섬유의 종류 2. 단백질섬유의 물리적, 화학적 성질 3. 단백질섬유의 용도
			4. 인조섬유 감별	1. 재생섬유, 반합성섬유와 합성섬유의 종류. 2. 재생섬유, 반합성섬유와 합성섬유의 물리적 및 화학적 특성 3. 각종 재생섬유, 반합성섬유와 합성섬유의 용도 4. 신소재 섬유의 특성
		3. 세탁방법 선택	1. 취급주의 표시 확인	1. 세탁물의 형태 2. 세탁온도와 세액의 pH와의 관계 3. 수지가공 직물과 알칼리와의 관계 이해 4. 물세탁 방법, 산소 또는 염소 표백의 가부 표시 기호 5. 다림질 방법, 드라이클리닝, 짜는 방법, 건조 방법 표시 기호 이해 6. 섬유의 혼용률 7. 세탁기초 8. 세탁기술 9. 세탁방법 10. 품질표시
			2. 의류형태별 분류	1. 의복의 구성성분 파악 2. 직물과 편성물의 특성 3. 직물 조직에 관한 성질 4. 두꺼운 직물과 얇은 직물의 특성 5. 염색견뢰도, 세탁견뢰도 6. 세탁 중 다른 세탁물에 대한 이염 7. 후처리
			3. 섬유종류별 · 가공별 분류	1. 염료 · 안료의 분류 2. 염료 · 안료의 성질 3. 염색법
			4. 의류부자재별 분류	1. 의복의 겉감과 안감의 특성 2. 심감으로 사용되는 펠트의 성질 3. 부직포와 장식류로 사용되는 레이스의 특성

필기과목명	문제 수	주요 항목	세부항목	세세항목
세탁대상, 세탁방법, 세탁관리	60	3. 세탁방법 선택	4. 의류부자재별 분류	4. 가죽 및 모피의 성질 5. 솜과 우모의 구분과 성질 6. 각종 장식품 7. 부직포의 구성비율과 성질 8. 의복의 부속품
		4. 드라이클리닝	1. 전처리	1. 브러싱 방법 2. 전처리 액의 배합 3. 유기용제 선택 4. 수용성 오점 5. 용제의 장점과 단점 6. 세제의 특성 7. 대상품의 특성
			2. 세탁조건 선택	1. 세제와 유기용제의 성질과 특성 2. 섬유종류에 따른 세탁조건 선택 3. 가죽 및 모피제품의 알칼리에 대한 특성 4. 배치시스템(batch system) 및 차지시스템(charge system)의 특성 5. 의복의 형태 및 색상별 세탁조건 선택 6. 드라이클리닝 기계
			3. 탈액 · 건조	1. 탈액시 주의 점과 건조의 효과 2. 섬유의 수분율 3. 원심탈수기의 구조와 이해 4. 건조기의 구조 이해와 동작 시 유의점 5. 섬유별 건조온도 6. 건조방법 표시 기호 7. 건조기의 성능
			4. 용제 관리	1. 유기용제관리의 목적과 관리 방법 2. 각종 유기용제의 성질 3. 섬유의 종류에 따른 유기용제의 선택 4. 유기용제의 산가 측정 방법 5. 드라이클리닝 용제의 비점 6. 소프의 주성분과 배합 7. 클리닝용제 8. 용제의 청정화 방법 9. 청정장치의 종류와 기능

INFORMATION

필기과목명	문제 수	주요 항목	세부항목	세세항목
세탁대상, 세탁방법, 세탁관리	60	5. 론드리	1. 예비 세탁	1. 예비 세탁의 목적과 처리방법 2. 론드리 대상품의 이해 3. 론드리의 장점과 단점 4. 론드리의 세탁 순서
			2. 본 세탁	1. 세제의 종류와 특성 2. 비누의 장점과 단점 3. 계면활성제의 종류와 성질 4. 오염의 부착상태 5. 재오염의 원인과 방지 대책
			3. 탈수 · 건조	1. 탈수 방법과 탈수기 조작 2. 탈수 시 유의점과 건조의 효과 3. 건조방법과 조작 4. 섬유의 열에 대한 안정성 5. 공정별 온도 조절 6. 론드리 기계
		6. 웨트클리닝	1. 세정방법 선택	1. 웨트클리닝의 목적 2. 인조가죽, 코팅포 및 본딩 제품의 특성 3. 수지가공 제품의 종류와 특성 4. 드라이클리닝이 불가능한 제품의 파악 5. 손세탁, 솔세탁 방법 6. 웨트클리닝과 세제와의 관계
			2. 세탁조건 선택	1. 세탁온도와 시간에 대한 관계 2. 웨트클리닝 처리 3. 세탁물의 물과 세탁세제 및 약제에 대한 특성
			3. 건조방법 설정	1. 의류 변형에 관한 이론 2. 습윤 시 팽윤 조건 3. 건조방법과 건조 시 유의사항 4. 직물이나 편성물의 수축 5. 자연건조에 대한 이해와 적용 대상물의 선택
		7. 특수제품세탁	1. 가죽 · 모피제품 세탁	1. 가죽 및 모피 가공공정 2. 천연가죽과 인조가죽의 차이점 3. 가죽의 무두질 방법
			2. 신발 세탁	1. 신발 재질과 종류 및 특성 2. 접착제의 성분과 특성 3. 오염의 원인 분석과 약품 선택 4. 가죽과 섬유와의 관계 5. 세제의 성질과 제품특성

필기과목명	문제 수	주요 항목	세부항목	세세항목
세탁대상, 세탁방법, 세탁관리	60	7. 특수제품세탁	3. 기타제품 세탁	1. 침구류의 겉감과 충전재와의 관계 2. 각종 침구류의 구성과 종류 3. 카펫의 특성 4. 벨벳제품의 제조공정 이해와 특성
		8. 재가공	1. 풀 먹이기	1. 풀 먹이기의 목적 2. 풀 먹이는 방법 3. 풀감의 종류 및 성질 4. 셀룰로스섬유에 적합한 풀감 5. 단백질섬유에 적합한 풀감 6. 풀의 농도와 탈수와의 관계
			2. 표백	1. 표백제 종류 2. 표백제 성질 3. 표백제와 형광 증백제의 차이
			3. 기타 가공	1. 대전방지 가공 2. 형광 증백가공 3. 방수가공 4. 방수가공과 발수가공과의 관계 5. 투습방수가공, 방미가공, 및 방오가공 6. 기모가공 7. 방충가공
			4. 보색	1. 보색제의 종류 및 성질 2. 조제의 혼합 방법 3. 색상, 명도, 채도 및 3원색 4. 컬러매칭
		9. 오점분석 · 제거	1. 오점 판별	1. 오점의 분류 2. 오염의 이론 3. 기술진단의 내용 4. 유성오점의 발생원인과 종류 5. 불용성 고형오점의 종류와 성질 6. 수용성 오점의 성질 7. 특수 오점의 판단 8. 오점 제거가 어려운 섬유의 이해 9. 탈색과 변색 10. 산화 및 황변
			2. 오점제거 기구 사용	1. 스팟팅 머신 사용방법 2. 제트 스팟터 사용방법 3. 브러시, 대나무 주걱 사용 방법

INFORMATION

필기과목명	문제 수	주요 항목	세부항목	세세항목
세탁대상, 세탁방법, 세탁관리	60	9. 오점분석 · 제거	2. 오점제거 기구 사용	4. 오점제거 받침판 이용 방법 5. 면봉, 인두, 분무기 등의 용도
			3. 오점 제거	1. 세탁물의 구성섬유 파악 2. 세탁물의 염색특성과 세탁견뢰도 3. 얼룩빼기 약제의 성질 4. 오염된 섬유와 산과 알칼리에 대한 성질 5. 세탁물의 가공 상태에 관한 정보 이해
		10. 다림질	1. 준비 작업	1. 다림질 기구 사용방법 2. 열에 대한 섬유의 특성 3. 다리미의 특성 4. 다리미 받침판 5. 진공프레스 사용방법 6. KS에 따른 섬유의 다림질 온도
			2. 다림질	1. 다림질 방법 2. 건열다리미와 스팀다리미의 장단점 3. 진공 프레스의 사용법 4. 다림질 방법 표시기호 5. 다림질의 조건 6. 다리미의 용도와 취급 방법 7. 마무리의 조건 8. 마무리기계의 종류 9. 마무리기계의 작동방법
			3. 외관 검사	1. 형광 및 표백얼룩 발생원인 2. 염색물의 변색, 이염에 대한 염색견뢰도 평가방법 3. 세탁물의 광택 및 촉감 4. 불량 요소별 발생요인과 형상에 대한 품질 평가방법 5. 섬유제품별 수축현상의 종류 6. 안감, 심지 등 부자재와의 부조화 7. 단추 및 지퍼 등 부속재료 재질의 종류와 특성 8. 드라이클리닝 용제에 대한 부속품의 용해성 9. 손상, 탈락, 기능저하 판단방법 10. 이염의 발생원인

필기과목명	문제 수	주요 항목	세부항목	세세항목
세탁대상, 세탁방법, 세탁관리	60	10. 다림질	4. 포장 보관	1. 일광, 공기 중 매연 및 질소가스의 영향 2. 행거 재질 종류와 성상 파악 3. 세탁물의 이염 4. 폴리에틸렌 필름 또는 부직포 덮개가 세탁물에 미치는 영향 5. 보관 시 세탁물 황변에 영향을 미치는 요인
		11. 세탁운영관리	1. 영업장관리	1. 영업장 경영환경 분석 2. 소비자 조사의 종류와 내용 3. 타사의 서비스, 가격, 판매 등의 마케팅 동향
			2. 작업장 관리	1. 기계 · 기구 일상 점검과 안전점검 2. 공중위생관리법 3. 작업장 환경
			3. 클레임 관리	1. 클레임의 각종사례 및 대처방법 2. 세탁물 분쟁 조정 기준 3. 세탁 사고물의 분류 4. 세탁 사고물의 처리

03 세탁기능사 실기 출제기준

직무분야	섬유 · 의복	중직무분야	의복	자격종목	세탁기능사	적용 기간	2020. 1. 1～2022. 12. 31

○ 직무내용 : 세탁 대상품의 오염물질을 제거하기 위해 용제와 세제를 사용하여 기계나 기구를 조작하고 세탁물을 청결히 한 후 가공처리와 다림질하여 의복에 기능성을 부여하고 가치를 원상태에 가깝게 회복시켜 주는 직무이다.

○ 수행준거

1. 세탁물의 가치보존을 위하여 접수 시 고객과 상담 후 취급하는 약제와 기계 및 기구에 대하여 유의해야 할 사항과 환경오염방지 폐기물의 처리에 대하여 알 수 있다.
2. 올바른 세탁방법과 약제선택을 위하여 육안 및 촉감, 연소시험 등으로 세탁물의 구성성분을 판별할 수 있다.
3. 적합한 세탁을 위하여 세탁물을 색상, 형태, 섬유의 구성성분 및 부자재 등으로 분류하여 적절한 세탁방법을 선택할 수 있다.
4. 물을 사용하지 않고 세탁물을 유기용제와 드라이클리닝용 세제를 사용하여 세탁물의 변형을 최소화 하면서 오염물질을 제거할 수 있다.
5. 세탁효과를 높이기 위하여 알칼리세제와 온수를 사용하여 와이셔츠, 작업복, 백색직물 등을 물세탁기계로 세탁할 수 있다.
6. 드라이클리닝으로 처리가 어려운 세탁물을 제품의 형태, 광택, 촉감 등의 훼손을 방지하고 품질을 유지시키기 위하여 물과 적절한 세제를 사용하여 온화한 조건으로 세탁할 수 있다.
7. 의복의 성능을 향상시키기 위하여 세탁물에 발생된 오점을 분석한 후 적합한 약제와 기구 및 기계를 사용하여 제거할 수 있다.
8. 세탁을 마친 세탁물을 아름답게 다림질 하여 형태나 치수 변화 등 외관을 확인하고, 부착된 장식품의 상태를 점검하여 보관할 수 있다.

실기 검정방법	작업형	시험시간	1시간 정도

실기 과목명	주요 항목	세부항목	세세항목
세탁 실무	1. 세탁작업 준비	1. 고객 상담하기	1. 연락처, 접수품목 목록을 작성하여 영수증을 주고, 꼬리표를 부착할 수 있다. 2. 접수 · 점검을 철저히 하여 고객과의 분쟁을 최소화 할 수 있다.
		2. 약품 취급하기	1. 세탁물의 얼룩 종류에 따라 해당 약품을 선택하여 사용할 수 있다. 2. 약품의 독성을 숙지하여 안전하게 취급하고, 사용할 수 있다.
		3. 기계 · 전기 사용하기	1. 기계 기구를 점검, 이상 작동시 응급조치를 취할 수 있고 청결상태를 유지 관리할 수 있다. 2. 세탁기 가동 전 유기용제의 용량, 유기용제의 상태, 온도, 세제농도, 필터를 점검하여 확인할 수 있다. 3. 전기를 안전하게 사용하여 감전 사고를 예방할 수 있다.
		4. 환경오염 방지 · 폐기물 처리하기	1. 세탁 작업시 발생하는 오염수 최소화 및 세탁 폐기물을 적절히 처리 할 수 있다. 2. 화학약품에 의한 환경오염을 최소화하도록 오염방지 시설을 설치 운영할 수 있다.

실기 과목명	주요 항목	세부항목	세세항목
세탁 실무	2. 섬유감별	1. 감별방법 선택하기	1. 고객으로부터 접수한 세탁물 조성섬유를 섬유감별법에 근거하여 간단한 육안 및 촉감으로 감별할 수 있다. 2. 육안 및 촉감으로 감별이 어려울 경우 경사와 위사를 한 두 올씩 뽑아서 연소법으로 감별할 수 있다. 3. 연소법으로 감별이 곤란하면 현미경법이나 용해법으로 감별할 수 있다.
		2. 셀룰로스 섬유 감별하기	1. 육안 및 촉감, 기타 경험에 의해 면, 마섬유의 특성을 파악할 수 있다. 2. 연소 시 종이 타는 냄새와 흰색의 재가 남으면 셀룰로스 섬유임을 확인할 수 있다. 3. 현미경 관찰로 면, 마섬유를 구별할 수 있다. 4. 의복에 부착된 품질표시 라벨을 정확히 인지하여 적절한 약제 선택이나 세탁방법을 결정하여 사고를 예방할 수 있다.
		3. 단백질섬유 감별하기	1. 연소 시 머리카락 타는 냄새가 나고 재가 쉽게 부서지면 단백질 섬유임을 감별할 수 있다. 2. 섬유 한 올을 풀어서 단섬유로 구성된 것은 모 섬유이고, 장섬유로 구성된 것은 견 섬유임을 감별할 수 있다. 3. 견 제품 중 손으로 만져보아서 까칠까칠한 촉감이 느껴지면 조성섬유가 생견사임을 파악 할 수 있다. 4. 의복에 부착된 라벨을 점검하고, 조성섬유의 구성 비율을 확인할 수 있다.
		4. 인조섬유 감별하기	1. 재생섬유와 반합성섬유의 물리적, 화학적 성질을 파악할 수 있다. 2. 연소시험으로 섬유의 냄새나 용융상태를 확인하여 감별할 수 있다. 3. 각종 화학약품에 대한 반응을 통해 구성섬유의 원료를 감별할 수 있다. 4. 의복에 부착된 품질표시 라벨을 확인하여 각종 인조섬유를 감별할 수 있다.
	3. 세탁방법 선택	1. 취급주의 표시 확인하기	1. 세탁기호를 확인하여 세탁방법을 결정할 수 있다. 2. 의류에 부착된 라벨을 점검하여 섬유의 혼용률을 확인할 수 있다. 3. 표시된 세탁주의 표시 기호를 보고 드라이클리닝, 론드리, 웨트클리닝의 세탁방법에 따라 각각의 사용 세탁용수와 용제를 선택할 수 있다. 4. 기계건조 가능 여부와 건조 방법을 선택할 수 있다.
		2. 의류형태별 분류하기	1. 옷감과 의복의 구성방법에 따라 직물과 편성물, 내의와 외의, 겹옷과 홑옷, 양말, 타월, 커튼 등으로 구분할 수 있다. 2. 의류를 드라이클리닝, 론드리, 웨트클리닝 별로 세탁방법에 따라 세탁할 수 있도록 분류할 수 있다. 3. 세탁 시 이염 방지를 위해 의류를 백색 세탁물과 유색 세탁물로 분류할 수 있다. 4. 올바른 세탁을 위해 정장류, 셔츠류, 가죽과 모피류 등을 분류할 수 있다.
		3. 섬유종류별·가공별 분류하기	1. 식물성섬유와 동물성섬유별로 세탁할 수 있도록 분류할 수 있다. 2. 천연 가죽/모피와 인조가죽/모피에 따라 세탁물을 분류할 수 있다. 3. 일반가공 세탁물과 특수가공 세탁물을 분류하여 세탁할 수 있다.

INFORMATION

실기 과목명	주요 항목	세부항목	세세항목
세탁 실무	3. 세탁방법 선택	4. 의류부자재별 분류하기	1. 의류제품의 겉감과 안감, 주 소재와 부 소재의 구성 재료에 따라 동일세탁 가능여부를 판단할 수 있다. 2. 의복에 부착된 장식품의 파손여부를 예측하여 사전 대책을 결정할 수 있다. 3. 세탁물에 부착된 분리 가능한 장식품, 플라스틱, 벨트 등을 분리할 수 있다.
	4. 드라이클리닝	1. 전처리하기	1. 전처리 약제를 묻힌 브러시로 얼룩이 있는 옷을 두드려 오염을 분산시키는 방법을 적용할 수 있다. 2. 옷감의 조건에 맞게 브러싱하여 잔털이 발생되지 않도록 할 수 있다. 3. 오염이 심한 부분에 약제를 뿌리는 스프레이 방법을 적용하여 오염이 제거되기 쉬운 상태로 만들 수 있다. 4. 전 처리한 의류를 넣은 드라이클리닝기계의 세정액을 충분히 보충하여 오염이 잘 분산되는 상태를 유지할 수 있다.
		2. 세탁조건 선택하기	1. 섬유의 종류, 세탁물의 형태, 염색물에 따라 세탁조건을 선택할 수 있다. 2. 세탁물에 부착되어 있는 취급주의 표시의 정보를 숙지 후 세탁조건을 정확하게 진단할 수 있다. 3. 세탁물의 구성섬유에 따라 용해범위가 크거나 작은 용제를 선택하거나 차지법을 적용 할 수 있다. 4. 세탁물의 오염상태에 따라 세제의 선택과 용제를 관리할 수 있다. 5. 실크한복은 세탁 시 약한 다림질로 생사의 세리신 꺾임을 최소화하여 줄이 생기는 것을 방지할 수 있다.
		3. 탈액 · 건조하기	1. 건조기계의 용량에 따라 적정량의 세탁물을 투입하고, 프로그램을 설정, 기계를 작동할 수 있다. 2. 탈액 방법의 강약을 조절할 수 있다.
		4. 용제 관리하기	1. 유기용제의 오염상태를 확인하고 필터를 교환할 수 있다. 2. 유기용제중의 수분함량을 측정할 수 있다. 3. 압력계를 확인하여 유기용제의 순환상태를 확인할 수 있다. 4. 유기용제가 오염되면 필터로 순환시켜 청정화 할 수 있다.
	5. 론드리	1. 예비 세탁하기	1. 세탁물의 오염정도에 따라 예비 세탁을 할 수 있다. 2. 세탁물을 일정시간 세제에 침지하여 오염물질을 분산시켜 세정작용을 용이하게 할 수 있다.
		2. 본 세탁하기	1. 물세탁기의 프로그램을 설정하고, 기계를 작동할 수 있다. 2. 세탁효과를 상승하기 위하여 표백, 헹굼, 산욕처리, 풀 먹이기 공정을 할 수 있다. 3. 세탁물의 청결도 향상을 위하여 재 오염 방지제를 사용할 수 있다.
		3. 탈수 · 건조하기	1. 여분의 수분을 제거하기 위하여 탈수기를 작동할 수 있다. 2. 건조 시 저온과 고온으로 조작할 때 온도에 따라 반드시 유의점을 준수할 수 있다.
	6. 웨트 클리닝	1. 세정방법 선택하기	1. 세탁물의 소재, 오염의 상태, 염색 등에 따라 솔 세탁, 손세탁, 기계세탁 등을 선택할 수 있다. 2. 세탁방법이 명확하게 구분되지 않는 소재는 저온에서 중성세제를 사용하여 오염부분을 부분 처리하는 세탁방법을 선택할 수 있다.

실기 과목명	주요 항목	세부항목	세세항목
세탁 실무	6. 웨트 클리닝	2. 세탁조건 선택하기	1. 세탁방법에 따른 적합한 세제선택, 세탁용수의 온도와 시간을 설정할 수 있다. 2. 세탁 전 색 빠짐, 형태변형, 수축성 여부를 조사하여 세탁 후 비교 검사를 할 수 있다.
		3. 건조방법 설정하기	1. 색 빠짐의 우려가 있는 세탁물은 타월에 싸서 가볍게 눌러 짤 수 있다. 2. 늘어날 위험이 있는 얇은 옷이나 편물제품은 평편한 곳에 뉘어서 건조할 수 있다. 3. 형태변형이 우려되는 세탁물은 자연건조 방법을 선택할 수 있다.
	7. 오점 분석 · 제거	1. 오점 판별하기	1. 얼룩의 생성동기와 경과 시간 또는 응급처치의 유무 등에 관한 사항을 정확하게 진단할 수 있다. 2. 지방을 주성분으로 형성된 유용성 오점을 판별할 수 있다. 3. 물에 용해된 물질에 의해 생긴 수용성 오점을 판별할 수 있다. 4. 유기용제와 물에도 녹지 아니하는 매연, 유기성 먼지, 시멘트 석고 등의 불용성 오점을 판별할 수 있다.
		2. 오점제거 기구 사용하기	1. 오점의 종류와 상태에 따라 적합한 얼룩빼기 기계 및 기구를 선택할 수 있다. 2. 공기의 압력과 스팀을 이용하여 오점을 불어 제거하는 스팟팅 머신을 사용할 수 있다. 3. 얼룩제거 약제를 총에서 분사하여 오점을 제거하는 제트 스팟터를 사용할 수 있다. 4. 가벼운 불용성 고형오점은 솔로 털고, 단단한 얼룩은 주걱으로 긁어서 제거할 수 있다. 5. 분무기나 인두 등 기타 기구를 이용하여 얼룩을 제거할 수 있다.
		3. 오점 제거하기	1. 얼룩과 섬유의 종류, 직물조직, 염색가공에 관한 사전지식을 갖고 의복을 손상시키지 않는 오점 제거방법을 선택할 수 있다. 2. 약품과 기계적인 힘을 가해도 의류의 외관과 색상이 변형되지 않도록 적합한 오점제거방법을 선택할 수 있다. 3. 의복에 부착된 얼룩의 종류에 따라 적합한 약품을 선택할 수 있다. 4. 사용할 약품이 옷감의 형태, 염색가공 상태에 어떤 영향이 미치는가를 사전에 의복의 시접부위를 사용하여 성능을 검토할 수 있다.
	8. 다림질	1. 준비 작업하기	1. 작업 수행을 위한 다리미, 진공프레스 대 등 각종 마무리기계 등을 점검할 수 있다. 2. 세탁물에 풀이나 습기를 부여하여 다림질 시 의복의 형태를 바로잡아 외관을 아름답게 할 수 있다. 3. KS 규격을 기준으로 섬유별 다림질 온도를 설정할 수 있다.
		2. 다림질하기	1. 대상 세탁물의 소재에 따라 적당한 온도와 습도를 조절할 수 있다. 2. 안감이 있는 세탁물은 안감을 먼저 다림질하여 작업능률을 향상할 수 있다. 3. 기계 다림질로 미진한 부분은 손 다림질로 보완할 수 있다. 4. 기계 다림질 후 적절한 보조기구를 사용하여 세탁물의 형태 유지를 보완할 수 있다. 5. 세탁 시 분리한 장식품을 다림질 후 재부착할 수 있다.

실기 과목명	주요 항목	세부항목	세세항목
세탁 실무	8. 다림질	3. 외관 검사하기	1. 세탁 완료한 의복의 오염물질 제거상태를 확인하여 세탁 품질을 평가하고, 잘못된 곳을 수정할 수 있다. 2. 유색 세탁물은 색상의 변색 및 이염 정도를 평가할 수 있다. 3. 세탁 후 형태 및 외관변화 등의 불량상태를 확인할 수 있다. 4. 견 제품의 한복은 세리신 탈락에 의한 줄무늬 결점을 평가할 수 있다. 5. 코팅제품은 클리닝 시 가소제 용출에 의한 의류제품의 경화 현상을 평가할 수 있다. 6. 가죽 및 모피제품의 훼손여부를 평가할 수 있다. 7. 장식품 및 부속재료의 손실과 부착상태를 확인하고, 보완 수선을 할 수 있다.
		4. 포장 보관하기	1. 세탁물을 포장하고, 장기간 보관 시 세탁물에 발생하는 불량요인이 배제되는 포장 및 보관을 할 수 있다. 2. 세탁물 포장에 사용되는 덮개의 종류 및 형태별 특징을 파악하고, 포장 재료의 종류를 선택할 수 있다.

CONTENTS

PART 01 세탁대상

PART 02 세탁방법

CONTENTS

PART 03 세탁관리

세탁대상

PART ONE

CHAPTER 001 의복의 접수 및 진단

핵심요점

1 세탁 접수 시 사전진단에 관한 사항

① 세탁물의 진단은 고객 앞에서 해야 한다.
② 진단은 고객으로부터 접수 시에 해야 한다.
③ 옷에 부착되어 있는 취급표시의 정보를 숙지하고 작업자 임의대로 취급하면 안 된다.
④ 진단 시에 고객으로부터 충분한 정보를 얻어야 한다.
⑤ 가능한 한 정밀하게 한다.

적중예상문제

01 클리닝 처리 전 사전진단에 관한 사항 중 틀린 것은?

① 고객으로부터 충분한 정보를 얻는다.
② 고객 앞에서 반드시 확인한다.
③ 가능한 한 정밀하게 진단한다.
④ 진단 결과를 고객에게 설명할 필요가 없다.

02 기술진단의 내용으로 틀린 것은?

① 세탁물의 진단은 고객 앞에서 한다.
② 진단은 고객으로부터 접수 시 한다.
③ 취급표시의 정보를 입수하고 작업자 임의대로 한다.
④ 진단 시 고객으로부터 충분한 정보를 입수해야 한다.

핵심요점

2 세탁 접수 시 확인하여야 할 사항

① 카운터에서 고객과 함께 진단 처방지에 주의점을 기록한다.
② 얼룩, 변색, 흠, 형태 변화 등과 클리닝의 대상 여부를 판별한다.
③ 얼룩의 종류와 부착시기, 세탁물에 대한 정보를 기록한다.
④ 기호나 성명 등을 마킹종이에 기입해서 일일이 세탁물에 부착한다.

적중예상문제

03 세탁물의 접수점검 시 진단해야 될 사항과 가장 거리가 먼 것은?

① 카운터에서 고객과 함께 진단 처방지에 주의점을 기입한다.
② 얼룩, 변색, 흠, 형태 변화 등과 클리닝의 대상 여부를 판별한다.
③ 세탁물의 본체와 부속품을 체크하고 세탁방법을 분류한다.
④ 얼룩의 종류와 부착시기, 그리고 세탁물에 대한 정보를 알아본다.

정답 01 ④ 02 ③ 03 ④

04 고객으로부터 세탁물을 접수받을 때 점검할 사항이 아닌 것은?

① 고객으로부터 얼룩의 종류와 부착시기 등을 묻고 접수증에 기록한다.
② 의류의 형태 변화 및 탈색, 변색, 클리닝 대상 여부를 판별한다.
③ 기호나 성명 등을 마킹종이에 기입해서 일일이 세탁물에 부착하는 것은 시간낭비이다.
④ 카운터에서 고객과 함께 진단처방한 주의점은 처방지에 기록한다.

05 세탁물 접수 시 확인해야 할 사항이 아닌 것은?

① 얼룩의 부착시기
② 의복의 파손 여부
③ 클리닝의 대상 여부
④ 의복의 잔존가치 여부

핵심요점

3 클리닝 처리 전 사전진단

① 클리닝 처리를 하기 전 그 물품의 클리닝을 구분하여 진단할 필요가 있다.
② 진단을 위해 섬유의 조직, 가공의 유무, 천의 구조, 염색 상태 등을 점검해야 한다.

적중예상문제

06 클리닝 처리 전 사전 진단사항이 아닌 것은?

① 직물의 조직 ② 가공의 유무
③ 가격 결정 ④ 염색 상태

07 클리닝 처리를 하기 전 우선적으로 점검해야 할 사항이 아닌 것은?

① 섬유의 조직 ② 가공의 유무
③ 클리닝 처리방법 ④ 천의 구조

08 클리닝 처리 전에 사전 진단할 내용이 아닌 것은?

① 섬유의 종류와 성질
② 직물의 조직
③ 섬유의 염색 상태
④ 직물의 내용연수

핵심요점

4 기술진단의 방법

① 특수품의 진단, 고객주문의 타당성 진단, 오점 제거 정도의 판단, 요금의 진단
② 가공표시의 진단
③ 의류의 마모도 진단
④ 클리닝방법의 진단

적중예상문제

09 다음 기술진단에서 중요한 진단이 아닌 것은?

① 특수품의 진단
② 납기의 진단
③ 고객주문의 타당성 진단
④ 오염 제거 정도의 진단

10 세탁물의 진단 중 주요 내용이 아닌 것은?

① 특수품의 진단
② 고객주문의 타당성 진단
③ 요금의 진단
④ 광고의 진단

11 진단기술자가 해야 할 진단이 아닌 것은?

① 의류의 판매가격
② 고객 주문의 타당성 진단
③ 오점 제거 정도의 판단
④ 요금의 진단

정답 04 ③ 05 ④ 06 ③ 07 ③ 08 ④ 09 ② 10 ④ 11 ①

12 의류에 대한 기술진단의 방법이 아닌 것은?

① 오점의 진단
② 가공표시의 진단
③ 부속품의 유무 진단
④ 의류의 마모 진단

핵심요점

5 기술진단의 포인트

① 형태의 변형
② 특수염색의 유무
③ 소매 깃 부분의 마모도
④ 가공표시, 금지표시, 수축 여부

적중예상문제

13 다음 중 기술진단 포인트가 아닌 것은?

① 마모　② 변형
③ 얼룩　④ 수량

14 다음 중 기술진단의 포인트로 틀린 것은?

① 장식단추
② 얼룩 및 가공표시 확인
③ 형태의 변형 유무
④ 햇빛, 가스, 오점 제거에 의한 변퇴색

15 기술진단의 포인트에 해당되지 않는 것은?

① 형태의 변형
② 가공표시
③ 얼룩
④ 부속품의 유무

16 의류에 대한 기술진단의 포인트로 바르지 않은 것은?

① 오점　② 가공표시
③ 부속품　④ 마모

17 다음 중 기술진단의 포인트로 바르지 않은 것은?

① 장식단추　② 가공표시
③ 형태의 변형　④ 부분 변퇴색

18 기술진단의 포인트에 관한 내용이 아닌 것은?

① 형태의 변형 : 신축성이 심한 편성물과 모직물
② 보푸라기 : 필라멘트사를 사용한 합성직물
③ 부분 변퇴색 : 햇빛, 가스, 오점 제거에 의한 변퇴색
④ 마모 : 가죽, 면, 마, 레이온, 피혁제품

19 세탁물을 접수할 때 기술적인 진단과 관계없는 것은?

① 수량　② 부분 변퇴색
③ 변형　④ 눌은 자국

핵심요점

6 기술진단이 필요한 품목의 분류

① 고액 상품류 : 모피 제품, 실크 제품, 고급한복
② 파일 제품류 : 롱파일 제품, 벨벳 제품, 플록 가공 제품
③ 특수가공 소재류 : 라메 제품, 인조피혁 제품, 접착 제품
④ 염색 특수품류 : 날염 제품, 털 심은 제품

적중예상문제

20 기술진단이 필요한 품목의 분류가 틀린 것은?

① 고액 상품류 : 모피 제품, 고급한복
② 파일 제품류 : 벨벳 제품, 롱파일 제품
③ 론드리 대상품류 : 접착 제품, 합성피혁
④ 염색 특수품류 : 날염 제품, 털 심은 제품

정답 12 ③ 13 ④ 14 ① 15 ④ 16 ③ 17 ① 18 ② 19 ① 20 ③

21 가장 전문적 진단이 필요한 특수가공제품은?

① 모피 · 피혁 제품
② 안료 제품
③ 날염 제품
④ 합성섬유 제품

22 기술진단이 필요한 고액 상품류에 해당되지 않는 것은?

① 모피 제품
② 날염 제품
③ 피혁 제품
④ 고급한복

23 의류의 기술진단 시 고액상품 그룹에 해당되지 않는 것은?

① 모피 제품
② 폴리에스테르 제품
③ 실크 제품
④ 유명 브랜드 제품

24 다음 중 의복의 종류에 따른 기술진단에서 특수가공류에 속하는 것은?

① 벨벳류
② 롱 파일류
③ 라메류
④ 전착 가공류

핵심요점

7 진단 시 고객으로부터 충분한 정보를 입수하여야 할 내용

① 품질표시가 없는 제품
② 얼룩의 생성 동기
③ 고급제품의 구입 나라의 번역된 취급표시정보

적중예상문제

25 진단 시 고객으로부터 정보를 충분히 입수해야 할 내용과 가장 관계가 없는 것은?

① 품질표시가 없는 제품
② 얼룩의 생성 동기
③ 고급제품의 구입 나라의 번역된 취급표시 정보
④ 제품에 사용된 염료의 종류

핵심요점

8 가공표시의 진단

① 의류에 표시된 품질과 클리닝 처리표시에 따라 하되 표시와 다른 처리를 할 때에는 고객의 동의를 구해야 한다.
② 등록상표 또는 승인번호 등 회사명이 기록된 표시가 부착되어 있더라도 일단 기초 실험 후 처리한다.

적중예상문제

26 제품표시의 진단방법에 대하여 가장 바르게 표현된 것은?

① 섬유제품에 부착되어 있는 표시는 그대로 믿어도 된다.
② 표시가 부착되어 있지 않은 것은 실험 없이 물세탁도 가능하다.
③ 등록상표 또는 승인번호 등 회사명이 기록된 표시가 부착되어 있더라도 일단 기초 실험 후 처리한다.
④ 유명회사 제품은 실험 없이 바로 공정에 들어가도 무방하다.

정답 21 ① 22 ② 23 ② 24 ③ 25 ④ 26 ③

핵심요점

9 사무진단의 포인트

① 물품의 종류, 수량, 생산
② 부속물의 유무
③ 장식성이 높은 단추

적중예상문제

27 사무진단이 아닌 것은?

① 물품의 종류, 수량, 색상
② 부속물의 유무
③ 장식성이 높은 단추
④ 변형에 관한 사항

28 사무진단에 포함되는 내용은?

① 변형 ② 가공 표시
③ 오점과 얼룩 ④ 부속품의 유무

29 클리닝 대상품에 대한 사무진단의 포인트가 아닌 것은?

① 물품의 종류, 수량, 색상 등을 세탁물 인수증에 기입한다.
② 단춧구멍과 숫자 등은 정확하게 기입한다.
③ 있어야 할 벨트, 견장 등이 없을 때는 명기하지 않아도 된다.
④ 부속품이 특수한 색상일 경우에는 색상도 기재한다.

30 기술진단 중 사무진단이 아닌 것은?

① 의류 물품의 종류, 수량, 색상
② 의류 부속물의 유무
③ 의류에 부착된 장식 단추
④ 의류의 변형에 관한 사항

31 다음 중 기술진단에서의 중요한 진단에 해당되지 않는 것은?

① 특수품의 진단
② 오점 제거 정도의 진단
③ 부속품의 유무 진단
④ 고객 주문의 타당성 진단

정답 27 ④ 28 ④ 29 ③ 30 ④ 31 ④

CHAPTER 002 서비스

핵심요점

1 워싱서비스(클리닝서비스)

① 단순한 세탁업이 제공하는 의복소재를 청결히 하는 서비스
② 의류를 중심으로 한 대상품의 가치 보전과 기능회복이 중요한 포인트인 서비스

2 패션케어서비스

① 의류의 세정은 물론 의류를 보다 좋은 상태로 보관하고 그 가치와 기능을 유지하도록 하는 서비스
② 고차원의 기능을 다하는 '특수서비스'
③ 옷의 기능도 몸을 보호하기 위해 감싸는 차원에서 사람의 개성, 인품 등을 표현하게 하는 서비스
④ 고급품이나 희귀품의 가치와 기능을 유지 관리시키는 서비스

적중예상문제

01 의류의 세정은 물론 의류를 보다 좋은 상태로 보관하고 그 가치와 기능을 유지하도록 제공하는 서비스는?

① 일반서비스
② 단순서비스
③ 패션케어서비스
④ 재생서비스

02 다음 중 특수서비스에 해당되는 것은?

① 세정만 하는 서비스
② 의류 임대서비스
③ 워싱(Washing)서비스
④ 패션케어(Fashion Care)서비스

03 단순한 세탁업이 제공하는 의복소재를 청결히 하는 서비스는?

① 워싱서비스 ② 보통서비스
③ 특수서비스 ④ 패션케어서비스

04 클리닝에서 보다 고차원의 기능을 다하는 특수서비스에 해당하는 것은?

① 프레스서비스 ② 패션케어서비스
③ 스팀서비스 ④ 살균서비스

05 워싱(Washing)서비스의 가장 기본적인 서비스는?

① 보전서비스 ② 기능성 부여
③ 패션성 제공 ④ 청결서비스

06 워싱서비스(Washing Service)의 가장 기본적인 서비스에 해당하는 것은?

① 청결서비스 ② 보전서비스
③ 패션성 제공 ④ 기능성 부여

정답 01 ③ 02 ④ 03 ① 04 ② 05 ④ 06 ①

07 클리닝서비스의 분류에서 패션케어서비스(Fashion Care Service)의 설명 중 틀린 것은?

① 의류의 세정은 물론 의류를 보다 좋은 상태로 보전하고 그 가치와 기능을 유지하도록 제공하는 서비스이다.
② 클리닝도 섬유제품의 소재를 청결히 해주는 단순함에서 고차원적인 기능을 유지하도록 제공하는 서비스이다.
③ 옷의 기능도 몸을 보호하기 위해 감싸는 차원에서 사람의 개성, 인품 등을 표현하게 하는 서비스이다.
④ 의류를 중심으로 한 대상품의 가치보전과 기능회복이 중요한 포인트인 서비스이다.

해설
의류를 중심으로 한 대상품의 가치보전과 기능회복이 중요한 포인트인 서비스는 워싱서비스이다.

08 의류를 중심으로 한 대상품의 가치보전과 기능회복이 중요한 포인트인 클리닝서비스는?

① 보전서비스 ② 특수서비스
③ 워싱서비스 ④ 재오염서비스

09 패션케어서비스(Fashion Care Service)의 설명으로 틀린 것은?

① 섬유제품의 소재를 청결히 해주는 단순함에서 고차원적인 기능을 부여하도록 하는 것이다.
② 의류의 세정은 물론 의류를 보다 좋은 상태로 보전하는 것이다.
③ 의류의 가치와 성능을 유지하도록 하는 것이다.
④ 의류를 중심으로 한 대상품의 가치보전과 기능회복이 중요한 포인트이다.

10 워싱서비스(Washing Service)의 가장 중요한 포인트에 해당하는 것은?

① 오점 제거 ② 내구성 유지
③ 가치 보전 ④ 패션성 보전

11 클리닝서비스 중 일반적인 서비스에 해당하는 것은?

① 워싱서비스 ② 패션케어서비스
③ 보전서비스 ④ 특수서비스

12 패션케어서비스의 설명으로 가장 옳은 것은?

① 세탁영업에서 일반적으로 행하고 있는 클리닝이다.
② 의류나 섬유제품의 소재를 청결하게만 하는 것이다.
③ 고급품이나 희귀품의 가치와 기능을 유지, 관리시키는 서비스이다.
④ 의류를 중심으로 한 대상품의 가치보전과 기능회복이 중요한 포인트이다.

정답 07 ④ 08 ③ 09 ④ 10 ③ 11 ① 12 ③

CHAPTER 003 클리닝

핵심요점

1 클리닝 효과

(1) 일반적인 효과
① 오점을 제거하여 위생수준을 향상시킨다.
② 세탁물에 대한 내구성을 유지시킨다.
③ 고급의류는 패션성을 보전한다.

(2) 기술적 효과
① 오점 제거
- 유용성오염 제거
- 수용성오염 제거
- 불용성(고체)오염 제거
- 특수오염 제거
- 세균곰팡이 오염 제거

② 기술효과에서의 세탁작용
- 침투작용 : 젖기 쉽게 하여, 세제액이 천과 오염 사이에 들어가는 작용
- 흡착작용 : 오점이 떨어지게 하는 작용
- 분산작용 : 세제를 작게 분산하는 작용
- 유화현탁작용 : 오점이 액 중에서 안정화하는 작용

적중예상문제

01 클리닝의 일반적인 효과와 상관이 적은 것은?

① 오점을 제거하여 위생수준을 향상시킨다.
② 세탁물의 수선 또는 표백 효과를 부여한다.
③ 세탁물에 대한 내구성을 유지시킨다.
④ 고급의류는 패션성을 보전한다.

02 세탁작용 중에서 유화현탁작용을 가장 옳게 설명한 것은?

① 젖기 쉽게 하는 것
② 오점이 떨어지게 하는 것
③ 세제를 작게 분산하는 것
④ 오점이 액 중에서 안정화하는 것

03 기술적 효과로서의 세탁작용이 아닌 것은?

① 침투작용
② 흡착작용
③ 분산작용
④ 재부착작용

해설
기술적 효과로서의 세탁작용 과정
침투작용 → 흡착작용 → 분산작용 → 유화현탁작용

04 클리닝의 기술적 효과와 가장 거리가 먼 것은?

① 수용성오점 제거
② 유성오점 제거
③ 불용성오점 제거
④ 박테리아 제거

정답 01 ② 02 ④ 03 ④ 04 ④

05 클리닝의 일반적인 효과에 관한 사항 중 잘못된 것은?

① 음식물이 옷에 묻으면 곰팡이와 기생충이 생기므로 바로 클리닝을 하는 것이 좋다.
② 오점이 묻은 옷을 아이롱만 계속하여 착용하여도 섬유와 오점 빼기에 어려움이 없다.
③ 오점이 묻으면 수용성오점인지 유용성오점인지 진단이 필요하다.
④ 오점이 오래되면 제거하기가 매우 어려워진다.

해설
아이롱은 '다림질'이다.

06 드라이클리닝의 기술적 효과로서의 세탁작용과정 순서가 옳게 나열된 것은?

① 침투작용 → 흡착작용 → 분산작용 → 유화, 현탁작용
② 침투작용 → 흡착작용 → 유화, 현탁작용 → 분산작용
③ 흡착작용 → 침투작용 → 유화, 현탁작용 → 분산작용
④ 침투작용 → 흡착작용 → 분산작용 → 유화, 현탁작용

07 클리닝의 일반적인 효과가 아닌 것은?

① 오점 제거로 위생수준 유지
② 세탁물의 내구성 유지
③ 고급의류의 패션성 보전
④ 대기 중의 오염방지

08 클리닝의 일반적인 효과와 기술적인 효과로 구분할 때 일반적인 효과에 해당되지 않는 것은?

① 오점 제거 방법 분류
② 용제, 세제를 사용하여 위생수준 유지
③ 세탁물의 내구성 유지
④ 고급의류의 패션성 보전

해설
'오점제거 방법 분류'는 기술적 효과에 해당된다.

09 클리닝의 일반적인 효과가 아닌 것은?

① 오염 제거로 위생수준 유지
② 다량의 세제 사용으로 오염 향상
③ 세탁물의 내구성 유지
④ 고급의류의 패션성 유지

10 클리닝의 효과를 일반적인 효과와 기술적인 효과로 구분할 때 일반적인 효과로 거리가 먼 것은?

① 오점 제거로 위생수준 유지
② 세탁물의 내구성 유지
③ 고급의류의 패션성 보전
④ 오염물의 종류와 발생원인의 작업 전 숙지

11 클리닝의 일반적인 효과와 기술적인 효과에서 일반적인 효과에 해당하는 것은?

① 세탁물의 내구성을 유지한다.
② 오염물의 종류와 발생원인을 작업 전에 숙지한다.
③ 오염물을 완전하게 제거한다.
④ 오염 제거방법을 분류한다.

12 클리닝의 효과를 일반적인 효과와 기술적인 효과로 구분할 때 일반적인 효과가 아닌 것은?

① 오점 제거로 위생수준 유지
② 의류에 번질 우려가 있는 오점 제거
③ 세탁물의 내구성 유지
④ 고급의류의 패션성 유지

정답 05 ② 06 ① 07 ④ 08 ① 09 ② 10 ④ 11 ① 12 ②

13 세탁작용 중 침투작용의 설명으로 가장 옳은 것은?

① 천에 젖기 어렵게 하는 것이다.
② 세제는 물의 표면장력을 높이는 힘을 가지고 있다.
③ 세제약이 천과 오점 사이에 들어가는 작용이다.
④ 오염이 천에서 분리되기 어렵게 하는 작용이다.

14 섬유에서 오점 입자가 작게 부서져 용액 중에 균일하게 흩어져 있는 상태는?

① 흡착 ② 보호
③ 기포 ④ 분산

핵심요점

2 클리닝의 공정순서

① 1안 : 접수점검 → 마킹 → 대분류 → 포켓청소 → 세정
② 2안 : 접수점검 → 마킹 → 대분류 → 포켓청소 → 세분류 → 얼룩빼기(후처리) → 클리닝(세정) → 얼룩빼기(후처리) → 마무리 → 최종점검 → 포장

적중예상문제

15 클리닝 순서로 옳은 것은?

① 접수점검 → 마킹 → 대분류 → 포켓청소 → 세정
② 접수점검 → 포켓청소 → 대분류 → 세정 → 마킹
③ 접수점검 → 세정 → 마킹 → 대분류 → 포켓청소
④ 접수점검 → 대분류 → 마킹 → 세정 → 포켓청소

핵심요점

3 클리닝의 각 공정

(1) 접수점검
클리닝의 일반적인 공정에서 제일 먼저 해야 할 일

(2) 마킹(꼬리표)
물품의 분실과 납품의 잘못을 방지

(3) 대분류
세탁물의 클리닝성을 고려해서 론드리, 웨트클리닝, 드라이클리닝으로 분류

(4) 포켓청소
① 주머니 속의 먼지와 찌꺼기를 제거
② 주머니 속 인화성 물질(성냥, 라이터 등) 확인

(5) 세분류
① 론드리는 고온, 중온, 저온으로 분류한다.
② 웨트클리닝은 기계 세탁, 손세탁으로 분류한다.

(6) 얼룩빼기(전처리)
① 부분적으로 부착된 특수한 오염을 얼룩이라고 한다.
② 세탁 전 약제를 사용하여 얼룩빼기를 한다.

(7) 클리닝(세정)
기계에 의한 세탁으로 세탁량을 최고한도 80%만 넣고 사용한다.

(8) 얼룩빼기(후처리)
세탁 후 남은 얼룩을 다시 제거한다.

(9) 마무리
손다리미나 기계에 의한 마무리를 말한다.

(10) 최종점검
세탁물의 얼룩, 파손, 변형 등을 진단처방서와 비교한다.

(11) 포장
① 접거나 옷걸이에 걸어 비닐봉지나 종이봉지에 넣는다.
② 고객별로 분류하여 정리한다.

정답 13 ③ 14 ④ 15 ①

적중예상문제

16 다음은 클리닝의 각 공정을 설명한 것이다. 이들 중 설명이 잘못된 것은?

① 마킹은 물품의 분실과 납품의 잘못을 방지하는 중요한 공정이다.
② 대분류는 세탁물의 클리닝성을 고려해서 론드리, 웨트클리닝, 드라이클리닝으로 분류한다.
③ 얼룩빼기는 의복의 변형과 구김을 펴고 또 광택을 나게 한다.
④ 세분류에서 론드리는 고온, 중온, 저온으로 분류하며 웨트클리닝을 기계 세탁, 손세탁으로 분류한다.

17 클리닝 공정 중 얼룩빼기에서 가장 맞지 않는 것은?

① 론드리, 웨트클리닝에서의 얼룩빼기는 표백제와 얼룩빼기를 사용한다.
② 지워지지 않는 얼룩은 불용성 얼룩으로 남겨둔다.
③ 드라이클리닝에서는 전 처리 후에 클리닝을 한다.
④ 드라이클리닝 후에는 스팀건에 의해 스포팅한다.

18 클리닝 사고를 예방하기 위해서는 클리닝의 공정순서가 필요한데, 다음 중 관계가 적은 것은?

① 클리닝 순서는 대단히 중요하다.
② 클리닝 공정순서에서 진단기술과 확인검사 또한 중요하다.
③ 접수(고객) 시 영수증의 확인 필요 없이 주문받아도 괜찮다.
④ 고객, 접수확인, 꼬리표(마킹)부착, 포켓청소, 분류, 전 처리, 기계작동, 헹굼, 탈수, 후처리, 건조, 아이롱, 검사, 포장순이다.

19 클리닝의 공정 중 론드리는 고온, 중온, 저온으로 분류하고, 웨트클리닝은 기계 세탁과 손세탁으로 분류하는 것은?

① 점검 ② 대분류
③ 중분류 ④ 세분류

20 클리닝 공정에서 제일 먼저 해야 할 일은?

① 점검 ② 대분류
③ 얼룩빼기 ④ 포켓청소

21 다음 중 빈칸에 가장 알맞은 것은?

클리닝 시 세탁은 기계가 세탁할 수 있는 적정량 ( )% 정도만 넣고 세탁한다.

① 50% ② 60%
③ 80% ④ 100%

해설
기계가 세탁할 수 있는 적정량 80%만 넣고 세탁하여야 한다. 너무 많이 넣으면 오점 제거가 어렵다.

22 고객으로부터 세탁물을 접수받을 때 점검할 사항이 아닌 것은?

① 고객으로부터 얼룩의 종류와 부착시기 등을 묻고 접수증에 기록한다.
② 의류의 형태 변화 및 탈색, 변색, 클리닝 대상 여부를 판별한다.
③ 기호나 성명 등을 마킹 종이에 기입하여 일일이 세탁물에 부착하는 것은 시간낭비이다.
④ 카운터에서 고객과 함께 진단 처방한 주의점은 처방지에 기록한다.

23 다음 중 클리닝의 일반적인 공정에서 가장 먼저 실시하는 것은?

① 접수점검 ② 마킹
③ 대분류 ④ 포켓청소

정답 16 ③ 17 ② 18 ③ 19 ④ 20 ① 21 ③ 22 ③ 23 ①

24 클리닝의 공정 중 기호나 성명 등을 종이에 기입하여 세탁물에 부착하는 것은?

① 접수점검 ② 대분류
③ 얼룩빼기 ④ 마킹

정답 24 ④

CHAPTER 004 보일러

핵심요점

1 수관보일러 형식

① 자연순환식
② 강제순환식
③ 관류식

적중예상문제

01 수관보일러의 형식으로 맞는 것은?

① 관류식 ② 입식식
③ 노통식 ④ 연관식

02 수관보일러의 형식이 아닌 것은?

① 자연순환식 ② 노통연관식
③ 강제순환식 ④ 관류식

03 다음 중 형식상 수관보일러의 한 종류인 것은?

① 관류보일러 ② 입식보일러
③ 노통보일러 ④ 연관보일러

04 다음 중 수관보일러에 해당되는 형식이 아닌 것은?

① 자연순환식 ② 강제순환식
③ 관류시 ④ 노통연관시

05 보일러의 분류 중 수관보일러의 형식에 해당되는 것은?

① 관류식 ② 입식
③ 노통식 ④ 연관식

06 다음 중 수관보일러에 해당되는 형식이 아닌 것은?

① 자연순환식 ② 강제순환식
③ 관류식 ④ 노통연관식

핵심요점

2 원통보일러 형식

① 입식보일러
② 노통보일러
③ 연관보일러
④ 노통연관보일러

적중예상문제

07 원통보일러의 형식으로 옳은 것은?

① 수관보일러
② 주철보일러
③ 연관보일러
④ 특수보일러

정답 01 ① 02 ② 03 ① 04 ④ 05 ① 06 ④ 07 ③

08 다음 중 원통보일러에 해당하는 것은?

① 자연순환식 수관보일러
② 노통연관보일러
③ 강제순환식 수관보일러
④ 관류보일러

09 보일러의 분류 중 원통보일러에 해당되는 것은?

① 자연순환식 수관보일러
② 노통연관보일러
③ 관류보일러
④ 강제순환식 수관보일러

10 원통보일러의 형식으로 옳은 것은?

① 수관보일러　② 주철보일러
③ 연관보일러　④ 특수보일러

11 클리닝에 사용되고 있는 원통보일러의 형식에 해당되지 않는 것은?

① 폐열　② 노통
③ 입식　④ 연관

12 보일러의 분류 중 원통보일러에 해당하는 형식은?

① 자연순환식　② 입식
③ 강제순환식　④ 관류식

13 보일러의 종류 중 원통보일러의 형식이 아닌 것은?

① 입식보일러　② 노통보일러
③ 연관보일러　④ 수관보일러

14 원통보일러의 형식이 아닌 것은?

① 입식　② 노통식
③ 연관식　④ 관류식

15 보일러의 종류 중 원통보일러의 형식이 아닌 것은?

① 노통보일러　② 수관보일러
③ 연관보일러　④ 입식보일러

핵심요점

3 보일러의 증기압과 온도와의 관계

증기압 (kg/cm^2)	온도(℃)	증기압 (kg/cm^2)	온도(℃)
1.0	99.1	6.0	158.1
2.0	119.6	7.0	164.2
3.0	132.9	8.0	169.6
4.0	142.9	9.0	174.5
5.0	151.1	10.0	179.0

적중예상문제

16 보일러 사용 시 99.1℃에서의 증기압은 얼마인가?(단, 단위는 kg/cm^2)

① 1　② 2
③ 3　④ 4

17 보일러의 증기압이 $4.0kg/cm^2$일 때 온도는 약 몇 ℃인가?

① 89.1℃　② 100.2℃
③ 129℃　④ 142.9℃

해설
증기압과 증기압온도

18 보일러의 증기압력과 온도가 맞게 짝지어진 것은?

① 증기압 $4.0kg/cm^2$, 온도 142.9℃
② 증기압 $2.0kg/cm^2$, 온도 120.6℃
③ 증기압 $3.0kg/cm^2$, 온도 133℃
④ 증기압 $5.0kg/cm^2$, 온도 143.9℃

정답 08 ② 09 ② 10 ③ 11 ① 12 ② 13 ④ 14 ④ 15 ② 16 ① 17 ④ 18 ①

19 다음 중 보일러의 증기압과 온도가 맞게 짝지어진 것은?

① 증기압 4.0kg/cm^2, 온도 92℃
② 증기압 1.0kg/cm^2, 온도 99.1℃
③ 증기압 3.0kg/cm^2, 온도 151.1℃
④ 증기압 5.0kg/cm^2, 온도 132.9℃

20 세탁용 보일러의 증기압력과 온도가 맞게 짝지어진 것은?

① 증기압 2.0kg/cm^2, 온도 99.1℃
② 증기압 3.0kg/cm^2, 온도 119.2℃
③ 증기압 4.0kg/cm^2, 온도 142.9℃
④ 증기압 6.0kg/cm^2, 온도 151.9℃

21 보일러 수증기의 온도를 약 120℃로 하기 위한 압력은 몇 기압(kg/cm^2)이 되어야 하는가?

① 1기압 ② 2기압
③ 3기압 ④ 4기압

22 보일러 사용 시 99.1℃에서의 증기압은?

① 1kg/cm^2 ② 2kg/cm^2
③ 3kg/cm^2 ④ 4kg/cm^2

23 일반적으로 보일러의 수증기 온도를 약 100℃로 하기 위한 보일러의 압력(kg/cm^2)은?

① 1 ② 2
③ 3 ④ 4

24 보일러 사용 시 온도 132.9℃에서의 증기압은?

① 1kg/cm^2 ② 2kg/cm^2
③ 3kg/cm^2 ④ 4kg/cm^2

25 보일러의 온도가 151.1℃일 때 보일러의 압력은?

① 2.0kg/cm^2 ② 3.0kg/cm^2
③ 4.0kg/cm^2 ④ 5.0kg/cm^2

26 보일러의 절대압력이 2kg/cm^{2}일 때 수증기의 온도는?

① 85.5℃ ② 100℃
③ 119.6℃ ④ 151.1℃

핵심요점

4 보일러 절대압력 산정식

절대압력 = 게이지압력 + 1

$$=1.033 \times \frac{\text{실제대기압력}}{\text{표준대기압력}} + \text{게이지압력}$$

적중예상문제

27 보일러의 게이지압력이 6kg/cm^{2}를 나타내고 있다. 이때의 절대압력은 얼마인가?(단, 대기압력은 750mmHg이고 절대압력은 (1.033×실제대기압력)/(표준대기압력+게이지압력))

① 6.019 ② 7.019
③ 8.019 ④ 9.019

해설

절대압력 = 게이지압력 + 1

$$=1.033 \times \frac{\text{실제대기압력}}{\text{표준대기압력}} + \text{게이지압력}$$

$$=1.033 \times \frac{750}{760} + 6 = 7.019\text{kg/cm}^2$$

28 보일러의 게이지압력이 5kg/cm^{2}를 나타내고 있으면 이때의 절대압력은 얼마인가?(단, 대기압력은 750mmHg이다.)

① 4.04kg/cm^2 ② 5.58kg/cm^2
③ 6.02kg/cm^2 ④ 7.65kg/cm^2

정답 19 ② 20 ③ 21 ② 22 ① 23 ① 24 ③ 25 ④ 26 ③ 27 ② 28 ③

해설

절대압력 = 게이지압력 + 1

$$= 1.033 \times \frac{\text{실제대기압력}}{\text{표준대기압력}} + \text{게이지압력}$$

$$= 1.033 \times \frac{750}{760} + 5 = 6.019\text{kg/cm}^2$$

29 게이지의 압력이 6kg/cm²인 보일러의 압력을 절대압력(kg/cm²)으로 계산하면 얼마인가?

① 4 ② 5
③ 6 ④ 7

해설
절대압력 = 게이지압력 + 1 = 6 + 1 = 7kg/cm²

30 게이지압력이 4kg/cm²인 보일러의 압력을 절대압력으로 계산하면?

① 5kg/cm²
② 4kg/cm²
③ 3kg/cm²
④ 2kg/cm²

해설
절대압력 = 게이지압력 + 1 = 4 + 1 = 5kg/cm²

31 게이지압력이 5kg/cm²인 보일러의 절대압력(kg/cm²)은?

① 5 ② 6
③ 10 ④ 50

해설
절대압력 = 게이지압력 + 1 = 5 + 1 = 6kg/cm²

핵심요점

5 보일러의 게이지압력 산정식

게이지압력 = 절대압력 − 대기압 = 절대압력 − 1

적중예상문제

32 다음 관계식 중 옳은 것은?

① 절대압력 = 게이지압력 − 대기압
② 게이지압력 = 절대압력 − 대기압
③ 진공압력 = 게이지압력 − 대기압
④ 대기압 = 게이지압력 + 진공압력

33 보일러의 절대압력이 6kg/cm²일 때 게이지 압력은?

① 1kg/cm² ② 3kg/cm²
③ 5kg/cm² ④ 6kg/cm²

해설
게이지압력 = 절대압력 − 1 = 6 − 1 = 5kg/cm²

핵심요점

6 보일러 압력

① 보일러 부피를 일정하게 유지하고 증기의 온도를 상승시켰을 때 압력은 상승한다.
② 보일러의 압력을 급격하게 올리면 보일러에 악영향을 주고 파괴의 원인이 된다.

적중예상문제

34 부피를 일정하게 유지하는 증기의 온도를 상승시켰을 때 압력은 어떻게 되는가?

① 일정하다. ② 감소한다.
③ 상승한다. ④ 압력과 관계없다.

35 보일러의 압력을 급격하게 올려서는 안 되는 이유로 가장 적합한 것은?

① 보일러 내의 물의 순환을 해친다.
② 압력계를 파손한다.
③ 보일러의 효율을 저하시킨다.
④ 보일러에 악영향을 주고 파괴의 원인이 된다.

정답 29 ④ 30 ① 31 ② 32 ② 33 ③ 34 ③ 35 ④

36 보일러의 부피를 일정하게 유지하고 증기의 온도를 상승시켰을 때 압력의 변화는?

① 일정하다.
② 감소한다.
③ 압력과 관계가 없다.
④ 상승한다.

핵심요점

7 보일러 사용에 따른 발생성분

(1) 연소에 의하여 발생하는 성분
① 아황산가스
② 그을음과 분진
③ 퍼클로로에틸렌

(2) 불완전연소에 의하여 발생하는 성분
① 아황산가스
② 일산화탄소
③ 그을음과 분진

적중예상문제

37 보일러를 사용할 때 연소에 의하여 발생하는 매연의 성분은?

① 아황산가스, 일산화탄소, 그을음과 분진
② 아황산가스, 과산화수소, 그을음과 분진
③ 아황산가스, 일산화탄소, 차아염소산나트륨
④ 아황산가스, 그을음과 분진, 퍼클로로에틸렌

38 보일러의 사용 시 불완전연소에 의하여 발생하는 성분으로 옳은 것은?

① 아황산가스, 일산화탄소, 그을음과 분진
② 아황산가스, 과산화수소, 그을음과 분진
③ 아황산가스, 일산화탄소, 차아염소산나트륨
④ 아황산가스, 그을음과 분진, 퍼클로로에틸렌

핵심요점

8 보일러의 정상적인 작동을 위한 주의사항

① 수위를 일정하게 유지한다.
② 압력을 일정하게 유지한다.
③ 연료의 공급을 일정하게 유지한다.
④ 안전상황을 항시 감시한다.
⑤ 새는 것을 방지하고, 연료를 완전히 연소시킨다.

적중예상문제

39 보일러의 정상적인 작동을 위한 주의점과 거리가 가장 먼 것은?

① 수위를 일정하게 유지한다.
② 연료의 공급을 아주 강하게 공급한다.
③ 압력을 일정하게 유지한다.
④ 운전상황을 항시 감시한다.

40 다음 중 보일러의 정상적인 작동을 위한 주의사항으로 틀린 것은?

① 수위를 일정하게 유지한다.
② 압력을 일정하게 유지한다.
③ 연료를 불완전하게 연소한다.
④ 새는 것을 방지한다.

정답 36 ④ 37 ④ 38 ① 39 ② 40 ③

핵심요점

9 보일러의 고장현상

① 수위계에 수위가 나타나지 않는다.
② 증기(스팀)에 물이 섞여 나온다.
③ 작동 중 불이 꺼진다.
④ 압력게이지가 움직이지 않는다.

적중예상문제

41 보일러의 고장현상 중 틀린 것은?

① 수위계에 수위가 나타나지 않는다.
② 증기(스팀)에 물이 섞여 나온다.
③ 작동 중 불이 꺼진다.
④ 압력게이지가 움직인다.

해설
압력게이지의 움직임은 고장현상이 아니다.

42 보일러의 고장이 아닌 것은?

① 수면계의 수위가 나타나지 않는다.
② 보일러의 본체에서 증기나 물이 샌다.
③ 부글부글 물이 끓는 소리가 난다.
④ 작동 중 불이 꺼진다.

43 보일러의 고장원인으로 틀린 것은?

① 수면계의 수위가 나타난다.
② 증기에 물이 섞여 나온다.
③ 작동 중 불이 꺼진다.
④ 본체에서 증기나 물이 샌다.

44 보일러의 고장원인으로 옳지 않은 것은?

① 수면계의 수위가 나타나지 않는다.
② 증기에 물이 섞여 나온다.
③ 작동 중 불이 꺼진다.
④ 압력게이지가 움직인다.

45 보일러의 운전 중 고장원인이 아닌 것은?

① 점화 작동 중 수면계에 수위가 나타나지 않는다.
② 스팀에 물이 섞여 나오지 않는다.
③ 본체에서 증기나 물이 샌다.
④ 작동 중 불이 꺼지며 2~3회 운전 시 정상 가동된다.

46 보일러의 고장원인이 아닌 것은?

① 수면계의 수위가 나타나지 않는다.
② 본체에서 물이 샌다.
③ 증기에 물이 섞여 나오지 않는다.
④ 작동 중 불이 꺼진다.

핵심요점

10 클리닝에서 사용되는 보일러의 특성

① 보일러는 온수보일러와 증기보일러가 있고 클리닝에서는 주로 증기보일러가 사용된다.
② 증기를 가압하면 100℃ 이상의 고온을 얻을 수 있다.
③ 보일러의 보전은 고장이나 손상을 막고 오래도록 유지하기 위해서이다.
④ 일반적으로 연료의 연소에 의해서 대기오염 물질이 생긴다.

적중예상문제

47 다음 보일러에 관한 설명 중 틀린 것은?

① 보일러는 온수보일러와 증기보일러가 있는데, 클리닝에서는 주로 증기보일러를 사용한다.
② 증기를 가압하더라도 100℃ 이상의 고온을 얻을 수 없다.
③ 보일러의 보전은 고장이나 손상을 막고 오래 유지하기 위해서이다.
④ 일반적으로 연료의 연소에 의해서 대기오염 물질이 생긴다.

정답 41 ④ 42 ③ 43 ① 44 ④ 45 ② 46 ③ 47 ②

핵심요점

⑪ 보일러 고장 및 손상방지 취급방법

① 보일러의 수위와 압력을 항상 살핀다.
② 연료의 완전연소를 수시로 조정 관찰한다.
③ 공기가 새어 들어가지 않도록 막고, 전열면 내 · 외를 청소한다.
④ 연소는 초기에 서서히 연소시켜야 한다.

적중예상문제

48 보일러의 수명을 오래 유지하고 고장과 손상을 일으키지 않도록 하기 위한 취급방법의 설명으로 틀린 것은?

① 보일러의 수위와 압력을 항상 살핀다.
② 연료의 완전연소를 수시로 조정 관찰한다.
③ 공기가 새어 들어가지 않도록 막고, 전열면 내 · 외를 청소한다.
④ 연소는 초기에는 급격 연소시켜 단시간에 증기가 발생하도록 한다.

핵심요점

⑫ 보일러 필요열량

① 0℃의 물 1mL를 1℃ 올리려면 1kcal의 열량이 필요하다.
② 0℃의 물 1cc를 1℃ 올리려면 1kcal의 열량이 필요하다.

적중예상문제

49 보일러에서 0℃의 물 1mL를 1℃ 올리는 데 필요한 열량은?

① 0kcal ② 1kcal
③ 2kcal ④ 5kcal

50 보일러에서 0℃의 물 1cc를 1℃ 올리는 데 필요한 열량은?

① 10kcal ② 5kcal
③ 2kcal ④ 1kcal

핵심요점

⑬ 보일러의 종류

① 원통보일러
② 수관보일러
③ 특수보일러
④ 주철보일러

적중예상문제

51 일반적으로 보일러의 종류에 해당되지 않는 한 것은?

① 원통보일러
② 수관보일러
③ 특수보일러
④ 상용보일러

정답 48 ④ 49 ② 50 ④ 51 ④

CHAPTER 005 섬유의 구비조건

핵심요점

1 섬유의 구비조건

① 탄성과 광택이 좋아야 한다.
② 가소성, 염색성이 좋아야 한다.
③ 섬유 상호 간에 포합성이 있어야 한다.
④ 굵기가 가늘고 균일하여야 한다.
⑤ 부드러운 성질이 있어야 한다.
⑥ 내약품성 · 내열성 · 내충성이 있어야 한다.
⑦ 원료가 저렴하고 구하기 쉬워야 한다.

적중예상문제

01 섬유가 구비해야 할 조건과 가장 거리가 먼 것은?

① 섬유 상호 간에 포합성이 있어야 한다.
② 굵기가 굵고 균일하여야 한다.
③ 부드러운 성질이 있어야 한다.
④ 탄성과 광택이 우수하여야 한다.

해설
굵기가 가늘고 균일하여야 한다.

02 섬유가 갖추어야 할 조건 중 틀린 것은?

① 광택이 좋아야 한다.
② 가소성이 풍부하여야 한다.
③ 탄력이 좋아야 한다.
④ 비중이 커야 한다.

정답 01 ② 02 ④

CHAPTER 006 식물성섬유

핵심요점

1. 면섬유

❶ 면섬유의 특성

① 흡습성이 양호하고 위생적이므로 내의로 사용되고 다림질온도가 높다.
② 산에는 약하나 알칼리에 강해서 합성세제에 비교적 안전하다.
③ 산에 의해서 쉽게 분해되므로 묽은 무기산에 의해서도 손상된다.
④ 물기에 젖었을 때 강도가 증가하고, 물빨래 세탁에도 잘 견딘다.
⑤ 옷이 질겨 내구성이 크다.
⑥ 흡수성이 좋고 염색이 쉬우며 충해에 약하다.
⑦ 신장도는 견이나 양모보다 작고, 탄성은 양모보다 불량하다.
⑧ 면직물은 주름이 지기 쉽다.
⑨ 내열성이 우수하여 다림질의 온도가 높다.
⑩ 면섬유의 염색에는 직접염료, 배트염료, 반응성염료가 주로 사용된다.
⑪ 면섬유의 꼬임은 방적할 때에 섬유의 방적성과 탄력성을 부여한다.
⑫ 환원표백제에는 일반적으로 강하다.
⑬ 염소표백제에는 농도, 온도가 높아도 잘 견딘다.

❷ 면섬유의 구조

① 주성분은 셀룰로스이고, 분자구조식은 $(C_6H_{10}O_5)$이다.
② 섬유의 측면은 리본 모양의 꼬임을 갖고 있다.
③ 품질이 우수한 면일수록 천연꼬임의 숫자는 많아진다.
④ 단세포 구조로 현미경(검경)으로 보면 단면이 평편하고 중앙은 속이 비어 있는 모양이다.

※ 면섬유의 중공
- 성숙한 섬유에 발달되어 있다.
- 제2차 세포막의 안층이다.
- 보온성이 좋다.
- 전기절연성이 크다.

적중예상문제

01 면섬유의 특성과 관련이 가장 적은 것은?

① 직접 염료로 염색이 가능하다.
② 산에는 약하나 알칼리에는 강하다.
③ 검경구조는 다각형이고 중공이 있다.
④ 다림질 온도는 비교적 높은 편이다.

02 면섬유의 성질에 해당되는 것은?

① 흡습성이 불량하다.
② 옷이 질겨서 내구성이 크다.
③ 염색하기가 곤란하다.
④ 충해에 강하다.

정답 01 ③ 02 ②

03 면의 성질 중 틀린 것은?

① 건조할 때보다 젖어 있을 때에 강도가 높다.
② 신장도는 견이나 양모보다 작다.
③ 면직물은 주름이 지기 쉽다.
④ 탄성은 양모보다 우수하다.

04 면섬유의 성질과 다른 것은?

① 산화표백제에는 농도, 온도가 높아도 잘 견딘다.
② 산에는 약하다.
③ 알칼리에는 강하다.
④ 환원표백제에는 일반적으로 강하다.

05 면섬유의 알칼리에 대한 작용으로 가장 적당한 것은?

① 알칼리는 표백제로 사용되는 데 적당하다.
② 알칼리로 처리한 무명섬유는 흡습성이 감소한다.
③ 무명섬유를 알칼리를 가한 액속에 끓일 때는 공기와 접촉하여도 무방하다.
④ 알칼리는 보통 상태에서는 거의 상해가 없다.

06 다음 섬유 중에서 프레스 커버용으로 가장 적당한 것은?

① 면 ② 폴리에스테르
③ 양모 ④ 견

07 면섬유에 관한 설명 중 틀린 것은?

① 산에는 약하나 알칼리에는 강하다.
② 흡습성이 양호하고 위생적이므로 내의로 사용되고 다림질 온도가 높다.
③ 면섬유를 현미경으로 관찰하면 측면은 리본 모양으로 되어 있다.
④ 면섬유의 꼬임은 방적할 때에 상호 방적성을 저하시킨다.

해설
섬유에 방적성과 탄력성을 부여한다.

08 면섬유의 특성 중 틀린 것은?

① 현미경으로 보면 측면은 리본모양이다.
② 수분을 흡수하면 강도가 증가한다.
③ 내열성이 우수한 편에 속한다.
④ 산에는 강하고 알칼리에는 약하다.

해설
산에는 약하나 알칼리에 강하다.

09 면(Cotton)섬유의 특성에 대한 설명으로 옳은 것은?

① 우수한 신축성과 탄성이 있다.
② 열 전도성이 좋고, 촉감이 차고 시원하여, 여름 복지로 가장 적당하다.
③ 알칼리에 약하고 산에 강하다.
④ 물기에 젖었을 때 강도가 증가하고, 물빨래 세탁에도 잘 견딘다.

10 면섬유의 물리적 · 화학적 성질에 대한 설명으로 틀린 것은?

① 수분을 흡수하면 강도와 신도가 증가한다.
② 면섬유의 염색에는 직접염료, 배트염료, 반응성염료가 주로 사용된다.
③ 내열성이 좋아 다림질 온도가 높다.
④ 산에는 비교적 강하고, 알칼리에는 약하다.

11 면섬유의 성질로 옳은 것은?

① 산에 강하다.
② 알칼리에 강하다.
③ 탄성이 좋다.
④ 열에 대단히 약하다.

정답 03 ④ 04 ① 05 ③ 06 ① 07 ④ 08 ④ 09 ④ 10 ④ 11 ②

12 면섬유의 중공에 대한 설명 중 틀린 것은?

① 미성숙한 섬유에 발달되어 있다.
② 제2차 세포막의 안층이다.
③ 보온성이 좋다.
④ 전기절연성이 크다.

해설
성숙한 섬유에 발달되어 있다.

13 면섬유의 성질에 대한 설명으로 옳은 것은?

① 강도와 신도는 습윤 상태에서 10~20%가 감소한다.
② 레질리언스가 좋아 형체의 안정성도 좋다.
③ 산에 의해서 쉽게 분해되므로 묽은 무기산에 의해서도 손상된다.
④ 장시간 일광에 노출되면 점차 강도가 늘어난다.

14 면섬유의 특성에 관한 설명 중 틀린 것은?

① 비중은 1.54로 비교적 무거운 섬유에 해당된다.
② 산에는 약하나 알칼리에는 강하다.
③ 현미경으로 보면 단면은 다각형이고 중공이 있다.
④ 다림질 온도는 비교적 높은 편이다.

해설
현미경으로 보면 단면이 평편하고 중앙은 속이 비어 있다.

15 다음 중 산에 가장 약한 섬유는?

① 면 ② 양모
③ 견 ④ 폴리에스테르

16 다음 중 면섬유의 특성으로 틀린 것은?

① 현미경으로 관찰하면 측면은 리본 모양으로 되어 있고 꼬임이 있다.
② 현미경으로 관찰하면 중앙에는 중공이 있다.
③ 수분을 흡수하면 강도가 증가한다.
④ 산에는 다소 강하나 알칼리에는 약한 편이다.

17 다음 중 수분을 흡수하면 강도가 증가하는 섬유는?

① 면
② 아세테이트
③ 비스코스 레이온
④ 나일론

18 면섬유의 특성 중 틀린 것은?

① 현미경으로 보면 측면은 리본 모양이다.
② 수분을 흡수하면 강도가 증가한다.
③ 염색성은 양호하다.
④ 산에는 강하고 알칼리에는 약하다.

19 면섬유의 특징으로 틀린 것은?

① 알칼리에 강해서 합성세제에 비교적 안전하다.
② 물에 젖으면 강도가 증가한다.
③ 산에 강해서 세탁성이 우수하다.
④ 내열성이 우수하여 다림질의 온도가 높다.

20 면섬유의 특성이 아닌 것은?

① 알칼리에 강하고 산에 약하다.
② 탄성과 레질리언스가 나쁘다.
③ 열전도율이 커서 보온성이 적다.
④ 열에 약하나 내연성이 좋다.

21 면섬유의 주성분은 어느 것인가?

① 셀룰로스(Cellulose)
② 피브로인(Fibroin)
③ 케라틴(Keratin)
④ 세리신(Sericin)

22 다음 중 면섬유의 주성분에 해당되는 것은?

① 셀룰로스 ② 케라틴
③ 피브로인 ④ 펙틴질

정답 12 ① 13 ③ 14 ③ 15 ① 16 ④ 17 ① 18 ④ 19 ③ 20 ④ 21 ① 22 ①

23 **면섬유의 중공에 대한 설명 중 틀린 것은?**

① 미성숙한 섬유에 발달되어 있다.
② 제2차 세포막의 안층이다.
③ 보온성이 좋다.
④ 전기절연성이 크다.

24 **면섬유의 구조에 대한 설명 중 틀린 것은?**

① 셀룰로스를 주성분으로 하고, 분자 구조식은 $(C_6H_{10}O_5)$이다.
② 섬유의 측면은 투명하고 긴 원통형을 이루고 있다.
③ 품질이 우수한 면일수록 천연꼬임의 숫자는 많아진다.
④ 단세포 구조로 현미경으로 보면 단면이 평편하고 중앙은 속이 비어 있는 모양이다.

핵심요점

3 면섬유의 온도에 의한 변화

① 100~105℃ : 수분을 반출한다.
② 110℃ : 24시간 가열하면 점도가 떨어진다.
③ 105~140℃ : 현저한 변화가 없다.
④ 140~160℃ : 약간의 강도와 신도의 저하를 일으키기 시작한다.
⑤ 160℃ : 분자 내 탈수를 일으킨다.
⑥ 180~250℃ : 섬유는 탄화하여 갈색으로 변한다.
⑦ 320~350℃ : 연소한다.

적중예상문제

25 **면섬유의 온도별 열에 의한 변화가 틀린 것은?**

① 100℃ 정도에서 수분을 잃게 된다.
② 160℃에서 탈수작용이 일어난다.
③ 250℃에서 분해하기 시작한다.
④ 320℃에서 연소하기 시작한다.

해설
250℃ 온도에서 섬유는 탄화하여 갈색으로 변한다.

26 **면섬유의 온도에 의한 변화에 대한 설명 중 틀린 것은?**

① 100~105℃ : 수분을 방출한다.
② 140~160℃ : 변화가 없다.
③ 180~250℃ : 갈색으로 변한다.
④ 320~350℃ : 연소한다.

핵심요점

4 면의 종류

① 해도면 : 최고급면으로 가늘고 길며 광택이 있다.
② 이집트면 : 고급면으로 가늘고 길지만 해도면보다 낮다.
③ 미국면 : 중급면
④ 인도면 : 저급면으로 굵고 짧아 탄력이 있다.
※ 품질이 좋은 면 : 가늘고 긴 것, 현재 대부분이 미국산

5 머서화 면의 특성

① 강력이 증가하고 흡습성이 증가하며 비단광택이 생긴다.
② 머서화 가공을 한 면봉사는 수축을 방지하고 매끄럽다.
③ 다림질할 때 200℃ 이상의 온도에는 약하다.

적중예상문제

27 **다음 면 중 가장 우수한 품종은?**

① 미국면 ② 이집트면
③ 중국면 ④ 인도면

28 **면섬유 중 품질이 가장 좋은 것은?**

① 굵고 짧은 것 ② 가늘고 짧은 것
③ 가늘고 긴 것 ④ 굵고 긴 것

정답 23 ① 24 ② 25 ③ 26 ② 27 ② 28 ③

핵심요점

2. 마섬유

1 마섬유의 특성

① 양도체이므로 시원한 감이 있다.
② 강도는 면보다 크다.
③ 신도는 모섬유보다 적은 편이다.
④ 수분 흡수 시 강도가 커진다.
⑤ 마섬유는 빳빳하고, 물에 젖으면 강도가 커지며 흡습성과 통기성이 좋다.
⑥ 열의 전도성이 좋다.
⑦ 마섬유는 탄성회복률이 매우 낮아 구김이 잘 생기고 잘 펴지지 않는다.
⑧ 면보다는 인장강도가 우수하나 신축성은 거의 없는 편이다.
⑨ 내열성이 크나, 탄성이 부족하다.

적중예상문제

29 마섬유의 특징에 대한 설명 중 틀린 것은?

① 내열성이 좋다.
② 열전도성이 좋다.
③ 일광에 양호하다.
④ 분자배향이 잘 되어 있다.

30 일반적인 마섬유의 특성은?

① 강도는 합성섬유보다 크다.
② 신도는 모섬유보다 큰 편이다.
③ 수분 흡습 시 강도가 저하한다.
④ 양도체이므로 시원한 감이 있다.

31 마섬유의 성질이 아닌 것은?

① 강도가 크다.
② 탄성이 부족하다.
③ 내열성이 크다.
④ 흡습성이 낮다.

해설
흡습성, 발산성, 통기성이 우수하다.

핵심요점

2 아마섬유의 성질

① 면섬유보다 산에 대한 저항력은 크고 알칼리에는 손상되기 쉽다.
② 면에 비해 염료의 침투 및 친화력이 적다.
③ 열에 대하여 양도체이므로 열의 전도성이 좋아 시원한 감을 준다.
④ 아마섬유의 신도는 면섬유보다는 작다.
⑤ 내구력이 풍부하고 세탁성이 강하다.
⑥ 화학약품에 대해서는 무명섬유와 비슷하다.
⑦ 아마는 천연불순물이 많기 때문에 면보다 표백하기 어렵다.
⑧ 면보다 차아염소산염에 의한 영향을 받기 쉽다.
⑨ 흡습과 건조속도가 면섬유보다 빠르다.
⑩ 신축성이 없고 딱딱한 소재이기 때문에 주름이 쉽게 잡히는 편이다.

3 아마섬유와 면섬유의 비교

① 강도가 크다.
② 흡습속도가 빠르다.
③ 열전도성이 크다.
④ 탄성이 낮다.
⑤ 아마섬유의 신도는 면섬유보다는 작다.

※ 섬유의 다림질 온도 비교
- 다림질 온도 : 식물성섬유 > 동물성섬유 > 재생섬유 > 합성섬유
- 각종 섬유의 적정온도
  - 합성섬유 : 100~200℃
  - 견 : 120~130℃
  - 레이온 : 130~140℃
  - 모 : 130~150℃
  - 면 : 180~200℃

※ 아마섬유의 구조
- 현미경으로 보면 측면은 투명하고 긴 원통을 이루며 길이 방향으로 많은 줄이 있다.
- 측면은 마디가 있고 중심부에는 작은 도관이 있다.
- 단면은 5~6각의 다각형을 이루고 있다.
- 마섬유가 가지고 있는 주요 불순물은 펙틴질이다.

정답 29 ③ 30 ④ 31 ④

적중예상문제

32 아마섬유의 성질 중 틀린 것은?

① 열의 양도체이므로 시원한 감을 준다.
② 내구력이 풍부하고 세탁성이 강하다.
③ 화학약품에 대해서는 무명섬유와 비슷하다.
④ 표백제에 의해 쉽게 손상되지 아니한다.

33 아마섬유의 성질 중 틀린 것은?

① 면섬유보다 산에 대한 저항력은 크고, 알칼리에는 손상되기 쉽다.
② 면에 비해 염료의 침투 및 친화력이 적다.
③ 열에 대하여 양도체이므로 열의 전도성이 좋다.
④ 셀룰로스의 사슬분자가 더욱 배향되어 있으므로 면섬유보다 신장도가 크다.

34 아마섬유의 다림질에 대한 설명으로 옳은 것은?

① 무명섬유보다 약하다.
② 양모섬유보다 강하다.
③ 나일론섬유보다 약하다.
④ 견섬유보다 약하다.

35 다음 중 안전다림질 온도가 가장 높은 섬유는?

① 양모
② 아마
③ 폴리에스테르
④ 견

36 다음 중 아마섬유의 구조에 대한 설명으로 옳은 것은?

① 중공이 있으며 천연 꼬임이 있다.
② 길이 방향으로 줄이 있고 섬유의 단면은 다각형이다.
③ 섬유의 단면은 삼각형이고 길이 방향으로 겉비늘이 있다.
④ 섬유의 단면은 원형 또는 삼각형이고 마디가 있다.

37 마섬유가 가지고 있는 주요 불순물은?

① 펙틴질 ② 지방질
③ 납질 ④ 회분

해설
마섬유가 가지고 있는 주요 불순물은 펙틴질이다.

38 아마섬유의 성질이 아닌 것은?

① 신축성이 좋다.
② 열의 전도성이 좋다.
③ 흡습과 건조속도가 면섬유보다 빠르다.
④ 구김이 잘 생긴다.

해설
아마섬유는 신축성은 없고 딱딱한 소재이기 때문에 주름이 많이 잡히는 편이다.

39 아마섬유를 면섬유와 비교하였을 때의 성질로서 틀린 것은?

① 강도가 크다.
② 흡습 속도가 빠르다.
③ 열전도성이 크다.
④ 탄성이 크다.

40 섬유와 아마섬유의 특징으로 틀린 것은?

① 강도가 크다. ② 탄성이 나쁘다.
③ 내열성이 좋다. ④ 흡습성이 낮다.

해설
면섬유와 아마섬유는 수분의 흡수와 발산이 빠르다.

41 아마섬유의 성질을 면섬유와 비교한 설명으로 옳은 것은?

① 아마섬유의 신도는 면섬유보다는 작다.
② 아마섬유의 길이는 면섬유보다는 짧다.
③ 아마섬유의 강도는 면섬유보다는 약하다.
④ 아마섬유의 탄성은 면섬유보다는 크다.

정답 32 ④ 33 ④ 34 ② 35 ② 36 ② 37 ① 38 ① 39 ④ 40 ④ 41 ①

42 **아마섬유의 성질 중 틀린 것은?**

① 강직하며 열전도성이 좋고 촉감이 차다.
② 레질리언스가 좋지 못하여 구김이 잘 생긴다.
③ 짙은 알칼리 및 강한 표백에 의하여 섬유속이 단섬유로 해리된다.
④ 염색성은 면섬유와 같으나 염색 속도는 면섬유보다 빠르다.

해설
면에 비해 염료의 침투 및 친화력이 적다.

핵심요점

4 저마섬유의 성질

① 인피섬유(껍질섬유) 중에 의복재료로서의 가치가 가장 크다.
② 린넨보다 좀 더 굵고 길이는 길다.
③ 천연섬유 중 가장 강력이 세다.
④ 색상이 희고 실크 같은 광택이 있다.
⑤ 까칠까칠한 맛이 있고 스티프니스가 있다.
⑥ 흡습성, 발산성, 통기성이 우수해 시원한 감이 있다.
⑦ 일명 모시라고도 하며, 오래전부터 한복감으로 많이 사용되고 있다.
⑧ 붕대와 거즈 등에 가장 적합한 마섬유이다.

5 모시직물과 아마직물의 비교

① 모시는 고급직물이고, 아마는 다소 떨어진다.
② 모시와 아마는 인피섬유이다.
③ 모시와 아마는 하절기 옷감이다.
④ 모시와 아마는 흡습 시 강도가 증가한다.

적중예상문제

43 **마섬유의 종류 중 모시섬유에 해당하는 것은?**

① 아마 ② 대마
③ 저마 ④ 황마

44 **다음 중 저마섬유에 대한 설명으로 옳은 것은?**

① 현미경으로 관찰하면 측면은 리본 모양으로 되어 있고, 꼬임이 있다.
② 열전도성이 적어서 보온성이 좋다.
③ 삼베라고도 하며 섬유의 단면은 삼각형이고 측면에는 마디와 선이 있다.
④ 모시라고도 하며 오래전부터 여름 한복감으로 사용되었다.

45 **마섬유의 종류 중 일명 모시라고도 하며 오래 전부터 한복감으로 사용하는 것은?**

① 아마 ② 저마
③ 대마 ④ 황마

46 **식물성섬유 중 강력이 가장 큰 섬유는?**

① 아마 ② 삼
③ 모시 ④ 면

핵심요점

6 식물성섬유의 종류

① 종모섬유(씨앗섬유) : 면, 케이폭
② 인피섬유 : 아마, 저마, 대마, 황마
③ 엽맥섬유 : 마닐라마, 사이잘마
④ 과실섬유 : 야자섬유
⑤ 면섬유 : 셀룰로스

적중예상문제

47 **섬유의 분류에서 인피섬유에 해당되지 않는 것은?**

① 면 ② 대마
③ 아마 ④ 모시

정답 42 ④ 43 ③ 44 ④ 45 ② 46 ③ 47 ①

48 다음 섬유 중 인피섬유(식물의 껍질)에 해당되는 것은?

① 면
② 비스코스레이온
③ 벰베르그
④ 아마

49 다음의 인피섬유(껍질섬유) 중에서 의복재료로서의 가치가 가장 큰 것은?

① 청마 ② 대마
③ 저마 ④ 황마

50 식물성섬유 중 껍질섬유에 속하는 것은?

① 아마, 저마, 대마, 황마
② 마닐라마, 아바카, 사이잘마
③ 무명, 케이폭, 기타 섬유
④ 양모, 기타 섬유

51 식물성섬유 중 잎섬유에 해당되는 것은?

① 아마 ② 마닐라마
③ 대마 ④ 저마

52 다음의 셀룰로스 섬유 중 잎섬유에 해당하는 것은?

① 무명 ② 사이잘마
③ 알파카 ④ 아마

53 다음의 셀룰로스 섬유 중 씨앗섬유에 속하는 것은?

① 아마 ② 무명
③ 모시 ④ 황마

54 다음 중 천연 식물성섬유가 아닌 것은?

① 면 ② 모시
③ 아마 ④ 비스코스레이온

55 식물성섬유에 속하는 것은?

① 양모 ② 명주
③ 저마 ④ 인견

56 다음 중 식물성섬유는?

① 견 ② 마
③ 모 ④ 가죽

57 식물성섬유의 화학적 주성분에 해당되는 것은?

① 케라틴 ② 프로테인
③ 세리신 ④ 셀룰로스

정답 48 ④ 49 ③ 50 ① 51 ② 52 ② 53 ② 54 ④ 55 ③ 56 ② 57 ④

CHAPTER 007 동물성섬유

핵심요점

1. 양모

1 양모섬유의 성질

① 흡수성은 모든 섬유 중에서 가장 크다.
② 열전도율이 적고, 신축성이 좋다.
③ 강도가 천연섬유 중에서 가장 적다.
④ 산에는 비교적 강하지만 알칼리에 약하다.
⑤ 스케일이 있어 방축 가공에 용이하다.
⑥ 다공성이 커서 보온성이 좋다.
⑦ 섬유 중에서 초기탄성률이 작으며 섬유 자체는 유연하고 부드럽다.
⑧ 양모섬유에 가장 친화성이 좋은 염료는 산성 염료이다.
⑨ 양모섬유를 비눗물 중에서 비비면 서로 엉키기 쉽다.
⑩ 탄성회복률은 천연섬유 중에서 양털이 가장 우수하다.

2 양모섬유의 구조

① 섬유의 단면은 원형이고, 겉비늘이 있다.
② 측면은 비늘 모양의 스케일을 가지고 있어 방적성과 축융성을 가진다.
③ 겉비늘은 평평한 표피세포가 서로 겹쳐서 비늘 모양을 하고 있으며, 잘 발달되도록 양털이 섬세하며, 피질부(내층)를 보호하고 광택과 밀접한 관계가 있으며 방적성을 좋게 해준다.
④ 단백질을 주성분으로 하고 있다.
⑤ 양털섬유를 형성하는 단백질의 주성분은 케라틴이다.

적중예상문제

01 단백질을 주성분으로 하고 있는 섬유는?

① 면섬유 ② 마섬유
③ 양털섬유 ④ 재생섬유

02 양모섬유로 된 내의를 세탁할 때 부주의로 인해서 많이 줄어드는 주된 원인은?

① 케라틴이라는 단백질로 되어 있기 때문이다.
② 탄성이 좋기 때문이다.
③ 표피층에 스케일 구조를 가지고 있기 때문이다.
④ 분자 구조 중 조염결합을 가지고 있기 때문이다.

03 양모섬유를 비눗물 중에서 비비면 서로 엉키기 쉬워 세탁할 때 특히 주의해야 한다. 이것은 주로 양모의 어떤 형태 구조 때문인가?

① 스케일 ② 천연꼬임
③ 케라틴 ④ 세리신

해설

스케일

양모의 표면은 스케일층이라고 하는 생선비늘과 같은 표피층으로 구성되어 있는데, 스케일이 마찰하면 엉키면서 풀리지 않는 축융성을 지닌다. 이러한 성질을 이용하여 양모를 비눗물에 적시고 가열하면서 문지르면 엉키고 밀착되어 두꺼운 층을 형성한다.

정답 01 ③ 02 ③ 03 ①

04 양모섬유의 특성이 아닌 것은?

① 섬유 중에서 초기탄성률이 작아서 섬유 자체는 유연하고 부드럽다.
② 강노는 천연섬유 중에서 가상 약하다.
③ 흡습성은 모든 섬유 중에서 가장 큰 섬유이다.
④ 염색성이 우수하여 산성염료와 분산염료를 주로 사용한다.

해설
양모섬유의 친화성이 좋은 염료는 산성염료이다.

05 양모섬유에 대한 설명 중 틀린 것은?

① 탄성회복률이 우수하다.
② 일광에 의해 황변되면서 강도가 줄어든다.
③ 열전도율이 적어서 보온성이 좋다.
④ 염색이 어려워 좋은 견뢰도를 얻을 수 없다.

06 다음 중 단백질섬유가 아닌 것은?

① 인피섬유 ② 양모섬유
③ 헤어섬유 ④ 견섬유

해설
인피섬유는 식물성섬유이다.

07 다음에서 동물성섬유가 아닌 것은?

① 양모 ② 캐시미어
③ 견 ④ 아크릴

08 다음 중 단백질로 되어 있는 섬유는?

① 재생섬유 ② 합성섬유
③ 식물성섬유 ④ 동물성섬유

09 양털에 있어서 축융성과 가장 관계가 있는 것은?

① 파라 내섬유 ② 켐프
③ 겉비늘과 크림프 ④ 오르토 내섬유

10 양모섬유의 구조에 대한 설명으로 옳은 것은?

① 섬유의 단면은 원형이고, 겉비늘이 있다.
② 섬유의 단면은 삼각형이고, 리본 모양이 있다.
③ 섬유의 단면은 5~6각의 다각형이고, 겉비늘이 있다.
④ 섬유의 단면은 원형이고, 리본 모양이 있다.

핵심요점

3 양모의 종류

① 색스니 : 독일산 메리노종(가장 가는 양털)의 고품질 양모를 평직 혹은 능직으로 짠 부드러운 감촉의 직물
② 플리스 : 면양으로부터 털을 깎으면 마치 한 장의 모피와 같은 형태가 되는 것
③ 메리노종 : 양모섬유 중 품질이 가장 우수

적중예상문제

11 다음 양모섬유 중 품질이 가장 우수한 섬유는?

① 메리노 ② 햄프셔
③ 링컨 ④ 코리데일

12 양모 종류 중 가장 가는 양털에 속하는 것은?

① 색스니 ② 햄프셔
③ 링컨 ④ 코리데일

13 다음 중 양모섬유로서 품질이 가장 우수한 것은?

① 재래종 ② 잡종
③ 산악종 ④ 메리노종

14 면양으로부터 털을 깎으면 마치 한 장의 모피와 같은 형태가 되는 것은?

① 선모 ② 플리스
③ 라놀린 ④ 스킨울

정답 04 ④ 05 ④ 06 ① 07 ④ 08 ④ 09 ③ 10 ① 11 ① 12 ① 13 ④ 14 ②

핵심요점

2. 피혁과 모피

1 피혁의 개념

① 피혁이란 날가죽과 무두질한 가죽의 총칭이다.
② 원피는 스킨과 하이드로 구별한다.
③ 원피의 단면구조는 표피층, 진피층, 피하조직이 있다.
④ 진피는 가죽에서 표피층 아래 부분으로 원피 두께의 50% 이상을 차지하며 제혁작업 후 최종까지 남아서 피혁이 되는 중요한 부분이다.
⑤ 화학적 조성은 콜라겐이라는 섬유상 단백질로 되어 있다.
⑥ 소, 말, 사슴처럼 큰 동물의 생가죽은 하이드라고 부르며 양, 염소, 돼지처럼 작은 동물의 가죽은 스킨이라고 한다.

2 피혁의 특징

① 열에 약해서 55℃ 이상의 온도에서는 굳어지고 수축된다.
② 건조하고 신선한 곳에 보관한다.
③ 합성피혁은 드라이클리닝을 하면 경화 · 탈색되는 것이 많다.
④ 인장, 굴곡, 마찰강도가 좋고 통기성과 열전도성이 없어 보온성이 높다.
⑤ 염색견뢰도가 나빠서 일광, 클리닝에 의해 퇴색되기 쉽다.
⑥ 곰팡이가 생기기 쉽다.

3 인조피혁

① 부직포뿐 아니라 직포로 제조되는 것까지 포함하여 분류된다.
② 면이나 인조섬유로 된 직물 위에 염화비닐수지나 폴리우레탄수지를 코팅한 것이다.
③ 초기의 것은 주로 비닐레더라 하며 면포나 부직포에 염화비닐수지를 코팅한 것이다.
④ 부직포 상태로 만든다.
⑤ 표면을 기모시켜 스웨이드와 같이 만든다.
⑥ 통기성, 투습성이 있다.
⑦ 기온이 떨어지면 촉감이 딱딱하고 강도도 떨어신나.
⑧ 내구성이 불량하다.

적중예상문제

15 인조피혁에 대한 설명 중 틀린 것은?

① 초기에 나온 것은 주로 비닐레더라고 하며 면포나 부직포에 염화비닐수지를 코팅한 것이다.
② 투습성이 있다.
③ 기온이 떨어지면 촉감이 딱딱하고 강도도 떨어질 수 있다.
④ 통기성이 없다.

16 인조피혁을 만들기 위해 주로 사용되는 수지는?

① 폴리우레탄수지
② 폴리아크릴수지
③ 폴리에스테르수지
④ 아크릴수지

17 인공피혁의 구조로 옳지 않은 것은?

① 통기성, 투습성이 있다.
② 부직포상태로 만든다.
③ 천연 피혁보다 무겁고 주름이 잘 가게 만든다.
④ 표면을 기모시켜서 스웨이드와 같이 만든다.

18 피혁의 결점에 대한 설명으로 틀린 것은?

① 열에 약해서 55℃ 이상에서는 굳어지고 수축된다.
② 인장, 굴곡, 마찰에 견디기 어렵다.
③ 염색견뢰도가 나빠서 일광에 의해 퇴색되기 쉽다.
④ 곰팡이가 생기기 쉽다.

해설
인장, 굴곡, 마찰강도가 좋다.

정답 15 ④ 16 ① 17 ③ 18 ②

19 피혁에 대한 설명 중 틀린 것은?

① 피혁이란 날가죽과 무두질한 가죽의 총칭이다.
② 원피는 스킨과 하이드로 구별된다.
③ 원피의 단면구조는 표피층, 진피층, 피하조직이 있다.
④ 작은 동물의 원피는 하이드, 큰 동물의 원피는 스킨이라 부른다.

해설
큰 동물의 원피는 하이드, 작은 동물의 원피는 스킨이라 부른다.

20 피혁과 인공피혁에 관련된 사항 중 틀린 것은?

① 피혁은 포유동물의 피부를 벗겨낸 것으로 가죽에서 털을 제거하고 적당한 약품으로 처리한 것이다.
② 인공피혁은 일반적으로 천연피혁보다 강도가 떨어지나 의류용으로 사용하는 데에는 지장이 없다.
③ 천연피혁은 인공피혁보다 내굴곡성이 떨어져 표면에 굴곡이 생기는 단점이 있다.
④ 스웨이드는 가죽의 내면 쪽을 기모 가공한 것으로, 털이 붙어 있는 채로 처리한 것을 모피라 한다.

21 피혁의 결점에 대한 설명으로 틀린 것은?

① 열에 약하므로 온도 55℃ 이상에서는 굳어지고 수축된다.
② 염색견뢰도가 나빠서 일광, 클리닝에 의해 퇴색되기 쉽다.
③ 곰팡이가 생기기 쉽다.
④ 인장굴곡, 마찰에 약하고 보온성이 나쁘다.

22 천연피혁의 손질 및 보존방법 중 가장 옳은 것은?

① 젖었을 때에는 직사일광 또는 불로 건조시켜야 원형이 보존된다.
② 보존할 때에는 온도나 습도가 높은 곳에서 보관해야 한다.
③ 손질할 때에는 기름수건 또는 알코올수건을 사용한다.
④ 건조시킬 때는 반드시 응달에서 말려야 한다.

23 피혁의 단면구조에 해당하지 않는 것은?

① 중공 ② 표피
③ 진피 ④ 피하조직

24 다음 중 천연피혁의 종류가 아닌 것은?

① 생피
② 스웨이드
③ 은면 스웨이드
④ 시프스킨

25 합성피혁에 주로 사용되는 수지는?

① 폴리우레탄
② 폴리아크릴
③ 폴리에스테르
④ 폴리펩티드

26 합성피혁의 손질 및 보존방법 중 틀린 것은?

① 건조시킬 때는 응달에서 말려야 한다.
② 기름이 있는 장소는 피해야 한다.
③ 온도나 습도가 높은 곳에 보존하면 좋지 않다.
④ 오염되었을 때는 세척제나 벤졸을 사용해야 한다.

27 면이나 인조섬유로 된 직물 위에 염화비닐수지나 폴리우레탄수지를 코팅한 것은?

① 인조피혁 ② 합성피혁
③ 천연피혁 ④ 천연모피

정답 19 ④ 20 ③ 21 ④ 22 ④ 23 ① 24 ④ 25 ④ 26 ④ 27 ①

핵심요점

3 가죽의 처리공정

(1) 물에 침지
원피에 붙어 있는 오물, 소금 등을 씻어내고, 가죽 중에 있는 가용성 단백질을 녹여낸 후 원피에 수분을 충분히 흡수하여 생피 상태로 연하게 환원시키는 것

(2) 제육
원피에 붙어 있는 기름 덩어리나 고기를 제거하는 것

(3) 탈모
기계적으로 가죽에 붙어 있는 털을 제거하는 것

(4) 석회 침지
석회액에 담가 가죽을 팽윤시켜 모근을 느슨하게 만드는 것으로 가죽의 촉감 향상을 위하여 털과 표피층의 제거, 불필요한 단백질의 제거, 지방과 기름 등을 제거하는 공정

(5) 분할
분할기를 사용하여 가죽의 이면을 깎고 두꺼운 가죽은 2층으로 나누는 것

(6) 때빼기
가죽제품이 깨끗하고 염색이 잘 되게 은면에 남아 있는 모근, 지방 또는 상피층 분해물을 제거하는 것

(7) 회분빼기
석회에 담그기가 끝난 가죽은 알칼리가 높아 가죽재료로 사용하기에 부적당하므로 산, 산성염으로 중화시키는 작업

(8) 산에 담그기
산을 가하여 산성화하여 가죽을 부드럽게 하는 것

(9) 유성
동물의 생피를 가죽으로 만드는 공정을 거친 것을 가죽, 즉 레더라 한다.

적중예상문제

28 가죽처리공정 중 가죽의 촉감 향상을 위하여 털과 표피층의 제거, 불필요한 단백질의 제거, 지방과 기름 등을 제거하는 공정은?

① 유성
② 산에 담그기
③ 회분빼기
④ 석회 침지

29 가죽의 처리공정으로 옳은 것은?

① 물에 침지 → 산에 담그기 → 제육 → 석회 침지 → 분할 → 때빼기 → 탈회 및 효소분해 → 탈모 → 유성
② 물에 침지 → 제육 → 탈모 → 석회 침지 → 분할 → 때빼기 → 탈회 및 효소분해 → 산에 담그기 → 유성
③ 물에 침지 → 제육 → 석회 침지 → 산에 담그기 → 분할 → 때빼기 → 탈회 및 효소분해 → 탈모 → 유성
④ 물에 침지 → 산에 담그기 → 제육 → 석회 침지 → 분할 → 탈모 → 탈회 및 효소분해 → 때빼기 → 유성

30 가죽 처리공정 중 원피에 붙어 있는 기름 덩어리나 고기를 제거하는 것은?

① 침지 ② 분할
③ 제육 ④ 탈모

31 가죽 처리공정 중 가죽제품이 깨끗하고 염색이 잘 되게 은면에 남아 있는 모근, 지방 또는 상피층의 분해물을 제거하는 작업은?

① 물에 침지 ② 산에 침지
③ 때빼기 ④ 효소분해

정답 28 ④ 29 ② 30 ③ 31 ③

32 **가죽 처리공정 순서를 올바르게 나열한 것은?**

① 원피 → 고기 제거 → 물에 침지 → 분할 → 때빼기 → 탈모
② 원피 → 물에 침지 → 고기 제거 → 탈모 → 석회 침지 → 분할 → 때빼기 → 회분
③ 물에 침지 → 때빼기 → 석회 침지 → 탈회 → 산에 담그기
④ 회분 → 효소분해 → 제육 → 침지 → 분할 → 때빼기 → 유성

33 **가죽처리 공정 중 원피에 붙어 있는 덩어리나 고기를 제거하는 것은?**

① 물에 침지 ② 석회 침지
③ 제육 ④ 분할

34 **가죽의 처리공정을 순서대로 나열한 것은?**

① 물에 침지 → 산에 담그기 → 제육 → 석회 침지 → 분할 → 때빼기 → 탈회 및 효소분해 → 탈모 → 유성
② 물에 침지 → 제육 → 탈모 → 석회 침지 → 분할 → 때빼기 → 탈회 및 효소분해 → 산에 담그기 → 유성
③ 물에 침지 → 제육 → 석회 침지 → 산에 담그기 → 분할 → 때빼기 → 탈회 및 효소분해 → 탈모 → 유성
④ 물 → 탈모 → 탈회 및 효소분해 → 때빼기 → 유성에 침지 → 산에 담그기 → 제육 → 석회침지 → 분할

35 **가죽 처리공정에서 석회 침지에 해당하는 것은?**

① 가죽제품이 깨끗하고 염색이 잘되게 은면에 남아 있는 모근, 지방 또는 상피층의 분해물을 제거하는 것이다.
② 석회에 담그기가 끝난 제품은 알칼리가 높아 가죽재료로 사용하기에 부적당하므로 산, 산성염 등으로 중화시키는 것이다.
③ 가죽의 촉감 향상을 위하여 털과 표피층, 불필요한 단백질, 지방과 기름 등을 제거하는 것이다.
④ 산을 가하여 산성화하여 가죽을 부드럽게 하는 것이다.

36 **가죽 처리공정 중 가죽의 촉감 향상을 위하여 털과 표피층, 불필요한 단백질, 지방과 기름 등을 제거하는 것은?**

① 분할 ② 유성
③ 제육 ④ 석회 침지

37 **생피를 가죽으로 가공하는 것을 의미하는 것은?**

① 유성 ② 수적
③ 염색 ④ 가재

핵심요점

4 천연모피

① 모피의 구조는 면모, 강모, 조모로 구분할 수 있다.
② 모피의 가치는 무두질 가공과 관계가 많다.
③ 모피에는 매우 고가의 표범, 밍크 등과 저렴한 양, 토끼 등이 있다.
④ 겨울철에 털이 잘 자라며 값도 가장 비싸다.
⑤ 면모의 밀도는 모피의 가치를 결정짓는 가장 중요한 요인이다.

적중예상문제

38 **모피(毛皮)의 가치를 결정짓는 가장 중요한 요인이 되는 것은?**

① 면모의 밀도
② 강모의 강도
③ 조모의 길이
④ 조모의 색채

정답 32 ② 33 ③ 34 ② 35 ③ 36 ④ 37 ① 38 ①

39 천연모피의 설명으로 바른 것은?

① 모피의 가치는 무두질 가공과 별 관계가 없다.
② 모피에는 매우 고가의 양, 토끼 등과 저렴한 표범, 밍크 등이 있다.
③ 여름철에 털이 잘 자라며, 값도 가장 비싸다.
④ 모피의 구조는 면모, 강모, 조모로 구분할 수 있다.

40 천연모피에 대한 설명으로 옳은 것은?

① 강모는 동물의 수염이나 눈꺼풀 위에 있는 빳빳한 털이다.
② 조모는 면모 밑에 있는 짧고 부드러운 털이다.
③ 면모는 몸 전체에 있는 긴 털로서 광택이 있는 털이다.
④ 토끼털은 강하기 때문에 클리닝에서 파손될 위험이 적다.

핵심요점

5 가죽의 특성

① 내열성이 증대한다.
② 유연성과 탄력성이 좋다.
③ 산성염료에 염색성이 좋다.
④ 부패하지 않는다.
⑤ 화학약제에 대한 저항력이 크다.

6 천연피혁의 손질 및 보전방법

① 젖었을 때에는 직사일광 또는 불로 건조시키지 않는다.
② 보관할 때에는 온도나 습도가 낮은 곳에서 보관하여야 한다.
③ 손질할 때에는 기름수건 또는 알코올수건을 사용한다.
④ 건조시킬 때는 반드시 응달에서 말려야 한다.

적중예상문제

41 가죽의 특성 중 틀린 것은?

① 부패하지 않는다.
② 유연성과 탄력성이 크다.
③ 화학약제에 대한 저항력이 크다.
④ 생피에 비해 수분의 흡수도가 현저히 변화하지 않는다.

42 가죽의 특성이 아닌 것은?

① 내열성이 증대한다.
② 유연성과 탄력성이 좋다.
③ 물을 짜내면 물이 잘 빠져 나오지 않는다.
④ 산성염료로 염색성이 좋다.

정답 39 ④ 40 ① 41 ④ 42 ③

CHAPTER 008

견섬유

핵심요점

1 견섬유의 성질

① 열에 양털보다 강하다.
② 흡습성이 좋아 공정수분은 12%이다.
③ 섬유장은 긴 편이나 탄성회복률이 양모 다음으로 우수하다.
④ 동물성섬유로 단백질섬유이다.
⑤ 다른 천연섬유에 비해 일광에 가장 약하다.
⑥ 산에는 강한 편이나 알칼리에 약해서 강한 알칼리에 의하여 쉽게 손상된다.
⑦ 산소계 표백제로 표백한다.
⑧ 곰팡이 등에 대해서는 비교적 안정하다.
⑨ 피브로인의 외부에는 세리신이 부착되어 있다.
⑩ 누에고치에서 실을 뽑을 때는 뜨거운 물이나 증기 속에 넣어 처리한다.
⑪ 세탁은 드라이클리닝을 한다.
⑫ 광택과 촉감은 우수하고 탄성회복률은 양모 다음으로 우수하다.
⑬ 천연섬유 중 가장 길이가 길고, 강도가 우수한 편이며, 신도는 양털보다 약하다.
⑭ 명주섬유의 단면이 삼각형이어서 광택이 우수하다.

2 견의 구조

① 견섬유의 구조는 단면이 삼각형이다.
② 2가닥의 피브로인과 그 주위를 감싼 1가닥의 세리신으로 되어 있다.
③ 견섬유의 주성분은 피브로인 75~80%, 세리신 20~25%이다.

3 견섬유와 다른 섬유(면, 마, 양모)의 비교

① 일광에 약하다.
② 열의 불량도체이다.
③ 흡습성이 좋다.
④ 신도는 양털보다 약하다.
※ 신도 : 섬유가 늘어나 절단되기 전까지 늘어난 길이를 백분율로 표시한 것

적중예상문제

01 견의 특성으로 옳은 것은?

① 광택과 촉감은 합성섬유 다음이다.
② 물세탁 때 중성세제를 사용한다.
③ 탄성회복률은 양모보다 우수하다.
④ 세탁은 드라이클리닝을 한다.

02 다음 천연섬유 중 필라멘트사가 될 수 있는 것은?

① 면　② 견
③ 마　④ 모

03 견섬유의 설명 중 옳은 것은?

① 견섬유의 주체는 세리신이라 한다.
② 누에고치에서 실을 뽑을 때는 냉수에서 처리한다.
③ 견섬유의 외부에는 세리신이 부착되어 있다.
④ 견섬유의 구조는 단면이 다각형이다.

정답 01 ④ 02 ② 03 ③

04 견(Silk) 섬유에 대한 설명 중 틀린 것은?

① 동물성섬유이다.
② 염소계 표백제로 표백한다.
③ 알칼리성 비누는 광택을 나쁘게 한다.
④ 단면이 삼각형이어서 광택이 우수하다.

해설
견섬유는 산소계 표백제로 표백한다.

05 견섬유의 구조 및 화학적 조성에 대한 설명 중 틀린 것은?

① 단면은 삼각형의 2개의 피브로인과 그 주위를 세리신이 감싸고 있다.
② 다른 섬유에 비하여 내일광성이 좋다.
③ 견사로 누에고치 6~7개에서 뽑아낸 실을 합한 것이다.
④ 물세탁 시 세제로는 중성세제를 사용한다.

해설
견섬유는 다른 섬유에 비해 일광에 약하다.

06 견섬유에 해당하는 단백질은?

① 카제인 ② 케라틴
③ 피브로인 ④ 콜라겐

07 견섬유에 대한 설명 중 틀린 것은?

① 단백질 섬유이다.
② 다른 섬유에 비하여 내일광성이 우수하다.
③ 알칼리에 약해서 강한 알칼리에 의하여 쉽게 손상된다.
④ 곰팡이 등의 미생물에 대해서는 비교적 안정하다.

08 다음 중 견섬유의 특성이 아닌 것은?

① 누에고치로부터 얻은 섬유이다.
② 강한 알칼리에 의해 쉽게 손상된다.
③ 햇볕에 의해 별로 변색이 되지 않는다.
④ 우수한 촉감과 광택이 있다.

09 견섬유의 성질에 대한 설명으로 옳은 것은?

① 가늘고 길며 탄성이 약하고 단섬유이다.
② 레질리언스가 양모섬유보다 우수하다.
③ 장시간 보존 중에 습기 등으로 누렇게 변한다.
④ 아름다운 광택과 부드러우며 알칼리에 강하다.

10 견의 특성에 대한 설명으로 옳은 것은?

① 광택과 촉감은 합성섬유 다음으로 우수하다.
② 물세탁 시 물은 반드시 경수를 사용하여야 한다.
③ 다른 섬유에 비하여 일광에 강하다.
④ 석유계 드라이클리닝이 가장 안전하다.

11 다음은 견섬유와 다른 천연섬유(면, 마, 양모)를 비교한 설명이다. 틀린 것은?

① 일광에 약하다.
② 열의 불량도체이다.
③ 흡습성이 좋다.
④ 신도가 좋지 않다.

12 비스코스 원액을 일정온도에서 일정시간 방치하여 점도를 저하시키는 것은?

① 노성 ② 숙성
③ 침지 ④ 정제

해설
비스코스레이온은 정제한 목재(펄프)를 17.5% 가성소다 용액에 침지시켜 알칼리 셀룰로스로 변화시킨 후 일정온도에서 일정기간 방치하여 노성시킨 다음 이황화탄소를 작용시켜 크산테이트로 만들고 이것을 묽은 가성소다 용액에 숙성시키면 방사하기 적당한 끈끈한 액으로 된다. 이것을 방구사로부터 응고액 속에 입출하면 응고되어 다시 셀룰로스가 재생된다.

정답 04 ② 05 ② 06 ③ 07 ② 08 ③ 09 ③ 10 ④ 11 ④ 12 ②

13 **비스코스레이온의 가장 큰 결점은?**

① 흡습성이 좋지 않다.
② 염색성이 나쁘다.
③ 일광에 견디는 힘이 부족하다.
④ 습윤강도가 약하다.

해설
천연 셀룰로스보다도 높으며 섬유는 물에 잠기면 팽윤하여 강력이 저하한다.

14 **명주섬유의 성질 중 가장 옳은 것은?**

① 열에 대하여 양털보다는 매우 약하다.
② 다른 섬유에 비해 일광에는 약한 편이다.
③ 흡습성이 불량하여 공정수분율은 2% 정도이다.
④ 섬유장은 긴 편이나 탄성회복률이 매우 불량한다.

해설
① 열에 대하여 양털보다는 강하다.
③ 흡습성이 좋아 공정수분율은 18.25%이다.
④ 섬유장은 긴 편이나 탄성회복률이 양모 다음으로 우수하다.

15 **견섬유에 대한 설명 중 틀린 것은?**

① 단백질섬유이다.
② 다른 섬유에 비하여 내일광성이 우수하다.
③ 알칼리에 약해서 강한 알칼리에 의하여 쉽게 손상된다.
④ 곰팡이 등의 미생물에 대해서는 비교적 안정하다.

해설
일광에 약하여 오랜 시간 노출되면 황변, 취하하여 강도 및 신도가 눈에 띄게 약해진다.

16 **명주섬유의 물리적 성질과 화학적 성질을 설명한 것 중 옳은 것은?**

① 천연섬유 중 가장 길이가 길고 일광에는 강하다.
② 강도가 우수한 편이고 신도도 양털보다는 우수하다.
③ 광택과 촉감은 우수하나 다른 섬유보다 일광에는 약하다.
④ 산에는 약하나 알칼리에는 강한 편이다.

해설
① 천연섬유 중 가장 길이가 길고 일광에는 약하다.
② 강도가 우수한 편이고 신도는 양털보다 약하다.
④ 알칼리에는 약하나 산에는 강한 편이다.

17 **알칼리 세탁으로 탈색의 위험이 가장 높은 섬유는?**

① 견
② 폴리에스테르
③ 아크릴
④ 마

해설
견은 알칼리에는 약하나 산에는 강한 편이다.

정답 13 ④ 14 ② 15 ② 16 ③ 17 ①

CHAPTER 009

재생섬유

핵심요점

1 비스코스레이온

(1) 재생섬유

① 재생섬유는 면, 마와는 달리 물속에서는 강도가 많이 떨어지므로 물세탁에 주의하여야 한다.

② 재생섬유의 원료는 목재펄프 중에서도 α-셀룰로스 분이 많은 용해펄프나 리터펄프를 원료로 한다.

③ 재생섬유의 분류

- 셀룰로스계 : 비스코스레이온, 폴리노지레이온, 큐프라암모튬레이온 등
- 단백질계 : 카제인섬유
- 기타 : 고무섬유, 알간산섬유

(2) 비스코스레이온의 성질

① 비스코스레이온은 재생섬유이다.

② 강도는 면보다 나쁘나 흡습성은 우수하다.

③ 불에 빨리 타고 소량의 부드러운 흰색 재가 남는다.

④ 일광에 의해 면보다 쉽게 손상된다.

⑤ 흡수할 때 가장 강도 저하가 심하다.

⑥ 정전기가 잘 일어나지 않아 각종 양복 안감, 속치마, 블라우스 등에 이용된다.

⑦ 주로 의복의 안감으로 사용된다.

(3) 비스코스레이온의 구조와 성질

① 현미경 관찰 시 단면은 불규칙하게 주름이 잡혀 있으며 톱날 모양이다.

② 외관에는 주름에 의한 평형된 줄이 있다.

③ 셀룰로스가 주성분이다.

적중예상문제

01 비스코스레이온의 주성분으로 옳은 것은?

① 석유와 석탄
② 셀룰로스
③ 초산과 황산
④ 섬유를 재생할 수 있는 단백질

02 비스코스섬유에 대한 설명 중 옳은 것은?

① 면보다 흡습성이 떨어진다.
② 주로 의복의 안감으로 사용된다.
③ 불에 빨리 타고 검은 덩어리가 남는다.
④ 자외선에 의한 상해가 면보다 적다.

03 비스코스레이온의 구조와 성질에 대한 설명 중 틀린 것은?

① 현미경 관찰 시 단면은 톱날 모양이다.
② 셀룰로스가 주성분이다.
③ 강도는 면보다 나쁘나 흡습성은 우수하다.
④ 정전기가 많이 발생하여 의류의 안감으로 부적합하다.

해설
주로 의복의 안감으로 사용된다.

04 비스코스레이온의 가장 큰 결점은?

① 흡습성이 좋지 않다.
② 염색성이 나쁘다.

정답 01 ② 02 ② 03 ④ 04 ④

③ 일광에 견디는 힘이 부족하다.
④ 습윤강도가 약하다.

해설
비스코스레이온은 물에 잠겨 습윤할 때 가장 강도 저하가 심하다.

핵심요점

2 아세테이트

(1) 반합성섬유
① 섬유용 고분자 화합물에 어떤 화학기를 결합시켜서 에스테르 또는 에테르형으로 한 섬유
② 반합성섬유에는 아세테이트, 트라이아세테이트 등이 있다.

(2) 아세테이트섬유의 특성
① 곰팡이에 안전하다.
② 흡습성이 비스코스레이온과 같이 약해진다.
③ 셀룰로스 섬유에 비해 구김이 덜 생기고 쉽게 펴진다.
④ 장기간 일광에 노출되면 강도가 떨어진다.
⑤ 열가소성이 좋다.
⑥ 물에 대한 친화성이 작다.
⑦ 산과 강한 알칼리에 약하다.
⑧ 아세테이트는 섬유의 분류에서 반합성섬유에 해당된다.
⑨ 면섬유나 목재펄프를 초산으로 처리하여 만든 섬유로서 광택이 좋고 촉감이 부드러워 여성용 옷감, 양복 안감 등에 많이 쓰인다.

적중예상문제

05 반합성섬유의 설명으로 옳은 것은?

① 유기화합물이 포함되지 않은 섬유이다.
② 섬유용 고분자 화합물에 어떤 화학기를 결합시켜서 에스테르 또는 에테르형으로 한 섬유이다.
③ 천연 고분자 화합물을 용해시켜서 모양을 바꿔주고 주된 구성성분 그대로 재생시킨 섬유이다.
④ 섬유를 증류하여 얻은 원료를 합성하여 종합원료를 얻고 그 종합원료를 종합하여 얻은 고분자를 용융방사한 섬유이다.

06 다음 중 반합성섬유에 해당하는 것은?

① 아세테이트　② 폴리에스테르
③ 스판덱스　④ 비닐론

07 인견 중 흡습성이 가장 낮고 수분 흡수 시에 단면의 팽윤도가 낮아, 때의 침투가 어렵고 세탁이 쉬우며, 건조가 빠른 것은?

① 아세테이트 인견
② 비스코스 인견
③ 폴리노직
④ 벰베르크

08 견과 같은 광택과 촉감을 가지며, 마찰이나 당김에는 약하나 탄성이 풍부하고, 내열성이 나쁘며, 다리미 얼룩이 잘 남는 직물은?

① 레이온
② 아세테이트
③ 폴리에스테르
④ 폴리노직레이온

09 아세테이트섬유의 특성으로 옳은 것은?

① 물에 대한 친화성이 크다.
② 강산에 강하다.
③ 장기간 일광에 노출하여도 강도에 변함이 없다.
④ 열가소성이 좋다.

10 면린터나 목재펄프를 빙초산, 무수초산, 초산 등으로 처리하여 건식 방사법으로 만들어 낸 섬유는?

① 아세테이트　② 폴리에스테르
③ 비스코스레이온　④ 나일론

정답 05 ② 06 ① 07 ① 08 ② 09 ④ 10 ①

11 아세테이트섬유에 관한 설명 중 틀린 것은?

① 아크릴섬유 대용으로 개발한 소재이다.
② 목재펄프를 아세트산으로 처리한 소재이다.
③ 촉감이 부드러우며 광택이 좋다.
④ 여성용 옷감, 양복 안감 등에 주로 사용된다.

12 아세테이트섬유의 특성으로 옳은 것은?

① 흡습성이 비스코스레이온에 비해서 훨씬 크다.
② 셀룰로스섬유에 비해 구김이 잘 생긴다.
③ 장기간 일광에 노출하여도 강도는 변함이 없다.
④ 곰팡이에 안전하다.

13 아세테이트섬유에 대한 설명으로 옳은 것은?

① 세탁 처리 시 85℃ 이상에서 행하여야 한다.
② 물세탁에 의해 손상되기 쉬우므로 드라이클리닝하는 것이 안전하다.
③ 일광에 장시간 노출시켜도 상해가 없다.
④ 산과 알칼리에 처리해도 상해가 없다.

14 반합성섬유에 해당하는 것은?

① 유기화합물이 포함되지 않은 섬유
② 천연 고분자물을 용해시켜서 모양을 바꾸어 주고 주된 구성 성분 그대로 재생시킨 섬유
③ 섬유용 천연 고분자 화합물에 어떤 화학기를 결합시켜서 에스테르 또는 에테르형으로 한 섬유
④ 석유를 증류하여 얻은 원료를 합성하여 중합 원료를 얻고 그 중합 원료를 중합하여 얻은 고분자를 용융방사한 섬유

15 광택이 좋고 초기탄성률이 작아서 좋은 드레이프성과 부드러운 촉감을 가지고 있으므로 여성들과 아동용 옷감으로 사용하고 있는 섬유는?

① 아세테이트
② 비스코스레이온
③ 아크릴
④ 폴리에스터

16 다음 중 반합성섬유에 속하는 것은?

① 아세테이트
② 폴리에스테르
③ 스판덱스
④ 비닐론

17 다음 중 반합성섬유는 어느 것인가?

① 아세테이트
② 면
③ 견
④ 양모

정답 11 ① 12 ④ 13 ② 14 ③ 15 ① 16 ① 17 ①

CHAPTER 010

합성섬유

핵심요점

1 합성섬유

(1) 합성섬유의 특징

① 합성섬유는 석유에서 얻어지는 기초 화학물질을 고분자로 합성한 섬유이다.
② 합성섬유는 합성고분자를 제조하는 과정에 축합중합섬유와 부가중합섬유로 구분하기도 한다.
③ 정전기 발생이 쉽고 흡습성이 작아서 내의로 적합하지 않다.
④ 일광에 매우 약해서 햇빛에 오래 두면 변색된다.
⑤ 약품, 해충, 곰팡이에 저항성이 있다.
⑥ 가볍고 열가소성이 크며 열에 약하다.
⑦ 비중이 작다.
⑧ 필링현상이 많다.
⑨ 지용성 오염이 잘 부착한다.
⑩ 탄성과 레질리언스가 좋다.
⑪ 산, 알칼리에 비교적 강하다.

(2) 3대 합성섬유

나일론, 아크릴, 폴리에스테르

(3) 용융방사

① 합성섬유의 방사법으로 가장 많이 사용된다.
② 용융반사는 방사 후의 세척, 건조 등의 공정을 필요로 하지 않는 생산성이 높은 방사법이다.

적중예상문제

01 3대 합성섬유에 해당되지 않는 것은?

① 나일론 ② 스판덱스
③ 아크릴 ④ 폴리에스테르

02 다음 중 합성섬유가 아닌 것은?

① 나일론
② 폴리에스테르
③ 아크릴
④ 비스코스레이온

03 합성섬유에 대한 설명 중 옳은 것은?

① 합성섬유는 여러 가지 종류가 있으나 세탁의 성질은 똑같으므로 주의할 필요가 없다.
② 합성섬유는 열가소성이 크고 열에 약하다.
③ 합성섬유는 일반적으로 유성오염에 예민하나 피지 등에는 오염되지 않는다.
④ 합성섬유는 세탁 시 고온건조 처리를 하여도 변형이 일어나지 않는다.

04 다음 합성섬유의 성질이 틀린 것은?

① 폴리에스테르 : 내약품성이 좋다.
② 아크릴 : 내일광성이 좋다.
③ 나일론 : 탄성회복률이 크다.
④ 폴리프로필렌 : 흡습성이 크다.

정답 01 ② 02 ④ 03 ② 04 ④

05 합성섬유 중 내일광성이 가장 우수한 섬유는?

① 나일론 ② 폴리에스테르
③ 아크릴 ④ 스판덱스

06 다음 중 폴리아미드계 합성섬유에 속하는 것은?

① 나일론 ② 폴리에스테르
③ 스판덱스 ④ 비닐론

07 다음 중 합성섬유의 일반적인 성질이 아닌 것은?

① 흡습성이 낮다. ② 필링성이 작다.
③ 열에 약하다. ④ 비중이 낮다.

해설
합성섬유는 필링현상이 많다.

08 다음 섬유 중 합성섬유가 아닌 것은?

① 비스코스레이온
② 나일론 66
③ 폴리에스테르
④ 아크릴

09 양모, 면, 마 그리고 레이온 등과 혼방하여 강도, 내추성 그리고 의복의 형체안정성을 향상시키고, 흡습성, 보온성 등의 결점을 보완해주는 가장 적합한 스테이플 섬유는?

① 스판덱스 ② 아크릴
③ 폴리에스테르 ④ 나일론

10 합성섬유의 성질이 잘못 표기된 것은?

① 폴리에스테르 : 내추성이 크다.
② 아크릴 : 내일광성이 크다.
③ 나일론 : 탄성회복률이 크다.
④ P.P섬유 : 흡습성이 크다.

11 합성섬유의 특성 설명으로 옳은 것은?

① 정전기 발생이 쉽고 흡습성이 작아서 내의로 적합하지 않다.
② 나일론은 자외선에 강해서 햇빛에 오래 두어도 변색이 없다.
③ 강하고, 가벼우며 열가소성이 없다.
④ 약품, 해충, 곰팡이에 점성이 적은 편이다.

12 합성섬유의 특성으로 틀린 것은?

① 합성섬유는 석유에서 얻어지는 기초 화학물질을 고분자로 합성한 섬유이다.
② 대표적인 합성섬유는 나일론, 폴리에스테르, 아크릴 등이다.
③ 합성섬유에는 바다의 해초에서 원료를 추출하여 만든 알긴산 섬유가 있다.
④ 합성섬유는 합성고분자를 제조하는 과정에 축합중합섬유와 부가중합섬유로 구분하기도 한다.

13 합성섬유에 대한 설명 중 틀린 것은?

① 해충, 곰팡이에 저항성이 강하다.
② 흡습성이 적다.
③ 정전기 발생이 많다.
④ 합성섬유의 원료는 주로 목재펄프를 사용한다.

14 3대 합성섬유에 해당되지 않는 것은?

① 나일론 ② 스판덱스
③ 아크릴 ④ 폴리에스테르

15 다음 중에서 가장 소수성(물과 친화성이 적은 성질)인 섬유는?

① 무명섬유
② 비스코스레이온섬유
③ 양털섬유
④ 폴리에스테르섬유

정답 05 ③ 06 ① 07 ② 08 ① 09 ③ 10 ④ 11 ① 12 ③ 13 ④ 14 ② 15 ④

핵심요점

2 폴리에스테르섬유

제2차 세계대전 중 영국의 칼리코 프린터스 사가 발명하여 영국의 ICI 사가 테릴렌(Terylene)이라는 상품명으로 대량 생산하였다.

(1) 폴리에스테르섬유의 성질
① 내구성이 아크릴보다는 강하고 나일론보다는 작다.
② 탄력회복률이 좋아 구김이 잘 안 간다.
③ 세탁할 때 세탁 수축률이 가장 적다.
④ 염색에 타 부속염료의 사용이 거의 불가능하고 분산염료가 주로 사용된다.
⑤ 열가소성이 우수하여 열고정 가공제품(주름치마)에 많이 이용된다.
⑥ 전기절연성, 대전성이 좋다.
⑦ 옷감으로 가장 많이 사용되고 있는 합성섬유이다.
⑧ 폴리에스테르섬유의 용융온도는 250℃이다.
⑨ 약품에 일반적으로 강하다.

(2) 폴리에스테르섬유의 단점
① 염색하기가 까다롭다.
② 흡습성이 낮아 정전기가 쉽게 발생된다.
③ 땀을 잘 흡수하지 않는다.

적중예상문제

16 다음 중 폴리에스테르 섬유의 용융온도에 해당되는 것은?

① 215℃ ② 250℃
③ 280℃ ④ 300℃

17 다음 중 옷감으로 가장 많이 사용되고 있는 합성섬유는?

① 폴리에스테르
② 아크릴
③ 비닐론
④ 폴리프로필렌

18 다음 섬유 중 PET 섬유가 해당하는 것은?

① 나일론
② 폴리프로필렌
③ 폴리에틸렌
④ 폴리에스테르

19 폴리에스테르(Polyester) 섬유의 단점으로 틀린 것은?

① 내약품성이 좋지 않다.
② 염료를 흡착할 만한 활성기가 없어 염색이 어렵다.
③ 정전기가 잘 발생한다.
④ 흡습성이 낮다.

20 다음 중 비중이 가장 높은 섬유는?

① 나일론
② 아세테이트
③ 폴리에스테르
④ 폴리프로필렌

21 다음은 폴리에스테르(Polyester) 섬유의 단점이다. 틀린 것은?

① 약품에 일반적으로 약하다.
② 염색하기가 까다롭다.
③ 정전기가 잘 발생한다.
④ 땀을 잘 흡수하지 않는다.

22 폴리에스테르 섬유의 성질에 대한 설명으로 옳은 것은?

① 내구성이 아크릴보다는 좋고 나일론보다는 좋지 않다.
② 신장 회복률이 좋아서 주름이 잘 발생한다.
③ 흡습성이 커서 세탁을 하면 쉽게 잘 줄어든다.
④ 대부분의 염료에 의해 쉽게 염색이 잘 된다.

정답 16 ② 17 ① 18 ④ 19 ① 20 ③ 21 ① 22 ①

핵심요점

3 나일론섬유

(1) 개념

① 폴리아미드계 합성섬유이다.
② 아미드 결합(–CONH–)에 의해서 단량체가 연결된 긴 사슬 모양 고분자를 이룬 합성섬유이다.
③ 노멕스, 케블라, 퀴아나 등이 있다.
④ 나일론 6과 나일론 66이 있는데, 국내에서는 주로 나일론 6이 생산되고 있다.

(2) 나일론섬유의 특징

① 비중은 1.14로 양모섬유에 비해 가볍다.
② 강도가 크고 마찰에 대한 저항도가 크다.
③ 용도는 강신도가 커서 양말, 스타킹, 기타 의류에 사용한다.
④ 산소계 표백제는 비교적 안정되므로 표백제로 사용한다.
⑤ 신도가 크고 산성염료에 염색성이 양호하다.
⑥ 햇빛에 의한 황변이 일어난다.
⑦ 수축과 황변 방지를 위하여 통풍량을 많이 하고 저온에 건조시켜야 한다.
⑧ 흡습성이 적어서 빨래가 쉽게 마른다.
⑨ 내일광성이 불량하여 직사광선을 쬐면 급속히 강도가 저하된다.
⑩ 내열성, 일광성이 작고 열가소성이 좋다.

적중예상문제

23 나일론섬유의 특성 중 틀린 것은?

① 강도가 크고 마찰에 대한 저항도가 크다.
② 비중은 1.14로 양모섬유에 비해 가볍다.
③ 햇빛에 의한 황변이 일어나지 않는다.
④ 흡습성이 적어서 빨래가 쉽게 마른다.

해설
햇빛에 의한 황변이 일어난다.

24 나일론섬유의 성질로 틀린 것은?

① 강도가 크다.
② 신도가 크다.
③ 열가소성이 좋다.
④ 내일광성이 크다.

25 다음 섬유 중 나일론섬유가 아닌 것은?

① 노멕스 ② 케블라
③ 스판덱스 ④ 퀴아나

해설
나일론섬유는 노멕스, 케블라, 퀴아나이다.

26 나일론섬유의 특성으로 틀린 것은?

① 나일론 6과 나일론 66이 있는데, 국내에서는 주로 나일론 6이 생산되고 있다.
② 염소계 표백제에는 비교적 안정하므로 표백제로 사용한다.
③ 용도는 강신도가 커서 양말, 스타킹, 기타 의류에 사용한다.
④ 내일광성이 불량하여 직사광선을 쬐면 급속히 강도가 저하된다.

27 나일론섬유의 성질로서 틀린 것은?

① 강도가 크다.
② 신도가 크다.
③ 열가소성이 좋다.
④ 내일광성이 크다.

28 다음 중 열에 가장 약한 섬유는?

① 나일론
② 양모
③ 비스코스레이온
④ 면

정답 23 ③ 24 ④ 25 ③ 26 ② 27 ④ 28 ①

29 **나일론섬유의 특징으로 틀린 것은?**

① 정전기가 잘 생긴다.
② 보푸라기가 잘 생긴다.
③ 빨래가 쉽게 마른다.
④ 내일광성이 우수하다.

30 **우리나라에서 가장 많이 생산되는 나일론은?**

① 나일론 6 ② 나일론 66
③ 나일론 610 ④ 나일론 11

31 **나일론섬유의 특성으로 옳은 것은?**

① 신도는 적으나 흡수성이 매우 크다.
② 흡습성이 크므로 세탁이 쉬운 편이다.
③ 내열성이 크므로 분산염료에 염색성이 양호하다.
④ 강도가 크고 산성염료에 염색성이 양호하다.

32 **나일론의 특성으로 옳은 것은?**

① 신도가 낮다.
② 흡습성이 천연섬유에 비하여 높다.
③ 내일광성이 좋다.
④ 열가소성이 좋다.

핵심요점

4 아크릴섬유

① 제품의 종류에 따라 염색성이 차이가 있다.
② 벌크 가공이 된 아크릴섬유는 더욱 좋은 레질리언스를 가지고 있다.
③ 적절한 열처리를 하면 그 형체는 상당 기간 보존된다.
④ 강도는 나일론보다 적다.
⑤ 탄성회복률이 우수하여 주름이 안 생긴다.
⑥ 양모섬유와 같이 가볍고 보온성이 좋다.
⑦ 산과 알칼리에 대한 내성이 우수하여, 모든 드라이클리닝 용매와 표백제에 안정하다.
⑧ 모든 섬유 중에서 내일광성이 가장 우수하다.

적중예상문제

33 **아크릴섬유의 특성 중 틀린 것은?**

① 합성섬유 중에서 강도가 높은 편이다.
② 제품의 종류에 따라 염색성에 차이가 있다.
③ 벌크 가공이 된 아크릴섬유는 더욱 좋은 레질리언스를 가지고 있다.
④ 적절한 열처리를 하면 그 형체는 상당 기간 보존된다.

34 **합성섬유 중 부가중합체에 의하여 제조되는 섬유는?**

① 나일론
② 폴리에스테르
③ 아크릴
④ 스판덱스

35 **가볍고 촉감이 부드러우며 워시앤웨어성이 좋고 따뜻하며 양모보다 가벼워서 양모가 사용되던 곳에 많이 사용하고 있는 섬유는?**

① 나일론
② 아크릴
③ 스판덱스
④ 폴리에스터

36 **아크릴섬유에 대한 설명 중 가장 옳은 것은?**

① 탄성회복률이 적어 주름이 잘 생긴다.
② 양모섬유와 같이 가볍고 보온성이 좋다.
③ 진한 산과 알칼리에는 강하나 세탁제에 의해 침해가 크다.
④ 일광에 대한 견뢰도가 약하고 벌레, 곰팡이의 해도 크다.

정답 29 ④ 30 ① 31 ④ 32 ④ 33 ① 34 ③ 35 ② 36 ②

핵심요점

5 기타 합성섬유

① 폴리우레탄 : 고무처럼 자유로이 신축하는 성질을 가진 것으로 스판덱스라고 한다.
② 폴리프로필렌계 : 폴리프로필렌
③ 폴리비닐알코올 : 비닐론, PVC
④ 폴리염화비닐 : 폴리염화비닐, PVC
⑤ 폴리에틸렌계 : 폴리에틸렌
⑥ 폴리염화비닐라이덴계 : 폴리염화비닐라이덴
⑦ 폴리플루오르에틸렌계 : 폴리플루오르에틸렌
※ 비중
나일론 : 1.14, 아크릴 : 1.17, 폴리에스테르 : 1.38, 폴리프로필렌 : 0.91

적중예상문제

37 다음 중 비중이 가장 작은 섬유는?

① 폴리아미드계 섬유
② 폴리에스테르계 섬유
③ 폴리우레탄계 섬유
④ 폴리프로필렌계 섬유

38 폴리우레탄계 섬유에 해당하는 것은?

① 나일론 ② 스판덱스
③ 비닐론 ④ 사란

정답 37 ④ 38 ②

세탁방법

PART TWO

CHAPTER 001 경수(세탁용수)

핵심요점

1 경수

① 칼슘, 마그네슘, 철분 등의 불순물이 함유된 물은 세탁에 크게 방해가 되는데, 경수는 이들 금속을 함유한 물이다.
② 세탁 시 경수를 사용하는 경우 비누의 손실이 많아짐은 물론 세탁 효과도 저하된다.
③ 경수에 함유되어 있는 것은 칼슘, 마그네슘, 철 등이다.

2 세탁물의 상해 방지를 위한 주의사항

① 용제로부터 생성한 염산 등에 의한 세탁물의 변색이나 취화에 주의한다.
② 손상되기 쉬운 제품은 뒤집거나 망에 넣어 처리한다.
③ 원심분리기에 의한 것은 소매의 파손에 주의한다.
④ 원심탈수기 작동 시 뚜껑을 덮는다.

※ 세탁용수로 적합한 것은 수용성물질을 용해할 수 있어야 한다.

3 경도

① 물속에 용해되어 있는 경화염류의 함유량을 표시하는 단위이다.
② 우리나라가 사용하는 경도 표시법은 독일식이다.

4 세탁용수의 불순물 제거방법

정치침전법, 응집침전법, 이온교환수지법

적중예상문제

01 다음은 세탁물의 상해 방지를 위한 주의사항이다. 맞지 않는 것은?

① 용제로부터 생성한 염산 등에 의한 세탁물의 변색이나 취화에 주의한다.
② 모 제품은 용제 중의 수분을 많게 하고 장시간 동안 처리한다.
③ 손상되기 쉬운 제품은 뒤집거나 망에 넣어서 처리한다.
④ 원심분리기에 의한 것은 소매의 파손에 주의한다.

02 세탁용수의 불순물 제거방법이 아닌 것은?

① 정치침전법 ② 응집침전법
③ 가열공급법 ④ 이온교환수지법

03 세탁용수로 가장 적합한 것은?

① 수용성물질을 용해할 수 있어야 한다.
② 칼슘, 마그네슘이 함유되어 있어야 한다.
③ 금속성분이 없는 센물이어야 한다.
④ 세탁하기 전 소금을 가하였다.

04 물속에 용해되어 있는 경화염류의 함유량을 표시하는 단위는?

① 농도 ② 경도
③ 산가 ④ 알칼리도

정답 01 ② 02 ③ 03 ① 04 ②

05 다음 중 경수에 함유되지 않은 것은?

① 칼슘 ② 탄소
③ 마그네슘 ④ 철

06 우리나라가 사용하는 경도 표시법은?

① 미국식 ② 영국식
③ 러시아식 ④ 독일식

정답 05 ② 06 ④

CHAPTER 002 손빨래

핵심요점

1 손빨래의 종류

(1) 흔들어 빨기
① 세탁물을 세제액에 담가 흔들어 세탁하는 방법이다.
② 세탁 효과는 좋지 못하지만 옷감의 손상이 적다.
③ 모직이나 편성물, 실크에 적합하다.

(2) 주물러 빨기
① 세탁물을 세제액에 넣고 가볍게 주물러 주는 방법이다.
② 흔들어 빨기보다 효과가 좋고 손상도 적다.
③ 견, 모, 레이온, 아세테이트 등에 적합하다.

(3) 두들겨 빨기
① 손빨래 중 효과가 가장 좋고 노력이 적게 든다.
② 면직물, 마직물에 적합하다.

(4) 눌러 빨기
① 양손으로 가볍게 누르면서 빠는 방식이며 효과가 좋고 섬유 손상이 적다.
② 양모, 울, 실크, 견, 아세테이트, 레이온 직물에 적합하다.

(5) 비벼 빨기
① 두 손으로 빨래를 비비는 방법으로 우리나라에서 가장 많이 사용하는 세탁법이다.
② 섬유의 마찰과 충돌이 반복되어 세탁 효과가 매우 좋으나 섬유 손상이 쉽다.
③ 옷의 깃, 소매 끝 등 오염이 심한 부위, 면직물, 마직물에 적합하다.

(6) 솔로 문질러 빨기
① 옷의 변형, 섬유의 손상이 비교적 적고 세탁 효과가 좋다.
② 청바지, 작업복, 두꺼운 면직물에 적합하다.

(7) 삶아 빨기
① 흰 면 속옷이나 시트 같은 면 제품에 심한 오염 발생 시 세탁하는 방법이다.
② 살균, 소독의 효과가 있으며 위생적이다.

적중예상문제

01 손빨래 중 세탁 효과가 좋고 노력이 적게 드는 것은?

① 흔들어 빨기 ② 주물러 빨기
③ 두들겨 빨기 ④ 눌러 빨기

02 손세탁 중 흔들어 빨기에 가장 적당한 옷감은?

① 면직물 ② 견직물
③ 레이온 직물 ④ 모 편성물

03 다음의 손세탁방법 중에서 모직이나 편성물 또는 실크 등의 의류를 손상되지 않게 세탁하는 방법으로 가장 적당한 것은?

① 두들겨 빨기 ② 흔들어 빨기
③ 비벼 빨기 ④ 삶아 빨기

정답 01 ③ 02 ④ 03 ②

04 다음 중 삶아 빨기에 적당한 의류는?

① 흰 폴리에스테르 와이셔츠
② 흰 나일론 양말
③ 흰 아세테이트 블라우스
④ 흰 면 속옷

05 다음 중 일반적인 손빨래의 방법이 아닌 것은?

① 돌려서 빨기
② 두들겨 빨기
③ 주물러 빨기
④ 흔들어 빨기

06 세탁 효과도 좋고 노력이 적게 들어 청바지 등 두꺼운 옷과 기계 세탁에서 상하기 쉬운 세탁물에 적합한 손빨래방법은?

① 두들겨 빨기
② 흔들어 빨기
③ 솔로 빨기
④ 눌러 빨기

07 손빨래방법 중 세탁 효과는 불량하나 옷감의 손상이 적은 것은?

① 흔들어 빨기
② 눌러 빨기
③ 주물러 빨기
④ 두들겨 빨기

08 옷의 변형, 섬유의 손상이 비교적 적고 세탁 효과가 좋아서 면·마·인조섬유 등의 직물에 적합한 손세탁방법은?

① 흔들어 빨기
② 주물어 빨기
③ 솔로 문질러 빨기
④ 비벼 빨기

핵심요점

2 물세탁방법

기호	기호의 정의
95℃	• 물의 온도 95℃를 표준으로 세탁할 수 있다. • 삶을 수 있다. • 세탁기로 세탁할 수 있다(손세탁 가능). • 세제 종류에 제한을 받지 않는다.
60℃	• 물의 온도 60℃를 표준으로 하여 세탁기로 세탁할 수 있다(손세탁 가능). • 세제 종류에 제한을 받지 않는다.
40℃	• 물의 온도 40℃를 표준으로 하여 세탁기로 세탁할 수 있다(손세탁 가능). • 세제 종류에 제한을 받지 않는다.
약 40℃	• 물의 온도 40℃를 표준으로 하여 세탁기로 약하게 세탁 또는 약한 손세탁도 할 수 있다. • 세제 종류에 제한을 받지 않는다.
약 30℃ 중성	• 물의 온도 30℃를 표준으로 하여 세탁기로 약하게 세탁 또는 약한 손세탁도 할 수 있다. • 세제 종류는 중성세제를 사용한다.
손세탁 30℃ 중성	• 물의 온도 30℃를 표준으로 하여 약하게 손세탁할 수 있다(세탁기 사용 불가). • 세제 종류는 중성세제를 사용한다.
	물세탁은 안 된다.

적중예상문제

09 섬유제품 중 "물세탁을 하지 말라"는 취급상 표시기호가 맞는 것은?

①
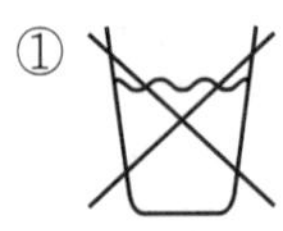
②

③

④
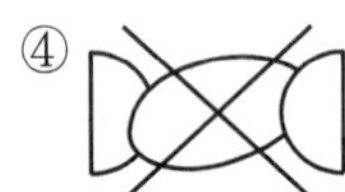

정답 04 ④ 05 ① 06 ③ 07 ① 08 ③ 09 ①

10 **섬유의 상품 그림 중 물세탁방법에서 취급상 주의 표시기호의 뜻이 맞지 않는 것은?**

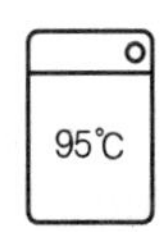

① 물의 온도 95℃를 표준으로 세탁할 수 있음
② 세제의 종류에 제한을 받지 않음
③ 세탁기에 의하여 세탁할 수 없음
④ 손세탁이 가능함

해설
세탁기로 세탁할 수 있다.

11 **다음 기호의 설명으로 틀린 것은?**

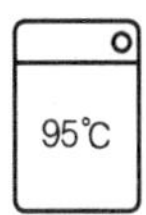

① 물의 온도 95℃를 표준으로 세탁할 수 있다.
② 세탁기에 의하여 세탁할 수 있다.
③ 손으로 빠는 것도 가능하다.
④ 세제의 종류에 제한을 받는다.

해설
세제의 종류에 제한을 받지 않는다.

12 **다음 그림과 같은 기호로 표시된 제품의 취급방법은?**

① 물세탁은 되지 않는다.
② 물세탁을 낮은 온도에서 한다.
③ 물세탁은 하되 세제를 사용하지 않는다.
④ 드라이클리닝하지 말고 중성세제로 물세탁한다.

13 **다음 기호의 설명으로 틀린 것은?**

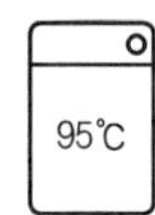

① 물의 온도 95℃를 표준으로 세탁할 수 있다.
② 세탁기로 세탁할 수 있다.
③ 세제 종류에 제한받지 않는다.
④ 손세탁은 불가능하다.

14 **섬유의 물세탁방법에 관한 표시기호의 설명으로 틀린 것은?**

① 물의 온도는 30℃를 표준으로 한다.
② 약하게 손세탁할 수 있다.
③ 세탁기로 세탁할 수 있다.
④ 세제는 중성세제를 사용한다.

해설
물의 온도는 30℃를 표준으로 중성세제로 약하게 손세탁할 수 있다.

15 **섬유제품의 취급에 관한 표시기호 중 "물세탁은 안 된다"에 해당되는 것은?**

① 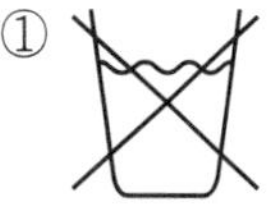
② 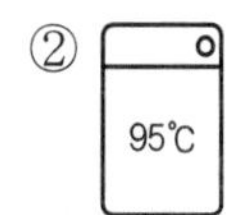

③ 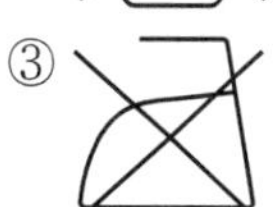
④ 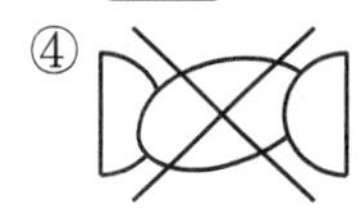

16 **다음에 해당되는 섬유제품의 취급에 관한 표시기호는?**

- 삶을 수 있다.
- 세탁기로 세탁할 수 있다.
- 손빨래도 가능하다.
- 세제 종류에 제한받지 않는다.

① 

② 

③ 약 30℃ 중성
④ 95℃

정답 10 ③ 11 ④ 12 ① 13 ④ 14 ③ 15 ① 16 ④

핵심요점

3 산소 또는 염소 표백의 가부

기호	기호의 정의
염소 표백 (삼각형)	염소계 표백제로 표백할 수 있다.
염소 표백 (삼각형에 X 표시)	염소계 표백제로 표백할 수 없다.
산소 표백 (삼각형)	산소계 표백제로 표백할 수 있다.
산소 표백 (삼각형에 X 표시)	산소계 표백제로 표백할 수 없다.
염소, 산소 표백 (삼각형)	염소계 · 산소계 표백제로 표백할 수 있다.
염소, 산소 표백 (삼각형에 X 표시)	염소계 · 산소계 표백제로 표백할 수 없다.

4 세탁기호 취급방법

기호	기호의 정의
P	용제의 종류에 상관없이 세탁

적중예상문제

17 다음의 세탁기호 설명으로 옳은 것은?

① 산소계 표백제로 표백할 수 있음
② 산소계 표백제로 표백할 수 없음
③ 염소계 표백제로 표백할 수 있음
④ 염소, 산소계 표백제로 표백할 수 없음

18 다음 그림과 같은 세탁 관련 기호의 취급방법에 대한 설명으로 옳은 것은?

① 탄화수소계 용제로 약하게
② 탄화수소계 용제로 세탁
③ 용제의 종류에 상관없이 약하게
④ 용제의 종류에 상관없이 세탁

핵심요점

5 다림질방법

기호	기호의 정의
3 180~210℃	다리미의 온도 180~210℃로 다림질을 할 수 있다.
3 180~210℃ (아래에 물결선)	다림질은 헝겊을 덮고 온도 180~210℃로 다림질을 할 수 있다.
2 140~160℃	다리미의 온도 140~160℃로 다림질을 할 수 있다.
2 140~160℃ (아래에 물결선)	다림질은 헝겊을 덮고 온도 140~160℃로 다림질을 할 수 있다.
1 80~120℃	다리미의 온도 80~120℃로 다림질을 할 수 있다.
1 80~120℃ (아래에 물결선)	다림질은 헝겊을 덮고 온도 80~120℃로 다림질을 할 수 있다.
(다리미에 X 표시)	다림질을 할 수 없다.

정답 17 ① 18 ④

6 드라이클리닝

기호	기호의 정의
드라이	• 드라이클리닝을 할 수 있다. • 용제의 종류는 퍼클로로에틸렌 또는 석유계를 사용한다.
드라이 석유계	• 드라이클리닝을 할 수 있다. • 용제의 종류는 석유계에 한한다.
드라이	드라이클리닝을 할 수 없다.
드라이	드라이클리닝은 할 수 있으나 셀프 서비스는 할 수 없고, 전문점에서만 할 수 있다.

적중예상문제

19 드라이클리닝의 표시기호 중 용제의 종류를 퍼클로로에틸렌 또는 석유계를 사용함을 표시한 것은?

① 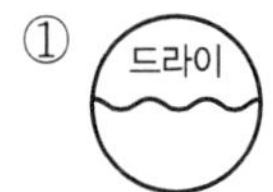

② 

③ 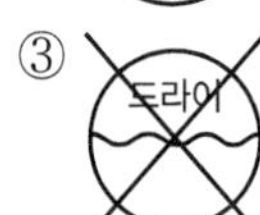

④ 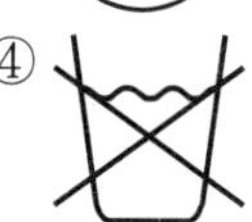

20 다음과 같은 표시가 된 제품을 드라이클리닝 하는 방법은?

① 용제의 종류는 구별하지 않아도 된다.
② 석유를 섞은 물을 조금 넣어 세탁한다.
③ 용제의 종류는 석유계에 한하여 드라이클리닝할 수 있다.
④ 용제의 종류는 석유계를 제외하고 모두 사용할 수 있다.

핵심요점

7 짜는 방법

기호	기호의 정의
약하게	손으로 짜는 경우에는 약하게 짜고, 원심 탈수기인 경우는 단시간에 짠다.
	짜면 안 된다.

8 건조방법

기호	기호의 정의
옷걸이	햇빛에서 옷걸이에 걸어 건조시킨다.
옷걸이	옷걸이에 걸어서 그늘에 건조시킨다.
뉘어서	햇빛 뉘어서 건조시킨다.
뉘어서	그늘에 뉘어서 건조시킨다.
	세탁 후 건조할 때 기계 건조를 할 수 있다.
	세탁 후 건조할 때 기계 건조를 할 수 없다.

정답 19 ① 20 ③

적중예상문제

21 다음 그림은 섬유의 건조방법 중 어떠한 방법인가?

① 옷걸이에 걸어서 일광에 건조시킬 것
② 옷걸이에 걸고 그늘에서 건조시킬 것
③ 일광에 뉘어서 건조시킬 것
④ 그늘에서 뉘어서 건조시킬 것

핵심요점

9 100% 양모 제품 마크

적중예상문제

22 다음 마크의 뜻으로 옳은 것은?

① 100% 견 제품
② 100% 양모 제품
③ 100% 면 제품
④ 100% 나일론 제품

정답 21 ② 22 ②

CHAPTER 003

직물의 조직과 구조

핵심요점

1 평직물

(1) 평직물의 특성

① 직물조직 중 가장 간단한 조직으로 경사와 위사가 한 올씩 교대로 위로 올라가고 아래로 내려가는 조직
② 경사와 위사가 직각으로 이루어진 형태
※ 직물의 삼원 조직
- 평직 : 광목, 포플린, 옥양목
- 능직 : 서지, 캐시미어, 개버딘, 데님
- 주자직 : 공단, 도스킨

(2) 평조직 직물의 특징

① 날실과 씨실의 굴곡이 가장 많으며 직축률(직물로부터 실을 올곧게 폈을 때 길이와 직물 길이의 차이를 길이에 대한 백분율로 나타낸 것)이 가장 크다.
② 직물의 겉과 안의 구분이 없다.
③ 다른 조직 직물에 비하여 마찰이 크며 광택이 적다.
④ 날실과 씨실이 한 올식 교대로 교차된 간단한 조직이다.
⑤ 삼원 조직 중 가장 간단한 조직이며 제직이 간단하다.
⑥ 구김이 쉽게 생긴다.
⑦ 광목, 옥양목 등이 평직물의 대표적인 것이다.
⑧ 조직점이 많아 강하고 실용적이나 표면이 거칠고 광택이 나쁘다.
⑨ 경사와 위사가 한 올씩 상·하 교대로 교차되어 있다.
⑩ 대표적인 직물로는 광목, 포플린, 옥양목 등이 있다.

(3) 평직의 조직도

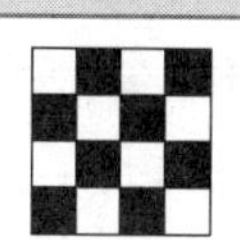

적중예상문제

01 직물의 삼원 조직이 아닌 것은?

① 평직 ② 주자직
③ 능직(사문직) ④ 문직

02 직물 조직 중 삼원 조직에 속하지 않는 것은?

① 평직
② 능직(사문직)
③ 수자직(주자직)
④ 바스켓직

03 직물의 삼원 조직 중 조직점이 가장 많아서 딱딱하며 광택이 적은 것은?

① 능직(사문직) ② 주자직
③ 평직 ④ 특별조직

정답 01 ④ 02 ④ 03 ③

04 그림과 같은 조직도를 가진 직물 조직은?

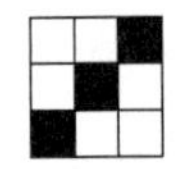

① 능직　② 평직
③ 수자직　④ 무직

05 다음 직물의 삼원 조직이 아닌 것은?

① 평직　② 능직
③ 주자직　④ 두둑직

06 다음 중 직물의 설명으로 옳지 않은 것은?

① 경사와 위사가 직각으로 이루어진 형태이다.
② 경사와 위사가 교차하는 방법에 따라 여러 가지 무늬를 얻을 수 있다.
③ 직물의 삼원 조직은 평직, 능직, 주자직이 있다.
④ 세 가닥 또는 그 이상의 실로 땋은 것도 있다.

07 직물의 삼원 조직이 아닌 것은?

① 능직　② 수자직
③ 평직　④ 리브직

08 직물의 삼원 조직은?

① 평직, 능직(사문직), 주자직(수자직)
② 평직, 능직(사문직), 사직
③ 주자직(수자직), 능직(사문직), 익조직
④ 평직, 능직(사문직), 평편조직

09 위사와 경사를 조합해서 만든 천은?

① 직물　② 편물
③ 부직포　④ 접착포

10 세로 방향의 실(경사)과 가로 방향의 실(위사)이 직각으로 교차하여 이루어진 형태는?

① 경편물　② 위편물
③ 직물　④ 부직포

11 다음 중에서 평직물에 해당되는 것은?

① 광목　② 서지
③ 공단　④ 벨벳

12 평직에 대한 설명으로 옳은 것은?

① 사문직이라고도 한다.
② 조직점이 적어서 유연하다.
③ 경사와 위사가 한 올씩 상 · 하 교대로 교차되어 있다.
④ 표면이 매끄럽고 광택이 좋다.

13 평조직 직물의 특징을 설명한 것은?

① 직물의 겉면과 뒷면에 사문선이 나타난다.
② 다른 조직 직물에 비하여 마찰에는 약하지만 광택은 우수하다.
③ 날실과 씨실의 굴곡이 가장 많으며, 직축률이 가장 크다.
④ 기본조직의 구성 올 수는 최소한 3올이다.

14 다음 직물 중 평직에 해당되는 것은?

① 포플린　② 캐시미어
③ 서지　④ 공단

15 직물 조직 중 가장 간단한 조직으로 경사와 위사가 한 올씩 교대로 위로 올라가고, 아래로 내려가는 조직은?

① 평직　② 능직
③ 주자직　④ 여직

16 다음 중 평직의 특성으로 옳은 것은?

① 최소 3올 이상으로 구성된다.
② 직물의 광택이 우수하다.
③ 앞뒤의 구별이 있다.
④ 조직점이 많아서 얇으면서 강직하다.

정답 04 ① 05 ④ 06 ④ 07 ④ 08 ① 09 ① 10 ③ 11 ① 12 ③ 13 ③ 14 ① 15 ① 16 ④

17 위사와 경사를 조합해서 만든 피륙은?

① 직물 ② 편성물
③ 레이스 ④ 브레이드

18 다음 중 평직물이 아닌 것은?

① 개버딘 ② 광목
③ 옥양목 ④ 포플린

해설
평직물로는 광목, 옥양목, 포플린 등이 있다.

19 다음 중 평직물에 해당되는 것은?

① 광목 ② 서지
③ 공단 ④ 벨벳

20 다음 그림에 해당되는 직물조직은?

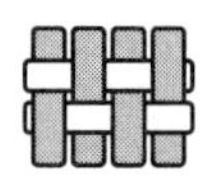

① 평직 ② 능직
③ 수자직 ④ 사직

21 평직물에 관한 설명 중 틀린 것은?

① 조직이 간단하다.
② 마찰에 강하나 광택이 적다.
③ 유연해서 주름이 잘 생기지 않는다.
④ 실용적인 옷감으로 사용되고, 광목, 옥양목, 포플린 등이 있다.

22 평직의 특징이 아닌 것은?

① 제직이 간단하다.
② 경사와 위사가 한 올씩 상 · 하 교대로 교차되어 있다.
③ 광목, 옥양목 등이 평직물의 대표적인 것이다.
④ 광택이 우수하다.

23 다음 중 평직의 특성으로 옳은 것은?

① 직물이 조밀하고 최소 3올 이상으로 만들어진다.
② 실용적인 옷감으로 사용되고 광목, 옥양목, 포플린 등이 있다.
③ 유연하여 겉 옷감으로 사용되고 데님, 개버딘, 서지 등이 있다.
④ 신축성이 좋고 구김이 생기지 않는다.

24 다음 중 평직의 특징에 해당하는 것은?

① 3올 이상의 날실과 씨실로 구성되어 있다.
② 사문직이라고도 한다.
③ 부드럽고 구김이 잘 가지 않는다.
④ 직물 조직 중에서 가장 간단한 조직이다.

25 다음 중 평직물은 어느 것인가?

① 공단 ② 광목
③ 벨벳 ④ 서지

핵심요점

2 섬유의 구비 조건

① 탄성과 광택이 좋아야 한다.
② 가소성, 염색성이 좋아야 한다.
③ 섬유 상호 간에 포합성이 있어야 한다.
④ 굵기가 가늘고 균일하여야 한다.
⑤ 부드러운 성질이 있어야 한다.
⑥ 내약품성, 내열성, 내충성이 있어야 한다.
⑦ 원료가 저렴하고 구하기 쉬워야 한다.

적중예상문제

26 섬유가 구비해야 할 조건과 가장 거리가 먼 것은?

① 섬유 상호 간에 포합성이 있어야 한다.
② 굵기가 굵고 균일하여야 한다.
③ 부드러운 성질이 있어야 한다.
④ 탄성과 광택이 우수하여야 한다.

정답 17 ① 18 ① 19 ① 20 ① 21 ③ 22 ④ 23 ② 24 ④ 25 ②

해설
굵기가 가늘고 균일하여야 한다.

27 섬유가 갖추어야 할 조건 중 틀린 것은?

① 광택이 좋아야 한다.
② 가소성이 풍부하여야 한다.
③ 탄력이 좋아야 한다.
④ 비중이 커야 한다.

핵심요점

3 능직(사문직)

(1) 능직의 개념
경사 또는 위사가 2올이나 그 이상 건너뛰어서 업되거나 다운되어 조직점이 대각선 방향으로 연결된 선이 나타나게 짜는 방법이다.

(2) 능직물의 특성
① 광택이 좋고 표면이 고운 직물을 만들 수 있다.
② 평직에 비해 마찰이 약하다.
③ 능선각이 급할수록 내구성이 좋다.
④ 평직 다음으로 많이 사용된다.
⑤ 조직점이 평직보다 적어 유연하며 내구성, 드레이프성, 레질리언스가 좋고 실의 밀도를 크게 할 수 있으며, 두께감이 있는 직물을 만들 수 있다.
⑥ 능직은 분수로 조직을 표시하는데, 경사가 위사 위로 올라간 것을 분자로 하고 내려간 것을 분모로 한다.
⑦ 대표적인 직물로는 서지, 캐시미어, 개버딘, 데님, 플란넬 등이 있다.

(3) 능직의 조직도

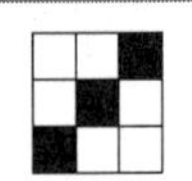

적중예상문제

28 다음 직물 중 사문 조직에 해당하지 않는 것은?

① 서지 ② 데님
③ 개버딘 ④ 시팅

29 다음 직물 중 사문 조직에 해당하는 것은?

① 서지 ② 광목
③ 홈스펀 ④ 옥양목

30 개버딘은 어떤 직물 조직인가?

① 평직 ② 능직
③ 주자직 ④ 익조직

31 다음 중 능직으로 제직한 직물이 아닌 것은?

① 서지(Serge)
② 개버딘(Gaberdine)
③ 데님(Denim)
④ 옥양목(Shirting)

32 다음 중 능직의 특징에 해당되는 것은?

① 경사와 위사가 한 올씩 상 · 하 교대로 교차되어 있다.
② 광택이 좋고 표면이 고운 직물을 만들 수 있다.
③ 앞뒤의 구별이 없다.
④ 제직이 간단하다.

33 능직물에 해당되지 않는 것은?

① 옥양목 ② 개버딘
③ 진 ④ 서지

34 데님 직물의 조직에 해당되는 것은?

① 평직 ② 능직
③ 수자직 ④ 변화평직

정답 26 ② 27 ④ 28 ④ 29 ① 30 ② 31 ④ 32 ② 33 ① 34 ②

35 다음 중 개버딘이 해당되는 직물 조직은?

① 평직　② 능직
③ 수자직　④ 익조직

36 경사와 위사를 각각 2올 이상으로 교차시켜 완전 조직을 구성하여, 조직점이 빗금 방향으로 연속되어 나타나는 조직은?

① 평직　② 능직
③ 수자직　④ 여직

37 능직의 특성에 대한 설명 중 틀린 것은?

① 조직이 치밀하여 구김이 잘 생긴다.
② 표면 결이 고운 직물을 만들 수 있다.
③ 평직보다 마찰에 약하나 광택은 좋다.
④ 대표적인 직물로는 데님(Denim), 개버딘(Gaberdine), 드릴(Drill), 서지(Serge) 등이 있다.

핵심요점

4 익조직

두 가닥의 날실이 한 조가 되어 얽히면서 씨실과 엮인 천의 쓰임새로 속이 비치고 통기성이 뛰어나지만 조직이 엉성하므로 클리닝 조직은 가능한 가볍게 하고 조심해서 다루어야 하는 직물이다.

적중예상문제

38 두 가닥의 날실이 한 조가 되어 얽히면서 씨실을 얽어 속이 비치고 통기성이 뛰어나지만 조직이 엉성하므로 조심해서 다루어야 하는 직물은?

① 평직　② 사문직
③ 익조직　④ 주자직

핵심요점

5 주자직(수자직)

(1) 주작직의 개념
① 주자직은 경사위 조직점을 비교적 적제 하여 직물의 표면을 경사 또는 위사만 돋보이게 한 직물이다.
② 경사와 위사가 교차하는 방법에 따라 여러 가지 무늬를 얻을 수 있다.

(2) 주자직의 특성
① 직물의 조직 중 밀도는 가장 높게 할 수 있으나 마찰에 약하다.
② 조직점이 적어서 구김도 덜 생기고 높게 할 수 있으나 마찰에 약하다.
③ 실의 굴곡이 가장 적어 부드럽고 매끄러우며 광택이 좋다.
④ 강도, 마찰에 약하여 실용적이지 못하다.
⑤ 실 사이에 공간이 없어 두꺼운 겨울용 소재로 많이 사용된다.
⑥ 내구력이 약해 표면 손상이 우려되는 조직이다. 견과 유사한 직물에는 수자직이 많다.
⑦ 수자직 원단을 수자직이라고 부르며 단섬유로 만든 수자직을 새틴(Sateen)직이라 한다.
⑧ 대표적인 직물로는 공단, 도스킨 등이 있다.

(3) 주자직의 조직도

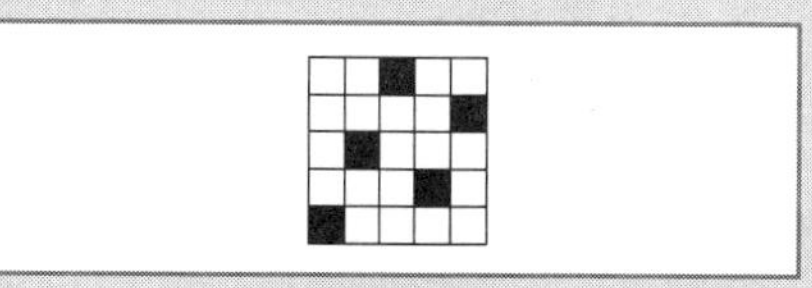

적중예상문제

39 밀도는 가장 높게 할 수 있으나 마찰에 약한 조직은?

① 평직　② 능직
③ 주자직　④ 편직

정답 35 ② 36 ② 37 ① 38 ③ 39 ③

40 다음의 직물 조직명은?

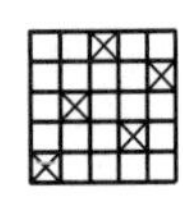

① 평직 ② 능직
③ 여직 ④ 주자직

핵심요점

6 복합천

(1) 복합천의 개념
① 2개 이상의 직물을 접착시킨 직물이다.
② 천과 파일, 천과 천, 천과 수지 등을 결합시킨 입체적인 것을 말한다.

(2) 복합천의 특성 : 파일제품
① 천 표면에 파일이 있는 제품
② 첨모 조직(벨벳, 별진코르덴, 타월천)과 독자적인 특성을 살린 하이파일 등이 있다.

적중예상문제

41 벨벳(Velvet)과 같은 옷감은 어떤 제품에 속하는가?

① 파일 제품
② 부직포 제품
③ 편직물 제품
④ 모피 제품

42 파일직물에 속하지 않는 것은?

① 우단 ② 벨벳
③ 타월 ④ 갑사

43 다음 중 파일직물이 아닌 것은?

① 벨벳 ② 코듀로이
③ 우단 ④ 개버딘

핵심요점

7 단일직물

(1) 단일직물의 개념
단일직물의 구조는 천의 단면이 한 겹이고 균질로 되어 있는 평면물을 말하며 직물, 편물, 레이스, 펠트, 부직포, 이중직 등이 있다.

(2) 단일천의 구분
① 직물 : 평직물, 사문직, 주자직, 기타
② 편물 : 횡편, 종편
③ 레이스 : 자주레이스, 편레이스
④ 펠트, 부직포 등

적중예상문제

44 단일천 구조에 속하지 않는 것은?

① 직물 ② 편물
③ 펠트 ④ 천연피혁

45 다음 중 복합천이 아닌 단일천은?

① 퀼트천 ② 본딩직물
③ 이중직 ④ 인조피혁

46 레이스의 특성에 해당하는 것은?

① 광택이 우아하여 공단에 이용된다.
② 강직하여 유연성이 부족하다.
③ 통기성이 좋아 시원하다.
④ 신축성이 좋고 구김이 생기지 않는다.

47 실을 거치지 아니하고 직접 섬유가 엉켜서 천의 형태로 만들어진 것으로 보온성과 탄력성이 좋으나 마찰에 약하여 내구성이 떨어지는 것은?

① 펠트 ② 레이스
③ 편성물 ④ 피혁

정답 40 ④ 41 ① 42 ④ 43 ④ 44 ④ 45 ③ 46 ③ 47 ①

48 다음 중 실을 거치지 않은 피륙은?

① 펠트　② 레이스
③ 편성물　④ 직물

49 어느 방향에 대해서도 신축성이 없고, 형이 변형되는 일이 적은 것이 특징이며 짜거나 뜨지 않고 섬유를 천 상태로 만든 것은?

① 펠트　② 부직포
③ 레이스　④ 편성물

50 여러 올의 실을 서로 매든가, 꼬든가 또는 엮거나 얽어서 무늬를 짠 공간이 많고 비쳐 보이는 피륙은?

① 직물　② 편성물
③ 레이스　④ 부직포

51 바늘 또는 보빈 등의 기구를 사용하여 실을 엮거나 꼬아서 만든 무늬가 있는 천은?

① 펠트　② 부직포
③ 파일　④ 레이스

핵심요점

8 편성물

(1) 편성물의 개념
① 한 가닥 또는 여러 가닥의 실로 고리 모양의 편환을 만들어서 이것을 상하와 좌우로 얽어서 만든 천이다.
② 한 가닥의 실이 고리를 형성해가면서 좌우로 왕복하거나 원형으로 회전하면서 천을 형성하는 것이다.
③ 천의 구조상 수축 신장이 일어나기 쉬우며 조직이 일그러지거나 보풀이 가장 잘 일어나기 쉬운 직물이다.

(2) 편성물의 특징
① 신축성이 좋고 구김이 생기지 않는다.
② 함기량이 많아 가볍고 따뜻하다.
③ 세탁 후 다림질이 크게 필요 없다.
④ 유연하고 강도와 투습성이 우수하다.
⑤ 몸에 잘 맞고 활동하기에 편하며 부드럽다.
⑥ 따스하고 경쾌하며 손질하기가 쉽다.
⑦ 직물에 비하여 기계로 고속생산과 성형이 가능하다.
⑧ 몸에 잘 맞고 활동하기에 편하며 부드럽다.
⑨ 세탁 시에 강한 마찰이나 교반 등의 기계적인 힘은 필링과 보풀의 원인이 되는 단점이 있다.

(3) 직물과 편성물의 비교
직물은 편성물에 비해 형태 안정성이 있으며 마찰저항성, 내구성이 있다.

적중예상문제

52 천의 구조상 수축 신장이 일어나기 쉬우며 조직이 일그러지거나 보풀이 가장 일어나기 쉬운 것은?

① 사문직물　② 편성물
③ 평직물　④ 인공피혁

53 직물과 비교해 편성물의 특성을 설명한 것 중 틀린 것은?

① 신축성이 크다.
② 유연성이 크다.
③ 함기량이 많다.
④ 내구성이 크다.

해설
- 신축성, 유연성, 함기량 → 편성물이 크다.
- 내구성 → 직물이 크다.

정답 48 ① 49 ② 50 ③ 51 ④ 52 ② 53 ④

54 직물과 편성물을 비교하였을 때 직물의 특성에 해당하는 것은?

① 가볍고 부드럽다.
② 성형성이 좋다.
③ 형태 안정성이 있다.
④ 신축성이 좋다.

55 편성물의 장점으로 옳은 것은?

① 코가 풀리면 전선이 생긴다.
② 마찰에 의한 필링이 발생한다.
③ 세탁성은 좋으나 형태가 잘 변한다.
④ 통기성이 좋은 위생적인 옷을 만들 수 있다.

56 다음 중 편성물의 장점으로 틀린 것은?

① 마찰강도가 좋다.
② 신축성이 좋고 구김이 생기지 아니한다.
③ 함기량이 많아 가볍고 따뜻하다.
④ 유연하다.

해설
편성물은 마찰강도가 약하다.

57 한 올 또는 여러 올의 실을 바늘로 고리를 만들어 얽어 만든 피륙은?

① 수직직물 ② 편성물
③ 평직물 ④ 능직물

58 다음 중 편성포의 특징에 해당되지 않는 것은?

① 함기량이 많고 구김이 생기지 않는다.
② 유연하고 신충성이 크다.
③ 강도가 크고 비교적 강직하다.
④ 생산속도가 직물에 비해 빠르다.

해설
편성물은 강도와 내구성이 작다.

59 편성물의 장점에 해당되지 않는 성질은?

① 유연성 ② 방추성
③ 마찰강도 ④ 함기율

60 편성물의 장점이 아닌 것은?

① 함기량이 많아 가볍고 따뜻하다.
② 필링이 생기기 쉽다.
③ 신축성이 좋고 구김이 생기지 않는다.
④ 유연하다.

61 편성물의 특성으로 틀린 것은?

① 신축성이 좋고 구김이 생기지 않는다.
② 함기량이 많아 가볍고 따뜻하다.
③ 세탁 후 다림질이 크게 필요 없다.
④ 조직이 튼튼하고 간단한 조직이다.

62 편성물의 특성에 대한 설명 중 틀린 것은?

① 신축성이 좋고 구김이 생기지 않는다.
② 함기량이 많아 가볍고 따뜻하다.
③ 필링이 생기기 쉽다.
④ 마찰에 의한 표면의 형태 변화가 없다.

정답 54 ③ 55 ④ 56 ① 57 ② 58 ③ 59 ③ 60 ② 61 ④ 62 ④

CHAPTER 004

실의 성질

핵심요점

1 실의 종류

(1) 방적사

① 단섬유를 방적하여 만드는 실을 말한다.
② 비교적 부드러우며 따뜻한 감촉을 가지고 있다.
③ 굵기나 보풀상태가 불균일하고 강도는 필라멘트사보다 약하다.
④ 면사(무명실), 마사, 모사 등이 있다.

(2) 필라멘트사

① 견섬유나 인조섬유처럼 길이가 무한히 긴 섬유로 만들어진 실을 말한다.
② 광택이 우수하고 촉감이 차다.
③ 모노필라멘트사 : 한 가닥의 필라멘트사, 일반적으로 매우 강하다.
④ 멀티필라멘트사 : 여러 가닥의 필라멘트사, 대부분의 장섬유는 멀티필라멘트를 말한다.
⑤ 필라멘트사의 종류
- 천연섬유 : 길이가 긴 견사
- 재생섬유 : 레이온사
- 합성섬유 : 나일론사, 폴리에스테르사, 아크릴사 등

적중예상문제

01 실의 종류 중 재질에 따른 분류에 해당되지 않는 것은?

① 혼방사 ② 교합사
③ 수편사 ④ 피복사

02 방직섬유가 갖추어야 할 성질로서 알맞은 것은?

① 굵고 길어야 한다.
② 결정 부분으로 되어 있어야 한다.
③ 섬유의 표면이 매끄러워야 한다.
④ 탄성과 유연성이 좋아야 한다.

03 단섬유를 여러 개 합쳐 실을 뽑아낸 방적사에 해당되지 않는 실은?

① 견사 ② 면사
③ 마사 ④ 모사

04 다음의 섬유 중 장섬유(필라멘트섬유)인 것은?

① 면 ② 마
③ 모 ④ 견

05 다음 천연섬유 중 필라멘트사가 될 수 있는 것은?

① 면 ② 견
③ 마 ④ 모

06 다음 중 가늘고 긴 섬유(필라멘트)가 여러 가닥 합쳐져 만들어진 실은?

① 면사 ② 모사
③ 견사 ④ 마사

정답 01 ③ 02 ④ 03 ① 04 ④ 05 ② 06 ③

07 다음 중 필라멘트(Filament)섬유가 아닌 것은?

① 견사 ② 아크릴사
③ 폴리에스테르사 ④ 아마사

08 천연섬유 중 유일하게 필라멘트섬유인 것은?

① 면 ② 양모
③ 마 ④ 견

09 다음 중 합성섬유로 만들어진 실이 아닌 것은?

① 나일론사 ② 폴리에스테르사
③ 레이온사 ④ 아크릴사

핵심요점

2 실의 굵기

(1) 실의 번수
실의 굵기를 나타내며 항중식 번수, 항장식 번수, 공통식 번수가 있다.

(2) 항장식 번수법
① 합성섬유사, 견사에 사용
② 표준길이와 단위중량을 정해서 표준길이에 단위중량의 배수로 표시
③ 숫자가 클수록 굵은 실이다.
④ 무게에 비례, 길이에 반비례한다.
⑤ 장섬유사(필라멘트사)의 굵기를 나타내는 데 사용한다.
⑥ 표시기호는 D(데니어), Tex(텍스)로 나타낸다.

(3) 항중식 번수법
① 면사, 마사, 모사 등의 짧은 방적사에 사용한다.
② 표준길이와 단위중량을 정해서 표준길이에 단위길이의 배수로 표시
③ 번호 수는 실의 굵기에 반비례해서 번수가 높아진다.
④ 무게에 대한 길이로 굵기를 측정하는 방법이다.

(4) 공통식 번수
① 방적사, 필라멘트사를 모두 사용한다.
② 번수 표시기호는 Nm으로 나타낸다.
③ 50Nm란 실의 무게가 1,000g일 때 1,000 × 50m이다.
④ 우리나라에서는 공통식을 모사와 마사의 굵기 표시에 사용한다.

적중예상문제

10 실의 품질을 표시하는 기준 항목으로만 되어 있는 것은?

① 섬유의 혼용률, 실의 번수
② 섬유의 혼용률, 섬유의 지름
③ 섬유의 혼용률, 폭
④ 섬유의 혼용률, 치수 또는 호수

11 실의 굵기를 나타내는 단위로 번수가 있다. 다음 중에서 항중식 번수로 실의 굵기를 표시하는 것은?

① 아세테이트사 ② 면사
③ 나일론사 ④ 견사

12 실의 굵기를 나타내는 번수 중에서 항장식 번수로 표시하는 실은?

① 모사 ② 면사
③ 견사 ④ 아마사

13 실의 번수에 대한 설명으로 틀린 것은?

① 실의 굵기를 나타내는 수치이다.
② 항중식 번수, 항장식 번수, 공통식 번수 등으로 구분하고 있다.
③ 이온교환수지에 실의 굵기를 통과시키는 방법으로 구분한다.
④ 공통식 번수는 필라멘트사, 방적사를 모두 사용한다.

정답 07 ④ 08 ④ 09 ③ 10 ① 11 ② 12 ③ 13 ③

14 모든 섬유에 공통으로 사용하는 공통식 번수는?

① 데니어 ② 면번수
③ 미터번수 ④ 텍스

15 공통식 번수에 해당하는 번수 표시기호는?

① D ② Tex
③ Ne ④ Nm

16 항중식 번수 중 공통식 번수인 것은?

① 영국식 면번수 ② 영국식 마번수
③ 미터번수 ④ 재래식 모사번수

핵심요점

3 실의 꼬임
평균길이, 굵기, 꼬임수, 신장도 등이 우수한 면은 이집트 면이다.

적중예상문제

17 다음의 목화 중 평균길이, 굵기, 꼬임수, 신장도 등이 가장 우수한 것은?

① 미국 면 ② 이집트 면
③ 중국 면 ④ 인도 면

정답 14 ③ 15 ④ 16 ③ 17 ②

CHAPTER 005

품질표시

핵심요점

1 원단의 품질표시사항

① 섬유의 혼용률
② 취급상 주의사항
③ 치수

2 실의 품질표시사항

① 실의 혼용률
② 실의 번수
③ 길이 또는 중량

3 혼용률의 오차허용범위 : ±5%
방모제품의 혼용률 허용공차 : 5%

4 섬유의 혼용률만 표시해도 되는 것 : 손수건

5 섬유의 취급을 표시하는 기호 : 6종으로 구분

6 섬유의 품질표시 중 성분표시에 해당하는 것

① 섬유의 혼용률 표시
② 가공의 종류와 취급상 주의사항
③ 섬유의 종류가 2 이상인 혼방된 섬유일 경우 혼용률이 큰 것부터 기재한다.

7 섬유제품의 표시원칙

① 품질을 표시할 때는 제조업체의 명칭을 쓴다.
② 조성섬유의 비율을 표시한다.
③ 잘 보이는 곳에 쉽게 표시한다.

8 조성표시란

겉감과 안감의 소재명과 혼용률을 표시하는 것을 말한다.

적중예상문제

01 의류제품의 필수 품질표시사항에 속하지 않는 것은?

① 섬유의 혼용률
② 취급상 주의사항
③ 길이 및 중량
④ 치수

02 원단을 사용하여 제조 또는 가공한 섬유상품의 품질표시사항이 아닌 것은?

① 섬유의 혼용률
② 길이 또는 중량
③ 취급상의 주의
④ 번수 또는 데니어

03 섬유의 상품 중 원단에 표시하는 품질표시 사항이 아닌 것은?

① 섬유의 조성 또는 혼용률
② 직물의 발수가공 여부
③ 직물의 폭
④ 직물의 길이 또는 중량

04 품질표시에 표시하지 않아도 되는 것은?

① 조성 표시 ② 취급 표시
③ 가공 표시 ④ 염료 표시

정답 01 ③ 02 ④ 03 ② 04 ④

05 섬유의 상품 중 실에 표시하는 품질표시사항이 아닌 것은?

① 실 가공 여부 ② 길이
③ 번수 ④ 섬유의 조성

06 섬유의 상품 중 실에 표시하는 품질표시사항이 아닌 것은?

① 섬유의 조성 또는 혼용률
② 실 가공 여부
③ 번수 또는 데니어
④ 길이 또는 중량

07 실의 품질을 표시하는 기준 항목으로만 되어 있는 것은?

① 섬유의 혼용률, 실의 번수
② 섬유의 혼용률, 섬유의 지름
③ 섬유의 혼용률, 폭
④ 섬유의 혼용률, 치수 또는 호수

해설
실에 표시하는 품질사항
- 섬유의 조성 또는 혼용률
- 번수 또는 데니어
- 길이 또는 중량
- 제조연월

08 다음 상품 중 섬유의 혼용률만 표시해도 좋은 것은?

① 직물 ② 메리야스
③ 양말 ④ 손수건

09 한국산업표준에서 섬유제품의 취급에 대하여 표시하는 기호는 몇 종류로 구분되어 있는가?

① 3종 ② 4종
③ 5종 ④ 6종

10 의류의 조성표시에서 혼용률을 표시하지 않고 소재명만으로 가능한 혼용률의 범위는?

① ±1% ② ±3%
③ ±5% ④ ±10%

11 섬유제품 품질표시 중 성분표시에 대한 설명으로 틀린 것은?

① 의류제품에 사용된 섬유의 성분과 혼용률을 표기해야 한다.
② 의류제품에 사용된 섬유 제조 국가명을 표기해야 한다.
③ 원단에 가공을 실시한 제품의 경우는 가공의 종류와 취급 시 주의사항을 표기해야 한다.
④ 두 종류 이상의 섬유가 혼방된 경우에는 혼용률이 큰 것부터 차례로 표기한다.

12 섬유제품의 표시에서 방모제품의 경우 혼용률 허용공차는?

① 1% ② 3%
③ 5% ④ 7%

13 다음 섬유 제품의 표시 원칙을 적은 것 중 틀린 것은?

① 품질을 표시할 때는 제조업체의 명칭을 쓸 것
② 모든 조성섬유명은 영어 문자로만 기재할 것
③ 조성섬유의 비율을 표시할 것
④ 잘 보이는 곳에 쉽게 표시할 것

14 표시의 분류 중 조성표시의 설명으로 옳은 것은?

① 섬유소재명과 혼용률을 표시한 것
② 수축률, 난연성 등의 성능을 표시한 것
③ 크기와 같은 치수를 표시한 것
④ 방염가공 등의 가공한 것을 표시한 것

정답 05 ① 06 ② 07 ① 08 ④ 09 ④ 10 ③ 11 ② 12 ③ 13 ② 14 ①

15 품질표시 중 표시자가 필요하지 않다고 판단되면 생략할 수도 있는 것은?

① 건조방법　　② 세탁방법
③ 표백방법　　④ 다림질방법

16 모든 섬유의 상품에서 필수적으로 들어가야 할 상품표시사항은?

① 섬유의 혼용률
② 길이 또는 중량
③ 번수 또는 데니어
④ 가공 여부

정답　15 ①　16 ①

CHAPTER 006 염색 · 세탁견뢰도

핵심요점

1 염색견뢰도

① 염색된 섬유 제품에 있어 제조공정, 착용과정, 클리닝 또는 보관 시에 받는 여러 가지 작용에 대해 그 색이 견디는 정도를 나타내는 용어이다.
② 옷에 염색된 염료가 일광이나 세탁, 기타 여러 가지 처리에 견디는 능력을 견뢰도라고 한다.
③ 견뢰도는 염료의 종류에 따라 각각 다르다.
④ 염색견뢰도의 판정은 크게 변퇴색과 오염의 두 종류로 분류된다.
⑤ 견뢰도 판정은 오염을 판정할 때 허용하는 표백색표로 비교한다.
⑥ 견뢰도의 등급 숫자가 높을수록 견뢰도가 우수하다.
⑦ 등급은 1～5급까지 표시한다(5급이 가장 우수).
※ 단, 일광견뢰도는 평가방법에 차이가 있어 8급까지 표시할 수 있다.

[일광견뢰도 등급]

일광견뢰도 등급	평어	일광견뢰도 등급	평어
1	최하	5	미
2	하	6	우
3	가	7	수
4	양	8	최상

적중예상문제

01 염색된 섬유 제품에 있어 제조공정, 착용과정, 클리닝 또는 보관 시에 받는 여러 가지 작용에 대해 그 색이 견디는 정도를 나타내는 용어는?

① 염색견뢰도 ② 안료
③ 원액 착색 ④ 염색효과

02 염색견뢰도에 대한 설명 중 틀린 것은?

① 옷에 염색된 염료가 일광이나 세탁, 기타 여러 가지 처리에 견디는 능력을 견뢰도라 한다.
② 견뢰도는 염료의 종류에 따라 각각 다르다.
③ 견뢰도 판정은 오염을 판정할 때 사용되는 표백색표로 비교한다.
④ 견뢰도의 등급 숫자가 낮을수록 견뢰도가 우수하다.

03 염색견뢰도에 대한 설명 중 틀린 것은?

① 견뢰도는 염료의 종류에 관계없이 모두 같다.
② 견뢰도 판정은 오염 판정 시 사용하는 표준색표와 비교한다.
③ 견뢰도의 종류에 따라 등급의 수는 다르다.
④ 염색된 옷이 세탁에 견디는 능력을 세탁견뢰도라 한다.

정답 01 ① 02 ④ 03 ①

04 다음의 합성섬유 중 일광에 대한 견뢰도가 가장 우수한 것은?

① 나일론 ② 폴리에스테르
③ 아크릴 ④ 비닐론

05 일광견뢰도에서 가장 좋은 등급은?

① 1급 ② 3급
③ 5급 ④ 8급

06 다음 중 일광견뢰도의 등급 중 가장 우수한 것은?

① 0급 ② 1급
③ 5급 ④ 8급

07 다음 중 일광견뢰도가 가장 양호한 등급은?

① 1급 ② 4급
③ 5급 ④ 8급

핵심요점

2 세탁견뢰도

① 염색된 옷이 세탁에 견디는 능력을 세탁견뢰도라 한다.
② 세탁으로 인해 옷의 물김이 빠지는 것을 방지한다.
③ 세탁의약품 중에는 용해견뢰도가 낮은 의복이 많으므로 주의하여야 한다.
④ 결과 판정은 표준회색 표면에 의해 변퇴색과 오염 정도를 판정한다.
⑤ 등급은 1~5등급까지 등급이 있는데, 5급이 가장 우수하고 1급이 가장 열등하다.

[세탁견뢰도 등급]

세탁견뢰도	견뢰도 평어	세탁시험편의 또는 시험용 백면포의 오염
1	가	심하다.
2	양	다소 심하다.
3	미	분명하다.
4	우	약간 눈에 띈다.
5	수	눈에 띄지 않는다.

※ 세탁견뢰도 시험에 사용하는 시약 : 무수탄산나트륨, 메타규산나트륨, 초산

적중예상문제

08 세탁견뢰도 등급의 평어에서 세탁시험편의 변·퇴색 또는 시험용 백면포의 오염을 표시하는 것 중 '가'가 의미하는 것은?

① 눈에 띄지 아니한다.
② 분명하다.
③ 약간 눈에 띈다.
④ 심하다.

09 세탁견뢰도의 등급은 몇 등급으로 이루어져 있는가?

① 2 ② 3
③ 4 ④ 5

정답 04 ③ 05 ④ 06 ④ 07 ④ 08 ④ 09 ④

10 다음 중 세탁견뢰도가 가장 우수한 것은?

① 2급 ② 3급
③ 4급 ④ 5급

11 세탁견뢰도 시험에 사용하는 시약이 아닌 것은?

① 무수탄산나트륨
② 메타규산나트륨
③ 초산
④ 염화나트륨

12 세탁견뢰도에 대한 설명 중 틀린 것은?

① 염색 옷이 세탁에 견디는 능력을 말한다.
② 세탁으로 인해 옷의 물감이 빠지는 것을 평가한다.
③ 견뢰도 등급 숫자가 높을수록 물감이 잘 빠지고 숫자가 낮을수록 물김이 빠지지 않는다는 것이다.
④ 세탁의약품 중에는 용해견뢰도가 낮은 의복이 많으므로 주의하여야 한다.

13 세탁견뢰도의 판정 등급으로 옳은 것은?

① 1~3급 ② 1~5급
③ 1~8급 ④ 1~10급

정답 10 ④ 11 ④ 12 ③ 13 ②

CHAPTER 007 염료

핵심요점

1. 염료의 분류

염료	주요 적용 섬유류
직접염료	셀룰로스, 재생셀룰로스
산성염료	단백질계, 폴리아마이드
금속착염염료	단백질계, 폴리아마이드
염기성염료	아크릴, 단백질계
매염염료	셀룰로스, 단백질계
산성매염염료	단백질계
황화염료	셀룰로스
배트염료	셀룰로스
가용성배트염료	단백질계, 셀룰로스
나프톨염료	셀룰로스, 아세테이트
산화염료	셀룰로스
분산염료	폴리에스테르, 폴리아마이드, 아크릴
반응성염료	셀룰로스

2. 염료의 성질

1 직접염료의 특성

① 대체로 값이 싸고 염색법이 간단하며 용이하다.
② 염색할 수 있는 색상의 범위는 넓으나 색상이 선명하지 않다.
③ 일광마찰 및 세탁견뢰도가 나쁘다.
④ 주로 면섬유의 연한 색에 많이 사용한다.
⑤ 셀룰로스계 섬유에 염색이 가장 잘된다.
⑥ 산성하에서 단백질섬유나 나일론에도 염착된다.

적중예상문제

01 직접염료는 다음과 같은 특성으로 가정에서 주부들이 이용할 수 있다. 틀린 것은?

① 직접염료는 대체로 값이 싸다.
② 직접염료는 염색법이 간단하고 용이하다.
③ 직접염료는 색상이 선명하다.
④ 직접염료는 견뢰도(일광)가 나쁘다.

02 섬유에 따른 염료의 선택이 부적당한 것은?

① 염기성염료 : 아크릴섬유
② 산성염료 : 양모
③ 직접염료 : 아세테이트
④ 분산염료 : 폴리에스테르

03 견뢰도가 나쁘나 염색법이 간단하여 주로 면섬유의 연한 색에 많이 사용되는 염료는?

① 아조익염료
② 배트염료
③ 직접염료
④ 황화염료

04 무명섬유의 염색에 많이 사용되는 염료는?

① 직접염료
② 염기성염료
③ 매염염료
④ 분산염료

정답 01 ③ 02 ③ 03 ③ 04 ①

05 다음 중 셀룰로스계 섬유에 염색이 가장 잘 되는 염료는?

① 직접염료 ② 염기성염료
③ 분산염료 ④ 산성염료

06 염색에 대한 설명 중 틀린 것은?

① 의류 전체를 세탁할 필요가 없는 부분의 얼룩이 있을 때에는 염색한다.
② 염색이 되려면 염색 용액 중의 염료가 섬유 표면에 흡착되고, 섬유 내부로 침투 확산되어 염착이 되는 것이다.
③ 염색은 전체를 동일한 색상으로 물들이는 침염이 있다.
④ 직물에 안료를 사용하여 부분적으로 여러 색상의 무늬, 모양을 나타낸 것이 날염이다.

07 섬유에 따른 염료의 선택이 틀린 것은?

① 아크릴 : 염기성염료
② 양모 : 산성염료
③ 아세테이트 : 직접염료
④ 폴리에스테르 : 분산염료

08 염료의 장 · 단점에 대한 설명 중 틀린 것은?

① 견뢰도를 좋게 하기 위해서는 직접염료를 사용해야 견뢰도가 강하다.
② 직접염료는 염색법이 간단하나 색상이 선명하지 않다.
③ 산성염료는 색상이 선명하나 견뢰도가 나쁘다.
④ 적은 양으로도 진한 색으로 염색이 가능하나 견뢰도가 나쁜 것이 염기성염료이다.

해설
직접염료는 세탁견뢰도가 나쁘다.

핵심요점

2 염기성염료의 특성

① 일명 캐디온(카치온)염료 또는 양이온염료라 한다.
② 물에 잘 녹으며 중성 또는 약산성에서 단백질 섬유에 잘 염착되고 아크릴섬유에도 염착되는 염료이다.
③ 면섬유의 염색에 가장 적당한 염료이다.
④ 적은 양으로도 진한 색으로 염색이 가능하나 신뢰도가 나쁘다.
⑤ 폴리아크릴섬유와 양모섬유가 혼방된 직물에 가장 많이 사용되는 염색법이다.
⑥ 염기성염료로 염색 가능한 섬유는 양모, 견, 아크릴섬유, 셀룰로스섬유 등이 있다.

적중예상문제

09 아크릴섬유에 주로 사용되는 염료는?

① 염기성염료 ② 직접염료
③ 반응성염료 ④ 황화염료

10 물에 잘 녹으며 중성 또는 약산성에서 단백질 섬유에 잘 염착되고 아크릴섬유에도 염착되는 염료는?

① 반응성염료 ② 직접염료
③ 염기성염료 ④ 산성염료

핵심요점

3 산성염료의 특성

① 물에 잘 녹으며 알코올에도 잘 녹는다.
② 색상이 선명하고 직접염료에 비해 견뢰도가 좋다.
③ 일광, 산, 마찰, 다림질에 약하다.
④ 양모섬유에 가장 친화성이 좋은 염료이다.
⑤ 양모섬유에 견뢰도가 양호하고 염색이 잘되는 염료이다.
⑥ 산성염료는 모, 견, 나일론에 쓰인다. 무명은 산성에 약하다.

정답 05 ① 06 ① 07 ③ 08 ① 09 ① 10 ③

적중예상문제

11 털섬유에 가장 친화성이 좋은 염료는?

① 유화염료 ② 산성염료
③ 배트염료 ④ 형광염료

12 산성염료에 가장 염색이 불량한 것은?

① 양털 ② 명주
③ 나일론 ④ 무명

13 양모섬유에 가장 많이 사용되는 염료는?

① 직접염료 ② 반응성염료
③ 산성염료 ④ 분산성염료

14 다음 중 양모섬유에 가장 많이 사용되는 염료는?

① 직접염료 ② 배트염료
③ 산성염료 ④ 분산염료

15 양모섬유에 가장 친화성이 좋은 염료는?

① 황화염료 ② 산성염료
③ 배트염료 ④ 형광염료

16 다음 중 산성염료에 가장 염색이 불량한 섬유는?

① 양모 ② 견
③ 나일론 ④ 면

17 다음 중 나일론섬유에 가장 많이 사용하는 염료는?

① 직접염료 ② 산성염료
③ 분산염료 ④ 배트염료

18 다음 중 면섬유에 염색이 되지 않는 염료는?

① 직접염료 ② 반응성염료
③ 배트염료 ④ 산성염료

19 단백질섬유의 염색에 가장 적합한 염료는?

① 산성염료 ② 환원염료
③ 황화염료 ④ 분산염료

핵심요점

4 반응성염료의 특성

① 섬유와 물감 사이에 화학반응을 일으켜 고착하는 염료의 총칭이다.
② 색상이 선명하고 견뢰도가 우수하다.
③ 값이 싼 편이나 저장 시 고온과 습기를 피해야 한다.
④ 견뢰도와 색상이 좋아 면섬유에 가장 많이 사용한다.
⑤ 염색이 가능한 섬유는 주로 셀룰로스섬유이지만 현재는 단백질섬유와 합성섬유에도 사용되고 있다.

적중예상문제

20 면섬유에 가장 적당한 염료는?

① 산성염료 ② 분산염료
③ 염기성염료 ④ 반응성염료

21 다음 중 면섬유의 염색에 가장 적당한 염료는?

① 산성염료 ② 분산염료
③ 염기성염료 ④ 반응성염료

22 염료분자와 섬유가 반응하여 공유결합을 형성하는 염료는?

① 직접염료 ② 염기성염료
③ 산성염료 ④ 반응성염료

23 반응성염료로 염색이 불가능한 것은?

① 아세테이트 ② 면
③ 나일론 ④ 마

정답 11 ② 12 ④ 13 ③ 14 ③ 15 ② 16 ④ 17 ② 18 ④ 19 ① 20 ④ 21 ④ 22 ④ 23 ①

24 견뢰도와 색상이 좋아 면섬유에 가장 많이 사용하는 염료는?

① 분산염료 ② 염기성염료
③ 산성염료 ④ 반응성염료

핵심요점

5 배트염료의 특성

① 건염염료라고도 하며 물, 알칼리에 녹지 않으나, 환원제용액으로 처리하면 녹는다.
② 면직물에 사용되는 염료 중 염색견뢰도가 가장 우수하다.
③ 공기 중 산소와 결합하여 발생된다.
④ 셀룰로스계의 연한 색과 단백질섬유에도 이용된다.

적중예상문제

25 면직물에 사용되는 염료 중 염색견뢰도가 가장 우수한 것은?

① 배트염료 ② 직접염료
③ 산성염료 ④ 반응성염료

핵심요점

6 분산염료의 특성

① 불용성물감을 로드유와 같은 분산체로 분산시키고 섬유 속의 염료를 용해시켜서 직접염색(콜로이드염색)하는 것이다.
② 폴리에스테르, 아세테이트섬유의 염색에 가장 많이 사용되고 있는 염료이다.
③ 분산염료는 소수성이므로 소수성섬유(폴리에스테르, 나일론, 아세테이트)에 친화력을 갖는다.
④ 분산염료는 셀룰로스섬유의 염색에 적합하지 않다.

적중예상문제

26 다음 중 폴리에스테르섬유의 염색에 일반적으로 사용되고 있는 염료는?

① 직접염료 ② 염기성염료
③ 산성염료 ④ 분산염료

27 폴리에스테르계 섬유에 주로 사용되는 염료는?

① 반응성염료 ② 황화염료
③ 직접염료 ④ 분산염료

28 폴리에스테르(Polyester)를 염색할 때 가장 많이 사용하는 염료는?

① 산성염료 ② 염기성염료
③ 분산염료 ④ 반응성염료

29 폴리에스테르 직물을 염색할 수 있는 염료로 가장 적당한 것은?

① 반응성염료 ② 분산염료
③ 염기성염료 ④ 직접염료

30 셀룰로스섬유의 염색에 적합하지 못한 염료는?

① 직접염료 ② 분산염료
③ 반응성염료 ④ 배트염료

31 아세테이트섬유의 염색에 적합한 염료는?

① 산성염료 ② 직접염료
③ 분산염료 ④ 배트염료

32 폴리에스테르섬유의 염색에 가장 많이 사용되고 있는 염료는?

① 직접염료 ② 염기성염료
③ 산성염료 ④ 분산염료

정답 24 ④ 25 ① 26 ④ 27 ④ 28 ③ 29 ② 30 ② 31 ③ 32 ④

핵심요점

3. 염색방법

1 매염염색

① 피염물과 염료가 친화성이 부족한 경우 적당한 매염물을 사용하여 피염물을 처리한 후 염색하거나 염색 후 매염 처리하여 발색을 돕는 염색법을 말한다.
② 매염염료 : 양모를 염색한다.

적중예상문제

33 섬유와 염료 간의 결합력이 작을 때 우선 섬유와 염료의 양자에 결합할 수 있는 약제로 섬유를 처리한 후 염색하는 방법은?

① 환원염법
② 현색염법
③ 매염염법
④ 고착염법

핵심요점

2 환원염색

① 물에 녹지 않는 염료(불용성염료)를 알칼리성 환원제로 가용성으로 한 다음 피염물을 흡수시키고 공기산화에 의하여 본래의 불용성염료를 발색시키는 염색법을 말한다.
② 황화염료 및 배트염료 : 셀룰로스계 섬유를 염색한다.

적중예상문제

34 식물성섬유용 염료로 견뢰도가 좋고 염색 시 환원제 및 알칼리를 이용하여 염색하는 염료는?

① 직접염료
② 환원염료
③ 산성염료
④ 염기성염료

핵심요점

3 날염법

① 완성된 직물에 염료와 안료를 사용하여 여러 가지 모양의 무늬를 염색하는 것이다.
② 직접날염법은 염료, 조제 그리고 호료를 배합한 날염호로 직물의 표면에 무늬를 날인한 후 증기로 쪄서 염료를 섬유의 내부까지 침투, 염착시키는 염색법이다.

적중예상문제

35 염료, 조제 그리고 호료를 배합한 날염호로 직물의 표면에 무늬를 날인한 후 증기로 쪄서 염료를 섬유의 내부까지 침투 · 염착시키는 염색법은?

① 착색발염법
② 발염법
③ 직접날염법
④ 방염법

정답 33 ③ 34 ② 35 ③

CHAPTER 008 부직포

핵심요점

1 부직포의 특성

① 형태안정성이 좋고, 함기량이 많다.
② 절단부분이 풀리지 않고 방향성이 없으며 값이 저렴하다.
③ 탄성과 레질리언스가 좋다.
④ 함기량이 많으나 내열성 · 내구성이 불량하여 주로 심감으로 사용한다.
⑤ 부피가 크고 다공성이기 때문에 통기성이 좋고 보온성이 우수하다.
⑥ 섬유와 접착제는 합성 고분자 화합물이 대부분이므로 탄성이 풍부하고 주름이 잘 생기지 않으며 모양이 변형되는 경우가 적다.
⑦ 유연성이 부족하나 의복 제작에서 심감으로 주로 사용된다.
⑧ 두께를 자유롭게 바꿀 수 있으며 종이 모양, 펠트 모양, 천 모양, 가죽 모양 등과 같은 여러 가지 모양의 것을 만들 수 있다.
⑨ 가볍고 드레이프성이 부족하다.
⑩ 보온성, 통기성, 내습성, 치수 안정성, 형태 안정성 등이 있다.
⑪ 재단이 용이(풀리지 않으므로)해서 심지로 사용한다.
⑫ 드레이프성이 부족하고 필링(마찰에 의해 표면에 생기는 보풀)이 생기기 쉬우며 인열, 인장 마모강도가 작은 단점이 있다.
⑬ 수술복, 간이복, 실험복, 티슈 페이퍼 등 1회용으로 사용된다.
⑭ 가정용의 벽지, 테이블크로스 등과 산업용의 절연재, 충전제 등으로 사용된다.

적중예상문제

01 부직포의 특성은?

① 잘린 올이 잘 풀리나 의복용으로는 부속품이나 장식적으로 사용되고, 여과포로 이용되기도 한다.
② 값이 싸고 유연성이 부족하나 의복 제작에서 심감으로 주로 사용된다.
③ 통기성이 좋아 시원한 감을 주고, 커튼, 칼라, 액세서리 등에 이용된다.
④ 광택이 좋고 신축성이 좋으나 구김이 잘 생긴다.

02 다음 중 부직포의 특징에 해당하는 것은?

① 세탁 수축률이 크고 형태 안정성이 작다.
② 방향성이 없고 값이 고가이다.
③ 탄력성이 불량하나 구김 회복성은 우수하다.
④ 절단된 가장자리가 잘 풀리지 않는다.

03 다음 중 부직포의 특성으로 옳은 것은?

① 직물과 파일, 직물과 직물 위에 수지 등을 입혀 특수목적으로 사용되는 직물이다.
② 용도는 실용적인 옷감으로 사용되고 광목, 옥양목, 포플린 등이 있다.
③ 함기량이 많으나 내열성, 내구성이 불량하여 주로 심감으로 사용한다.
④ 겉모양이 우아하여 부인복에 이용되고 통기성이 좋아 시원한 감을 준다.

정답 01 ② 02 ④ 03 ③

04 부직포의 특성으로 옳은 것은?

① 방향성이 있다.
② 절단부분이 풀리지 않는다.
③ 함기량이 적다.
④ 내구성이 좋다.

05 부직포의 특성 중 틀린 것은?

① 통기성이 좋다.
② 보온성이 좋다.
③ 유연성이 좋다.
④ 형태 안정성이 좋다.

06 부직포의 특성이 아닌 것은?

① 강직하여 유연성이 부족하다.
② 매끄럽지 못하여 광택도 적고 거칠다.
③ 섬유의 방향성이 규칙적이어서 끝이 풀리지 않는다.
④ 함기율이 커서 가볍고 보온성이 좋다.

07 부직포의 특성이 아닌 것은?

① 함기량이 많다.
② 절단부분이 풀리지 않는다.
③ 탄성과 레질리언스가 좋다.
④ 방향성이 있다.

08 부직포는 일반 직물에 비하여 여러 가지의 특징을 가지고 있는데, 다음 중 그 특징이 아닌 것은?

① 부피가 크고 다공성이기 때문에 통기성이 좋고, 보온성이 우수하다.
② 섬유와 접착제는 합성 고분자 화합물이 대부분이므로 탄성이 풍부하고 주름이 잘 생기지 않으며 모양이 변형되는 경우가 적다.
③ 무겁고 딱딱하며, 드레이프성이 좋다.
④ 두께를 자유롭게 바꿀 수 있으며, 종이 모양, 펠트 모양, 천 모양, 가죽 모양 등과 같은 여러 가지 모양의 것을 만들 수 있다.

09 부직포의 특성 중 틀린 것은?

① 통기성이 좋다.
② 보온성이 좋다.
③ 유연성이 좋다.
④ 형태 안정성이 좋다.

해설
부직포의 특성은 통기성, 보온성, 내습성, 치수 안정성, 형태 안정성이다.

10 부직포의 특성으로 옳은 것은?

① 방향성이 있다.
② 절단부분이 풀리지 않는다.
③ 함기량이 적다.
④ 내구성이 좋다.

핵심요점

2 부직포 심지의 특성

① 제작 속도가 빠르고 비용이 적게 든다.
② 절단면이 잘 풀리지 않는다.
③ 함기량이 많고 보온성, 투습성이 크다.
④ 강도가 비교적 작으나 마찰에 약하다.
⑤ 직물 심지에 비해 가볍다.
⑥ 직물 심지에 비해 건조가 잘되고 구김이 덜 생긴다.
⑦ 접착 심지의 경우 다림질을 했을 때 표면에 수지가 새어나오지 않는다.
⑧ 부직포 심지는 세탁에 의해 변하지 않으며, 가격이 저렴하여 널리 이용되고 있다.

적중예상문제

11 부직포 심지의 특성이 아닌 것은?

① 제작 속도가 빠르고 비용이 적게 든다.
② 절단면이 잘 풀리지 않는다.
③ 함기량이 많고 가벼우며 보온성, 투습성이 크다.
④ 강도가 비교적 작으나 마찰에 강하다.

정답 04 ② 05 ③ 06 ③ 07 ④ 08 ① 09 ③ 10 ② 11 ④

12 부직포 심지의 특성으로 틀린 것은?

① 직물 심지에 비해 가볍다.
② 직물 심지에 비해 건조가 잘되고 구김이 덜 생긴다.
③ 드라이클리닝에 의해 재오염되기 쉬운 성질을 가지고 있다.
④ 접착 심지의 경우 다림질을 했을 때 표면에 수지가 새어 나오지 않는다.

정답 **12** ③

CHAPTER 009 드라이클리닝

핵심요점

1 드라이클리닝의 정의

드라이클리닝이란 유성의 휘발성용제를 사용하여 세탁하는 방법이다.

적중예상문제

01 다음 중 드라이클리닝의 정의에 대해 맞게 설명한 것은?

① 드라이클리닝이란 유성의 휘발성 유기용제를 사용하여 세탁하는 방법이다.
② 드라이클리닝이란 남녀 정장 제품을 위주로 세탁하는 방법이다.
③ 드라이클리닝이란 모, 견 제품만 세탁하는 방법이다.
④ 드라이클리닝이란 친수성 오점이 많이 묻은 세탁물을 세탁하는 방법이다.

핵심요점

2 드라이클리닝의 특징

(1) 장점
① 염색물의 이염이 되지 않는다.
② 단시간에 세정 건조할 수 있다.
③ 형태 변화, 신축의 우려가 적다.
④ 기름얼룩의 제거가 쉽다.
⑤ 형태 변화가 적으며 원상회복이 용이하다.
⑥ 세정, 탈수, 건조를 단시간 내에 할 수 있다.

(2) 단점
① 유기성용제를 사용함으로써 수용성 얼룩은 제거하지 못한다.
② 용제가 비싸고 독성과 가연성의 문제가 있다.
③ 재오염되기 쉽다.
④ 용제를 깨끗이 하는 장치가 필요하다.
⑤ 특수의류의 진단과 처리기술이 필요하다.
⑥ 사전 얼룩빼기와 용제관리기술이 필요하다.

적중예상문제

02 다음의 설명 중에서 드라이클리닝의 장점이 아닌 것은?

① 염색물의 이염이 되지 않는다.
② 단시간에 세정 건조할 수 있다.
③ 형태 변화, 신축의 우려가 적다.
④ 수용성 얼룩 제거가 용이하고 재오염의 우려가 없다.

03 다음 중에서 드라이클리닝의 장점에 해당되는 것은?

① 형태 변화가 적고, 이염이 되지 않는다.
② 용제가 싸다.
③ 염색이나 가공한 성질이 잘 빠진다.
④ 섬유별 세탁시간에 기술이 필요 없다.

정답 01 ① 02 ④ 03 ①

04 다음 중 드라이클리닝의 장점으로 틀린 것은?

① 용제가 저가이며, 독성과 가연성의 문제가 없다.
② 기름얼룩의 제거가 쉽다.
③ 염색에 의한 이염이 잘 되지 않는다.
④ 세정, 탈수, 건조가 단시간 내에 이루어진다.

05 드라이클리닝의 장점이 아닌 것은?

① 기름의 얼룩을 잘 제거한다.
② 형태 변화가 적으며 원상회복이 용이하다.
③ 세정, 탈수, 건조를 단시간 내에 할 수 있다.
④ 용제가 저가이며 용제를 깨끗이 하는 장치가 필요 없다.

06 다음 중 드라이클리닝의 장점에 해당하는 것은?

① 용제값이 싸다.
② 용제의 독성과 가연성에 문제가 없다.
③ 재오염되지 않는다.
④ 형태 변화가 적다.

07 드라이클리닝의 장점이 아닌 것은?

① 기름얼룩 제거가 쉽다.
② 이염이 되지 않는다.
③ 용제가 저가이다.
④ 형태 변화가 적다.

08 다음 중 드라이클리닝의 단점은?

① 탈색 옷감이 수축된다.
② 옷감의 손상 염려가 있다.
③ 세탁 후 풀기가 없어지고 옷 형태에 이상이 생긴다.
④ 수용성 오점 제거가 어렵다.

09 드라이클리닝의 단점으로 틀린 것은?

① 형태 변화가 크다.
② 재오염되기 쉽다.
③ 수용성 얼룩은 제거가 곤란하다.
④ 용제가 고가이다.

10 다음 중 드라이클리닝의 특성에 해당되는 것은?

① 형태 변화가 적고, 수용성 얼룩 제거가 용이하다.
② 용제가 싸고, 용제회수장치가 필요하다.
③ 용제에 약한 색상은 잘 빠지기 쉽다.
④ 세정시간은 긴 편이나 건조시간은 짧다.

11 드라이클리닝의 일반적인 특성에 대한 설명으로 틀린 것은?

① 기름의 얼룩은 잘 제거한다.
② 특수 의류의 진단과 처리기술이 필요하다.
③ 용제의 회수장치가 필요하다.
④ 빠진 얼룩이 재오염되지 않는다.

12 드라이클리닝에 대한 설명 중 틀린 것은?

① 알칼리제, 비누 등을 사용하여 온수에서 워셔로 세탁하는 세정작용이 가장 강한 방법이다.
② 사전 얼룩빼기와 용제관리의 기술이 필요하다.
③ 섬유의 종류, 오염의 정도에 따라 용제의 종류와 세제를 적절히 선택하는 것이 바람직하다.
④ 용제의 관리가 제대로 되지 않으면 드라이클리닝으로 인하여 흰색이나 엷은색 옷은 더 더러워지는 경우도 있다.

정답 04 ① 05 ④ 06 ④ 07 ③ 08 ④ 09 ① 10 ③ 11 ④ 12 ①

13 드라이클리닝의 특징에 관한 설명 중 틀린 것은?

① 기름얼룩 제거가 쉽다.
② 수용성 얼룩은 제거가 곤란하다.
③ 특수 의류의 진단과 처리기술이 필요하다.
④ 사전 얼룩빼기와 용제관리의 기술은 필요 없다.

14 드라이클리닝에 대한 설명으로 틀린 것은?

① 유기용제를 사용하므로 수용성 오염은 제거하지 못한다.
② 건조가 빠르고 단시간에 세탁 완료가 가능하다.
③ 옷감의 염료가 유기용제에 잘 용해되므로 다른 옷과의 세탁은 피해야 한다.
④ 용제의 청정장치와 회수장치가 필요하다.

핵심요점

3 드라이클리닝의 일반공정 순서

① 먼지털기 → 얼룩빼기 → 세탁 → 다림질
② 전처리 → 세척 → 헹굼 → 탈액 → 건조
③ 접수공정 → 마킹 → 대분류 → 주머니청소 → 세분류 → 클리닝 → 얼룩빼기 → 마무리 → 최종점검 → 포장 → 인도

적중예상문제

15 드라이클리닝의 일반공정 순서로서 가장 적당한 것은?

① 세탁 - 먼지를 털고 - 얼룩빼기 - 다림질
② 먼지를 털고 - 얼룩빼기 - 세탁 - 다림질
③ 먼지를 털고 - 세탁 - 얼룩빼기 - 다림질
④ 세탁 - 얼룩빼기 - 먼지를 털고 - 다림질

16 다음의 드라이클리닝 공정 중 가장 먼저 해야 할 것은?

① 건조 ② 탈액
③ 본세 ④ 전처리

17 드라이클리닝 공정의 순서로 옳은 것은?

① 헹굼 → 전처리 → 세척 → 탈액 → 건조
② 헹굼 → 세척 → 전처리 → 탈액 → 건조
③ 전처리 → 헹굼 → 세척 → 탈액 → 건조
④ 전처리 → 세척 → 헹굼 → 탈액 → 건조

18 다음의 드라이클리닝 공정 중 가장 먼저 해야 할 것은?

① 얼룩 제거 ② 포장
③ 클리닝 ④ 대분류

19 다음의 드라이클리닝 공정 중 가장 먼저 해야 할 것은?

① 얼룩 제거 ② 포장
③ 클리닝 ④ 대분류

정답 13 ④ 14 ③ 15 ② 16 ④ 17 ④ 18 ④ 19 ④

핵심요점

4 드라이클리닝의 처리공정 중 전처리공정

① 세정에서 제거하기 어려운 오점을 쉽게 제거하도록 세정 전에 하는 처리과정이다.
② 수용성 오점은 제거되지 않기에 드라이클리닝하기 전 수용성 오점 제거를 위해 전처리한 다음 드라이클리닝하여야 한다.
③ 일반적으로 브러싱법과 스프레이법이 있다.
- 브러싱법 : 브러싱을 묻힌 브러시로 얼룩 있는 곳을 두드려서 더러움을 분산시키는 방법
- 스프레이법 : 더러운 곳에 처리액을 뿌려 오점을 풀리게 하거나, 뜨겁게 한 후 기계에 넣어 제거하는 방법

④ 브러싱액에 사용하는 소프(Soap)는 포수능이 큰 브러싱용액을 사용하는 것이 바람직하다.
⑤ 전처리액의 사용은 이로 인해서 염료의 흐름이나 수축이 없다는 것을 확인한 후 사용해야 한다.
⑥ 워셔의 세정액은 소프가 충분하게 보충되어서 뜬 오점이 잘 분산되는 상태로 한다.

적중예상문제

20 드라이클리닝 처리공정 중 전처리공정에 대한 설명으로 맞는 것은?

① 전처리는 용제를 조정하는 공정이다.
② 일반적으로 스프레이법과 브러싱법이 있다.
③ 본 세탁에서 쉽게 제거되는 오점을 제거하는 공정이다.
④ 브러싱에 사용하는 소프는 포수능이 작은 것을 사용하는 게 좋다.

21 다음의 드라이클리닝 처리공정 중 전처리공정에 대한 설명으로 맞는 것은?

① 전처리는 용제를 조정하는 공정이다.
② 일반적으로 스프레이법과 브러싱법이 있다.
③ 본 세탁에서 쉽게 제거되는 오점을 제거하는 공정이다.
④ 브러싱을 할 때는 옷감의 털이 다소 일어나더라도 오점을 완전히 제거해야 한다.

22 드라이클리닝을 하기 전의 전처리공정을 설명한 것 중 틀린 것은?

① 브러싱액을 묻힌 브러시로 얼룩 있는 곳을 두드려서 더러움을 분산시키는 법을 브러싱법이라 한다.
② 세정에서 제거하기 어려운 오점을 쉽게 제거되도록 세정 전에 하는 처리과정이다.
③ 풀리게 하거나 뜨게 한 후, 워셔에 넣어서 오점을 제거하는 방법, 더러운 곳에 처리액을 뿌려서 오점을 제거하는 방법을 스프레이법이라 한다.
④ 수성 오점은 전처리를 하지 않은 그대로 넣어도 오점 제거가 된다.

23 드라이클리닝의 전처리에 관한 설명으로 틀린 것은?

① 브러싱액에 사용하는 소프(Soap)로는 포수능이 큰 브러싱용액을 사용하는 것이 바람직하다.
② 세정과정에서 제거하기 어려운 얼룩을 미리 제거하기 쉽도록 하는 처리이다.
③ 전처리액의 사용은 이로 인해서 염료의 흐름이나 수축이 없다는 것을 확인한 후에 사용해야 한다.
④ 브러싱법은 더러운 곳에 처리액을 뿌려 오점을 풀리게 하거나 또는 뜨게 한 후 워셔에 넣어 오점을 제거하는 방법이다.

24 드라이클리닝의 전처리에 대한 설명 중 바르지 않은 것은?

① 워셔의 세정액은 소프가 충분하게 보충되어서 뜬 오점을 잘 분산되는 상태로 한다.
② 세정공정에서 제거하기 어려운 오점을 쉽게 제거하도록 세정 전에 처리하는 과정이다.
③ 전처리액으로 인한 염료의 흐름이나 수축이 없음을 확인한 다음 석유계 용제를 사용해야 한다.
④ 브러싱법은 더러운 곳에 처리액을 뿌려 오점을 풀리게 하거나 또는 뜨게 한 후 워셔에 넣어 오점을 제거하는 방법이다.

정답 20 ② 21 ② 22 ④ 23 ④ 24 ④

핵심요점

5 드라이클리닝의 세정방법

휘발성 유기용제와 이 용제에 세정을 도와주는 세제를 첨가하고, 수용성 오점을 세정하기 위해서 소량의 물을 가하는 방법이다.

적중예상문제

25 다음 중 드라이클리닝의 세정방법으로 가장 옳은 것은?

① 물과 섞이지 않는 휘발성 유기용제로서 세정한다.
② 휘발성 유기용제와 이 용제에 세정을 도와주는 세제를 첨가하고, 수용성 오점을 세정하기 위하여 소량의 물을 가한다.
③ 휘발성 유기용제와 약간의 물을 가한다.
④ 휘발성 유기용제와 세정액만으로 세정한다.

핵심요점

6 드라이클리닝의 처리공정 중 세정공정

(1) 차지시스템(Charge System)
① 용제 중에 소량의 물을 첨가하는 방법이다.
② 소프를 첨가한 세정액을 필터와 워셔 간을 순환시켜 오점을 제거하면서 씻는 방법이다.
③ 용제, 계면활성제에 적정량의 물을 첨가한 후 세탁하여 친유성, 친수성 오염을 제거하는 방법

(2) 배치시스템(Batch System)
① 매 회의 세정 때마다 세정액을 교체하여 새로이 만들어 씻는 방법이다.
② 일명 모음 세탁이라고 한다.
③ 필터순환을 중지하여 세정조 내에서 세탁하는 공정이다.

(3) 투배치시스템
① 솔벤탱크가 두 개 있는데, 하나는 세척제(소프)를 탄 것이고, 또 하나는 순수한 솔벤트만 들어 있는 세탁기를 말한다.
② 제1탱크 용제에 첨가된 솔벤트로 클리닝하고, 제2탱크 용제로 헹구어 주는 방식이다.

(4) 논차지시스템(None Charge System)
소프를 첨가하지 않고 용제만으로 세탁하는 방식으로 지방산 등 용제에 의해 용해되는 간단한 오점만을 제거하는 방법이다.

(5) 배치 – 차지시스템(Batch – charge System)
세정 후 헹굼단계에서 소프가 용제로 희석될 때 일어나기 쉬운 재오염을 방지하기 위한 시스템으로 헹굼단계에서 용제에 소프를 약 1% 첨가하여 필터를 순환시키는 방법이다.

적중예상문제

26 다음은 차지법에 대해 설명한 내용이다. 맞는 것은?

① 용제에 적당량의 수분을 첨가하여 세정하는 방법이다.
② 용제에 소프와 함께 소량의 물을 첨가하여 세정하는 방법이다.
③ 석유계 용제만으로 세정하는 방법이다.
④ 퍼크로 용제에 중성세제를 넣어 사용하는 방법이다.

27 드라이클리닝 세정공정 중 배치시스템에 대한 설명이다. 맞지 않는 것은?

① 매 회 세정 시마다 세정액을 새로 만들어 사용한다.
② 스트롱차지가 되므로 재오염을 방지할 수 있다.
③ 일명 모음 세탁이라고도 한다.
④ 필터순환을 계속하며 세정하는 공정이다.

정답 25 ② 26 ② 27 ④

28 드라이클리닝 공정 중 다음의 설명은 어느 System을 나타내는가?

> 솔벤탱크가 두 개 있는데, 하나는 세척제(소프)를 탄 것이고 또 하나는 순수한 솔벤트만 들어 있는 세탁기를 말한다. 제1탱크 용제에 첨가된 솔벤트로 클리닝하고, 제2탱크 용제로 헹구어 주는 방식이다.

① 차지시스템 ② 배치시스템
③ 투배치시스템 ④ 논차지시스템

29 드라이클리닝할 때, 매 회의 세정 때마다 세정액을 교체하여 세탁하는 방식은?

① 차지시스템 ② 논차지시스템
③ 배치시스템 ④ 배치－차지시스템

30 드라이클리닝의 세정공정 중 차지시스템에 대한 설명으로 옳은 것은?

① 용제 중에 소량의 물을 첨가하는 것이다.
② 여러 개의 용제탱크가 필요하다.
③ 지방산 등 용제에 의해 용해되는 간단한 오점만 제거된다.
④ 소프를 첨가하지 아니하고 용제만으로 세탁하는 방식이다.

31 배치(Batch)시스템 세정에 대한 설명 중 옳은 것은?

① 소프(Soap)를 첨가한 세정액을 필터와 워셔 간을 순환시켜 오점을 제거하면서 씻는 방법이다.
② 소프를 첨가하지 않고 용제만으로 세탁하는 방식으로 헹구기에 주로 응용된다.
③ 농후한 소프의 스트롱차지가 되므로 재오염을 방지할 뿐만 아니라 세정력이 강하다.
④ 용제 중에 소프를 첨가 보충하여 세정하는 방법으로 세정력이 다소 약하다.

32 드라이클리닝의 세정공정 중 매 회 세정 때마다 세정액을 교체하여 세탁하는 방법은?

① 차지시스템(Charge System)
② 배치시스템(Batch System)
③ 논차지시스템(Non-charge System)
④ 배치－차지시스템(Batch－charge System)

33 드라이클리닝의 세정공정 중 매 회의 세정 때마다 세정액을 교체하여 새로이 씻는 방법은?

① 배치시스템
② 차지시스템
③ 배치－차지시스템
④ 논차지시스템

34 드라이클리닝의 세정공정 중 소프를 첨가하지 아니하고 용제만으로 세탁하는 방식으로 지방산 등 용제에 의해 용해되는 간단한 오점만 제거하는 것은?

① 배치시스템(Batch System)
② 배치－차지시스템(Batch－charge System)
③ 논차지시스템(None Charge System)
④ 차지시스템(Charge System)

35 드라이클리닝 세정공정 중 소프를 첨가하지 아니하고 용제만으로 세탁하는 방식은?

① 배치－차지시스템
② 배치시스템
③ 차지시스템
④ 논차지시스템

정답 28 ③ 29 ③ 30 ① 31 ③ 32 ② 33 ① 34 ③ 35 ④

핵심요점

7 드라이클리닝 용제

(1) 드라이클리닝 용제의 특성

① 1.1.1－트리클로로에탄 용제는 드라이클리닝 용제 중 세척력이 가장 좋으며, 세정시간이 짧다.

② 드라이클리닝의 전처리제로서 세제 : 물 : 석유계 용제의 비율은 1 : 1 : 8이다.

③ 드라이클리닝에서 가장 적정한 관계습도는 70~75%이다.

④ 드라이클리닝 용제의 정제방법에는 '여과법과 증류법'이 있다.

(2) 드라이클리닝 용제 청정화방법

① 세정과정에서 의류로부터 용출된 오염용제를 신속히 여과, 흡착시키는 것이 필터의 역할이다.

② 청정제(여과제, 흡착제)는 많은 구멍이 있어 용제를 자유롭게 통과시킨다.

③ 더러움이 심한 용제의 청정통식으로는 증류식 방법이 이상적이다.

④ 필터의 압력이 상승하면 청정화기능이 상실된다.

(3) 드라이클리닝 용제의 구비조건

① 의류품을 상하지 않게 할 것

② 부식성이 없고 독성이 없을 것

③ 인화점이 높고 물연성일 것

④ 건조가 쉽고 냄새가 나지 않을 것

⑤ 가격이 싸고 경제적일 것

⑥ 보관에 용이할 것

(4) 드라이클리닝 용제로 피해가 우려되는 제품

① 염화비닐합성피혁

② 수지가공 제품

③ 고무코팅 제품

④ 안료로 염색된 제품

(5) 드라이클리닝의 준비과정에서 용제의 조정사항

① 필터의 오점 제거 작동이 완전히 끝난 후 투시유리가 투명하게 될 때까지 용제를 순환시킨다.

② 펌프를 회전시켜 용제를 탱크로부터 퍼 올려와서 필터 간을 순환시킨다.

③ 분말에 용제를 첨가하여 반죽상태로 된 것을 투입구에 투입한다.

④ 소프에 소량의 물을 첨가하여 그 위에 소량의 용제로 묽게 한 것을 투입구에 넣는다.

(6) 용제별 드라이클리닝 처리방법

① 퍼클로로에틸렌은 섬유의 세정이나 금속제품의 탈지 따위에 쓰이는 무색 투명하고 무거운 액체, 휘발성이 강하며, 기름 용해력이 우수하다.

② 석유계 용제는 인화폭발의 위험방지를 위하여 사전에 충분한 배려를 하여야 한다.

③ 트리클로로에탄의 경우는 분해방지를 위하여 용제에 물을 첨가하는 것은 피해야 한다.

④ 전처리로 필요 이상의 수분이 많게 되면 의류의 수축, 형태 변형, 색 번짐 등이 발생하기 쉽다.

⑤ 퍼클로로에틸렌 또는 석유계 사용함을 표시한다.

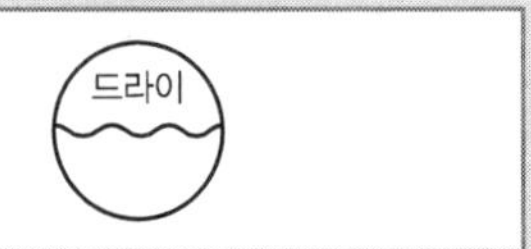

적중예상문제

36 드라이클리닝 용제 중 세척력이 가장 좋은 것은?

① 석유계 용제
② 1.1.1－트리클로로에탄 용제
③ 불소계 용제
④ 퍼클로로에틸렌 용제

정답 36 ②

37 **드라이클리닝 용제 청정화에 관한 내용 중 틀린 것은?**

① 세정과정에서 의류로부터 용출된 오염용제가 신속히 여과 흡착시키는 것이 필터의 역할이다.
② 청정제(여과제, 흡착제)는 많은 구멍을 가지고 있지 않아 용제를 자유롭게 통과시키지 못한다.
③ 더러움이 심한 용제의 청정통식으로는 증류식 방법이 이상적이다.
④ 필터의 압력이 상승하면 청정화 기능이 상실됨을 의미한다.

38 **반드시 드라이클리닝을 해야 할 의류제품은?**

① 방축 가공된 모제품
② 합성피혁 제품
③ 고무를 입힌 제품
④ 안료로 염색된 제품

39 **드라이클리닝 시 세정시간이 가장 짧은 용제는?**

① 석유계
② 불소계
③ 퍼클로로에틸렌
④ 1.1.1－트리클로로에탄

40 **드라이클리닝 용제로서 가장 바람직하지 않은 것은?**

① 의류품을 상하게 하지 않을 것
② 부식성이 있고 독성이 없을 것
③ 건조가 쉽고 냄새가 나지 아니할 것
④ 인화점이 높고 불연성일 것

41 **드라이클리닝 용제로 인한 피해가 우려되는 제품이 아닌 것은?**

① 염화비닐합성피혁
② 수지가공 제품
③ 고무코팅 제품
④ 아세테이트 제품

42 **드라이클리닝에서 가장 적정한 용제의 관계 습도는?**

① 20～30%　　② 30～45%
③ 50～60%　　④ 70～75%

43 **드라이클리닝의 준비공정에서 용제의 조정 사항 중 틀린 것은?**

① 펌프를 회전시켜 용제를 탱크로부터 퍼 올려와서 필터 간을 순환시킨다.
② 분말에 용제를 첨가하여 반죽상태로 된 것을 투입구에 투입한다.
③ 필터의 오점 제거 작동이 시작하기 전 그리고 투시유리가 투명하게 되기 전에 반드시 용제를 순환시킨다.
④ 소프에 소량의 물을 첨가하여 그 위에 소량의 용제로 묽게 한 것을 투입구에 넣는다.

44 **드라이클리닝으로 인하여 의류제품의 손상이 가장 적은 것은?**

① 합성피혁, 고무 제품, 코팅 제품, 비닐 제품
② 모직물, 합성섬유, 견직물류
③ 은박이나 금박 접착 제품, 합성수지 제품
④ 모피류, 섀미 제품, 고무 제품류

45 **드라이클리닝 용제로 인한 피해가 우려되는 제품이 아닌 것은?**

① 염화비닐합성피혁
② 수지안료 가공 제품
③ 고무를 입힌 제품
④ 아세테이트 제품

정답 **37** ② **38** ① **39** ④ **40** ② **41** ④ **42** ④ **43** ③ **44** ② **45** ④

46 다음 중 드라이클리닝이 가능한 피복은?

① 고무를 입힌 제품
② 안료로 염색된 제품
③ 등유에 오염된 식탁보
④ 합성피혁 제품

47 용제별 드라이클리닝 처리방법으로 틀린 것은?

① 퍼클로로에틸렌의 세정액 온도가 60℃를 넘지 않도록 하고, 텀블러의 건조온도는 30℃ 전후로 한다.
② 석유계 용제의 경우에는 인화폭발의 위험 방지를 위하여 사전에 충분한 배려를 하여야 한다.
③ 트리클로로에탄의 경우는 분해방지를 위하여 용제에 물을 첨가하는 것은 피해야 한다.
④ 전처리로 필요 이상의 수분이 많게 되면 의류의 수축, 형태 변형, 색 번짐 등이 발생하기 쉽다.

48 드라이클리닝의 표시기호 중 용제의 종류를 퍼클로로에틸렌 또는 석유계를 사용함을 표시한 것은?

①
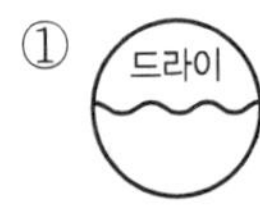

②

③

④
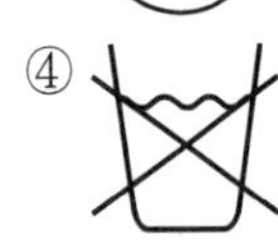

49 드라이클리닝에서 용제의 정제방법으로 가장 적합한 것은?

① 연소시험법 ② 여과법과 증류법
③ 자연낙수법 ④ 검화법

50 다음 중 드라이클리닝이 가능한 것은?

① 고무를 입힌 제품
② 염료가 빠져 용제를 오염시킬 수 있는 제품
③ 소수성 합성섬유 제품
④ 합성수지 제품

핵심요점

8 드라이클리닝 탈액의 효과

① 드라이클리닝 탈액을 강하게 할 때 나타나는 효과
- 의류의 형태나 손상이 일어날 가능성이 있다.
- 건조 및 용제의 회수 효과가 좋아진다.
- 주름이 강하게 남는다.

② 드라이클리닝 탈액을 약하게 할 때 나타나는 효과 : 용제 중에 오점과 세제 등이 옷에 남게 된다.

③ 드라이클리닝의 탈락과 건조 : 탈액에서 원심분리가 심하면 구김이 생기고 피복에 변형이 생길 가능성이 있다.

적중예상문제

51 드라이클리닝을 할 때 탈액을 강하게 할 경우 나타나는 효과가 아닌 것은?

① 건조 및 용제의 회수 효과가 좋아진다.
② 주름이 강하게 남는다.
③ 의류의 형태나 손상이 일어날 가능성이 있다.
④ 용제 중에 오점과 세제 등이 옷에 남게 된다.

52 드라이클리닝의 탈액과 건조에 대한 설명으로 옳은 것은?

① 탈액에서 원심분리가 심하면 구김이 생기고 피복에 변형이 생길 가능성이 있다.
② 회수된 용제는 다시 사용할 수 없다.
③ 건조는 가능한 한 고온에서 풍량을 많이 사용한다.
④ 열에 약한 의복은 햇빛에서 건조하도록 한다.

정답 46 ③ 47 ① 48 ① 49 ② 50 ③ 51 ④ 52 ①

핵심요점

9 드라이클리닝 기계

① 기계는 용제를 청정 증류할 수 있는 구조로 되어 있다.
② 석유계 용제의 것은 완전 방폭구조로 되어 있다.
③ 합성세제의 것은 기밀장치로 용제의 누출이 거의 없고 회수율이 높다.
④ 합성용제의 것은 용제의 분해 시 생겨나는 물질에 의한 기계부식이 되므로 부식에 견딜 수 있는 재질이어야 한다.
⑤ 합성용제용은 기밀장치에 있어야 바람직하다.
⑥ 기계는 반드시 부식에 견디는 재질이어야 한다.
⑦ 용제를 청정, 회수, 재사용할 수 있어야 한다.

적중예상문제

53 다음 중 드라이클리닝 기계의 특징으로 틀린 것은?

① 기계는 용제를 청정 증류를 할 수 있는 구조로 되어 있다.
② 석유계 용제의 것은 완전 방폭구조로 되어 있다.
③ 합성용제의 것은 용제의 분해 시 생겨나는 물질에 의한 기계부식과는 무관하다.
④ 합성용제의 것은 기밀장치로 용제의 누출이 거의 없고 회수율이 높다.

54 드라이클리닝 기계의 설명 중 잘못된 것은?

① 용제를 청정, 회수, 재사용할 수 있는 구조로 되어 있다.
② 석유계 용제용은 완전 방폭형 구조이어야 한다.
③ 합성용제용은 기밀장치가 있어야 바람직하다.
④ 기계는 반드시 부식에 견디는 재질이 아니어도 무방하다.

55 드라이클리닝 기계에 대한 설명 중 옳은 것은?

① 합성용제용 기계는 완전 방폭형 구조이어야 한다.
② 용제를 청정, 회수, 재사용할 수 있어야 한다.
③ 석유계 용제용 기계는 용제의 누출을 적게 해야 한다.
④ 용제 회수율이 낮고 부식이 잘되는 재질이어야 한다.

핵심요점

10 드라이클리닝 공정(세정기)

① 꼬리표(마킹) 부착은 물품의 분실 및 납품 잘못을 방지하는 중요한 공정이다.
② 클리닝 기계에 넣을 물건의 비율은 부하율로 표시한다.
③ 검사과정은 오염 제거와 구김이 잘 펴져 있나를 확인한다.
④ 기계에 넣을 세탁물량(부하량)은 80% 정도만 넣고 세탁한다.

적중예상문제

56 드라이클리닝 공정(세정기)에 대하여 설명한 것 중에서 틀린 것은?

① 꼬리표(마킹) 부착은 물품의 분실 및 납품 잘못을 방지하는 중요한 공정이다.
② 클리닝 기계에 넣을 물건의 비율은 부하율로 표시한다.
③ 검사과정은 오염 제거와 구김이 잘 펴져 있나를 확인한다.
④ 기계에 넣을 세탁물량(부하량)은 최대한으로 많이 넣어서 클리닝한다.

정답 53 ③ 54 ④ 55 ② 56 ④

57 **세정기(클리닝 기계)에 대한 설명으로 옳지 않은 것은?**

① 퍼크로 기계는 증류과정에서 용제회수율이 낮은 것이 바람직하다.
② 기계의 재질은 용제의 부식에 견딜 수 있는 재질이어야 한다.
③ 석유계 용제의 기계는 완전방폭형 구조가 바람직하다.
④ 세정기는 용제를 청정하게 하고, 재사용할 수 있는 견고한 기계가 좋다.

58 **세정기계(Dry Cleaning Machine)의 증류 중 세정, 탈수, 건조의 연관 작업의 처리가 가능한 기밀 구조로 되어 있고 일부의 기계에서는 스프레이 가공까지 할 수 있는 것은?**

① 퍼클로로에틸렌용 기계
② 솔벤트 기계
③ 건조기 및 쿨러
④ 석유계 기계 및 인체 프레스

핵심요점

11 석유계용 드라이클리닝 기계

(1) 개방용 세정기(오픈 워셔)

① 개방형 세정기의 정의
3~4개의 가로대가 있는 내통을 회전시켜 세탁물을 들어올리고 떨어뜨려 두들겨 빠는 세정기를 개방형 세정기(오픈 워셔)라 한다.

② 개방형 세정기의 특징
- 인화의 위험으로 방폭형 구조이며 용제 청정장치가 필요하다.
- 대형의 세탁물, 심하게 찌든 세탁을 대량으로 처리해야 하는 세탁물에 적합하다.
- 현재는 거의 사용하지 않는다(론드리에 주로 사용).
- 세정만 할 수 있고 탈액은 원심탈수기를 사용한다.

(2) 준밀폐형 세정기(콜드 머신)

① 준밀폐형 세정기의 정의
콜드 머신이란 석유계 용제를 사용하는 드라이클리닝 기계를 콜드 머신이라고 한다.

② 준밀폐형 세정기의 특징
- 방폭형 구조로 되어 있고, 용제청정장치가 부착되어 있다.
- 용제 탱그가 두 개로 분리되어 있는 것이 연한 색상 의류의 재오염방지에 효과가 크다.
- 세정과 탈액이 가능하다.
- 용제 청정장치는 두 개로 구분되는데, 카트리지 필터를 장착한 것과 활성탄 종이 필터를 따라 장착한 것 등이 있다.

(3) 탈액기

① 용제회수장치가 부착되어 있고, 방폭형 구조이다.
② 사용할 시 오픈 워셔의 경우에 사용하며 론드리 탈수기와 같은 구조로 탈액한다.

(4) 텀블러

① 용제 회수장치가 부착되어 있고 방폭형 구조이다.
② 뜨거운 공기를 불어 넣어서 세탁물과 뜨거운 공기가 접촉되어 건조시키는 기계이다.
③ 취급표시에 건조 불가 제품이 많으므로 확인 후 작업하는 것이 좋다.
④ 피혁, 토끼털, 아크릴 소재의 파일 제품이 젖어 있을 때는 절대 사용을 금지해야 한다.
⑤ 건조 시 론드리와 같은 구조로 건조한다.

(5) 밀폐형 세정기(핫머신)

① 밀폐형 세정기의 정의
밀폐형 세정기(핫머신)란 드라이클리닝 기계 중 합성세제를 사용하여 세정, 탈액, 건조까지 연속적으로 처리하는 것이다.

② 밀폐형 세정기(핫머신)의 특징
- 세정, 탈액, 건조까지 연속적으로 처리된다.
- 다양한 안전장치가 있다.
- 운전조작이 다양한 컨트롤시스템이다.

정답 57 ① 58 ①

- 안전하고 높은 효율의 용제회수시스템이다.
- 콘덴서로 회수되지 않은 용제증기를 탈취 시 흡착한다.
- 세정기계(Dry Cleening Machine)의 종류 중 기밀구조로 되어 있고 일부 기계는 스프레이 가공까지 할 수 있다.
- 세정부에는 필터장치가 되어 있다.
- 건조 시 발생한 용제의 증기는 콘덴서에 의하여 회수된다.
- 밀폐형 세정기는 퍼클로로에틸렌 용기계 핫머신, 불소계 용제용 기계라 한다.

적중예상문제

59 석유계 드라이클리닝 세정기의 특징과 가장 관계있는 것은?

① 방폭형 구조 ② 차입관
③ 버튼드롭 ④ 스팀보드

60 개방형 드라이클리닝 기계에서 인화방지를 위해 반드시 요구되는 것은?

① 재생장치 ② 차입관
③ 버튼장치 ④ 방폭형 구조

61 텀블러에 대한 설명으로 틀린 것은?

① 뜨거운 공기를 불어 넣어서 세탁물과 뜨거운 공기가 접촉되어 건조시키는 기계이다.
② 취급표시에 건조 불가 제품이 많으므로 확인 후 작업하는 것이 좋다.
③ 피혁, 토끼털, 아크릴 소재의 파일제품이 젖어 있을 때는 절대 사용을 금지해야 한다.
④ 종류에는 캐비닛형과 시어즈형으로 나눌 수 있다.

62 준밀폐형 세정기(콜드 머신)에 대한 설명으로 옳은 것은?

① 개방형 세탁기이다.
② 세정만 가능하고 탈액은 되지 않는다.
③ 석유계 용제를 사용하는 자동기계이며 세정과 탈액이 가능하다.
④ 세정, 탈액, 건조까지 연속적으로 처리되는 기밀구조로 되어 있다.

63 드라이클리닝 기계 중 합성세제를 사용하며 세정, 탈액, 건조까지 연속적으로 처리되는 것은?

① 개방형 세정기
② 반개방형 세정기
③ 준밀폐형 세정기
④ 밀폐형 세정기

정답 59 ① 60 ④ 61 ④ 62 ③ 63 ④

CHAPTER 010

론드리(Laundry)

핵심요점

1 론드리의 정의(의의)

론드리란 알칼리제, 비누 등을 사용하여 온수에서 워셔로 세탁하는 가장 세정작용이 강한 클리닝 작업을 말한다.

적중예상문제

01 론드리의 의의로 올바른 것은?

① 표백제를 사용하지 않으며 고온세탁을 할 수 있는 세정작용이 약한 클리닝 방법이다.
② 중성세제를 사용하며 가볍게 손세탁을 하는 작업이다.
③ 휘발성 유기용제로 모, 견 등을 클리닝하는 작업이다.
④ 알칼리제, 비누 등을 사용하여 워셔로 온수세탁하는 것으로 세정작용이 강한 클리닝 작업이다.

02 론드리의 정의에 대한 설명으로 가장 옳은 것은?

① 물로 세탁하는 방법이다.
② 비누를 사용하여 손세탁하는 방법이다.
③ 알칼리제, 비누 등을 사용하여 온수에서 워셔로 세탁하는 가장 세정작용이 강한 방법이다.
④ 알칼리제, 비누 등을 사용하여 찬물에서 세탁하는 방법이다.

핵심요점

2 론드리의 공정

(1) 론드리의 공정순서
- 애벌빨래 → 본 빨래 → 표백 → 헹굼 → 산욕 → 풀먹임 → 탈수 → 건조 → 다림질
- 예세 → 본세 → 헹굼 → 산세 → 증백 → 푸새 → 건조
- 본 빨래 → 표백 → 헹굼 → 산욕 → 푸새 → 탈수

① 애벌빨래
- 론드리 세탁순서 중 가장 먼저 해야 할 공정은 '애벌빨래'이다.
- 물이나 알칼리세제로 미리 더러움을 제거한다.
- 애벌빨래에 충분한 세제를 가하지 않으면 오히려 재오염될 가능성이 있다.
- 전분풀로 가공되어 있는 물품은 애벌빨래하면 전분풀이 떨어진다.
- 오염이 많아 세제의 낭비가 되는 것을 막을 수 있다.
- 금속비누가 되는 것을 방지한다.
- 합성섬유는 애벌빨래를 할 필요가 없다.
- 알칼리세제를 사용하여 저온으로 오염을 제거할 수 있다.

② 본 빨래
- 론드리에서 백색 의류 형광염료가 떨어진 원인이 되는 공정이다.
- 세탁물의 종류와 성질에 따라 섬유가 손상되지 않도록 워셔(Washer)에서 온수 알칼리제를 섞어 세정하는 작업이다.

정답 01 ④ 02 ③

- 본 빨래는 1회 처리보다는 2~3회 걸쳐서 처리하는 것이 세정 효과가 좋다.
- 그을음의 오점 제거에는 CMC를 0.1% 가하면 좋다.
- 70℃ 이상에서의 세탁은 섬유의 손상과 재오염이 되기 쉽다.
- 세제의 pH 농도는 10~11로 유지한다.
- 비누농도는 1회 때 0.3%, 2회 때 0.2%, 3회 때 0.1%와 같은 비율로 점차 감소한다.
- 본 빨래의 욕비는 1 : 4로 한다.

③ 표백
- 섬유에 남아 있는 색소물질을 제거하여 섬유를 희게 하는 작업이다.
- 표백온도는 60~70℃가 가장 적당하다.
- 첫 번째 헹굼 사이에 탈수를 해주면 물의 사용량이 절약된다.
- 첫 번째 헹굼에서는 세탁온도와 같게 한다.
- 같은 양의 물을 3~4회 나누어 헹구며, 비누와 세제가 섬유에 남지 않도록 여러 번 씻어내야 한다.

④ 산욕
- 천에 남아 있는 알칼리를 중화한다.
- 의류를 살균, 소독한다.
- 천에 광택을 주고 황변을 방지하며, 산가용성의 얼룩을 제거한다.
- 식물성섬유는 산에 약하므로 산을 많이 사용하지 않는다.
- 온도는 40℃ 이하에서 3~4분간 처리한다.
- 산을 넣을 때 직접 천에 닿지 않도록 한다.
- 온도를 올리면 산의 작용이 너무 강하므로 온도는 올리지 않도록 한다.
- 황변을 방지하고, 의류의 살균소독을 하기 위해서 산욕을 한다.

⑤ 풀먹임(푸새)
- 천을 광택 있게, 팽팽하게 한다.
- 오염을 방지하고, 세탁 효과를 좋게 한다.
- 천의 촉감을 변화시키고, 천의 내구성을 좋게 한다.
- 풀먹임에 사용하는 풀의 원료로는 젤라틴, PVA, 전분 등을 사용한다.
- 면직물에는 주로 전분풀을 사용한다.

⑥ 탈수
- 여분의 수분을 제거하여 건조를 빠르게 한다.
- 색이 빠지는 것을 방지한다.
- 보통 원심탈수기로 5분 정도 탈수한다.

※ 탈수할 때의 주의점
  - 세탁물의 바깥 부위에서부터 뭉쳐서 고르게 넣는다.
  - 정해진 양 이상의 세탁물을 넣지 않는다.
  - 덮개보를 씌운 후 뚜껑을 닫는다.
  - 유색 세탁물은 다른 옷에 물들이는 것을 주의한다.

⑦ 헹굼
- 같은 양의 물을 3~4회 나누어 헹구며 비누와 세제가 섬유에 남지 않도록 몇 차례 씻어낸다.
- 첫 번째 헹굼에서는 세탁온도와 같게 한다.
- 헹굼과 헹굼 사이에 탈수를 해주면 물의 사용량이 절약된다.
- 수위는 25cm, 시간은 3~5분으로 하며 첫 번째 헹굼은 세탁온도와 같은 온도로 한다.

⑧ 건조
- 배기구는 자주 청소하여야 건조효율을 높일 수 있다.
- 늘어나거나 수축될 우려가 있는 섬유는 자연건조를 시킨다.
- 비닐론 제품은 젖은 채로 다림질하지 않도록 한다.
- 화학섬유의 경우는 수축, 황변되기 쉬우므로 60℃ 이하에서 건조시킨다.
- 저온의 경우 회전통에 넣는 양을 적게 한다.
- 고온 텀블러를 사용할 경우 가열을 정지시킨 후라도 텀블러 안에 물품을 방치하면 안 된다.
- 비닐론 제품은 고온건조를 피하고 작업 종료 후 냉풍으로 5~10분간 회전한다.
- 알칼리제를 사용하므로 오점이 잘 빠진다.

- 표백이나 풀먹임이 효과적이며 용이하다.
- 워셔는 원통형이므로 의류가 상하지 않는다.
- 마무리에 상당한 시간과 기술이 필요하다.
- 텀블러의 배기도관은 수평으로 길게 하거나 굴곡은 피해야 한다.
- 텀블러의 물품은 회전통의 반 정도 넣고 20~30분간 처리한다.
- 건조기에서 꺼내는 즉시 펼쳐 놓아야 축열하여 우는 것을 방지할 수 있다.

(2) 옷을 건조하는 방법

① 건조기에서 말린다.
② 공기나 햇볕에서 말린다.
③ 건조실에서 말린다.

적중예상문제

03 론드링 공정의 순서가 옳은 것은?

① 예세 → 본세 → 표백 → 헹굼 → 산세 → 증백 → 푸새 → 건조
② 예세 → 본세 → 헹굼 → 산세 → 표백 → 증백 → 푸새 → 건조
③ 예세 → 헹굼 → 본세 → 산세 → 표백 → 푸새 → 증백 → 건조
④ 예세 → 헹굼 → 표백 → 산세 → 본세 → 푸새 → 증백 → 건조

04 다음 중에서 론드리 공정순서가 가장 바르게 된 것은?

① 본 빨래 – 표백 – 헹굼 – 산욕 – 푸새 – 탈수
② 본 빨래 – 헹굼 – 표백 – 산욕 – 마무리 – 탈수
③ 본 빨래 – 표백 – 산욕 – 푸새 – 헹굼 – 탈수
④ 표백 – 본 빨래 – 헹굼 – 산욕 – 탈수 – 마무리

05 론드리의 세탁공정 순서로 옳은 것은?

① 애벌빨래 → 본 빨래 → 표백 → 헹굼 → 산욕 → 풀먹임 → 탈수 → 건조 → 다림질
② 애벌빨래 → 산욕 → 본 빨레 → 건조 → 표백 → 풀먹임 → 탈수 → 헹굼 → 다림질
③ 애벌빨래 → 산욕 → 탈수 → 건조 → 헹굼 → 본 빨래 → 표백 → 풀먹임 → 다림질
④ 애벌빨래 → 헹굼 → 산욕 → 표백 → 본 빨래 → 탈수 → 풀먹임 → 건조 → 다림질

06 론드리의 세탁순서가 가장 바르게 된 것은?

① 본 빨래 → 표백 → 헹굼 → 산욕 → 푸새 → 탈수
② 본 빨래 → 헹굼 → 표백 → 산욕 → 푸새 → 탈수
③ 본 빨래 → 표백 → 산욕 → 푸새 → 헹굼 → 탈수
④ 표백 → 본 빨래 → 헹굼 → 산욕 → 탈수 → 푸새

07 론드리의 세탁순서로 옳은 것은?

① 애벌빨래 → 본 빨래 → 헹굼 → 표백 → 산욕 → 풀먹임 → 탈수
② 애벌빨래 → 본 빨래 → 표백 → 산욕 → 헹굼 → 풀먹임 → 탈수
③ 애벌빨래 → 본 빨래 → 표백 → 헹굼 → 풀먹임 → 산욕 → 탈수
④ 애벌빨래 → 본 빨래 → 표백 → 헹굼 → 산욕 → 풀먹임 → 탈수

08 론드리의 세탁순서 중 가장 먼저 해야 하는 공정은?

① 애벌빨래 ② 본빨래
③ 표백 ④ 헹굼

정답 03 ① 04 ① 05 ① 06 ① 07 ④ 08 ①

09 론드리 공정 중 애벌빨래에 대한 설명이 아닌 것은?

① 물이나 알칼리세제로 미리 더러움을 제거한다.
② 애벌빨래에 충분한 세제를 가하지 않으면 오히려 재오염될 가능성이 있다.
③ 전분풀로 가공되어 있는 물품은 애벌빨래하면 전분풀이 떨어진다.
④ 화학섬유 제품은 애벌빨래를 반드시 해야 한다.

10 론드리(Laundry) 공정에서 애벌빨래에 관한 설명으로 틀린 것은?

① 알칼리세제를 사용하여 저온으로 오염을 제거할 수 있다.
② 오염이 많아 세제의 낭비가 되는 것을 막을 수 있다.
③ 금속비누가 되는 것을 방지한다.
④ 일반적으로 합성섬유에 많이 이용되고 주로 워셔를 사용하며 세제로 때를 완전히 없앤다.

11 론드리에서 백색 의류에 형광염료가 떨어졌다면 이것이 원인이 되는 공정은?

① 본 세탁 ② 산욕
③ 건조 ④ 헹굼

12 세탁물의 종류와 성질에 따라 섬유가 손상되지 않도록 워셔(Washer)에서 온수 알칼리제를 섞어 세정하는 작업은?

① 산욕
② 본 빨래
③ 드라이클리닝
④ 헹굼

13 론드리의 공정에서 본 빨래의 방법과 조작이 다른 것은?

① 본 빨래는 1회 처리보다는 2~3회에 걸쳐서 처리하는 것이 세정 효과가 좋다.
② 그을음의 오점 제거에는 CMC를 0.1% 가하면 좋다.
③ 70℃ 이상에서의 세탁은 섬유의 손상과 재오염이 되기 쉽다.
④ 비누의 농도는 2~3% pH를 4~6으로 유지한다.

14 본 빨래 시 세제의 가장 적합한 욕비는?

① 1 : 1 ② 1 : 2
③ 1 : 3 ④ 1 : 4

15 론드리 공정에서 본 빨래에 해당되지 않는 것은?

① 본 빨래는 1회 처리보다는 2~3회에 걸쳐 처리하는 것이 세정 효과가 좋다.
② 그을음의 오점 제거에는 CMC를 0.1%로 하면 좋다.
③ 70℃ 이상에서의 세탁은 섬유의 손상과 재오염이 되기 쉽다.
④ 비누의 pH를 4~6으로 유지한다.

16 론드리 공정 중 표백온도로 가장 적합한 것은?

① 20~30℃ ② 40~50℃
③ 60~70℃ ④ 80~90℃

17 산욕작용의 효과 중 틀린 것은?

① 천에 남아 있는 알칼리를 중화한다.
② 의류를 살균, 소독한다.
③ 더러운 오염을 깨끗이 제거한다.
④ 천에 광택을 주고 황변을 방지하며, 산가용성의 얼룩을 제거한다.

정답 09 ④ 10 ④ 11 ① 12 ② 13 ④ 14 ④ 15 ④ 16 ③ 17 ③

18 론드리에서 풀을 먹이는 목적과 관계가 없는 것은?

① 곰팡이 발생을 방지한다.
② 오염을 방지하고, 세탁 효과를 좋게 한다.
③ 천의 촉감을 변화시키고 광택을 준다.
④ 천의 내구성을 좋게 한다.

19 론드리의 공정인 산욕방법의 주의사항으로 옳지 않은 것은?

① 식물성섬유는 산에 약하므로 산은 많이 사용하지 않는다.
② 온도는 50℃ 이하에서 20~30분간 처리한다.
③ 산을 넣을 때 직접 천에 닿지 않도록 한다.
④ 온도를 올리면 산의 작용이 너무 강하므로 온도는 올리지 않는다.

20 산욕 시 주의점으로 알맞은 것은?

① 온도를 올리면 산의 작용이 상승하므로 온도를 많이 올려야 한다.
② 어떤 섬유든지 구분할 필요 없이 산을 사용한다.
③ 산욕제로는 표백분을 사용하여 황변을 방지한다.
④ 산을 넣을 때 직접 천에 닿지 않도록 한다.

21 론드리의 공정 중 풀먹임에 사용되는 풀의 원료가 아닌 것은?

① 규불화소다　② 젤라틴
③ PVA　④ 전분

22 론드리 공정 중 산욕의 주의사항이 아닌 것은?

① 식물성섬유는 산에 약하므로 산을 적당하게 사용한다.
② 온도는 상온에서 20~30분간 처리한다.
③ 산을 넣을 때 직접 천에 닿지 않도록 한다.
④ 온도를 올리면 산의 작용이 상승하므로 온도는 너무 올리지 않는다.

23 론드리 공정 중 산욕을 하는 이유로 옳은 것은?

① 재오염 방지　② 세탁시간 단축
③ 황변 방지　④ 표백작용

24 론드리 공정 중 풀먹임의 효과는?

① 천을 광택 있게, 팽팽하게 한다.
② 천의 황변을 방지하고 얼룩을 제거한다.
③ 천에 남아 있는 알칼리를 중화시킨다.
④ 의류를 희게 한다.

25 론드리 공정 중 황변을 방지하면서 의류를 살균소독하는 것은?

① 애벌빨래　② 표백
③ 풀먹임　④ 산욕

26 론드리 공정 중 산욕의 작용 효과에 해당하는 것은?

① 천을 광택 있게, 팽팽하게 한다.
② 천을 질기게 하고 내구성을 좋게 한다.
③ 오점이 섬유에 직접 붙지 않도록 한다.
④ 의류를 살균, 소독한다.

27 표백으로 인하여 천에 남아 있는 알칼리를 중화하고 금속비누, 표백제, 철분 등을 용해하여 제거하는 작용을 하는 것을 무엇이라고 하는가?

① 산욕　② 헹굼
③ 본 빨래　④ 호부

28 다음 중 론드리의 과정이 아닌 것은?

① 보관　② 본 세탁
③ 표백 처리　④ 다림질

정답 18 ① 19 ② 20 ④ 21 ① 22 ② 23 ③ 24 ① 25 ④ 26 ④ 27 ① 28 ①

29 론드리 세탁공정에 대한 설명으로 틀린 것은?

① 애벌빨래 : 물이나 알칼리제로 미리 더러움을 제거한다.
② 표백 : 섬유에 남아 있는 색소물질을 제거하여 섬유를 희게 한다.
③ 산욕 : 산욕제로는 규산나트륨을 사용한다.
④ 푸새 : 면직물에는 주로 전분풀을 사용한다.

30 론드리에서 백색 의류에 형광염료가 떨어졌다. 어떤 공정에 해당하는 사고인가?

① 본 빨래 중에 의한 것
② 산욕 처리에 의한 것
③ 건조 처리 중에 의한 것
④ 헹굼과정에 의한 것

31 론드리에서 산욕을 하는 주된 이유는?

① 황변을 방지하고, 살균을 하기 위함이다.
② 재오염의 방지를 하기 위함이다.
③ 정련작용과 표백작용을 원활히 하기 위함이다.
④ 경수를 연화하여 세탁을 쉽게 하기 위함이다.

32 론드리 세탁의 탈수의 설명으로 틀린 것은?

① 여분의 수분을 제거하여 건조를 빠르게 한다.
② 색이 빠지는 것을 방지한다.
③ 보통 원심탈수기로 5분 정도 탈수한다.
④ 덮개보를 씌우지 않고 뚜껑을 닫는다.

33 론드리의 헹굼의 방법으로 틀린 것은?

① 같은 양의 물을 3~4회로 나누어 헹구며, 비누와 세제가 섬유에 남지 않도록 몇 차례 씻어 낸다.
② 헹굼과 헹굼 사이에 탈수를 해주면 물의 사용량이 절약된다.
③ 수위는 25cm, 시간은 3~5분으로 한다.
④ 세탁 후 비누를 깨끗이 헹구는 방법은 세탁온도보다 찬물로 헹구는 것이다.

34 론드리에서 헹굼의 방법으로 틀린 것은?

① 같은 양의 물을 3~4회로 나누어 헹구며, 비누와 세제가 섬유에 남지 않도록 몇 차례 씻어 낸다.
② 첫 번째 헹굼에서는 세탁온도와 같게 한다.
③ 헹굼과 헹굼 사이에 탈수를 해주면 물의 사용량이 절약된다.
④ 수위는 25cm, 시간은 3~5분으로 하며, 첫 번째 헹굼은 세탁 온도보다 낮은 것이 효과적이다.

35 세탁 후 비누를 깨끗이 헹구는 방법으로 옳은 것은?

① 세탁온도와 같은 물로 헹군다.
② 세탁은 뜨거운 물로, 헹굼은 찬물로 한다.
③ 삶은 세탁물을 식히기 위해 찬물로 헹군다.
④ 찬물로 세탁하고 찬물로 헹군다.

36 론드리 건조 시 주의점에 대한 설명으로 틀린 것은?

① 배기구는 자주 청소하여야 건조효율을 높일 수 있다.
② 늘어나거나 수축될 우려가 있는 섬유는 자연건조를 시킨다.
③ 비닐론 제품은 젖은 채로 다림질하지 않도록 한다.
④ 화학섬유는 90℃ 이상의 고온으로 건조시킨다.

정답 29 ③ 30 ① 31 ① 32 ④ 33 ④ 34 ④ 35 ① 36 ④

37 론드리 건조 시 주의할 내용 중 틀린 것은?

① 저온의 경우 회전통에 많은 양의 세탁물을 넣는다.
② 고온 텀블러를 사용할 경우 가열을 정지시킨 후라도 텀블러 안에 물품을 방치하면 안 된다.
③ 화학섬유의 경우 수축, 황변되기 쉬우므로 60℃ 이하에서 건조시킨다.
④ 비닐론 제품은 고온 건조를 피하고 작업종료 후 냉풍으로 5~10분간 회전한다.

38 론드리에서 건조 시 주의점으로 틀린 것은?

① 알칼리제를 사용하므로 오점이 잘 빠진다.
② 표백이나 풀먹임이 효과적이며 용이하다.
③ 워셔는 원통형이므로 의류가 상하지 않는다.
④ 마무리에 상당한 시간과 기술이 필요 없다.

39 론드리에서 건조 시 주의점으로 틀린 것은?

① 화학섬유의 경우는 수축, 황변되기 쉬우므로 60℃ 이하에서 건조시킨다.
② 가열을 정지시킨 후라도 텀블러 안에 물품을 방치해서는 안 된다.
③ 저온의 경우 회전통에 넣는 양을 많게 한다.
④ 비닐론 제품은 젖은 상태로 다림질하는 것을 피한다.

40 론드리에서 텀블러 건조 시 주의점으로 옳은 것은?

① 화학섬유는 수축, 황변되기 쉬우므로 될 수 있는 대로 80℃ 이하에서 건조시킨다.
② 가열이 끝났더라도 여열을 이용하여 물품을 그대로 두어 완전히 건조시킨다.
③ 텀블러의 배기 도관은 수평으로 길게 하거나 굴곡은 피해야 한다.
④ 텀블러의 물품은 4/5 정도 넣고 10~20분간 처리한다.

41 론드리 건조 시에 주의하여야 할 설명으로 잘못된 것은?

① 배기구는 자주 청소해 주어야 건조효율을 높일 수 있다.
② 늘어나거나 수축될 우려가 있는 섬유는 자연건조를 시킨다.
③ 건조기에서 꺼내는 즉시 펼쳐놓아야 축열하여 우는 것을 방지할 수 있다.
④ 화학섬유는 90℃ 이상의 고온으로 건조시킨다.

42 옷을 건조하는 방법 중 좋지 못한 것은?

① 건조기에서 말린다.
② 공기나 햇볕에서 말린다.
③ 건조실에서 말린다.
④ 세탁기에서 말린다.

43 다음 중 탈수할 때의 주의점으로 틀린 것은?

① 세탁물을 탈수기의 중심부에서부터 고르게 채워서 넣는다.
② 정해진 양 이상의 세탁물을 넣지 않는다.
③ 덮개보를 씌운 후 뚜껑을 닫는다.
④ 유색 세탁물은 다른 옷에 물드는 것에 주의한다.

44 론드리의 본 빨래 설명으로 틀린 것은?

① 본 빨래는 1회보다 2~3회에 걸쳐 하는 것이 좋다.
② 비누 농도는 1회 때 0.3%, 2회 때 0.2%, 3회 때 0.1%와 같은 비율로 점차 감소한다.
③ 본 빨래의 욕비는 1 : 4로 한다.
④ 70℃ 이상의 고온세탁을 해야 세탁 효과가 높다.

정답 37 ① 38 ④ 39 ③ 40 ③ 41 ④ 42 ④ 43 ① 44 ④

핵심요점

❸ 론드리 기계

(1) 론드리 기계의 종류
① 면 프레스기
- 캐비닛형(상자형), 시어즈형(가위형)
- 와이셔츠나 코트류를 마무리하는 기계

② 와이셔츠 프레스기 : 칼라(깃), 커프스(소매), 슬리브 프레스기
③ 어깨 프레스기, 몸통 프레스기
④ 건조기
⑤ 탈수기(원심탈수기)
⑥ 텀블러 : 열풍을 불어넣으면서 내통을 회전시켜서 세탁물과 열풍의 접촉을 이용하여 건조하는 기계
⑦ 워셔 : 애벌빨래, 본 빨래 용도에 적당
⑧ 시트롤러 : 마무리 다림질 용도

(2) 론드리 기계의 형태
① 사이드로딩(Sideloading)형
② 워셔(Washer)형
③ 엔드로딩(Endloading)형

(3) 론드리 세정기 구조의 특징
세정기의 구조는 외통과 내통으로 된 원통형이며 외통 속에 수용된 물을 회전시키며 세제를 공급한다.

(4) 론드리용 세탁기(Washer)의 특성
① 이중드럼식으로 용수가 절약된다.
② 론드리용 워셔는 드럼식이라 불린다.
③ 드럼식이므로 세탁물의 손상이 비교적 적다.
④ 내부드럼의 회전 속도는 세탁 효과에 크게 영향을 미친다.
⑤ 세탁기는 세탁물을 투입하는 위치에 따라 드럼의 측면이 열리게 된 사이드로딩형과 드럼의 끝에서 넣는 엔드로딩형이 있다.
⑥ 세탁온도는 80℃까지 가능하며 세탁온도가 높아 세탁 효과가 크다.
⑦ 마무리에 상당한 기술과 시간이 필요하다.
⑧ 세탁물을 내통에 붙어 있는 가로에 위아래로 끌어올리고 떨어뜨리면서 두들겨 빤다.
⑨ 워셔는 원통형이므로 의류가 상하지 않고 오점이 잘 빠진다.

적중예상문제

45 다음 중 론드리용 기계가 아닌 것은?
① 프레스기 ② 건조기
③ 탈수기 ④ 절단기

46 론드리용 기계 중 시트롤러의 용도는?
① 탈수 ② 열풍건조
③ 다듬질 ④ 마무리 다림질

47 론드리용 기계인 워셔(Washer)에 대하여 잘못 설명한 것은?
① 이중 드럼식으로 용수가 절약된다.
② 드럼식이므로 세탁물의 손상이 비교적 적다.
③ 내부드럼의 회전속도는 세탁 효과에 크게 영향을 미친다.
④ 이중드럼식은 드럼의 측면이 열리는 엔드로딩형과 드럼의 끝에서 세탁물을 넣게 되는 사이드로딩형이 있다.

48 론드리용 기계 중 워셔의 용도로 적당한 것은?
① 애벌빨래, 본 빨래
② 탈수
③ 열풍 건조
④ 마무리 다림질

49 론드리 기계 종류의 설명으로 옳은 것은?
① 텀블러 : 많은 수의 작은 구멍이 있는 내통을 고속으로 회전시켜 물을 털어낸다.
② 원심탈수기 : 열풍을 불어넣으면서 내통을 회전시켜서 건조하는 기계이다.
③ 워셔 : 마무리 다림질한 물품을 접어 넣는 기계이다.
④ 면 프레스기 : 캐비닛형과 시어즈형이 있다.

정답 45 ④ 46 ④ 47 ④ 48 ① 49 ④

50 론드리용 기계 중 워셔(Washer)의 용도로 가장 적합한 것은?

① 본 빨래 ② 탈수
③ 건조 ④ 다림질

51 다음 그림은 론더링에 시용하는 워셔이다. A 부분의 명칭은?

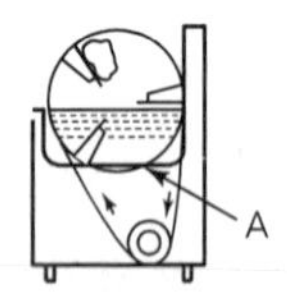

① 세탁물 ② 회전드럼
③ 펄세이터 ④ 열풍기

52 론드리용 기계 중 와이셔츠나 코트류를 마무리하기 위해 만들어진 것은?

① 워셔 ② 원심탈수기
③ 면 프레스기 ④ 텀블러

53 론드리용 워셔에 대한 설명 중 틀린 것은?

① 론드리용 워셔는 드럼식이라 불린다.
② 세탁물을 내통에 붙어 있는 가로대 위아래로 끌어올리고 떨어뜨리면서 두들겨 빤다.
③ 세탁물의 손상이 적고 세정 효과도 좋다.
④ 세탁온도는 40℃가 한도이다.

54 론드리용 기계 중 텀블러와 관계되는 것은?

① 본 빨래 ② 열풍건조
③ 탈수 ④ 다림질

55 다음 중 론드리용 기계 형태가 아닌 것은?

① 사이드로딩(Sideloading)형
② 킬달(Kieldahl)형
③ 워셔(Washer)형
④ 엔드로딩(Endloading)형

56 론드리용 세탁기의 특성 중 맞지 않는 것은?

① 세탁온도가 높아 세탁 효과가 크다.
② 마무리에 상당한 시간과 기술을 필요로 한다.
③ 담가서 헹구는 방식이므로 헹굼의 수량이 많아 물의 소요량이 많다.
④ 워셔는 원통형이므로 의류가 상하지 않고 오점이 잘 빠진다.

57 론드리 세정기의 구조로 바르게 설명된 것은?

① 세정기의 구조는 외통과 내통으로 된 원통형이며 외통 속에 수용된 물을 회전시키며 세제를 공급한다.
② 내통의 둘레에는 더러워진 섬유를 교반시키는 장치가 한 곳에 되어 있다.
③ 론드리 세정기는 석유용제 세정기와 같은 구조로 되어 더러워진 섬유를 교반시키는 장치가 없다.
④ 론드리 세정기는 분류식 구조로 되어 있어 고속회전이 빨라 세탁 효과가 매우 크다.

58 론드링에 사용되는 세탁기에 관한 설명으로 옳은 것은?

① 워셔(Washer)라고 하며, 대형 일중드럼식이 사용된다.
② 세탁기는 세탁물을 투입하는 위치에 따라 드럼의 측면이 열리는 사이드로딩(Sideloading)형과 드럼의 끝에서 넣는 엔드로딩(End loading)형이 있다.
③ 워셔의 용량은 2회에 세탁할 수 있는 세탁물의 건조중량(kg)으로 표시하고 있다.
④ 워셔의 내부드럼의 회전속도는 세탁 효과와는 상관이 없다.

정답 50 ① 51 ② 52 ③ 53 ④ 54 ② 55 ② 56 ③ 57 ① 58 ②

핵심요점

4 론드리 세탁 시 pH 범위

론드리 본 빨래 시 가장 적당한 pH 범위는 pH 10~11이다.

적중예상문제

59 론드리에서 본 빨래를 할 때 세제의 pH로 가장 적당한 것은?

① pH 1~2 ② pH 4~5
③ pH 7~8 ④ pH 10~11

60 론드리 세탁 시 세제의 가장 적합한 pH 범위는?

① pH 6~7 ② pH 7~8
③ pH 8~9 ④ pH 10~11

핵심요점

5 론드리용 자재 알칼리제의 역할

① 산성비누의 생성을 방지한다.
② 경수를 연화한다.
③ 변질된 당이나 단백질을 제거한다.
④ 유화력, 분산력에 의해 세정을 돕는다.
⑤ 산성의 오점을 중화하고, 산성비누 생성을 방지한다.
⑥ 비누찌꺼기의 생성을 방지한다.

적중예상문제

61 론드링에서 알칼리제의 역할이 아닌 것은?

① 산성비누의 생성을 방지한다.
② 경수를 연화한다.
③ 변질된 당이나 단백질을 제거한다.
④ 황변을 방지한다.

62 물세탁에서 론드리용 자재 중 알칼리제의 역할이 아닌 것은?

① 변질된 당이나 단백질을 제거한다.
② 유화력, 분산력에 의해 세정을 돕는다.
③ 연수를 경화시켜 비누찌꺼기를 생성시킨다.
④ 산성의 오점을 중화하고, 산성비누 생성을 방지한다.

핵심요점

6 론드리 용수

① 영구 경수는 금속이온 봉쇄제를 이용해서 금속이온의 작용을 없앤 물을 사용한다.
② 영구 경수는 물을 저장했다가 불순물 성분을 침전시킨 물을 사용한다.
③ 경수는 이온교환수지법 등을 이용해서 연수로 바꿀 수 있다.
④ 일시 경수는 끓여서 불순물 성분을 침전시킨 물을 사용한다.

적중예상문제

63 다음 중 론드리 용수로 가장 적절한 것은?

① 영구 경수는 끓여서 불순물 성분을 침전시킨 물을 사용한다.
② 영구 경수는 물을 저장했다가 경도 성분을 침전시킨 물을 사용한다.
③ 연수는 오직 이온교환수지법을 이용해서 불순물을 제거시킨 물만을 사용한다.
④ 영구 경수는 금속이온 봉쇄제를 이용해서 금속이온의 작용을 없앤 물을 사용한다.

정답 59 ④ 60 ④ 61 ④ 62 ③ 63 ④

핵심요점

7 론드리 대상품(론드리에 적용되는 의류)

① 내의류
② 와이셔츠류
③ 면
④ 타월, 운동복
⑤ 땀이나 더러움이 쉽게 타는 작업복류
⑥ 침구, 흰옷류
⑦ 직접 피부에 닿는 의류
⑧ 론더링에 견딜 수 있는 의류

적중예상문제

64 다음 중 론드리 대상품이 아닌 것은?

① 와이셔츠류 ② 타월
③ 작업복류 ④ 합성피혁

65 다음 섬유 중 론드리 대상품으로 적당한 것은?

① 견 ② 면
③ 양모 ④ 마

66 론드리에 적용되는 의류가 아닌 것은?

① 흰옷류
② 직접 피부에 닿지 않는 의류
③ 땀이나 더러움이 부착되기 쉬운 의류
④ 론드링에 견딜 수 있는 의류

핵심요점

8 론드리 세탁방법

① 면, 마직물로 된 백색 세탁물의 백도를 회복하기 위한 고온 세탁방법이다.
② 수지가공 면직물, 폴리에스테르 혼방직물, 염색물의 중온세탁방법이다.
③ 용수가 절약되고 세탁물의 손상이 비교적 적다.
④ 50℃ 이상 높은 온도에서의 세탁법이다.
⑤ 워셔 내부드럼의 회전속도는 세탁 효과에 크게 영향을 미친다.
⑥ 워셔는 대형 이중드럼식을 사용한다.

67 론드리 세탁방법에 대한 설명 중 틀린 것은?

① 면, 마직물로 된 백색 세탁물의 백도를 회복하기 위한 고온 세탁방법이다.
② 수지가공 면직물, 폴리에스테르 혼방직물, 염색물의 중온세탁방법이다.
③ 용수가 절약되고 세탁물의 손상이 비교적 적다.
④ 표면 처리된 피혁제품의 세탁방법이다.

68 다음 중 론드리(Laundry) 세탁법을 잘못 설명한 것은?

① 면, 마직물로 된 백색 세탁물의 회복성을 향상시키는 방법이다.
② 50℃ 이상 높은 온도에서의 세탁법이다.
③ 용수가 절약되고 세탁물의 손상이 비교적 적다.
④ 표면 처리된 피혁제품의 세탁법이다.

핵심요점

9 론드리 사고 방지

① 표백제 사용 시는 농도, 온도, 시간에 주의해야 한다.
② 과탄산소다를 사용할 때는 충분히 녹여서 워셔를 충분히 돌리면서 투입한다.
③ 세탁물을 충분히 헹구어서 세제 등이 세탁물에 남아 있지 않게 해야 한다.
④ 세정력이 강하므로 오염의 정도가 심한 세탁물의 세탁에 적합하다.

적중예상문제

69 물세탁(론드리)에서의 사고방지에 대한 설명이다. 맞지 않는 것은?

① 표백제 사용 시는 농도, 온도, 시간에 주의해야 한다.
② 과탄산소다를 사용할 때는 충분히 녹여서 워셔를 돌리면서 투입한다.
③ 세탁물은 충분히 헹구어서 세제 등이 세탁물에 남아 있지 않게 해야 한다.

정답 64 ④ 65 ② 66 ② 67 ④ 68 ④ 69 ④

④ 과붕산소다를 사용할 때는 워셔에 투입한 후 돌린다.

핵심요점

⑩ 론드리와 가정세탁 비교

① 고온과 고압이 사용되므로 끝마무리가 좋다.
② 마무리는 상당한 시간과 기술이 필요하다.
③ 표백이나 풀먹임이 효과적이고 용이하다.
④ 알칼리제, 비누와 온수로 세탁한다.
⑤ 세제와 물을 사용해서 세탁하는 것을 물세탁이라고 한다.
⑥ 론드리는 가정세탁에 비하여 물품이 상하지 않고 얼룩이 쉽게 빠진다.
⑦ 론드리 대상품은 와이셔츠, 더러움이 쉽게 타는 작업복류, 견고한 백색물이다.
⑧ 가정용 세탁기에 비해 세제, 물 등의 절약 효과가 크다.
⑨ 물에 침지하여 헹구는 방식이다.

적중예상문제

70 론드리와 가정세탁을 비교해 볼 때, 론드리의 특성이 아닌 것은?

① 고온과 고압이 사용되므로 끝마무리가 좋다.
② 세제와 물이 많이 든다.
③ 표백이나 풀먹임이 효과적이고 용이하다.
④ 마무리에는 상당한 시간과 기술이 필요하다.

71 론드리와 가정세탁에 관한 것이다. 잘못된 것은?

① 알칼리제, 비누와 온수로 세탁한다.
② 세제와 물을 사용해서 세탁하는 것을 물세탁이라고 한다.
③ 론드리는 가정세탁에 비하여 물품이 상하지 않고 얼룩이 쉽게 빠진다.
④ 가정세탁 대상품은 와이셔츠, 더러움이 쉽게 타는 작업복류, 견고한 백색물이다.

72 가정용 세탁기에 비해 론드리 방법의 특징이 아닌 것은?

① 끝마무리에서 고온, 고압이 사용되므로 마무리 효과가 좋다.
② 알칼리 조제의 사용으로 오염이 잘 빠진다.
③ 마무리하는 시간이 짧고 기술적인 숙달이 필요 없다.
④ 물에 침지하여 헹구는 방식으로 가정용 세탁기에 비해 세제, 물 등의 절약 효과가 크다.

핵심요점

⑪ 론드리의 특성

① 론드리란 알칼리제 비누 등을 사용하여 온수에서 워셔로 세탁하는 방법이다.
② 론드리의 일반공정으로 애벌빨래, 본 빨래, 표백, 헹굼, 풀먹임, 탈수, 건조, 마무리 등이 있다.
③ 산욕처리과정에 있어 항변의 방지와 실균처리를 하기 위하여 산욕제로는 규불화나트륨(규불화산소다)을 사용한다.
④ 론드리에 가장 많이 쓰이는 표백제는 '차아염산나트륨'이다.
⑤ 워셔는 대형 이중 드럼식을 사용한다.
⑥ 용수가 절약되고 세탁물의 손상이 비교적 적다.
⑦ 면, 마직물로 된 백색 세탁물의 백도를 회복하기 위한 고온 세탁방법이다.
⑧ 워셔의 내부드럼의 회전속도는 세탁 효과에 크게 영향을 미친다.
⑨ 워셔는 원통형이므로 의류가 상하지 않고 오점이 잘 빠진다.
⑩ 세탁온도가 높아 세탁 효과가 좋다.
⑪ 고온세탁의 세제는 비누가 적당하다.
⑫ 끝마무리에서 고온, 고압이 사용되므로 마무리 효과가 좋다.
⑬ 물에 침지하여 헹구는 방식으로 가정용 세탁기에 비해 세제, 물 등의 절약 효과가 크다.

정답 70 ② 71 ④ 72 ③

적중예상문제

73 론드리에 대한 설명 중 틀린 것은?

① 론드리란 알칼리제, 비누 등을 사용하여 온수에서 워셔로 세탁하는 방법이다.
② 론드리의 일반공정으로 애벌빨레, 본 빨래, 표백, 헹굼, 풀먹임, 탈수, 건조, 마무리 등이 있다.
③ 론드리의 표백제로는 차아염소산나트륨, 과붕산나트륨, 계면활성제를 사용한다.
④ 산욕처리 과정에 있어 황변의 방지와 살균처리를 하기 위하여 산욕제로는 규불화나트륨(규불화산소다)을 사용한다.

74 론드리에 대한 설명으로 옳은 것은?

① 수질오염방지를 위해 가볍게 손세탁을 하는 작업이다.
② 중성세제를 사용하며 가볍게 손세탁을 하는 작업이다.
③ 휘발성 유기용제로 모, 견 등을 클리닝하는 작업이다.
④ 알칼리제, 비누를 사용하여 온수에서 워셔로 세탁하는 가장 세정작용이 강한 작업이다.

75 론드리에 관한 내용 중 잘못된 것은?

① 모직물이나 견직물로 된 백색 세탁물의 백도를 회복하기 위한 세탁이다.
② 워셔는 대형 이중드럼식을 사용한다.
③ 용수가 절약되고 세탁물의 손상이 비교적 적다.
④ 워셔의 내부드럼의 회전속도는 세탁 효과에 크게 영향을 미친다.

76 론드리에 대한 설명 중 틀린 것은?

① 모직물이나 견직물로 된 백색 세탁물의 백도를 회복하기 위한 세탁이다.
② 워셔 내부드럼의 회전속도는 세탁 효과에 크게 영향을 미친다.
③ 워셔는 원통형이므로 물품이 상하지 않는다.
④ 고온세탁의 세제는 비누가 적당하다.

77 다음 중 론드리에 대한 설명으로 틀린 것은?

① 알칼리제, 비누 등을 사용하여 온수에서 워셔로 세탁하는 가장 세정작용이 강한 방법이다.
② 론드리 대상품은 직접 살에 닿는 와이셔츠류, 더러움이 비교적 잘 타는 작업복류, 견고한 백색 직물 등이다.
③ 세탁온도가 높아 세탁 효과가 좋다.
④ 수질오염방지 등 배수시설이 필요 없어 경제적이다.

78 론드리에 가장 많이 쓰이는 표백제는?

① 과망간산칼륨 ② 과산화수소
③ 차아염산나트륨 ④ 하이드로설파

⑫ 론드리의 장 · 단점

(1) 장점
① 세탁온도가 높아 세탁 효과가 크다.
② 알칼리제를 사용하므로 오점이 잘 빠지고 공해가 적다.
③ 워셔는 원통형이므로 의류가 상하지 않고 오점이 잘 빠진다.
④ 표백이나 풀먹임이 효과적이며 용이하다.
⑤ 헹굼의 수량이 적어 절수가 된다.
⑥ 세척력이 강하며 수용성 오점, 찌든 때의 섬유 처리에 효과적이다.

(2) 단점
① 수질오염방지 등 배수시설이 필요하여 원가가 높다.
② 세탁 후 마무리 처리나 형태를 바로 잡기가 드라이클리닝보다 어렵다.
③ 섬유의 변형이나 수축 및 손상이 일어나기 쉽다.
④ 마무리에 상당한 시간과 기술이 필요하다.
⑤ 백도가 저하되므로 형광증백 가공이 필요하다.
⑥ 마무리 처리나 형태를 바로잡기가 어렵다.

정답 73 ③ 74 ④ 75 ① 76 ① 77 ④ 78 ③

적중예상문제

79 론드리의 장점으로 틀린 것은?

① 세탁온도가 낮아 세탁 효과가 좋다.
② 알칼리제를 사용하므로 오점이 잘 빠진다.
③ 표백이나 풀먹임이 효과적이며 용이하다.
④ 헹굼의 수량이 적어 절수가 된다.

80 론드리의 장점에 대한 설명 중 틀린 것은?

① 세탁온도가 높아 세탁 효과가 좋다.
② 알칼리제를 사용하므로 오점이 잘 빠진다.
③ 표백이나 풀먹임이 효과적이며 용이하다.
④ 마무리 시간이 짧다.

81 론드리의 장점으로 틀린 것은?

① 세탁온도가 높아 세탁 효과가 좋다.
② 알칼리제를 사용하므로 오점이 잘 빠진다.
③ 마무리에 상당한 시간과 기술이 필요 없다.
④ 표백이나 풀먹임이 효과적이며 용이하다.

82 론드리의 장점으로 틀린 것은?

① 세탁온도가 높아 세탁 효과가 좋다.
② 알칼리제를 사용하므로 오점이 잘 빠진다.
③ 수질오염방지 등 배수시설이 필요 없다.
④ 표백이나 풀먹임이 효과적이며 용이하다.

83 론드리 세탁방법의 장점이 아닌 것은?

① 세탁온도가 높아 세탁 효과가 좋다.
② 표백이나 풀먹임이 효과적이며 용이하다.
③ 수질오염방지 등 배수시설이 필요 없어 원가가 낮다.
④ 알칼리제를 사용하므로 오점이 잘 빠진다.

84 다음 설명 중 론드리의 장점으로 볼 수 없는 것은?

① 주로 알칼리제와 비누를 사용하여 공해가 적다.
② 백도가 저하되므로 형광증백 가공이 필요하다.
③ 워셔기는 원통형이므로 물품이 상하지 않고 오점이 잘 빠진다.
④ 표백과 풀먹임이 효과적이다.

85 론드리의 장점에 대한 설명 중 맞지 않는 것은?

① 세탁온도가 높아서 세탁 효과가 좋다.
② 알칼리제를 사용하므로 오점이 잘 빠진다.
③ 표백이나 풀먹임이 효과적이며 용이하다.
④ 마무리는 상당한 시간과 기술이 필요하지 않다.

86 습식세탁(Laundry)을 틀리게 설명한 것은?

① 세탁 후 마무리 처리나 형태를 바로잡기가 드라이클리닝보다 어렵다.
② 섬유의 변형이나 수축 및 손상이 일어나기 쉽다.
③ 세척력이 강하며 수용성 오점, 찌든 때의 섬유 처리에 효과적이다.
④ 알칼리세제 투입으로 유용성 오점 제거에 높은 효과가 있다.

87 론드리의 특징이 아닌 것은?

① 세탁온도가 높아 세탁 효과가 크다.
② 마무리에 상당한 시간과 기술을 필요로 한다.
③ 담가서 헹구는 방식이므로 헹굼의 수량이 많아 물의 소요량이 많다.
④ 워셔는 원통형이므로 의류가 상하지 않고 오점이 잘 빠진다.

정답 79 ① 80 ④ 81 ③ 82 ③ 82 ③ 83 ③ 84 ② 85 ④ 86 ④ 87 ③

88 **다음 설명 중 옳은 것은?**

① 론드리는 면 또는 마의 백색 세탁물을 50℃ 이상의 높은 온도에서 행하는 세탁법이다.
② 웨트클리닝은 일반적으로 론드리에 비해 세탁물에 많은 상해를 준다.
③ 웨트클리닝은 100℃ 이상의 물을 사용하여 세탁한다.
④ 론드리는 알칼리제나 비누 등을 사용하므로 공해가 크다고 볼 수 있다.

정답 88 ①

CHAPTER 011 웨트클리닝

핵심요점

1 웨트클리닝 개념

웨트클리닝이란 드라이클리닝을 하는 데 어려움이 있는 의류를 손빨래를 원칙으로 물품을 손상하지 않고 가볍게 처리하는 세탁작업을 말한다.

적중예상문제

01 드라이클리닝을 하는 데 어려움이 있는 의류를 손빨래를 원칙으로 물품을 손상하지 않고, 가볍게 처리하는 세탁작업은?

① 론드리 ② 웨트클리닝
③ 건식클리닝 ④ 드라이클리닝

핵심요점

2 웨트클리닝 대상품

① 합성수지 제품(염화비닐, 합성피혁 제품)
② 고무를 입힌 제품
③ 염료가 빠져 용제를 훼손시킬 수 있는 제품
④ 드라이클리닝이 불가능한 제품
⑤ 수지안료 가공 제품
⑥ 실크 블라우스

적중예상문제

02 다음 중 웨트클리닝 대상품이 아닌 것은?

① 합성수지 제품
② 운동복
③ 고무를 입힌 제품
④ 염료가 빠져 용제를 훼손시킬 수 있는 제품

03 웨트클리닝의 대상품이 아닌 것은?

① 드라이클리닝이 불가능한 것
② 수지안료 가공 제품
③ 합성수지, 고무를 입힌 제품
④ 슈트류, 드레스류, 작업복류 등

04 웨트클리닝으로 처리하는 대상품 중 틀린 것은?

① 면 ② 염화비닐
③ 합성피혁 ④ 고무 입힌 제품

05 웨트클리닝으로 적합하지 않은 것은?

① 합성피혁 제품 ② 고무를 입힌 제품
③ 안료 염색된 제품 ④ 염색 제품

06 웨트클리닝으로 처리하는 대상품 중 틀린 것은?

① 순모로 된 점퍼
② 염화비닐 합성피혁
③ 수지안료 가공 제품
④ 고무를 입힌 제품

정답 01 ② 02 ② 03 ④ 04 ① 05 ④ 06 ①

07 다음 중 웨트클리닝 대상품과 상관이 적은 것은?

① 합성수지 제품
② 고무를 입힌 제품
③ 수지안료 가공 제품
④ 레이온 제품

08 다음 중 웨트클리닝을 필요로 하는 의류는?

① 지퍼가 달린 면바지
② 무늬가 있는 속치마
③ 여러 개의 호크가 달린 셔츠
④ 염화비닐 합성피혁

09 웨트클리닝의 대상이 아닌 것은?

① 합성수지 제품
② 수지안료 가공 제품
③ 고무를 입힌 제품
④ 슈트나 한복

10 다음 중 웨트클리닝 대상품이 아닌 것은?

① 합성수지 제품
② 고무를 입힌 제품
③ 수지안료 가공 제품
④ 아세테이트 제품

11 다음 중 웨트클리닝 대상품으로 가장 적절한 의류는?

① 순모 상의 ② 오리털 점퍼
③ 실크 블라우스 ④ 면 와이셔츠

12 다음 중 웨트클리닝을 해야 하는 것이 아닌 것은?

① 합성피혁 제품 ② 안료 염색된 의복
③ 고무를 입힌 의복 ④ 슈트나 한복

13 웨트클리닝을 해야 하는 의복의 소재나 종류가 아닌 것은?

① 고무를 입힌 것
② 안료 염색된 것
③ 수지 가공된 면직물
④ 합성피혁 제품

14 웨트클리닝 대상품으로 적합하지 않은 것은?

① 합성수지 제품
② 고무를 입힌 제품
③ 안료 염색된 제품
④ 견섬유 제품

15 웨트클리닝에 적용되는 피복이 아닌 것은?

① 합성피혁 제품
② 표면 처리된 피혁
③ 고무를 입힌 제품
④ 면, 마의 고급제품

16 웨트클리닝 대상품이 아닌 것은?

① 합성수지 제품
② 고무를 입힌 제품
③ 수지안료 가공 제품
④ 드라이클리닝이 가능한 제품

핵심요점

3 웨트클리닝에 알맞은 세제
① 중성세제 ② 양질의 비누

적중예상문제

17 웨트클리닝에 가장 알맞은 세제는?

① 비누 ② 가루비누
③ 중성세제 ④ 강알칼리성세제

정답 07 ④ 08 ④ 09 ④ 10 ④ 11 ③ 12 ④ 13 ③ 14 ④ 15 ④ 16 ④ 17 ③

18 **웨트클리닝용 세제로 가장 적합한 것은?**

① 알칼리성세제
② 경성세제
③ 연성세제
④ 중성세제

핵심요점

4 웨트클리닝 세탁방법

① 약한 처리의 물세탁으로 까다로운 의류를 물세탁하기 위한 고급세탁방법이다.
② 일반적인 세탁방법으로 불가능한 의류에 행해지는 것으로 풍부한 경험과 기술이 필요한 세탁방법이다.
③ 드라이클리닝이 불가능한 것을 세제액으로 적신 후 곧바로 처리하는 세탁방법이다.
④ 색이 빠지기 쉬운 것이나 작은 물품은 손빨래를 해야 한다.
⑤ 드라이클리닝 또는 론드리에서 상해가 우려되는 제품을 세탁하는 것이다.
⑥ 일반적으로 손빨래 또는 솔빨래로 단시간에 처리하며, 형이 잘 흐트러지는 것이나 작은 물건은 솔빨래를 해야 한다.
⑦ 중성세제의 용액으로 주로 가볍게 눌러 빤다.
⑧ 오점에 따라 용제를 써서 닦아낸 뒤 중성세제로 가볍게 손빨래한다.
⑨ 물, 드라이클리닝 용제, 담글 수 없는 것, 오염이나 얼룩을 제거할 때 하는 세탁방법이다.
⑩ 웨트클리닝은 손빨래, 기계빨래, 오염을 닦아내는 것 등이 있다.
⑪ 웨트클리닝은 마무리 다림질을 생각하여 형이 흐트러지지 않게 빠는 것이 중요하다.
⑫ 손빨래, 솔빨래는 웨트클리닝 처리방법에 해당된다.

적중예상문제

19 **다음 중 웨트클리닝(Wet Cleaning)을 하는 방법으로 옳지 않은 것은?**

① 드라이클리닝 또는 론드리에서 상해가 우려되는 제품을 세척하는 것이다.
② 일반적으로 손빨래 또는 솔빨래로 단시간에 처리한다.
③ 합성용제의 용액으로 주로 가볍게 눌러 빤다.
④ 오점에 따라 용제를 써서 닦아낸 뒤 중성세제로 가볍게 손빨래한다.

20 **약한 처리의 물세탁으로 까다로운 의류를 물세탁하기 위한 고급세탁방법은?**

① 드라이클리닝
② 론드리
③ 워셔
④ 웨트클리닝

21 **일반적인 세탁방법으로 불가능한 의류에 행해지는 세탁방법으로 풍부한 경험과 기술을 필요로 하는 것은?**

① 드라이클리닝
② 웨트클리닝
③ 론드리
④ 차지클리닝

22 **웨트클리닝 처리방법으로 설명이 잘못된 것은?**

① 손빨래, 색이 빠지기 쉬운 것
② 솔빨래, 작은 물건, 형이 잘 흐트러지는 것
③ 워셔빨래, 회전이 빠르고 고온처리가 필요할 때
④ 물, 드라이클리닝 용제, 담글 수 없는 것, 오염이나 얼룩을 제거할 때

정답 18 ④ 19 ③ 20 ④ 21 ② 22 ③

23 **웨트클리닝의 처리법에 대한 다음 설명 중 맞는 것은?**

① 염색이 증가하거나 형이 일그러지는 것 등에 주의해야 한다.
② 모든 대상품에 대해 동일한 방법으로 처리해야 한다.
③ 비교적 큰 물품이나 형이 잘 흐트러지는 것은 손빨래로 한다.
④ 색이 빠지기 쉬운 것이나 작은 물품은 손빨래로 한다.

24 **웨트클리닝 처리법 중 틀린 것은?**

① 웨트클리닝은 색이 빠지거나 형이 일그러지는 것에 주의해야 한다.
② 웨트클리닝은 손빨래, 솔빨래, 기계빨래, 오염을 닦아내는 것 등이 있다.
③ 웨트클리닝의 대상이 되는 의류는 종류가 많고 성질은 다르나 처리방법은 다 같다.
④ 웨트클리닝은 마무리 다림질을 생각하여 형이 흐트러지지 않게 빠는 것이 중요하다.

25 **웨트클리닝 처리방법으로 설명이 잘못된 것은?**

① 색이 빠지기 쉬운 것에 유의한다.
② 형이 잘 흐트러지는 것에 유의하여야 한다.
③ 워셔는 대형이며 회전이 빠른 것을 사용하고, 장시간 처리한다.
④ 드라이클리닝에서 유성의 오점을 지우고 물세탁하는 것이 바람직하다.

26 **웨트클리닝 처리방법에 대한 설명 중 틀린 것은?**

① 색이 빠지거나 형이 일그러지는 것에 주의해야 한다.
② 처리방법에는 솔빨래, 손빨래, 기계빨래, 오염을 닦아내는 것 등이 있다.
③ 대상이 되는 의류는 종류가 많고 성질은 다르나 처리방법은 모두 같다.
④ 마무리 다림질을 생각하여 형의 망가짐에 유의하여야 한다.

27 **다음 중 웨트클리닝 처리방법에 해당하는 것은?**

① 손빨래
② 애벌빨래
③ 본 빨래
④ 산욕

28 **드라이클리닝이 불가능한 것을 세제액으로 적신 후 곧바로 처리하는 고급세탁방법으로 맞는 것은?**

① 건식세탁
② 웨트클리닝
③ 론드리
④ 스트롱차지

핵심요점

5 웨트클리닝에서 스웨터 세탁방법

① 중성세제를 사용하여 세탁한다.
② 축융방지를 위해 유연제를 사용하여 세탁한다.
③ 눌러 빨기를 한다.

적중예상문제

29 **웨트클리닝에서 스웨터의 처리방법으로 틀린 것은?**

① 중성세제를 사용한다.
② 눌러 빨기를 한다.
③ 60℃에서 건조한다.
④ 축융방지를 위해 유연제를 사용한다.

정답 23 ④ 24 ③ 25 ③ 26 ③ 27 ① 28 ② 29 ③

핵심요점

6 웨트클리닝의 특성

① 50℃ 이하의 저온의 물을 사용하여 섬유가 손상되지 않도록 관리하는 세탁법이다.
② 일반적으로 행해지는 세탁방법으로 불가능한 의류는 웨트클리닝을 해야 한다.
③ 세탁 전에 색 빠짐, 형태 변형, 수축성 여부를 조사하여야 한다.
④ 일반적으로 손빨래 또는 솔빨래로 단시간에 세탁을 해야 세탁 효과가 좋다.
⑤ 풍부한 경험과 기술을 필요로 하는 고급세탁 방법이다.

적중예상문제

30 웨트클리닝에 대한 설명으로 가장 적합한 것은?

① 50℃ 이하의 저온의 물을 사용하여 섬유가 손상되지 않도록 관리하는 세탁법이다.
② 론드리나 드라이클리닝 후에 섬유 보호를 위해 실시한다.
③ 강력한 세제를 사용하여 백도의 회복성을 향상시키는 세탁법이다.
④ 드라이클리닝을 하지 않을 경우 50℃ 이상의 고온으로 강력세탁을 하는 방법이다.

31 웨트클리닝에 대한 설명으로 바르지 않은 것은?

① 일반적으로 행해지는 세탁방법으로 불가능한 의류는 웨트클리닝을 해야 한다.
② 대상품에 따라 기계 또는 손으로 작업을 한다.
③ 장시간 작업을 해야 세탁물에 손상을 주지 않는다.
④ 풍부한 경험과 기술을 필요로 하는 고급세탁방법이다.

32 웨트클리닝에 대한 설명 중 틀린 것은?

① 일반적으로 행해지는 세탁방법으로 불가능한 의류는 웨트클리닝을 해야 한다.
② 세탁 전에 색 빠짐, 형태 변형, 수축성 여부를 조사한다.
③ 장시간 세탁을 해야 세탁 효과가 좋다.
④ 풍부한 경험과 기술을 필요로 하는 고급 세탁방법이다.

핵심요점

7 웨트클리닝에 해당하는 경우(손빨래하는 경우)

① 손빨래, 솔빨래, 기계빨래는 웨트클리닝에 해당된다.
② 비교적 작은 물품으로 염색이 강한 제품
③ 색이 빠지기 쉬운 세탁물이나 작은 것을 빨 때

적중예상문제

33 웨트클리닝에 해당하지 않는 것은?

① 손빨래 ② 솔빨래
③ 기계빨래 ④ 애벌빨래

34 웨트클리닝에서 손빨래를 해야 하는 경우로 옳은 것은?

① 비교적 큰 세탁물을 빨 때
② 형태가 안정한 세탁물을 빨 때
③ 색이 빠지기 쉬운 세탁물이나 작은 것을 빨 때
④ 비교적 염색견뢰도가 강한 세탁물을 빨 때

35 다음 중 웨트클리닝에서 손빨래를 해야 하는 경우로 맞는 것은?

① 비교적 큰 물품
② 형이 잘 흐트러지는 물품
③ 색이 빠지기 쉬운 물품
④ 비교적 작은 물품으로 염색이 강한 것

정답 30 ① 31 ③ 32 ③ 33 ④ 34 ③ 35 ④

핵심요점

8 웨트클리닝 시 사고 형태(사고 방지)

(1) 웨트클리닝의 주요 사고 형태
① 탈색
② 형태 변화(형태 변이)
③ 이염

(2) 웨트클리닝 사고 방지를 위해 제일 중요한 점
내웨트클리닝성 시험을 실시하여야 한다.

적중예상문제

36 웨트클리닝의 주요 사고 형태로 볼 수 없는 것은?

① 탈색 ② 형태 변화
③ 마모 ④ 이염

37 웨트클리닝의 주요 사고 형태와 가장 관계가 먼 것은?

① 탈색 ② 이염
③ 형태 변이 ④ 중량 감소

38 웨트클리닝을 할 때 잘못하여 발생하는 사고 내용이 아닌 것은?

① 탈색
② 이염
③ 형태의 변화
④ 용융

39 웨트클리닝의 사고를 방지할 수 있는 제일 중요한 점은?

① 경험자에게 물어본다.
② 고객과 의견을 교환한다.
③ 천이 상하지 않도록 약한 용제를 먼저 쓴다.
④ 내웨트클리닝성 시험을 거치는 일이다.

핵심요점

9 웨트클리닝 탈수와 건조

① 탈수 시 형의 망가짐에 유의하고 가볍게 원심탈수한다.
② 색 빠짐의 우려가 있는 것은 타월에 싸서 가볍게 손으로 눌러 짠다.
③ 늘어날 위험이 있는 것은 평평한 곳에 뉘어서 말린다.
④ 건조는 될 수 있는 대로 자연건조를 한다.

적중예상문제

40 웨트클리닝의 탈수와 건조에 대한 설명으로 틀린 것은?

① 형의 망가짐에 상관없이 강하게 원심탈수한다.
② 늘어날 위험이 있는 것은 평평한 곳에 뉘어서 말린다.
③ 건조는 될 수 있는 대로 자연건조를 한다.
④ 색 빠짐의 우려가 있는 것은 타월에 싸서 가볍게 손으로 눌러 짠다.

41 웨트클리닝 처리법 중 탈수와 건조의 설명으로 틀린 것은?

① 탈수 시 형의 망가짐에 유의하고 가볍게 원심탈수한다.
② 늘어날 위험이 있는 것은 둥글게 말아서 말린다.
③ 색 빠짐의 우려가 있는 것은 타월에 싸서 가볍게 손으로 눌러 짠다.
④ 가급적 자연건조한다.

정답 36 ③ 37 ④ 38 ④ 39 ④ 40 ① 41 ②

핵심요점

10 웨트클리닝 시 주의사항

① 세탁 전에 색 빠짐, 형태 변형, 수축성 여부를 조사한다.
② 수축되기 쉬운 세탁물은 미리 치수를 재어 놓는다.
③ 색이 빠지기 쉬운 것은 될 수 있는 대로 한 점씩 손작업으로 한다.
④ 세탁 전에 형이 흐트러지는가, 색이 빠지는가 등은 사전에 반드시 검토해야 한다.
⑤ 의류의 종류, 성질에 따라 차별적으로 처리한다.

적중예상문제

42 웨트클리닝에서 주의하여야 할 사항 중 옳지 않은 것은?

① 수축되기 쉬운 세탁물은 미리 치수를 재어 놓는다.
② 세탁 전에 형이 흐트러지는가, 색이 빠지는가 등은 사전에 반드시 검토 할 필요는 없다.
③ 색이 빠지기 쉬운 것은 될 수 있는 대로 한 점씩 손작업으로 한다.
④ 고도의 세탁기술과 마무리 기술을 터득해야 한다.

43 웨트클리닝에서 주의해야 할 점이 아닌 것은?

① 세탁 전에 색이 빠지는가 조사한다.
② 수축되기 쉬운 것은 치수를 재어 놓는다.
③ 색이 빠지기 쉬운 것은 될 수 있는 대로 한 점씩 빤다.
④ 의류의 종류, 성질에 관계없이 일률적으로 처리한다.

44 웨트클리닝의 주의사항으로 틀린 것은?

① 세탁 전에 색 빠짐, 형태 변형, 수축성 여부를 조사한다.
② 수축되기 쉬운 것은 치수를 재어 놓는다.
③ 색이 빠지기 쉬운 것은 한 점씩 빤다.
④ 핸드백은 용제나 물에 담가 처리한다.

45 웨트클리닝에 대한 설명이 다른 것은?

① 세탁 전에 색이 빠지는가 조사한다.
② 수축되기 쉬운 것은 치수를 재어 놓는다.
③ 색이 빠지기 쉬운 것은 될 수 있는 대로 한 점씩 빤다.
④ 의류의 종류, 성질에 관계없이 일률적으로 처리한다.

정답 42 ② 43 ④ 44 ④ 45 ④

CHAPTER 012 용제

핵심요점

1 드라이클리닝 용제의 구비조건

① 세탁 시 피복을 손상시키지 않을 것
② 기계를 부식시키지 않고 인체에 독성이 없을 것
③ 건조가 쉽고 세탁 후 냄새가 없을 것
④ 증류나 흡착에 의한 정제가 쉽고 분해가 어려울 것
⑤ 오염물질을 용해 분산하는 능력이 클 것
⑥ 회수, 정제가 용이하고 변질되지 않을 것
⑦ 값이 싸고 공급이 안정할 것
⑧ 인화성이 없거나 적을 것(인화점이 높고 불연성일 것)
⑨ 세탁 후 찌꺼기 회수가 쉽고 환경오염을 유발하지 않을 것
⑩ 의류품을 상하게 하지 않을 것
⑪ 표면장력이 작을 것
⑫ 비중이 적당히 클 것

2 드라이클리닝에 사용되는 용제의 종류

① 석유계 용제 : 우리나라에서 기계세탁용 용제로 가장 많이 사용
② 불소계 용제
③ 퍼클로로에틸렌
④ 1.1.1－트리클로로에탄

적중예상문제

01 드라이클리닝 용제로서 가장 바람직하지 않은 것은?

① 의류품이 상하지 않을 것
② 부식성이 있고 독성이 없을 것
③ 건조가 쉽고 냄새가 나지 아니할 것
④ 인화점이 높고 불연성일 것

해설
부식성이 없고, 독성이 없을 것

02 드라이클리닝 용제로서 바람직하지 않은 것은?

① 기계의 부식이나 독성이 적을 것
② 인화점이 낮고 가연성일 것
③ 의류품을 상하게 하지 않을 것
④ 값이 싸고 공급이 안정할 것

03 다음 중 우리나라에서 기계 세탁용 용제로 가장 많이 사용되는 것은?

① 퍼클로로에틸렌
② 석유계 용제
③ 불소계 용제
④ 1.1.1－트리클로로에탄

정답 01 ② 02 ② 03 ②

04 다음 중 용제의 구비조건이 아닌 것은?

① 증류나 흡착에 의한 정제가 쉽고 분해가 될 것
② 세탁 시 피복을 손상시키지 않을 것
③ 기계를 부식시키지 않고 인체에 독성이 없을 것
④ 건조가 쉽고 세탁 후 냄새가 없을 것

05 다음 중 드라이클리닝 용제 선택의 조건이 아닌 것은?

① 오염물질을 용해 분산하는 능력이 커야 한다.
② 건조가 쉽고 세탁 후 냄새가 없어야 한다.
③ 인화성이 있거나 독성이 강해야 한다.
④ 회수, 정제가 용이해야 한다.

06 드라이클리닝용 유기용제가 갖추어야 할 조건이 아닌 것은?

① 독성이 없거나 적을 것
② 표면장력이 적을 것
③ 인화성이 없거나 적을 것
④ 비중이 적을 것

07 용제의 구비조건이 아닌 것은?

① 기계를 부착시키지 않고 인체에 독성이 없을 것
② 건조가 쉽고 세탁 후 냄새가 없을 것
③ 값이 싸고 공급이 안정할 것
④ 인화점이 낮을 것

08 드라이클리닝용 유기용제로서의 조건이 아닌 것은?

① 피지 등 오점을 용해, 분산하는 능력이 클 것
② 섬유 및 염료를 용해 손상하지 말 것
③ 회수, 정제가 용이하고 정제과정에서 변질되지 않을 것
④ 비중이 낮고, 드라이클리닝 장치를 부식시키지 않을 것

09 용제가 갖추어야 할 구비조건이 아닌 것은?

① 세탁 시 피복을 손상시키지 않아야 한다.
② 인화점이 높거나 불연성이어야 한다.
③ 세탁 후 찌꺼기 회수가 쉽고 환경오염을 유발하지 않아야 한다.
④ 증류나 흡착에 의한 정제가 쉽고 분해되어야 한다.

10 드라이클리닝용 용제의 구비조건이 아닌 것은?

① 부식성과 독성이 적을 것
② 인화점이 낮고 휘발성일 것
③ 건조가 쉽고 세탁 후 냄새가 없을 것
④ 증류나 흡착에 의한 정제가 쉽고 분해되지 않을 것

11 드라이클리닝 용제의 조건으로 거리가 먼 것은?

① 기계의 부식성이나 독성이 적을 것
② 인화점이 낮고 가연성일 것
③ 의류품을 상하게 하지 않을 것
④ 건조가 쉽고 냄새가 남지 않을 것

12 다음 중 용제의 구비조건이 아닌 것은?

① 증류나 흡착에 의한 정제가 쉽고 분해가 될 것
② 세탁 시 피복을 손상시키지 않을 것
③ 기계를 부식시키지 않고 인체에 독성이 없을 것
④ 건조가 쉽고 세탁 후 냄새가 없을 것

13 드라이클리닝 용제의 조건 중 틀린 것은?

① 표면장력이 작을 것
② 인화성이 없거나 적을 것
③ 비중이 낮을 것
④ 건조가 쉽고 나쁜 냄새가 남지 않을 것

14 다음 중 드라이클리닝에 사용되는 용제가 아닌 것은?

① 석유계 용제 ② 수용성 용제
③ 불소계 용제 ④ 퍼클로로에틸렌

정답 04 ① 05 ③ 06 ④ 07 ④ 08 ④ 09 ④ 10 ② 11 ② 12 ① 13 ③ 14 ②

해설

드라이클리닝 용제의 종류

석유계 용제, 불소계 용제, 퍼클로로에틸렌, 1.1.1-트리클로로에탄

핵심요점

3 용제관리의 목적(필요성)

① 세정 효과를 높인다.
② 재오염을 방지한다.
③ 용제를 깨끗이 하고, 소프 및 수분의 적정 농도를 유지해야 한다.
④ 물품을 상하지 않게 한다.
⑤ 위생적으로 클리닝해야 한다.

적중예상문제

15 다음 중 용제관리의 목적에 맞는 것은?

① 용제의 산가가 높을수록 세정 효과가 크다.
② 용제는 소프 및 수분을 적정 농도로 유지할 필요가 없다.
③ 재오염 방지 및 세정력 향상을 위해 용제를 깨끗이 하고, 소프 및 수분의 적정 농도를 유지해야 한다.
④ 용제는 반복 사용하기 때문에 세정액을 청정화할 필요성이 없다.

16 용제관리의 목적에 부합하지 않는 것은?

① 세정 효과를 높인다.
② 재오염을 방지한다.
③ 적정 온도를 유지할 필요가 없다.
④ 물품을 상하지 않게 한다.

17 용제관리의 필요성에 대한 설명으로 가장 부적당한 것은?

① 물품을 상하게 하지 아니한다.
② 재오염을 방지한다.
③ 세정 효과를 높인다.
④ 정전기 발생을 방지한다.

18 용제관리의 목적이 아닌 것은?

① 물품을 상하지 않게 한다.
② 재오염을 방지한다.
③ 세정 효과를 높인다.
④ 정전기 발생을 방지한다.

해설

정전기 발생 방지는 용제관리 목적에 해당되지 않는다.

19 다음 중 용제관리의 목적이 아닌 것은?

① 물품을 상하지 않게 한다.
② 재오염을 방지한다.
③ 세정 효과를 높인다.
④ 충분한 양을 항상 확보한다.

20 용제관리의 목적과 관계가 없는 것은?

① 재오염 방지 ② 용제 청정
③ 위생적인 클리닝 ④ 기계 부식 방지

21 클리닝 용제의 관리 목적이 아닌 것은?

① 의류를 부드럽게 하여 마모율을 높인다.
② 재오염을 방지한다.
③ 세정 효과를 높인다.
④ 의류를 상하지 않게 한다.

22 용제관리의 목적으로 틀린 것은?

① 직물의 습윤 효과를 향상시킨다.
② 물품을 상하지 않게 한다.
③ 재오염을 방지한다.
④ 세정 효과를 높인다.

23 다음 중 용제관리의 목적으로 볼 수 없는 것은?

① 재오염을 방지한다.
② 세정 효과를 높인다.
③ 마찰을 감소하게 한다.
④ 물품을 상하지 않게 한다.

정답 15 ③ 16 ③ 17 ④ 18 ④ 19 ④ 20 ④ 21 ① 22 ① 23 ③

핵심요점

4 석유계 용제의 특징

(1) 장점

① 기계의 부식에 안정하다.
② 비중이 적고, 독성이 약하며 가격이 저가이다.
③ 우리나라 기계 세탁용 용제로 가장 많이 사용된다.
④ 기름에 대한 용해도와 휘발성이 적정하며 안정적이다.
⑤ 섬세한 의류에 적당하다.
⑥ 탄소수소계 용제 중 드라이클리닝용으로 가장 많이 사용된다.

(2) 단점

① 세정력이 약해서 세정시간이 길다.
② 의류에 냄새가 남을 수 있다.
③ 인화점이 낮아서 화재의 위험이 있어 방폭설비를 갖추어야 한다.

(3) 재오염시점

3~5분

적중예상문제

24 다음 중 드라이클리닝 용제의 특징으로 맞는 것은?

① 석유계 용제 : 기계 부식에 안정하고, 비중도 적어 독성이 약하며 저가이다.
② 불소계 용제 : 저온건조(50℃ 이하)가 가능하므로 내열성이 낮은 의류도 세탁이 가능하고 저가이다.
③ 퍼클로로에틸렌 : 기름에 대한 용해력이 적고 상압으로 증류할 수 없다.
④ 1.1.1-트리클로로에탄 : 상압으로 증류되므로 진공증류가 필요 없고 독성이 없다.

25 석유계 용제의 단점이 아닌 것은?

① 세정력이 약해서 세정시간이 길다.
② 인화점이 낮아서 화재의 위험이 있다.
③ 기계의 부식성이 크고 비중이 크다.
④ 두꺼운 천에는 냄새가 남는 경우가 있다.

26 우리나라에서 기계 세탁용으로 가장 많이 사용되는 용제는?

① 퍼클로로에틸렌
② 석유계 용제
③ 불소계 용제
④ 1.1.1-트리클로로에탄

27 용제별 드라이클리닝 처리방법 중 세정의 온도는 20~30℃가 적당하며 35℃ 이상은 화재의 위험이 있어 방폭설비를 갖추어야 하는 것은?

① 석유계 용제
② 퍼클로로에틸렌
③ 불소계 용제
④ 1.1.1-트리클로로에탄

해설

석유계 용제는 화재의 위험이 있어 방폭설비를 갖추어야 한다.

28 드라이클리닝 석유계 용제의 장점은?

① 매회 증류가 용이하며 용제를 관리하기 쉽다.
② 용해력이 약하고 비점이 낮아 저온건조가 가능하며 건조가 빠르다.
③ 기름에 대한 용해도와 휘발성이 적정하며 안정적이다.
④ 불연성이므로 화재위험이 없다.

정답 24 ① 25 ③ 26 ② 27 ① 28 ③

29 **탄소수소계 용제 중 드라이클리닝용으로 가장 많이 사용하는 것은?**

① 석유계 용제　② 테레빈유
③ 벤젠　④ 데칸

30 **석유계 용제의 장점이 아닌 것은?**

① 세정시간이 짧다.
② 기계 부식에 안전하다.
③ 독성이 약하고 값이 싸다.
④ 섬세한 의류에 적합하다.

해설
석유계 용제는 세정력이 약해 세정시간이 길다.

31 **석유계 용제의 단점이 아닌 것은?**

① 세정력이 약하다.
② 인화에 의한 폭발이나 화재의 위험이 있다.
③ 의류에 냄새가 남을 수 있다.
④ 독성이 약하고 값이 싸다.

해설
독성이 약하고 값이 싼 것은 장점에 해당된다.

32 **기름에 대한 용해도가 적정하고 안정적이며, 휘발성도 적정하여, 드라이클리닝 용제로서 사용되는 것은?**

① 퍼클로로에틸렌
② 불소계 용제
③ 석유계 용제
④ 1.1.1－트리클로로에틸렌

33 **석유계 용제의 장점 중 틀린 것은?**

① 기계 부식에 안전하다.
② 독성이 약하고 값이 싸다.
③ 약하고 섬세한 의류에 적당하다.
④ 세정시간이 짧다.

34 **석유계 용제의 장점으로 옳은 것은?**

① 인화점이 낮아 화재 위험이 전혀 없다.
② 기계 부식성이 있고 독성이 강하다.
③ 세정시간이 짧다.
④ 약하고 섬세한 의류의 클리닝에 적합하다.

35 **드라이클리닝 용제 중 세정시간이 길고 인화점이 낮아 화재의 위험성이 있는 것은?**

① 퍼클로로에틸렌
② 불소계 용제
③ 1.1.1－트리클로로에탄
④ 석유계 용제

36 **석유계 용제의 장점에 해당하지 않는 것은?**

① 기계 부식에 안전하다.
② 독성이 약하고 값이 싸다.
③ 약하고 섬세한 의류에 적당하다.
④ 세정시간이 짧다.

핵심요점

5 석유계 용제의 클리닝 처리방법

① 석유계 용제 세정 시 세정온도가 10℃ 이하이면 용해력이 저하된다.
② 사용한 용제를 계속하여 사용할 수 없다.
③ 인화성이 있어 용제의 보관과 취급에 주의해야 한다.
④ 대부분 증류장치 없이 여과하여 사용한다.
⑤ 일반적으로 세탁온도는 20~30℃에서 20~30분 동안 세탁한다(소프의 세정작용이 골고루 미치는 20~30분이 적합).
⑥ 비중이 적어 견과 같이 약하고 섬세한 의류의 드라이클리닝에 적합하다.
⑦ 가연성이며 용해력이 약하고, 온도가 높으면 화재의 위험이 있어 방폭설비를 갖추고 클리닝해야 한다.

정답 29 ① 30 ① 31 ④ 32 ③ 33 ④ 34 ④ 35 ④ 36 ④

적중예상문제

37 석유계 용제로 세정 시 세정온도가 몇 ℃ 이하로 되면 용해력이 저하되는가?

① 10℃ ② 15℃
③ 20℃ ④ 35℃

해설
석유계 용제 세정 시 세정온도가 10℃ 이하이면 용해력이 저하된다.

38 석유계 용제 중 드라이클리닝에 대한 설명으로 틀린 것은?

① 사용한 용제를 계속하여 사용할 수 있다.
② 대부분 증류장치 없이 여과하여 사용한다.
③ 일반적으로 세탁온도는 20~30℃에서 20~30분 동안 세탁한다.
④ 인화성이 있어 용제의 보관과 취급에 주의해야 한다.

해설
사용한 용제를 계속하여 사용할 수 없다.

39 석유계 용제의 클리닝 처리방법에 대한 설명 중 틀린 것은?

① 비중이 높아 견과 같이 약하고 섬세한 의류의 드라이클리닝에 적합하다.
② 세정시간은 소프의 세정작용이 골고루 미치는 20~30분이 적합하다.
③ 온도가 높으면 화재의 위험이 있어 방폭설비를 갖추어야 한다.
④ 가연성이며 용해력이 약하다.

핵심요점

6 불소계 용제의 특징

(1) 장점
① 매회 증류가 용이하며, 용제관리가 쉽고 독성이 약하다.
② 비점이 낮아 저온건조가 되며 섬세한 의류에 적합하다.
③ 불연성이며 화재의 위험이 없다.

(2) 단점
① 세정력이 낮고 약하다.
② 용제가 고가이며 단열성 높은 기계장치가 필요하다.
③ 용해력이 약하여 오점 제거가 어렵다.

(3) 불소계 용제 세정 후 건조 시 텀블러의 처리온도 50℃ 이하

적중예상문제

40 불소계 용제(F-113)의 단점은?

① 불연성이므로 화재의 위험이 없다.
② 정교하고 섬세한 의류의 처리에 적합하다.
③ 독성이 약하다.
④ 세정력이 낮다.

41 불소계 용제의 특징을 설명한 것 중 잘못된 것은?

① 불연성이며 독성과 세정력이 약하다.
② 용제가 고가이며 단열성이 높은 기계장치가 필요하다.
③ 매회 증류가 용이하며 용제관리가 쉽다.
④ 용해력이 강하고 비점이 높아 고온건조가 요구된다.

42 드라이클리닝 용제 중 불소계 용제의 특성으로 틀린 것은?

① 불연성이고, 독성이 약하다.
② 비점이 낮아, 저온건조가 되며 섬세한 의류에 적합하다.
③ 용해력이 강해 오점 제거가 충분하다.
④ 매회 증류가 용이하며 용제 관리가 쉽다.

43 불소계 용제(F-113)의 장점이 아닌 것은?

① 불연성이므로 화재의 위험이 없다.
② 섬세한 의류에 적합하다.
③ 독성이 약하다.
④ 단열성이 높은 기계장치가 필요 없다.

정답 37 ① 38 ① 39 ① 40 ④ 41 ④ 42 ③ 43 ④

44 **불소계 용제의 장점으로 틀린 것은?**

① 불연성이다.
② 독성이 약하다.
③ 용해력이 강해 오염 제거가 충분하다.
④ 매회 증류가 용이하며 용제관리가 쉽다.

45 **불소계 용제의 특성이 아닌 것은?**

① 불연성이다.
② 독성이 강하다.
③ 용해력이 약해 오염 제거가 불충분하다.
④ 비점이 낮아 저온 건조가 되며 섬세한 의류에 적합하다.

46 **불소계 용제를 세정한 후 건조할 때 텀블러의 처리온도는 얼마가 적당한가?**

① 70% 이하　② 60% 이하
③ 50% 이하　④ 80% 이하

핵심요점

7 퍼클로로에틸렌 용제의 특징

(1) 장점
① 불연성이며, 상압에서 증류할 수 있다.
② 석유계 용제보다 세정시간이 짧고, 세척력이 우수하다.
③ 인화, 화재폭발의 위험성이 없다.

(2) 단점
① 독성이 강하며, 밀폐장치가 필요하다.
② 용제의 안전성이 낮아 열분해하여 기계의 부식이나 의류에 손상을 일으킬 수 있다.
③ 섬세한 고급의류에는 부적합하다(피혁이나 견직물 클리닝에 부적합하다).
④ 용해력이 비중이다.

(3) 재오염 시점
30~60초

적중예상문제

47 **불연성으로 상압에서 증류되고 독성이 강하며, 용제의 안전성이 낮으므로 열분해하여 기계의 부식이나 의류에 손상을 일으킬 수 있는 드라이클리닝 용제는?**

① 석유계 용제
② 사염화탄소
③ 퍼클로로에틸렌
④ 불소계 용제

48 **퍼클로로에틸렌의 특성 중 틀린 것은?**

① 독성이 크다.
② 인화, 폭발의 위험성이 없다.
③ 세척력이 석유계 용제에 비해 우수하다.
④ 섬세한 고급 의복에 적합하다.

해설
섬세한 고급 의복에 사용되는 용제는 불소계 용제이다.

49 **퍼클로로에틸렌 용제의 단점이 아닌 것은?**

① 용해력이 석유계 용제에 비하여 크므로 오점이 잘 빠지며 세정시간이 짧다.
② 독성이 강하다.
③ 섬세한 의류에는 적합하지 않은 경우가 있다.
④ 용제의 안정성이 낮아 열분해하여 기계의 부식이나 의류에 손상을 일으킨다.

50 **퍼클로로에틸렌에 대한 설명 중 틀린 것은?**

① 화재폭발의 위험이 없다.
② 끓는점이 121℃로 낮아서 증류 정제가 쉽다.
③ 세탁시간이 짧아서 피혁이나 견직물 클리닝에 좋다.
④ 독성이 커서 밀폐장치가 필요하다.

정답 44 ③ 45 ② 46 ③ 47 ③ 48 ④ 49 ① 50 ③

51 용해력 비중이 크므로 세정시간이 짧고 상압으로 증류할 수 있는 용제는?

① 퍼클로로에틸렌
② 삼염화에탄
③ 이소프로필 알코올
④ 사염화탄소

52 퍼클로로에틸렌 용제에 대한 설명 중 틀린 것은?

① 용해력 비중이 크므로 세정시간이 짧다.
② 상압으로 증류할 수 있다.
③ 독성이 약하고, 기계의 부식에 안전하다.
④ 불연성이므로 화재에 대한 위험은 없다.

53 세정과정에서 용제 중 분산된 더러움이 피세탁물에 다시 부착되어, 흰색이 거무스레한 회색 기미를 띠는 현상을 재오염 또는 역오염이라 하는데, 퍼클로로에틸렌과 석유계 용제에서는 각각 얼마의 시간이 지난 시점부터 재오염이 시작되는가?

① 퍼클로로에틸렌 : 1~2분, 석유계 용제 : 5~10분
② 퍼클로로에틸렌 : 30~60초, 석유계 용제 : 3~5분
③ 퍼클로로에틸렌 : 20~40초, 석유계 용제 : 10~15분
④ 퍼클로로에틸렌 : 2~3분, 석유계 용제 : 12~15분

해설
재오염 발생시간대는 퍼클로로에틸렌은 30~60초, 석유계 용제는 3~5분 경과 시 재오염이 발생된다.

핵심요점

8 퍼클로로에틸렌 용제의 클리닝 처리방법

① 용제가 무거워 세정 중에 두들기는 힘이 강하다.
② 세정시간은 7분 이내가 적합하다.
③ 세정온도는 35℃ 이하로 유지시킨다.
④ 의류는 텀블러로 처리하므로 고온용제의 작용을 받는다.
⑤ 무색이고 독특한 냄새가 나며, 카우리 부탄올 값(KBV)이 90인 드라이클리닝 용제이다.

적중예상문제

54 퍼클로로에틸렌 용제에 대한 설명으로 틀린 것은?

① 용제가 무거워 세정 중에 두들기는 힘이 강하다.
② 세정시간은 20~30분이 적합하다.
③ 세정액 온도는 35℃ 이하로 유지시킨다.
④ 의류는 텀블러로 처리하므로 고온 용제의 작용을 받는다.

해설
퍼클로로에틸렌 용제 세정시간은 7분 이내가 적합하다.

55 드라이클리닝 시 퍼클로로에틸렌 용제를 사용할 때 유지해야 할 세정액 최대온도의 기준은?

① 35℃ 이하 ② 45℃ 이하
③ 60℃ 이하 ④ 90℃ 이하

56 무색이고 독특한 냄새가 나며 카우리 부탄올 값(KBV)이 90인 드라이클리닝 용제는?

① 삼염화에탄
② 염불화탄화수소
③ 퍼클로로에틸렌
④ 사염화탄소

정답 51 ① 52 ③ 53 ② 54 ② 55 ① 56 ③

핵심요점

9 1.1.1－트리클로로에탄 용제의 특징 및 세정방법

① 드라이클리닝 용제 중 세척력이 가장 좋고, 세정시간이 가장 짧다.
② 내열성이 낮은 의류에 적당하다.
③ 용해력이 강하여 오점 제거가 용이하다.
④ 용제가 물에 불안정하여 분해될 우려가 많아 세정액에 물이 들어가지 않도록 주의해야 한다.
⑤ 건조기의 온도는 50℃ 이내, 시간은 10분 이내에 처리하여야 의류의 상해를 방지한다.
⑥ 용해력이 강하므로 섬세한 의류세탁에는 부적합하다.
⑦ 세정시간은 5분 이내가 좋다.

적중예상문제

57 드라이클리닝 용제 중 세척력이 가장 좋은 것은?

① 석유계 용제
② 1.1.1－트리클로로에탄 용제
③ 불소계 용제
④ 퍼클로로에틸렌 용제

58 드라이클리닝 용제 중 용해력이 강해 오염 제거가 용이하며 세정시간이 가장 짧은 것은?

① 1.1.1－트리클로로에탄
② 퍼클로로에틸렌
③ 석유계 용제
④ 불소계 용제

59 1.1.1－트리클로로에탄 세정에 관한 설명이다. 틀린 것은?

① 용제가 물에 불안정하여 분해될 우려가 많아 세정액에 물이 들어가지 않도록 주의해야 한다.
② 세정시간은 5분 이내가 좋다.
③ 건조기의 온도는 50℃ 이내, 시간은 10분 이내에 처리하여야 의류의 상해를 방지한다.
④ 용제의 용해력이 크므로 섬세한 의류세탁에 적합하다.

핵심요점

10 용제의 습도

① 용제 습도란 용제 중에 포함된 수분을 나타내는 것이다.
② 용제 중에 가용화된 수분의 상태를 말한다.
③ 용제의 적정습도 : 70~75%

적중예상문제

60 용제의 습도란?

① 용제 중에 포함된 수분을 나타내는 것이다.
② 공기의 습도와 같은 것이다.
③ 용제 중의 산도를 나타내는 것이다.
④ 용제 중의 소프의 양을 나타내는 것이다.

61 드라이클리닝에서 가장 적정한 용제의 관계 습도는?

① 20～30%
② 30～45%
③ 50～60%
④ 70～75%

62 용제에 관한 관계 습도를 가장 잘 표현한 것은?

① 용제 중에 가용화된 수분의 상태
② 용제와 수분의 평형상태 습도
③ 물에 용해된 용제의 농도
④ 용제 중의 녹일 수 있는 물의 양

정답 57 ② 58 ① 59 ④ 60 ① 61 ④ 62 ①

63 용제 중의 수분수용능력(포수능)에 대한 실제의 수분량의 비율인 상대습도는 세정력과 재오염에 가장 크게 작용한다. 이때 수축이나 색 빠짐 등을 방지하기 위해서 용제습도를 어느 정도 유지하여야 하는가?

① 40~50%　② 70~75%
③ 80~85%　④ 95~100%

64 용제만으로는 오점이 제거되기 어렵기 때문에 용제 속에 습도를 어느 정도로 유지하는 것이 좋은가?

① 10~20%　② 30~40%
③ 70~75%　④ 85~90%

핵심요점

⑪ 드라이클리닝 용제 점검사항

① 투명도
② 산가
③ 습도
④ 세제의 농도
⑤ 불휘발성 잔류물

적중예상문제

65 드라이클리닝할 때 재오염을 방지하기 위하여 용제의 성능을 점검하는 사항이 아닌 것은?

① 투명도　② 산가
③ 완충 효과　④ 불휘발성 잔류물

66 드라이클리닝 용제의 점검사항이 아닌 것은?

① 투명도
② 가공제의 탈락 유무
③ 불휘발성 잔류물
④ 산가

핵심요점

⑫ 드라이클리닝 세제 : 물 : 석유계 용제의 비율

1 : 1 : 8

적중예상문제

67 드라이클리닝의 전처리제로서 세제 : 물 : 석유계 용제의 비율로 가장 적당한 것은?

① 1 : 1 : 8　② 1 : 2 : 6
③ 1 : 3 : 8　④ 2 : 7 : 2

핵심요점

⑬ 에틸에테르 용제

① 유기용제 중 달콤한 자극성 냄새를 띤 무색 액체
② 유지, 수지류에 대한 용해력이 가장 우수하다.

적중예상문제

68 유기용제 중 달콤한 자극성 냄새를 띤 무색 액체로서 유지, 수지류에 대한 용해력이 가장 우수한 것은?

① 클로로벤젠　② 메틸알코올
③ 에틸에테르　④ 아세톤

핵심요점

⑭ 용제의 독성

(1) 안티온(sb)
용제의 독성 중 염중독을 일으키는 물질이다.

(2) 벤젠
용제의 독성을 나타내는 허용농도(TLV)값이 가장 작다.

정답 63 ② 64 ③ 65 ③ 66 ② 67 ① 68 ③

69 용제의 독성 중 염중독을 일으킬 수 있는 것은?

① 산소(O_2) ② 수소(H_2)
③ 네온(Ne) ④ 안티온(sb)

70 용제의 독성을 나타내는 허용농도(TLV) 값이 가장 작은 것은?

① 퍼클로로에틸렌
② 벤젠
③ 1.1.1-트리클로로에탄
④ 삼염화삼불화에탄

핵심요점

15 유기용제

① 드라이클리닝에서 원인을 모르는 얼룩을 제거하려 할 때 제일 먼저 처리할 수 있는 얼룩빼기 약제이다.
② 휘발성, 석유, 벤젠 등의 기름얼룩을 제거하는 데 가장 많이 사용하는 약제이다.
③ 유기용제에 가장 잘 용해되는 것은 '지방산'이다.

적중예상문제

71 드라이클리닝에서 원인을 모르는 얼룩을 제거하려 할 때 제일 먼저 처리할 수 있는 얼룩빼기 약제는?

① 유기용제 ② 수성세제
③ 산 또는 알칼리 ④ 표백제

72 휘발유, 석유, 벤젠 등의 기름얼룩을 제거하는 데 가장 많이 사용하는 약제는?

① 유기용제 ② 산
③ 알칼리 ④ 표백제

핵심요점

16 용제별 세정시간

① 석유계 용제 : 20~30분
② 퍼클로로에틸렌 : 7분 이내
③ 1.1.1-트리클로로에탄 : 5분 이내

적중예상문제

73 다음 용제의 가장 적합한 세정시간을 옳게 나열한 것은?

① 석유계 용제 : 7초 이내, 퍼클로로에틸렌 : 20~30초
② 석유계 용제 : 20~30초, 퍼클로로에틸렌 : 7초이내
③ 석유계 용제 : 7분 이내, 퍼클로로에틸렌 : 20~30분
④ 석유계 용제 : 20~30분, 퍼클로로에틸렌 : 7분이내

74 드라이클리닝 시 세정시간이 가장 짧은 용제는?

① 석유계
② 불소계
③ 퍼클로로에틸렌
④ 1.1.1-트리클로로에탄

핵심요점

17 용제의 세척력을 결정해 주는 요소

① 용해력
② 표면장력
③ 용제의 비중

정답 69 ④ 70 ② 71 ① 72 ① 73 ④ 74 ④

적중예상문제

75 용제의 세척력을 결정해주는 요소가 아닌 것은?

① 용해력
② 표면장력
③ 용제의 비중
④ 분산력

핵심요점

18 유기성 용제가 수분으로 인하여 유화와 분리가 일어날 시 의류에 나타나는 현상

① 재오염
② 수축(의류의 수축)
③ 변형(의류의 변형)

적중예상문제

76 유기성 용제가 수분으로 인하여 유화와 분리가 일어나면 의류에 어떤 일들이 생긴다. 다음 중 상관이 없는 것은?

① 재오염 ② 수축
③ 변형 ④ 표백

핵심요점

19 원인을 알 수 없는 오점 제거 시 제일 먼저 해야 할 방법

유기용제 처리

적중예상문제

77 원인을 알 수 없는 오점을 제거하려 할 때 다음 중 제일 먼저 처리해야 할 방법은?

① 수성세제 처리 ② 표백 처리
③ 유기용제 처리 ④ 세정액에 처리

핵심요점

20 드라이클리닝용 유기용제 세척력 결정요소

① 용해력
② 표면장력
③ 용제의 비중

적중예상문제

78 드라이클리닝용 유기용제의 세척력을 결정해 주는 것이 아닌 것은?

① 표백력 ② 용해력
③ 표면장력 ④ 용제의 비중

핵심요점

21 초산 셀룰로스를 잘 용해시켜서 아세테이트 섬유에 절대로 허용하면 안 되는 유기용제

아세톤

적중예상문제

79 초산 셀룰로스를 잘 용해시키므로 아세테이트 섬유에 절대로 사용해서는 안 되는 유기용제는?

① 휘발유 ② 석유
③ 아세톤 ④ 벤젠

정답 75 ④ 76 ④ 77 ③ 78 ① 79 ③

CHAPTER 013

세정액의 청정화 및 청정제

핵심요점

1 세정액의 청정장치의 종류

① 필터식
② 청정통식
③ 카트리지식
④ 증류식

적중예상문제

01 다음 세정액의 청정장치 종류가 아닌 것은?

① 증발식
② 필터식
③ 청정통식
④ 카트리지식

02 다음 중 세정액의 청정장치가 아닌 것은?

① 탈수식
② 필터식
③ 청정통식
④ 카트리지식

03 세정액 청정화 장치의 종류로서 맞는 것은?

① 리프필터, 튜브필터, 스프링필터, 증류식
② 여과제, 흡착제, 필러, 청정통, 카트리지
③ 필터, 청정통, 카트리지식, 증류식
④ 리프필터, 필터, 파우다, 청정통, 카트리지

04 세정액의 청정화 방법에 있어서 여과장치에 속하지 않는 것은?

① 필터 ② 카트리지식
③ 청정통식 ④ 텀블러

05 세정액의 청정장치에 해당되지 않는 것은?

① 필터식 ② 청정통식
③ 증류식 ④ 여과분사식

2 세정액의 청정장치의 특성

(1) 증류식
① 용해성 오염물질이 포함된 세정액을 청정화할 때 성능이 가장 우수하다.
② 오염이 심한 용제의 청정에 적합하다.

(2) 필터식
① 스프링 필터
- 용제는 코일형의 모양으로 수십 번 탱크의 천정에 매달린 모양으로 연결된다.
- 스프링 필터식 청정장치의 스프링에는 '규조토'가 부착되어 있다.

② 리프 필터
- 리프 필터의 모양은 8~10매씩 나란히 세운 것이 1세트이다.
- 재래식 기계에 사용된다.
- 외부 펌프 압력에 의해서 용제가 필터면을 통과하면서 청정화되는 필터이다.

정답 01 ① 02 ① 03 ③ 04 ④ 05 ④

③ 튜브 필터
- 튜브 필터의 구조는 가는 철망으로 짠 원통형이다.
- 용제가 튜브 외부에서부터 펌프의 압력으로 필터 안으로 들어갈 때 청정화된다.

(3) 청정통식
① 여과지와 흡착제가 별도로 되어 있다.
② 여과면적이 넓고 흡착제의 양이 많아 오래 사용한다.

(4) 카트리지식
① 흡착제와 용제의 접촉이 길다.
② 청정능력이 높아 가장 많이 사용하고 있다.

적중예상문제

07 용해성 오염물질이 포함된 세정액을 청정화할 때 성능이 가장 우수한 장치는?

① 증류장치 ② 필터
③ 청정통식 ④ 카트리지

08 다음 중 카트리지식 청정장치를 설명한 것은?

① 흡착제와 용제의 접촉이 길어 청정능력이 높아 가장 많이 사용되고 있다.
② 쇠망에 여과제 층을 부착시킨 장치이며 여과지와 흡착지가 분류된 것이다.
③ 여과지와 흡착제가 별도로 되어 있고, 여과 면적이 넓고 흡착제의 양이 많아 오래 사용한다.
④ 스크린필터라고도 하며 모양은 평판상으로 필터를 8~10개 나란히 세운 것이 1세트이다.

09 다음 중 흡착제와 용제의 접촉이 길어 청정능력이 높아 가장 많이 사용되고 있는 청정장치는?

① 증류식 ② 필터식
③ 청정통식 ④ 카트리지식

10 세정액의 청정화에 관한 설명 중 틀린 것은?

① 세정액의 청정화 방법에는 여과방법, 흡착방법, 증류방법 등이 있다.
② 세정액의 청정장치에는 필터, 청정통식, 카트리지식 등이 있다.
③ 카트리지식은 여과지와 흡착제가 별도로 되어 있고 여과면적이 넓어 흡착제의 양이 많아 오래 사용한다.
④ 흡착방법은 탈취, 탈산 등에 뛰어난 흡착력을 가진 흡착제를 사용하여, 세정액을 통과시켜 청정화한다.

해설
여과지와 흡착제가 별도로 되어 있고 여과면적이 넓어 흡착제 양이 많아 오래 사용하는 청정장치는 청정통식이다.

11 세정액의 청정장치에 관한 설명 중 틀린 것은?

① 종류에는 필터식, 청정통식, 카트리지식, 증류식 등이 있다.
② 스프링 필터의 용제는 튜브의 외부로부터 펌프압력으로 필터 안으로 들어갈 때 청정화한다.
③ 리프 필터의 모양은 8~10매씩 나란히 세운 것이 1세트이다.
④ 튜브 필터의 구조는 가는 철사망으로 짠 원통형이다.

12 스프링 필터식 청정장치의 스프링에는 다음 중 어느 것이 부착되어 있는가?

① 규조토 ② 분말세제
③ 비닐수지 ④ 폴리우레탄

해설
스프링 필터식 청정장치의 스프링에는 '규조토'가 부착되어 있다.

정답 07 ① 08 ① 09 ④ 10 ③ 11 ② 12 ①

13 청정장치의 종류 중 오염이 심한 용제의 청정에 적합한 것은?

① 필터　② 카트리지식
③ 청정통식　④ 증류식

14 세정액의 청정장치 중 여과지와 흡착제가 별도로 되어 있고 여러 면적이 넓고 흡착제의 양이 많아 오래 사용하는 것은?

① 필터식　② 카트리지식
③ 청정통식　④ 증류식

15 흡착제와 용제의 접촉이 길어 청정능력이 높아 가장 많이 사용되는 세정액의 청정장치는?

① 카트리지식　② 청정통식
③ 증류식　④ 필터식

16 다음 중에서 외부에서 펌프 압력에 의해 필터면을 통과하면 청정화하는 필터는?

① 튜브 필터　② 스프링 필터
③ 특수 필터　④ 리프 필터

17 세정액 청정장치의 종류 중 오염이 심한 용제의 청정에 가장 적합한 것은?

① 증류식　② 필터식
③ 청정통식　④ 카트리지식

18 세정액의 청정장치에 대한 분류의 설명으로 옳은 것은?

① 카트리지식 : 쇠망에 여과제층을 부착시키는 장치이다.
② 청정통식 : 튜브 필터에 열을 통과시키는 장치이다.
③ 필터식 : 겉쪽에는 주름 여과지가 있고 속에는 흡착제가 채워져 있다.
④ 증류식 : 오염이 심한 용제 청정에 적합하다.

핵심요점

3 용제의 청정화방법(세정액 청정화방법)
① 여과법
② 흡착법
③ 증류법

적중예상문제

19 용제의 청정화 방식이 아닌 것은?

① 여과　② 흡착
③ 탈액　④ 증류

20 용제를 재생시켜 세정액을 청정화하기 위한 방법이 아닌 것은?

① 여과법　② 중화법
③ 흡착법　④ 증류법

21 용제관리에서 세정액의 청정화방법에 해당되지 않는 것은?

① 여과　② 증류
③ 부착　④ 흡착

해설
세정액 청정화방법에는 여과, 흡착, 증류법이 있다.

22 다음 중 세정액의 청정화방법이 아닌 것은?

① 여과방법　② 탈색방법
③ 흡착방법　④ 증류방법

23 세정액의 청정화방법이 아닌 것은?

① 흡착방법　② 증류방법
③ 여과방법　④ 중화방법

정답 13 ④ 14 ③ 15 ① 16 ④ 17 ① 18 ④ 19 ③ 20 ② 21 ③ 22 ② 23 ④

24 다음 중 세정액의 청정화방법에 해당되지 않는 것은?

① 여과법　　② 기포법
③ 흡착법　　④ 증류법

25 세정액의 청정화방법에 해당되지 않는 것은?

① 여과　　② 흡착
③ 증류　　④ 흡수

26 다음 중 청정화방법이 아닌 것은?

① 여과방법　　② 흡착방법
③ 착색방법　　④ 증류방법

핵심요점

4 용제 청정화방법의 특성

(1) 여과식
필터망에 규조토 등의 분말을 부착시켜 세정액을 통과시켜 용제를 청정화한다.

(2) 증류식
① 오염이 심한 용제의 청정에 가장 효과적이다.
② 용해성 오염물질이 포함된 세정액을 청정화할 때 성능이 가장 우수한 장치이다.

(3) 흡착식
탈취, 탈색, 탈수, 탈산 등에 뛰어난 흡착력을 가진 흡착제를 사용하여, 세정액을 통과시켜 청정화한다.

(4) 침전법
① 세탁장치에 여과장치가 없거나, 용제의 오염이 심할 때 사용한다.
② 용제 200L에 대하여 활성백토 2.5kg, 탈산제 300~400g, 활성탄소 2.5~5kg를 가하고 잘 섞은 후 4시간 정도 방치하면 정제되는 청정화방법이다.

적중예상문제

27 필터망에 규조토 등의 분말을 부착시켜 세정액을 통과시켜 용제를 청정화하는 방법을 무엇이라고 하는가?

① 탈수방법　　② 증류방법
③ 여과방법　　④ 흡착방법

28 세탁기에 여과장치가 없거나, 용제의 오염이 심할 때 사용되며, 용제 200L에 대하여 활성백토 2.5kg, 탈산제 300~400g, 활성탄소 2.5~5kg를 가하고 잘 섞은 후 4시간 정도 방치하면 정제되는 청정화방법은?

① 증류제　　② 흡착법
③ 침투법　　④ 침전법

29 더러움이 심한 용제 청정화방법으로 용제별 적정온도로 회수하는 방법은?

① 여과법　　② 흡착법
③ 흡수법　　④ 증류법

30 세정액의 청정화방법 중 오염이 심한 용제의 청정에 가장 효과적인 방법은?

① 여과식　　② 흡착식
③ 증류식　　④ 표백식

31 세정액의 청정화방법 중 오염이 심한 용제의 청정화에 가장 효과적인 것은?

① 여과방법　　② 증류방법
③ 표백방법　　④ 흡착방법

정답 24 ② 25 ④ 26 ③ 27 ③ 28 ④ 29 ④ 30 ③ 31 ②

핵심요점

5 용제의 청정화 관리 시 주의사항

① 필터의 압력상승과 누출, 막힘에 대하여 관리하여야 한다.
② 증류에는 온도 상승에 따른 돌비와 용제의 분해에 주의하여야 한다.
③ 사용 횟수에 관계없이 청주(정종)색을 유지하여야 재오염이 되지 않는다.
④ 세정과정에서 의류로부터 용출된 오염용제를 신속히 여과, 흡착시키는 것이 필터의 역할이다.
⑤ 필터의 압력이 상승하면 청정화 기능이 상실되므로 주의하여야 한다.

적중예상문제

32 드라이클리닝의 용제 청정화에 관한 내용 중 틀린 것은?

① 세정과정에서 의류에서부터 용출된 오염용제를 신속히 여과, 흡착시키는 것이 필터의 역할이다.
② 청정제(여과제, 흡착제)는 많은 구멍을 가지고 있지 않아 용제를 자유롭게 통과시키지 못한다.
③ 더러움이 심한 용제의 청정통식으로는 증류식 방법이 이상적이다.
④ 필터의 압력이 상승하면 청정화 기능이 상실됨을 의미한다.

해설
여과제는 많은 구멍을 가지고 있어 용제를 자유롭게 통과시킨다.

33 용제관리방법의 요점이라고 할 수 없는 것은?

① 세정액의 청정화방법에는 여과와 흡착 및 증류 등이 있다.
② 세정액의 청정장치에는 필터, 청정통, 카트리지, 증류기 등이 있다.
③ 필터의 압력상승과 누출, 막힘과는 용제관리면에서 상관이 없다.
④ 증류에는 온도상승에 따른 돌비와 용제의 분해에 주의하여야 한다.

핵심요점

6 용제의 색상 판정

양호	한계	불량
청주(정종)색	맥주색	콜라색

적중예상문제

34 용제 청정화 관리에 대한 설명 중 옳은 것은?

① 2~3개월에 1회씩만 청정화시켜주면 된다.
② 필터나 카본이 있기 때문에 콜라색의 빛깔이라도 괜찮다.
③ 용제의 색깔이 맥주색이면 양호하다.
④ 사용 횟수에 관계없이 정종(청주)색을 유지하여야 재오염이 되지 않는다.

35 용제의 색상을 보고 청정도를 판단할 때 용제가 콜라색으로 변할 때 판정기준은?

① 용제색상 양호
② 한계색상
③ 불량
④ 불량하나 사용할 수 있다.

정답 32 ② 33 ③ 34 ④ 35 ③

핵심요점

7 청정화의 종류 및 특성

(1) 활성백토
① 더러움이 심한 용제를 침전법으로 청정하는 데 가장 많이 사용한다.
② 색소, 수분, 불순물의 흡착력이 크고, 증류에 가까운 효과를 나타낸다.

(2) 탈산제
용제 중에 용해된 더러움이나 지방산 같은 유성오염을 제거하는 데 일반적으로 많이 사용된다.

(3) 활성탄소
대단히 큰 흡착 표면적을 가지고 있어 오염입자가 작은 것일수록 흡착 효과가 크고, 색소, 냄새, 더러움에 대한 흡착 효과가 큰 흡착제이다.

(4) 여과제
필터에 부착시켜서 불순물이나 고형입자를 여과하여 제거하기 위해 사용한다.

(5) 규조토
① 여과력은 우수하나 흡착력이 없고, 탈진 효과가 가장 우수하다.
② 청정제 중 다수의 미세한 구멍이 있어 여과력은 좋으나 흡착력이 없다.
③ 주로 여과제로 사용된다.

적중예상문제

36 다음 중 더러움이 심한 용제를 침전법으로 청정하는 데 가장 많이 사용되는 청정제는?

① 활성백토
② 활성탄소
③ 산성백토
④ 알루미나겔

해설
활성백토는 더러움이 심한 용제를 침전법으로 청정화하는 데 가장 많이 사용된다.

37 다음 청정제의 종류 중 여과제로 주로 쓰이는 것은?

① 규조토　　② 활성탄
③ 고지토　　④ 활성백토

38 활성백토의 기능을 설명한 것 중에서 잘못된 것은?

① 활성백토는 더러움이 심한 용제를 침전법으로 청정화하는 데 적합하다.
② 침전이 4시간보다 빠르면 소프량이 긴 시간을 요하는 것은 소프량이 많기 때문이다.
③ 활성백토는 색소, 수분, 더러움, 세제의 흡착력이 적고 증류에 가까운 효과를 얻지 못한다.
④ 침전법의 경우 유성세제가 0.1~0.2% 남게 되므로 재차지 시에 0.8% 차지를 하게 되면 실제상 1%로 보고 사용한다.

해설
활성백토는 색소, 수분, 더러움, 세제의 흡착력이 크고 증류에 가까운 효과를 얻는다.

39 다음 중 더러움이 심한 용제를 침전법으로 청정화하는 데 가장 적합한 청정제는?

① 여과제　　② 활성탄소
③ 활성백토　　④ 탈산데

40 다음은 드라이클리닝 용제인 청정제에 대한 효과 설명이다. 잘못된 것은?

① 규조토 : 흡착력은 좋으나 여과력이 없음
② 활성탄소 : 탈색 · 탈취 효과
③ 실리카겔 : 탈수 · 탈색 효과
④ 경질토 : 탈색 · 탈취 효과

해설
규조토는 여과력은 좋으나 흡착력이 없다.

정답 36 ① 37 ① 38 ③ 39 ③ 40 ①

41 용제 중에 용해된 더러움이나 지방산 같은 유성오염을 제거하는 데 일반적으로 많이 사용되는 것은?

① 여과제 ② 탈산제
③ 수용성 활성탄소 ④ 활성백토

해설
'탈산제'는 용해된 더러움이나 지방산 같은 유성오염을 제거하는 데 사용된다.

42 대단히 큰 흡착 표면적을 가지고 있어 오염입자가 작은 것일수록 흡착 효과가 크고, 색소, 냄새, 더러움의 흡착 효과가 큰 흡착제는?

① 여과제 ② 탈산제
③ 활성탄소 ④ 활성백토

43 청정제의 설명 중 틀린 것은?

① 여과제는 필터에 부착시켜서 불순물이나 고형입자를 여과하여 제거하기 위하여 사용한다.
② 탈산제는 용제 중에 용해된 불순물이나 유지 등이 분해하여 발생하는 지방산 같은 유성 오염물을 제거하기 위하여 사용한다.
③ 활성백토는 색소, 수분, 불순물의 흡착력이 크고, 증류에 가까운 효과를 나타낸다.
④ 규조토는 흡착력이 우수하나 여과력은 없다.

해설
규조토는 '여과력'이 우수하나 흡착력은 없다.

44 다음 청정제 중 여과력은 우수하나 흡착력이 없고, 탈진 효과가 가장 우수한 것은?

① 활성탄소 ② 산성백토
③ 규조토 ④ 실리카겔

45 다음 중 청정제의 종류가 아닌 것은?

① 활성탄소 ② 실리카겔
③ 나프탈렌 ④ 산성백토

46 다음 중 여과력은 우수하나 흡착력이 없는 청정제는?

① 활성탄소 ② 산성백토
③ 규조토 ④ 실리카겔

47 용제 중 용해된 더러움, 유지 등이 분해하여 발생하는 지방산 같은 유성오염물을 제거하기 위하여 사용하는 청정제는?

① 여과제 ② 탈산제
③ 활성백토 ④ 활성탄소

48 청정제 중 다수의 미세한 구멍이 있어 여과력은 좋으나 흡착력이 없는 것은?

① 규조토 ② 실리카겔
③ 산성백토 ④ 활성탄소

핵심요점

8 흡착제이면서 탈색력이 뛰어난 청정제 종류 (여과제로 사용되는 탈색제)

① 활성탄소 : 탈색, 탈취력이 우수
② 실리카겔 : 탈색, 탈수력이 우수
③ 산성백토 : 탈색력이 우수
④ 활성백토 : 탈색, 탈수력이 우수

9 흡착제이면서 탈산력이 뛰어난 청정제 종류

① 알루미나겔 : 탈산, 탈취력이 우수
② 경질토 : 탈산, 탈취력이 우수

적중예상문제

49 탈색, 탈취력이 뛰어난 청정제의 종류는?

① 실리카겔 ② 산성백토
③ 활성탄소 ④ 규조토

해설
활성탄소는 탈색, 탈취력이 좋다.

정답 41 ② 42 ③ 43 ④ 44 ③ 45 ③ 46 ③ 47 ② 48 ① 49 ③

50 청정제 종류와 기능과의 관계가 잘못된 것은?

① 활성탄소 : 탈취에 뛰어남
② 실리카겔 : 탈산에 뛰어남
③ 알루미나겔 : 탈취에 뛰어남
④ 산성백토 : 탈색에 뛰어남

해설
실리카겔은 탈색, 탈수에 뛰어나다.

51 다음 중 여과제로 사용되는 탈색제가 아닌 것은?

① 활성탄소 ② 경질토
③ 산성백토 ④ 활성백토

해설
경질토는 탈산력이 뛰어난 청정제이다.

52 흡착제이면서 탈색력이 뛰어난 청정제에 해당되지 않는 것은?

① 활성탄소 ② 규조토
③ 실리카겔 ④ 산성백토

53 다음 청정제 중 탈색, 탈취 효과가 가장 좋은 것은?

① 실리카겔 ② 산성백토
③ 활성탄소 ④ 규조토

54 청정제 종류와 뛰어난 성질과의 관계가 틀린 것은?

① 활성탄소 : 탈취
② 실리카겔 : 탈산
③ 알루미나겔 : 탈취
④ 산성백토 : 탈색

해설
실리카겔 : 탈색, 탈취

55 다음 중 흡착제이면서 탈색력이 뛰어난 청정제는?

① 여과제 ② 활성탄소
③ 경질토 ④ 알루미나겔

56 용제의 청정제 중 흡착제가 아닌 것은?

① 알루미나겔 ② 실리카겔
③ 산성백토 ④ 규조토

해설
규조토는 여과제이다.

57 흡착제이면서 탈색력이 뛰어난 청정제가 아닌 것은?

① 활성탄소 ② 실리카겔
③ 규조토 ④ 산성백토

58 흡착제의 종류에 따른 기능을 설명한 내용 중 틀린 것은?

① 알루미나겔은 탈산과 탈취에 뛰어나다.
② 활성백토는 탈색작용이 뛰어나다.
③ 경질토는 탈수에 뛰어나다.
④ 산성백토는 탈색에 뛰어나다.

해설
경질토는 '탈산, 탈취'에 뛰어나다.

59 다음 중 흡착제이면서 탈산력이 뛰어난 청정제는?

① 활성탄소 ② 실리카겔
③ 활성백토 ④ 알루미나겔

60 다음 청정제 중 탈색력이 뛰어난 청정제가 아닌 것은?

① 산성백토 ② 활성백토
③ 알루미나겔 ④ 실리카겔

해설
알루미나겔은 탈산, 탈취가 뛰어난 청정제이다.

정답 50 ② 51 ② 52 ② 53 ③ 54 ② 55 ② 56 ④ 57 ③ 58 ③ 59 ④ 60 ③

61 흡착제이면서 탈산력이 뛰어난 청정제는?

① 실리카겔 ② 활성백토
③ 경질토 ④ 산성백토

62 청정제 중 흡착제이면서 탈산력이 뛰어난 것은?

① 규조토 ② 산성백토
③ 활성백토 ④ 경질토

핵심요점

10 특수 세정의 종류

① 파우더 세정
② 초음파 세정
③ 샤워 세정

적중예상문제

63 다음 중에서 특수 세정에 해당되지 않는 것은?

① 파우더 세정 ② 초음파 세정
③ 샤워 세정 ④ 용제 세정

해설
용제 세정은 일반 세정에 해당된다.

핵심요점

11 합성세제를 사용한 세정기의 특징

① 세정, 탈액, 건조의 작업이 가능하다.
② 콘덴서로 회수되지 않은 용제 증기를 탈취 시 흡착한다.
③ 세정부에 필터장치가 있다.
④ 건조 시 발생한 용제의 증기는 콘덴서에 의하여 회수된다.

적중예상문제

64 합성용제를 사용한 세정기에 관한 것이다. 잘못된 것은?

① 세정, 탈액, 건조의 작업이 가능하다.
② 콘덴서로 회수되지 않은 용제 증기를 탈취 시 흡착한다.
③ 세정부에는 필터장치가 없는 것이 특징이다.
④ 건조 시 발생한 용제의 증기는 콘덴서에 의하여 회수된다.

핵심요점

12 용제의 세척력을 결정해 주는 요소

① 비중
② 표면장력
③ 용해력

적중예상문제

65 용제의 세척력을 결정해 주는 요소가 아닌 것은?

① 농도 ② 비중
③ 용해력 ④ 표면장력

정답 61 ③ 62 ④ 63 ④ 64 ③ 65 ①

CHAPTER
014 비누

핵심요점

1 비누의 장 · 단점

(1) 장점
① 세탁 효과가 우수하다.
② 세탁한 직물의 촉감이 양호하다.
③ 거품이 잘 생기고 헹굴 때는 거품이 사라진다.
④ 피부를 거칠게 하지 않고 합성세제보다 환경을 적게 오염시킨다.

(2) 단점
① 가수분해되어 지방산을 생성한다.
② 산성용액에서만 사용할 수 없다.
③ 센물에 반응하여 침전물을 만든다.
④ 알칼리성을 첨가해야만 세탁 효과가 좋다.

적중예상문제

01 비누의 특성 중 장점에 해당하지 않는 것은?

① 세탁 효과가 우수하다.
② 세탁한 직물의 촉감이 양호하다.
③ 거품이 잘 생기고 헹굴 때는 거품이 사라진다.
④ 가수분해되어 유리지방산을 생성한다.

해설
가수분해되어 유리지방산을 생성하여 세탁 효과가 없어지는 것은 단점에 해당된다.

02 다음 중 비누의 장점은?

① 가수분해되어 유리지방산을 생성한다.
② 산성용액에서는 사용할 수 없다.
③ 알칼리성을 첨가해야만 세탁 효과가 좋다.
④ 피부를 거칠게 하지 않고 합성세제보다 환경을 적게 오염시킨다.

03 비누의 특성을 설명한 내용 중 틀린 것은?

① 세탁 효과가 우수하나 산성용액에서 사용할 수 없다.
② 거품이 잘 생기고 헹굴 때는 거품이 사라진다.
③ 세탁한 직물의 촉감이 우수하다.
④ 가수분해되어 유리지방산을 생성하고 산성을 나타낸다.

04 비누의 특성 중 장점에 해당되는 것은?

① 가수분해되어 유리지방산을 생성한다.
② 센물에 반응하여 침전물을 만든다.
③ 거품이 잘 생기고 헹굴 때에는 거품이 사라진다.
④ 산성용액에서는 사용할 수 없다.

05 비누의 특성으로 옳은 것은?

① 산성에서 세탁 효과가 좋다.
② 알칼리성 용액에서 사용할 수 없다.
③ 연수와 반응해서 침전을 만든다.
④ 물에서 가수분해해서 알칼리성을 나타낸다.

정답 01 ④ 02 ④ 03 ④ 04 ③ 05 ④

06 비누의 특성 중 장점이 아닌 것은?

① 합성세제보다 환경을 적게 오염시킨다.
② 세탁한 직물의 촉감이 양호하다.
③ 거품이 잘 생기고 헹굴 때는 거품이 사라진다.
④ 가수분해되어 유리지방산을 생성한다.

07 비누의 장점이 아닌 것은?

① 피부를 거칠게 하지 아니하고 합성세제보다 환경을 적게 오염시킨다.
② 가수분해되어 유리지방산을 생성한다.
③ 거품이 잘 생기고 헹굴 때에는 거품이 사라진다.
④ 세탁 효과가 우수하다.

08 비누의 단점이 아닌 것은?

① 가수분해되어 유리지방산을 생성한다.
② 산성용액에서는 사용할 수 없다.
③ 합성세제보다 환경오염이 적다.
④ 알칼리성을 첨가해야만 세탁 효과가 좋다.

09 비누의 장점에 해당하지 않는 것은?

① 세탁 효과가 우수하다.
② 세탁한 직물의 촉감이 우수하다.
③ 가수분해되어 유리지방산을 생성한다.
④ 합성세제보다 환경오염이 적다.

10 비누의 특성 중 장점이 아닌 것은?

① 거품이 잘 생기고 헹굴 때에는 거품이 사라진다.
② 세탁한 직물의 촉감이 양호하다.
③ 산성용액에서는 사용할 수 없다.
④ 합성세제보다 환경을 적게 오염시킨다.

11 비누의 장점으로 틀린 것은?

① 산성용액에서도 사용할 수 있다.
② 세탁 효과가 우수하다.
③ 세탁한 직물의 촉감이 양호하다.
④ 거품이 잘 생기고 헹굴 때에는 거품이 사라진다.

12 비누의 특성 중 장점에 해당되는 것은?

① 가수분해되어 유리지방산을 생성한다.
② 세탁 시 센물을 사용하면 반응하여 침전물이 없어진다.
③ 거품이 잘 생기고 헹굴 때에는 거품이 사라진다.
④ 산성용액에서 사용할 수 있다.

13 비누의 특성 중 장점이 아닌 것은?

① 산성용액에서 사용할 수 있다.
② 세탁한 직물의 촉감이 양호하다.
③ 합성세제보다 환경을 적게 오염시킨다.
④ 거품이 잘 생기고 헹굴 때에는 거품이 사라진다.

핵심요점

2 세탁 후 비누를 깨끗이 헹구는 방법
세탁온도와 같은 물로 헹군다.

적중예상문제

14 세탁 후 비누를 깨끗이 헹구는 방법으로 옳은 것은?

① 세탁온도와 같은 물로 헹군다.
② 세탁은 뜨거운 물로, 헹굼은 찬물로 한다.
③ 삶은 세탁물을 식히기 위해 찬물로 헹군다.
④ 찬물로 세탁하고, 찬물로 헹군다.

정답 06 ④ 07 ② 08 ③ 09 ③ 10 ③ 11 ① 12 ③ 13 ① 14 ①

핵심요점

3 비누가 해당되는 계면활성제

음이온 계면활성제

적중예상문제

15 비누가 해당되는 계면활성제는?

① 양이온 계면활성제
② 비이온 계면활성제
③ 양성 계면활성제
④ 음이온 계면활성제

핵심요점

4 비누거품

① 비누거품이 잘 생기는 물 → 연수
② 비누거품이 잘 생기지 않는 비누 → 스테아르산 비누

적중예상문제

16 비누거품이 가장 잘 생기는 물은?

① 연수 ② 경수
③ 해수 ④ 지하수

17 다음 중 거품이 잘 생기지 않는 비누는?

① 라우르산 비누
② 미리스트산 비누
③ 올레산 비누
④ 스테아르산 비누

핵심요점

5 비누의 좋은 효과

① 유성오염 효과에 좋다.
② 고형오염 효과에 좋다.
③ 나일론 세탁에 효과가 좋다.

적중예상문제

18 비누의 효과에 관한 설명으로 틀린 것은?

① 유성오염에 효과가 좋다.
② 고형오염에 효과가 좋다.
③ 양모 세탁에 효과가 좋다.
④ 나일론 세탁에 효과가 좋다.

핵심요점

6 한국산업표준 세탁비누 휘발성물질 기준량

30% 이하

적중예상문제

19 한국산업표준에서의 순품 고형세탁비누의 수분 및 휘발성물질의 기준량은?

① 30% 이하 ② 35% 이하
③ 87% 이하 ④ 95% 이하

정답 15 ④ 16 ① 17 ④ 18 ③ 19 ①

CHAPTER 015 계면활성제

핵심요점

1 계면활성제의 종류(친수성에 따른 구분)

① 음이온계 계면활성제
② 양이온계 계면활성제
③ 양성이온계 계면활성제
④ 비이온계 계면활성제

적중예상문제

01 계면활성제의 종류에 해당되지 않는 것은?

① 음이온계 계면활성제
② 중이온계 계면활성제
③ 양이온계 계면활성제
④ 비이온계 계면활성제

02 다음 중 친수성의 특성에 따라 구분된 계면활성제가 아닌 것은?

① 음이온계 계면활성제
② 비음양계 계면활성제
③ 양이온계 계면활성제
④ 양성이온계 계면활성제

핵심요점

2 계면활성제의 특성

(1) 음이온계 계면활성제
① 계면활성제 세제로 가장 많이 사용된다.
② 일반적으로 사용하는 비누가 여기에 해당된다.
③ 물에 용해되었을 때 해리되며, 세제로 가장 많이 사용된다.
④ 알킬술폰산나트륨과 같이 세제로 사용된다.

(2) 양이온계 계면활성제
① 세척력이 적다.
② 섬유의 유연제, 대전방지제, 발수제 등으로 사용된다.
③ 정전기 방지, 살균 효과
④ 세제로는 사용하지 않는다.
⑤ 대전방지제인 4차 암모늄염, 부식방지제인 아민염 등의 계면활성제이다.

(3) 양성이온계 계면활성제
알칼리성 용액에서는 음이온으로, 산성용액에서는 양이온으로 작용한다.

(4) 비이온계 계면활성제
① 비이온계 계면활성제 종류
- 디에탄올아마이드
- 라우르산 디에탄올아마이드
- 폴리옥시에틸렌 알킬에테르류
- 야자유지방산 등

② 해리되지 않고 친수기를 가진 계면활성제이다.
③ 물에 용해시켰을 때 이온화되지 않는다.

정답 01 ② 02 ②

적중예상문제

03 세척력은 적으나 대전방지제로 주로 사용되는 것은?

① 음이온계 계면활성제
② 양이온계 계면활성제
③ 비이온계 계면활성제
④ 양성이온계 계면활성제

04 알칼리성 용액에서는 음이온으로, 산성용액에서는 양이온으로 작용하는 계면활성제는?

① 양이온계 계면활성제
② 음이온계 계면활성제
③ 비이온계 계면활성제
④ 양성이온계 계면활성제

05 일반적으로 사용하는 비누는 어느 계에 속하는가?

① 양이온계　② 음이온계
③ 양성이온계　④ 비이온계

06 유연제, 대전방지제, 발수제 등으로 사용되는 계면활성제는?

① 음이온계 계면활성제
② 양이온계 계면활성제
③ 양성계 계면활성제
④ 비이온계 계면활성제

07 다음 중 세제로 가장 많이 사용되는 계면활성제는?

① 양이온계 계면활성제
② 양성계 계면활성제
③ 음이온계 계면활성제
④ 비이온계 계면활성제

08 양이온계 계면활성제의 쓰임으로 적당하지 않은 것은?

① 세척제　② 발수제
③ 유화제　④ 대전방지제

해설
양이온계 계면활성제 용도 : 대전방지제, 발수제, 유화제

09 다음은 어느 계면활성제를 설명하고 있는가?

> 세척력이 적어서 세제로 사용되는 일은 적고 수중에서 음으로 하전된 섬유에 잘 흡착되므로 섬유의 유연제, 대전방지제, 발수제 등으로 사용된다. 살균 소독의 목적으로 사용되기도 한다.

① 음이온계 계면활성제
② 양이온계 계면활성제
③ 비이온계 계면활성제
④ 양성계 계면활성제

10 대전방지제인 4차 암모늄염, 부식방지제인 아민염 등의 계면활성제는?

① 양이온계　② 음이온계
③ 양성계　④ 비이온계

11 섬유의 세탁에서 세척력이 적어 세제로는 사용되지 않지만 유연제, 대전방지제, 발수제 등에 주로 쓰이는 계면활성제는?

① 음이온계 계면활성제
② 양이온계 계면활성제
③ 양쪽성계 계면활성제
④ 비이온계 계면활성제

12 다음 중 비이온계 계면활성제에 해당하는 것은?

① 피리디늄염
② 알킬벤젠술폰산나트륨
③ 4차 암모늄염
④ 디에탄올아마이드

정답 03 ② 04 ④ 05 ② 06 ② 07 ③ 08 ① 09 ② 10 ① 11 ② 12 ④

해설

비이온계 계면활성제 종류

디에탄올아마이드, 리우르산디에탄올아마이드, 폴리옥시에틸렌, 알킬에테르류, 야자유지방산, 스팬계, 트윈계, 폴리옥시에틸렌, 라우릴에테르 등이 있다.

13 다음 중 물에 용해시켰을 때 이온화하지 않는 계면활성제는?

① 비이온계 계면활성제
② 양이온계 계면활성제
③ 음이온계 계면활성제
④ 양성 계면활성제

14 계면활성제의 종류 중에서 세제로 주로 사용되는 것은?

① 비이온계 계면활성제
② 양성 계면활성제
③ 음이온계 계면활성제
④ 양이온계 계면활성제

15 양이온계 계면활성제의 용도로 가장 적당하지 않은 것은?

① 세척제 ② 발수제
③ 유화제 ④ 대전방지제

16 비누에 해당되는 계면활성제는?

① 양이온 계면활성제
② 비이온 계면활성제
③ 양성 계면활성제
④ 음이온 계면활성제

17 계면활성제의 성질에 대한 설명 중 맞는 것은?

① 계면활성제는 그 친수성의 특성에 따라 음이온계, 양이온계, 양성계 및 비이온계로 나눌 수 있다.
② 계면활성제는 비누, 고급 알코올, 황산에스테르염, 알킬벤젠술폰산염 등으로 나눌 수 있다.
③ 계면활성제는 섬유의 유연제, 대전방지제, 발수제 등으로 나눌 수 있다.
④ 계면활성제는 아미노산형, 베타형 등으로 나눌 수 있다.

18 다음 중 세탁 시 일시적인 대전방지 효과가 있는 것은?

① 차아염소산나트륨
② 과망간산칼륨
③ 아황산수소나트륨
④ 양이온계 계면활성제

19 다음 중 계면활성제의 세정작용에서 일어나는 작용이 아닌 것은?

① 침투작용 ② 증류작용
③ 분산작용 ④ 습윤작용

20 음이온계 계면활성제의 설명 중 옳은 것은?

① 세척력이 적어 세제로는 사용되지 않는다.
② 세제로 사용되는 계면활성제는 대부분 음이온계 계면활성제이다.
③ 물에 용해되었을 때 해리되어 양이온과 음이온으로 계면활성을 나타내는 것이다.
④ 수산기, 에테르기와 같은 해리되지 않은 친수기를 가진 계면활성제이다.

21 세정 시 정전기를 방지하고 동시에 살균 효과를 위하여 주로 사용되는 것은?

① 유연제
② 음이온 계면활성제
③ 형광 증백제
④ 양이온 계면활성제

정답 13 ① 14 ③ 15 ① 16 ④ 17 ① 18 ④ 19 ② 20 ② 21 ④

22 계면활성제가 물에 용해되었을 때 해리되며, 세제로 가장 많이 사용되는 것은?

① 음이온계 계면활성제
② 양이온계 계면활성제
③ 비이온계 계면활성제
④ 양성이온계 계면활성제

23 다음 중 해리되지 않은 친수기를 가진 계면활성제는?

① 음이온 계면활성제
② 양이온 계면활성제
③ 양성 계면활성제
④ 비이온 계면활성제

24 계면활성제의 종류 중 대전방지제로 가장 많이 사용하는 것은?

① 음이온계 계면활성제
② 양성계 계면활성제
③ 비이온계 계면활성제
④ 양이온계 계면활성제

25 계면활성제의 종류 중 세척력이 약해 대전방지제로 사용하는 것은?

① 음이온계 계면활성제
② 양이온계 계면활성제
③ 비이온계 계면활성제
④ 양성이온계 계면활성제

26 계면활성제의 종류 중 세척력이 적어 세제로는 사용되지 않으나, 섬유의 유연제, 대전방지제, 발수제 등으로 사용하는 것은?

① 양성계 계면활성제
② 비이온계 계면활성제
③ 음이온계 계면활성제
④ 양이온계 계면활성제

27 계면활성제의 종류 중 알킬술폰산나트륨과 같이 세제로 사용하는 것은?

① 비이온계 계면활성제
② 양성계 계면활성제
③ 양이온계 계면활성제
④ 음이온계 계면활성제

핵심요점

❸ 계면활성제의 작용

(1) 세정작용
① 습윤작용 : 천에 잘 젖어드는 현상이다.
② 침투작용 : 젖는 현상이 내부로 스며드는 현상이다.
③ 흡착작용 : 천으로부터 오점이 떨어지게 하는 현상이다.
④ 분산작용 : 용액 중에 오점 입자가 균일하게 흩어져 있는 현상이다.
⑤ 보호작용 : 미셀이 오점을 핵으로 안정화 시키는 현상이다.
⑥ 기포작용 : 기포성을 증가시키고 세탁작용을 향상시킨다.

(2) 세정작용 진행순서
습윤 → 침투 → 유화 → 분산 → 기포 → 세척

적중예상문제

28 다음 중 계면활성제의 세정작용이 아닌 것은?

① 방수 ② 분산
③ 보호 ④ 흡착

29 계면활성제의 세정작용에서 분산을 설명하는 것은?

① 표면장력이 저하되어 천에 잘 젖어드는 현상
② 용액 중에 오점 입자가 균일하게 흩어져 있는 상태
③ 모세관 현상에 의하여 젖는 현상이 내부로 스며드는 것
④ 오점끼리 큰 입자가 되었거나 천에 재부착이 안 되고 미셀이 핵으로 되는 것

정답 22 ① 23 ④ 24 ④ 25 ② 26 ④ 27 ④ 28 ① 29 ②

30 계면활성제 세정작용의 진행 순서가 옳은 것은?

① 흡착 – 침투 – 습윤 – 기포 – 보호 – 분산
② 흡착 – 침투 – 분산 – 보호 – 기포 – 습윤
③ 습윤 – 침투 – 유화 – 분산 – 기포 – 세척
④ 습윤 – 보호 – 기포 – 침투 – 흡착 – 분산

31 계면활성제의 작용과 가장 거리가 먼 것은?

① 침투 ② 기포
③ 표백 ④ 분산

해설

계면활성제 세정작용

습윤, 침투, 흡착, 분산, 보호, 기포작용을 한다.

32 계면활성제의 세정작용 중 미셀이 오점을 핵으로 하여 안정화되는 작용은?

① 분산작용 ② 보호작용
③ 흡착작용 ④ 침투작용

33 계면활성제의 기본적인 성질과 직접 관계하는 작용이 아닌 것은?

① 습윤작용 ② 침투작용
③ 분산작용 ④ 살균작용

34 다음 중 계면활성제의 작용에서 일어나는 작용이 아닌 것은?

① 침투작용 ② 증류작용
③ 분산작용 ④ 습윤작용

35 다음 중 계면활성제의 기본적인 살균 효과에 직접 관계하는 작용이 아닌 것은?

① 습윤작용 ② 침투작용
③ 유화작용 ④ 방수작용

36 계면활성제의 기본적인 성질에 직접 관계하는 작용이 아닌 것은?

① 습윤작용 ② 균염작용
③ 분산작용 ④ 유화작용

핵심요점

4 계면활성제 용도에 따른 명칭

① 세정제
② 유화제
③ 분산제

적중예상문제

37 계면활성제는 용도에 따라 여러 가지 명칭이 있다. 다음 중에서 그 명칭이 아닌 것은?

① 세정제 ② 유화제
③ 분산제 ④ 건조제

핵심요점

5 계면활성제 HLB와 용도

계면활성제의 친수성과 친유성의 정도를 수치로 나타낸 것을 HLB라 한다. 계면활성제의 HLB와 그 용도는 다음과 같다.

HLB	용도
1~3	소포제
3~4	드라이클리닝용 세제
4~8	유화제(기름 속에 물 분산)
8~13	유화제(물속에 기름 분산)
13~15	세탁용 세제
15~18	가용화(물속에 기름 분산)

정답 30 ③ 31 ③ 32 ② 33 ④ 34 ② 35 ④ 36 ② 37 ④

적중예상문제

38 계면활성제의 친수성과 친유성의 정도를 수치로 나타낸 것을 HLB라고 한다. HLB 13~15는 어느 용도에 사용되는 세제의 수치인가?

① 소포제 ② 드라이클리닝 세제
③ 세탁용 세제 ④ 유화제

39 계면활성제의 HLB와 그 용도가 잘못 짝지어진 것은?

① HLB 1~3 : 소포제
② HLB 3~4 : 드라이클리닝용 세제
③ HLB 13~15 : 세탁용 세제
④ HLB 4~13 : 형광증백제

40 HLB 값이 3~4인 계면활성제 용도는?

① 소포제 ② 드라이클리닝
③ 침윤제 ④ 세탁용 세제

41 계면활성제의 HLB가 13~15인 것의 용도로 가장 적합한 것은?

① 소포제
② 드라이클리닝용 세제
③ 세탁용 세제
④ 침윤제

42 계면활성제의 HLB와 그 용도가 잘못 짝지어진 것은?

① HLB 1~3 : 소포제
② HLB 3~4 : 유화제
③ HLB 7~9 : 침윤제
④ HLB 13~15 : 세탁용 세제

해설
HLB 3~4의 용도는 드라이클리닝용 세제이다.

핵심요점

6 계면활성제의 친수기, 친유기

계면활성제의 친수기 작용이 친유기에 비하여 강하면 그 계면활성제는 물에 잘 녹고, 반대의 경우는 드라이클리닝 용제에 잘 녹는다.

적중예상문제

43 계면활성제의 친수기, 친유기의 설명이 올바른 것은?

① 계면활성제는 물이나 기름에 잘 녹는다.
② 계면활성제는 친수기와 친유기와는 관계없이 물이나 기름에 잘 녹는다.
③ 계면활성제의 친수기도 기름에 잘 녹는다.
④ 계면활성제의 친수기 작용이 친유기에 비하여 강하면 그 계면활성제는 물에 잘 녹고 반대의 경우는 드라이클리닝 용제에 잘 녹는다.

핵심요점

7 계면활성제의 성질

① 물과 공기 등에 흡착하여 경계면에 계면장력을 저하시킨다(물의 계면장력을 저하시킨다).
② 한 개의 분자 내에 친수기와 친유기를 동시에 가진다.
③ 직물에 묻은 오염물을 유화, 분산시킨다.
④ 분자가 모여서 미셀을 형성한다.
⑤ 습윤, 침투, 흡착, 보호, 기포 등의 작용을 한다.
⑥ 직물의 습윤 효과를 향상시킨다.
⑦ 직물의 약제에 침투 효과를 증가시킨다.
⑧ 기포성을 증가시키고 세척작용을 향상시킨다.

정답 38 ③ 39 ④ 40 ② 41 ③ 42 ② 43 ④

적중예상문제

44 계면활성제에 대한 설명 중 틀린 것은?

① 물의 계면장력을 증가시켜준다.
② 친수기와 친유기를 동시에 갖는다.
③ 직물에 묻은 오염물질을 유화 분산시킨다.
④ 기포성을 증가시키고 세탁작용을 향상시킨다.

해설
물의 계면장력을 저하시킨다.

45 계면활성제에 대한 내용으로 틀린 것은?

① 물과 공기 중에 흡착하여 경계면에 계면장력을 저하시킨다.
② 한 개의 분자 내에 친유성기만 갖는다.
③ 습윤, 침투, 흡착, 분산, 보호, 기포 등의 작용을 한다.
④ 분자가 모여서 미셀을 형성한다.

해설
한 개의 분자 내의 친수기와 친유기를 동시에 가진다.

46 계면활성제의 성질로서 틀린 것은?

① 한 개의 분자 내에 친수기와 친유기를 가진다.
② 물과 공기 등에 흡착하여 계면장력을 증가시킨다.
③ 직물의 습윤 효과를 향상시킨다.
④ 직물의 약제에 침투 효과를 증가시킨다.

47 계면활성제에 대한 설명 중 틀린 것은?

① 분자가 모여 미셀을 형성한다.
② 한 개의 분자 내에 친수기와 친유기를 가진다.
③ 기포성을 증가시키고 세척작용이 향상된다.
④ 물과 공기 등에 흡착하여 계면장력을 상승시킨다.

48 계면활성제의 설명 중 틀린 것은?

① 물과 공기 등에 흡착하여 계면장력을 저하시킨다.
② 분자가 모여 미셀을 형성한다.
③ 기포성을 증가시키고 세척작용이 향상된다.
④ 최소 3개의 분자 내에서 친수기와 친유기를 가진다.

49 계면활성제의 역할에 대한 설명 중 틀린 것은?

① 물에 용해되면 물의 표면장력을 증가시켜준다.
② 친수기와 친유기를 함께 가지고 있다.
③ 직물에 묻은 오염물질을 유화분산시킨다.
④ 기포성을 증가시키고 세척작용을 향상시킨다.

50 계면활성제의 성질 중 틀린 것은?

① 한 개의 분자 내에 친수기와 친유기를 가진다.
② 물과 공기 등에 흡착하여 계면장력을 향상시킨다.
③ 직물에 약제의 침투 효과를 증가시킨다.
④ 기포성을 증가시키고 세척작용을 향상시킨다.

핵심요점

8 비누와 '어멀션화' 작용을 하는 물질
계면활성제

적중예상문제

51 비누와 같이 어멀션화 작용을 하는 것은?

① 탄수화물 ② 계면활성제
③ 단백질 ④ 효소

정답 44 ① 45 ② 46 ② 47 ④ 48 ④ 49 ① 50 ② 51 ②

핵심요점

9 계면활성제의 분자구조

소수성 부분과 친수성 부분으로 되어 있다.

적중예상문제

52 계면활성제의 분자구조는?

① 소수성 부분과 친수성 부분으로 되어 있다.
② 소수성 부분으로만 되어 있다.
③ 친수성 부분으로만 되어 있다.
④ 소수성 부분과 친유성 부분으로 되어 있다.

정답 52 ①

CHAPTER 016 재오염

핵심요점

1 재오염(역오염, 재부착)의 정의

① 세정과정에서 용제 중에 분산된 더러움이 의류에 다시 부착되어 흰색이나 거무스레하게 나타나는 현상을 재오염이라고 한다.
② 세정과정에서 용제 중에 분산된 오염물질이 세탁물에 부착되는 현상을 말한다.

적중예상문제

01 세탁과정 중 옷에서 일단 분리되었던 더러움이 다시 옷에 부착되는 경우를 무엇이라고 하는가?

① 재오염 ② 방오
③ 표백 ④ 용해도

02 세탁과정에서 용제 중에 ( )된 더러움이 피세탁물에 다시 부착되어 흰색이나 연한색 물이 거무스름한 회색기미를 보이는 현상을 재오염, 역오염, 재부착이라 한다. ( ) 안에 적당한 말은?

① 분산 ② 유화현탁
③ 침투 ④ 흡착

03 의류가 세정과정에서 용제 중에 분산된 더러움이 의류에 다시 부착되어 흰색이 약간 검게 보이는 현상은?

① 재오염 ② 염색
③ 염착 ④ 부착

핵심요점

2 재오염의 특징

① 세정액은 계속적으로 청정화시키면서 반복 사용하기 때문에 오염물질이 용제 중에 축적된다.
② 소프를 사용하면 세정력이 강화되어서 재오염을 저하시킨다.
③ 세정과정 중 피세탁물에 오염원이 다시 부착된다.
④ 섬유표면의 가공제가 용제에 의하여 연화하여 표면이 점착성이 되면 이것에 접촉된 오염입자는 섬유에 부착된다.
⑤ 재오염을 방지하기 위해 세정액을 청정하게 유지하고 소프농도 및 용제습도를 적정하게 유지해야 한다.
⑥ 용제의 청정화가 불충분하므로 건조 후에도 더러움이 붙어 있는 것이다.
⑦ 물에 젖은 섬유는 드라이클리닝 용제 속에서 부분적으로 얼룩이 생길 수 있다.
⑧ 재오염된 세탁물은 소프(Soap)를 사용하여 복원할 수 있다.

정답 01 ① 02 ① 03 ①

적중예상문제

04 다음은 재오염에 관한 설명이다. 틀린 것은?

① 세정액은 계속적으로 청정화시키면서 반복 사용하기 때문에 오염물질이 용제 중에 축적되지 않는다.
② 세정과정에서 용제 중에 분산된 오염물질이 세탁물에 부착되는 현상이다.
③ 소프를 사용하면 세정력이 강화되고 재오염을 저하시킨다.
④ 흡착에 의한 재오염은 깨끗한 용제로 헹구어도 제거가 곤란한 경우가 많다.

해설
세정액은 계속적으로 청정화시키면서 반복 사용하기 때문에 오염물질이 용제 중에 축적되어 있다.

05 다음은 재오염에 대한 설명이다. 틀린 것은?

① 용제가 더러우면 건조 후에도 더러움은 섬유에 부착하지 않는다.
② 세정과정 중 피세탁물에 오염원이 다시 부착되는 현상이다.
③ 섬유표면의 가공제가 용제에 의하여 연화되어 표면이 점착성이 되면 이것에 접촉된 오염입자는 섬유에 부착된다.
④ 부착에 의한 재오염은 부착 후에 깨끗한 용제로 헹구면 제거되는 경우가 많다.

06 다음 중 재오염에 대한 설명으로 틀린 것은?

① 흡착에 의한 재오염은 용제로 헹구면 완전히 제거된다.
② 재오염이란 세정액 중에서 분산된 의류에 재부착하는 현상을 말한다.
③ 재오염의 원인은 부착, 흡착, 염착 등의 형태로 나타난다.
④ 재오염을 방지하기 위해 세정액을 청정하게 유지하고 소프 농도 및 용제습도를 적정하게 유지해야 한다.

해설
흡착에 의한 재오염은 깨끗한 용제로 헹구어도 제거가 곤란하다.

07 재오염에 대한 설명 중 가장 옳은 것은?

① 재오염은 일명 역오염 중에서 섬유로 이염된 것을 말한다.
② 의류가 세정과정에서 용제 중에 분산된 더러움이 의류에 다시 부착되어 흰색이나 색물이 거무스레한 회색기미를 띠는 현상을 말한다.
③ 오염물 중 재부착된 더러움을 다시 헹구는 과정에서 떨어지는 것을 말한다.
④ 용제 중에 분산된 더러움이 의류에 스며들어 붉은색깔을 띠는 것을 말한다.

08 재오염에 대한 설명 중 틀린 것은?

① 의류가 세정과정에서 용제 중에 분산된 더러움이 의류에 다시 부착되는 것이다.
② 용제의 청정화가 불충분하므로 건조 후에도 섬유에 더러움이 붙어 있는 것이다.
③ 물에 젖은 섬유는 드라이클리닝 용제 속에서 부분적으로 얼룩이 생길 수 있다.
④ 재오염된 세탁물은 소프(Soap)를 사용하여도 복원할 수 없다.

핵심요점

3 재오염의 형태

(1) 부착에 의한 재오염
① 본래 용제가 더러우면 세정의 종료 시에도 용제의 청정화가 불충분하므로 건조하여 용제를 증발시켜도 그 더러움이 섬유에 부착되는 오염이다.
② 용제의 청정화가 불충분하여 재오염되었더라도 깨끗한 용제로 헹구면 제거될 수 있다.

(2) 흡착에 의한 재오염
① 흡착에 의한 오염 3가지
- 정전기
- 점착
- 물의 적심

정답 04 ① 05 ① 06 ① 07 ② 08 ④

② 흡착에 의한 재오염 특징
- 용제 중의 더러움이 정전기 등의 인력과 섬유 표면의 점착력 등에 의하여 섬유에 부착되는 오염이다.
- 깨끗한 용제로 헹구어도 제거가 곤란하다.
- 물에 젖은 의류는 수분과다로 더러움이 흡착된다.

③ 정전기에 의한 재오염 특징
- 용제로 헹구어도 제거되지 않는다.
- 화학섬유에도 발생하기 쉽다.
- 마찰로 인하여 정전기가 발생한다.

(3) 염착에 의한 재오염
① 세정액 중에 잔존해 있는 염료가 섬유에 흡착하는 오염이다.
② 세정과정에서 용제 중에 용탈한 염료가 다시 섬유에 염착된다.

4 재오염의 발생 원인

① 용제의 수분의 양이 과다함에 따라 재오염이 발생한다.
② 용제 중에 소프(Soap)양이 적당하지 않을 때 재오염이 발생한다.
③ 용제 중에 염료가 분산되어 있을 때 재오염이 발생한다.

5 석유계 용제로 드라이클리닝할 때 재오염 발생시간

3~5분 경과하면 재오염된다.

적중예상문제

09 재오염의 원인에 대한 설명이 아닌 것은?

① 흡착에 의한 재오염에는 정전기에 의한 것이 있다.
② 세정과정에서 용제 중에 용탈한 염료가 있다.
③ 용제의 수분이 과다함에 따라 재오염이 발생한다.
④ 물에 젖은 의류는 수분과다로 수용성 더러움이 흡착된다.

해설
세정과정에서 용제 중에 용탈된 염료가 다시 섬유에 염착된다.

10 다음 중 염착에 의한 재오염의 설명으로 맞는 것은?

① 세탁기 중의 오염물질이 세탁물에 흡착하는 경우다.
② 세정액 중에 잔존해 있는 염료가 섬유에 흡착하는 경우다.
③ 세탁물이 거무스레한 색깔을 띤다.
④ 석유계 용제에서는 3~5분 경과한 때에 오염이 많이 발생한다.

11 정전기에 의한 재오염의 설명 중 잘못된 것은?

① 용제로 헹구면 쉽게 잘 제거된다.
② 화학섬유에서 발생하기 쉽다.
③ 흡착에 의한 재오염의 일종이다.
④ 마찰로 인하여 정전기가 발생한다.

12 다음 중 재오염의 원인이 되지 않는 것은?

① 세제에 의한 재오염
② 부착에 의한 재오염
③ 흡착에 의한 재오염
④ 염착에 의한 재오염

13 석유계 용제를 사용한 세탁물의 세정에서 세정 시작 후 얼마가 경과하면 재오염이 되는가?

① 30초　② 1분
③ 2~3분　④ 3~5분

14 재오염의 원인에는 부착, 흡착, 염착에 의한 재오염이 있다. 그중 흡착에 의한 재오염과 관계가 먼 것은?

① 세정액 중 잔존해 있는 염료가 섬유에 흡착하는 경우이다.
② 용제 중에 더러움이 정전기 등의 인력과 섬유 표면의 점착력 등에 의하여 섬유에

정답 09 ② 10 ② 11 ① 12 ① 13 ④ 14 ①

부착되는 오염이다.
③ 흡착에 의한 오염은 정전기, 점착, 물의 적심 등의 3가지로 구분할 수 있다.
④ 용제로 헹구어도 제거가 어려운 경우가 많다.

15 **다음 중 재오염의 주요 원인이 아닌 것은?**

① 용제 및 세제를 사용하지 않을 때
② 용제 중에 소프양이 적당하지 않을 때
③ 용제 중에 염료가 분산되어 있을 때
④ 수분의 양이 과다할 때

16 **석유계 용제로 드라이클리닝할 때 재오염이 많이 발생되는 시간대는?**

① 3~5분 경과 시
② 9~10분 경과 시
③ 12~15분 경과 시
④ 17~20분 경과 시

17 **다음 중 재오염의 원인이 아닌 것은?**

① 부착 ② 흡착
③ 염착 ④ 용해

해설
재오염의 원인은 부착, 흡착, 염착으로 구분할 수 있다.

18 **재오염의 원인에 대한 설명으로 틀린 것은?**

① 흡착에 의한 재오염은 정전기에 의한 것이 있다.
② 세정과정에서 용제 중에 용탈한 염료는 섬유에 염착되지 않는다.
③ 용제의 수분이 과다함에 따라 재오염이 발생한다.
④ 물에 젖은 의류는 수분과다로 수용성 더러움이 흡착된다.

19 **다음 중 재오염의 원인에 해당되지 않는 것은?**

① 부착 ② 흡착
③ 염착 ④ 접착

20 **흡착에 의한 오염의 원인에 해당하지 않는 것은?**

① 염착 ② 정전기
③ 점착 ④ 물의 적심

해설
흡착에 의한 오염의 원인에는 정전기, 점착, 물의 적심으로 구분할 수 있다.

21 **다음 중 재오염의 원인 중 틀린 것은?**

① 부착 ② 압착
③ 흡착 ④ 염착

22 **용제의 청정화가 불충분하여 재오염되었더라도 깨끗한 용제로 헹구면 제거될 수 있는 것은?**

① 점착 ② 흡착
③ 염착 ④ 부착

23 **부착에 의한 재오염에 대한 설명 중 옳은 것은?**

① 본래 용제가 더러우면 세정의 종료 시에도 용제의 청정화가 불충분하므로 건조하여 용제를 증발시켜도 그 더러움이 섬유에 부착되는 오염이다.
② 용제 중의 더러움이 정전기 등의 인력과 섬유표면의 점착력 등에 의하여 섬유에 부착되는 오염이다.
③ 세정액 중에 잔존해 있는 염료가 섬유에 흡착하는 오염이다.
④ 섬유 표면의 가공제가 용제에 의하여 연화되어 표면이 점착성이 되어 여기에 접촉된 더러움의 입자가 섬유에 부착되는 오염이다.

정답 15 ① 16 ① 17 ④ 18 ② 19 ④ 20 ① 21 ② 22 ④ 23 ①

24 재오염의 원인의 형태가 아닌 것은?

① 열　② 염착
③ 흡착　④ 부착

25 재오염의 원인에 대한 설명으로 틀린 것은?

① 흡착에 의한 재오염에는 정전기에 의한 것이 있다.
② 세정과정에서 용제 중에 분산된 더러움은 의류에 다시 부착되지 않는다.
③ 용제의 수분이 과다함에 따라 재오염이 발생한다.
④ 물에 젖은 의류는 수분과다로 수용성 더러움이 흡착된다.

26 다음 중 재오염의 원인이 아닌 것은?

① 탈수　② 부착
③ 흡착　④ 염착

해설
재오염의 원인에는 부착, 흡착, 염착으로 구분된다.

27 흡착에 의한 재오염의 원인이 아닌 것은?

① 정전기　② 점착
③ 물의 적심　④ 염착

28 다음 중 흡착에 의한 재오염이 아닌 것은?

① 정전기　② 점착
③ 물의 적심　④ 인공피혁

핵심요점

6 재오염의 방지

(1) 드라이클리닝에 있어서 재오염 방지
① 세탁물을 진한색과 연한색으로 구별하여 세탁한다.
② 세정시간을 적절히 사용한다.
③ 용제의 순환을 좋게 하고 용제를 깨끗이 한다.

(2) 드라이클리닝 수용성 오점 세척력 보완 및 재오염 방지를 위한 용제 첨가제
드라이소프

(3) 드라이클리닝 시 재오염 방지 용제성능 점검사항
① 투명도
② 산가
③ 불휘발성 잔류물

적중예상문제

29 다음 중 재오염 방지 효과가 있어 용제에 첨가시키는 물질은?

① 벤젠　② 알코올
③ 소프　④ 클로로포름

30 드라이클리닝할 때 재오염을 방지하기 위하여 용제의 성능을 점검하는 사항이 아닌 것은?

① 투명도　② 산가
③ 완충 효과　④ 불휘발성 잔류물

31 드라이클리닝에서 수용성 오점의 세척력을 보완하고 재오염을 방지하기 위해 용제에 첨가하는 것은?

① 산　② 알칼리
③ 드라이소프　④ 합성세제

정답 24 ① 25 ② 26 ① 27 ④ 28 ④ 29 ③ 30 ③ 31 ③

32 드라이클리닝에 있어서 재오염을 방지하기 위한 조치가 아닌 것은?

① 세탁물을 진한 색과 연한 색으로 구별하여 세탁한다.
② 세정시간을 적절히 사용한다.
③ 용제의 순환을 좋게 하고 용제를 깨끗이 한다.
④ 재오염된 세탁물은 왁스를 사용하여 복원시킨다.

핵심요점

7 재오염률

(1) 재오염률 산정식

$$\frac{\text{원포반사율} - \text{세정 후 반사율}}{\text{원포반사율}} \times 100\%$$

(2) 재오염률 양호기준
① 3% 이내 → 양호
② 5% 이내 → 불량

(3) 드라이클리닝에서 재오염률이 높은 섬유 : 면

적중예상문제

33 드라이클리닝에서 섬유 중 재오염률이 높은 것은?

① 면 ② 양모
③ 아세테이트 ④ 나일론

34 재오염의 측정결과로 원포반사율이 48, 세정 후 반사율이 45.5이다. 재오염률은 몇 %인가?

① 2.2 ② 5.2
③ 5.5 ④ 7.67

해설
재오염률

$$\frac{\text{원포반사율} - \text{세정 후 반사율}}{\text{원포반사율}} \times 100$$

$$= \frac{48 - 45.5}{48} \times 100 = 5.2\%$$

35 용제의 재오염률 측정결과 원포반사율이 27, 세정 후 반사율이 25.5이다. 재오염률은 몇 %인가?

① 2.5 ② 3.5
③ 4.5 ④ 5.6

해설
재오염률

$$\frac{\text{원포반사율} - \text{세정 후 반사율}}{\text{원포반사율}} \times 100$$

$$= \frac{27 - 25.5}{27 \times 100} = 5.6\%$$

36 다음 중 재오염률 계산식으로 옳은 것은?

① 재오염률(%) $= \frac{\text{원포반사율} - \text{세정 후 반사율}}{\text{원포반사율}} \times 100$

② 재오염률(%) $= \frac{\text{세정 후 반사율} - \text{원포반사율}}{\text{원포반사율}} \times 100$

③ 재오염률(%) $= \frac{\text{세정 후 반사율} - \text{원포반사율}}{\text{세정후반사율}} \times 100$

④ 재오염률(%) $= \frac{\text{원포반사율} - \text{세정 후 반사율}}{\text{세정 후 반사율}} \times 100$

37 재오염의 측정결과 원포반사율이 45%, 세정 후 반사율이 42%일 때 오염률은?

① 2.35% ② 3.33%
③ 6.67% ④ 7.76%

해설
재오염률

$$= \frac{\text{원포반사율} - \text{세정 후 반사율}}{\text{원포반사율}} \times 100$$

$$= \frac{45 - 42}{45} \times 100 = 6.67\%$$

38 재오염률의 양호기준으로 옳은 것은?

① 1% 이내 ② 3% 이내
③ 5% 이내 ④ 10% 이내

정답 32 ④ 33 ① 34 ② 35 ④ 36 ① 37 ③ 38 ②

해설

재오염률이 3% 이내면 양호하고, 5% 이상이면 불량이다.

핵심요점

8 세탁작용 중에 오점이 다시 천에 재부착되는 이유

세제농도가 부족하기 때문에

적중예상문제

39 세탁작용 중 오점이 다시 뭉쳐 천에 재부착되는 이유로 맞는 것은?

① 분산작용이 너무 좋기 때문에
② 세제의 침투작용이 너무 좋기 때문에
③ 미세분자의 생성이 많기 때문에
④ 세제농도가 부족하기 때문에

핵심요점

9 의복의 오염 정도와의 관계

① 의복재료의 표면상태
② 의복재료의 흡습성
③ 의복재료의 대전성

적중예상문제

40 의복의 오염 정도의 관계가 가장 먼 것은?

① 의복재료의 표면상태
② 의복재료의 흡습성
③ 의복재료의 대전성
④ 의복재료의 종류

정답 39 ④ 40 ④

세탁관리

PART THREE

CHAPTER 001 풀먹이기

핵심요점

1 가공(푸새가공)

① 섬유 자체의 성능이 저하된 경우에 실시하는 재가공법
② 세탁 후 옷에 풀을 먹이면 형태를 유지하게 되고 세탁 시에는 더러움이 잘 빠진다.
③ 세탁 후 옷에 풀을 먹이면 옷감에 힘을 주어 팽팽해지고 내구성을 부여한다.
④ 풀의 종류
- 면, 마직물 : 녹말풀(전분)
- 합성직물, 기타 직물 : CMC, PVA

⑤ 푸새가공 효과 : 내구성을 부여하고 형태를 유지하게 한다.

적중예상문제

01 섬유 자체의 성능이 저하된 경우에 실시하는 재가공법인 것은?

① 위생가공 ② 대전방지가공
③ 방충가공 ④ 풀먹임가공

02 푸새가공에 대한 설명 중 틀린 것은?

① 세탁 후 풀을 먹이면 부착된 오점이 용이하게 떨어지지 않는다.
② 세탁 후 옷에 풀을 먹이면 옷감에 힘을 주어 팽팽하게 하고 내구성을 부여한다.
③ 세탁후 옷에 풀을 먹이면 형태를 유지하게 되고 세탁 시에는 더러움이 잘 빠지게 한다.
④ 풀감의 종류는 면, 마직물에는 녹말풀, 합성직물이나 기타 직물에는 CMC, PAV 풀감이 사용된다.

03 푸새가공의 효과에 해당하는 것은?

① 천에 남은 알칼리를 중화한다.
② 의류를 살균소독하는 효과가 있다.
③ 천에 광택을 주고 황변을 방지한다.
④ 내구성을 부여하고 형태를 유지하게 한다.

정답 01 ④ 02 ① 03 ④

CHAPTER 002 표백제 및 세제

핵심요점

1 표백의 정의

표백이란 직물의 불순물을 알칼리로 제거한 다음 섬유에 남아 있는 천연색소를 분해하여 직물을 보다 희게 만드는 것을 표백이라 한다.

적중예상문제

01 직물에 불순물을 알칼리로 제거한 다음 섬유에 남아 있는 천연색소를 분해하여 직물을 보다 희게 만드는 것은?

① 정련 ② 표백
③ 푸새 ④ 형광

핵심요점

2 표백의 작용과 방법

① 천을 희게 한다.
② 표백분은 산화표백제이다.
③ 차아염소산소다는 본 빨래 마지막에 넣는다.
④ 과탄산소다 사용 시 충분히 녹여서 워셔를 돌리면서 투입시켜야 한다.

적중예상문제

02 표백의 작용과 방법에 대한 설명으로 적당하지 않은 것은?

① 천을 희게 한다.
② 표백분은 산화표백제이다.
③ 차아염소산 소다는 본 빨래 마지막에 넣는다.
④ 과탄산소다는 본 빨래가 끝날 때 넣는다.

해설
과탄산소다 사용 시 충분히 녹여서 워셔를 돌리면서 투입하여야 한다.

핵심요점

3 표백의 특징

① 일반적으로 고온일 때가 저온일 때보다 표백제의 분해가 빠르다.
② 표백제의 pH와 반대의 pH 용액을 가했을 때 표백작용이 강해진다.
③ 산화표백제와 환원표백제를 혼합하면 효과가 없어진다.
④ 과붕산나트륨이나 과탄산나트륨의 표백제가 첨가되어 있는 세제도 있다.

적중예상문제

03 표백에 관한 설명 중 틀린 것은?

① 일반적으로 고온일 때가 저온일 때보다 표백제의 분해가 빠르다.
② 표백제의 pH와 반대의 pH 용액을 가했을 때 표백작용이 강해진다.
③ 산화표백제와 환원표백제를 혼합하면 효과가 없어진다.
④ 환원표백제를 쓴 것은 광택이 나쁘고 시간이 지나면 공기 중의 산소로 환원되어 원색이 나오는 결점이 있다.

정답 01 ② 02 ④ 03 ④

핵심요점

4 표백제의 종류

(1) 산화표백제
  ① 염소계 산화표백제
   • 차아염소산나트륨
   • 표백제
   • 아염소산나트륨
  ② 과산화물계 산화표백제
   • 과산화수소
   • 과탄산나트륨
   • 과붕산나트륨

(2) 환원표백제
  ① 아황산가스
  ② 아황산나트륨
  ③ 하이드로설파이트 : 얼룩빼기에 사용할 수 있는 약제

적중예상문제

04 다음 중 환원표백제는?

① 과산화수소
② 하이드로설파이트
③ 과붕산나트륨
④ 차아염소산소다

05 다음 중 산화표백제인 것은?

① 나프탈렌
② 장뇌
③ 실리카겔
④ 차아염소산나트륨

06 다음 표백제 중 염소계 산화표백제는?

① 차아염소산나트륨
② 아황산가스
③ 하이드로설파이트
④ 과산화수소

07 표백제의 분류 중 잘못 연결된 것은?

① 염소계 표백제 : 표백분, 차아염소산나트륨, 아염소산나트륨
② 과산화물계 표백제 : 과산화수소, 과붕산나트륨, 과탄산나트륨
③ 환원표백제 : 유기염소표백제, 과산화아세트산, 과망간산나트륨
④ 표백제 : 산화표백제, 환원표백제

해설
③ 환원표백제 : 아황산나트륨, 아황산가스, 하이드로설파이트

08 환원표백제의 얼룩빼기에 사용할 수 있는 것은?

① 차아염소산나트륨
② 과망간산칼륨
③ 하이드로설파이트
④ 티오황산나트륨

09 다음 중 산화표백제에 해당되지 않는 것은?

① 표백제
② 아황산나트륨
③ 아염소산나트륨
④ 과탄산나트륨

해설
아황산나트륨은 환원표백제이다.

10 다음 중 산화표백제에 해당되는 것은?

① 아황산가스
② 하이드로설파이트
③ 아염소산나트륨
④ 아황산수소나트륨

해설
아황산가스, 하이드로설파이트, 아황산수소나트륨은 환원표백제이다.

정답 04 ② 05 ④ 06 ① 07 ③ 08 ③ 09 ② 10 ③

11 다음 중 산화표백제가 아닌 것은?

① 차아염소산나트륨
② 과붕산나트륨
③ 과산화수소
④ 아황산수소나트륨

해설
아황산수소나트륨은 환원표백제이다.

12 다음 중 환원표백제에 해당하는 것은?

① 아염소산나트륨 ② 과붕산나트륨
③ 아황산나트륨 ④ 과산화수소

13 산화표백제가 아닌 것은?

① 차아염소산나트륨
② 아염소산나트륨
③ 과산화수소
④ 아황산수소나트륨

14 다음 중 산화표백제에 해당하지 않는 것은?

① 아황산나트륨
② 차아염소산나트륨
③ 과산화수소
④ 과탄산나트륨

해설
아황산나트륨은 환원표백제이다.

15 다음 중 산화표백제에 해당하는 것은?

① 아황산가스
② 아황산나트륨
③ 과산화수소
④ 하이드로설파이트

16 다음 중 산화표백제로 옳은 것은?

① 차아염소산나트륨
② 아황산가스
③ 하이드로설파이트
④ 암모니아

17 다음 중 산화표백제에 해당하지 않는 것은?

① 아염소산나트륨
② 과탄산나트륨
③ 과산화수소
④ 하이드로설파이트

핵심요점

5 산화표백제의 종류

(1) 차아염소산나트륨
① 셀룰로스 직물에 주로 사용
② 론드리에 가장 많이 사용

(2) 아염소산나트륨
① 셀룰로스섬유
② 폴리에스테르(나일론섬유)
③ 아크릴

(3) 차아염소산소다
식물성섬유의 표백에 효과

(4) 과산화수소
표백가공에서 단백질 섬유에 가장 적합한 표백제

적중예상문제

18 염소계 표백제인 차아염소산나트륨으로 표백하기에 부적당한 것은?

① 셀룰로스섬유 ② 단백질섬유
③ 폴리에스테르 ④ 아크릴

해설
염소계 표백제는 단백질섬유나 수지 가공된 면제품을 황변시킨다.

19 다음 중 식물성섬유의 표백에 가장 효과가 큰 것은?

① 차아염소산소다 ② 표백분
③ 과탄산소다 ④ 과붕산소다

정답 11 ④ 12 ③ 13 ④ 14 ① 15 ③ 16 ① 17 ④ 18 ② 19 ①

20 다음 중 셀룰로스 직물에 주로 사용되는 표백제는?

① 차아염소산나트륨
② 하이드로설파이트
③ 과탄산나트륨
④ 과붕산나트륨

21 론드리에 가장 많이 쓰이는 표백제는?

① 과망간산나트륨
② 과산화수소
③ 차아염소산나트륨
④ 하이드로설파이트

22 셀룰로스 직물에 주로 사용되는 표백제는?

① 차아염소산나트륨
② 하이드로설파이트
③ 과탄산나트륨
④ 과붕산나트륨

23 염소계 표백제인 아염소산나트륨으로 표백하기에 부적합한 섬유는?

① 셀룰로스섬유 ② 단백질섬유
③ 폴리에스테르 ④ 아크릴

24 다음 중 나일론섬유의 표백에 가장 적합한 표백제는?

① 아염소산나트륨 ② 과탄산나트륨
③ 과붕산나트륨 ④ 아황산수소나트륨

25 셀룰로스섬유의 표백에 가장 적합한 것은?

① 차아염소산나트륨
② 과산화수소
③ 과탄산나트륨
④ 과붕산나트륨

핵심요점

6 형광증백제의 특징

① 미량(0.1~0.5%)으로 증백 효과를 충분히 거둘 수 있다.
② 증백제의 용량이 지나치면 백도가 저하하는 경향이 있다.
③ 증백작용이 물리적이므로 섬유에 손상이 없다.
④ 염소분이 섬유에 존재하면 형광증백 후 색소가 착색된다.
⑤ 섬유상에 과도하게 염착되면 도리어 나쁜 효과가 생길 수 있다.
⑥ 흰색 의류를 더욱 희고 밝게 보이게 한다.
⑦ 증백제 처리를 잘못했을 때 바람직하지 못한 녹색을 띠는 경우가 있다.
⑧ 내일광성이나 내염소성에 비교적 취약한 편이다.
⑨ 태양이나 자외선이 비치지 않는 곳에서는 증백 효과가 미비하다.

적중예상문제

26 형광증백제의 특성으로 맞지 않는 것은?

① 태양이나 자외선이 비치지 않는 곳에서도 증백 효과가 나타난다.
② 증백제의 용량이 지나치면 백도가 저하하는 경향이 있다.
③ 증백작용이 섬유에 물리적이므로 손상이 없다.
④ 염소분이 섬유에 존재하면 형광증백 후 색소가 착색된다.

27 형광증백제에 대한 설명 중 옳은 것은?

① 형광증백제는 섬유상에 과도하게 염착되면 도리어 나쁜 효과가 생길 수도 있다.
② 대부분의 형광증백제는 염소계 표백제에 의해 증백능력을 상실한다.
③ 증백 효과는 증백제의 양에 따라 비례한다.
④ 형광증백제의 종류에 따라 파장 길이의 순으로 녹색, 청색, 홍색이 나타나며 주로 녹색이 쓰인다.

정답 20 ① 21 ③ 22 ① 23 ② 24 ① 25 ① 26 ① 27 ①

28 **형광증백제에 대한 설명이 맞는 것은?**

① 형광증백제는 섬유상에 과도하게 염착되면 오히려 나쁜 효과가 생길 수도 있다.
② 대부분의 형광증백제는 염소계 표백제에 의해 증백능력을 상실한다.
③ 증백 효과는 증백제의 양에 따라 비례한다.
④ 형광증백제는 섬유에 흡착되어 가시광선을 흡수하고 청색계 자외선을 복사한다.

29 **형광증백제에 대한 설명 중 틀린 것은?**

① 흰색 의류를 더욱 희고 밝게 보이게 한다.
② 미량(0.1% 이하)으로 증백 효과를 기대할 수 없어 0.5% 이상 사용해야 한다.
③ 증백제 처리를 잘못했을 때 바람직하지 못한 녹색을 띠는 경우가 있다.
④ 내일광성이나 내염소성에 비교적 취약한 편이다.

해설
형광증백제는 미량(0.1~0.5%)으로 증백 효과를 충분히 거둘 수 있다.

핵심요점

7 합성세제

(1) LAS계 합성세제
① 세탁이 잘되며 수질오염의 우려가 적다.
② 현재 사용되는 대부분의 합성세제이다.

(2) 합성세제의 특성
① 용해가 빠르다.
② 헹굼이 쉽다.
③ 거품이 잘 생긴다.
④ 침투력이 우수하다.
⑤ 값이 싸다.
⑥ 원료에 제한을 받지 않는다.
⑦ 세탁 시 센물을 사용해도 무방하다.
⑧ 산성 또는 알칼리성에도 사용이 가능하다.

적중예상문제

30 **다음 중 세탁이 잘되며 수질오염의 우려가 가장 적고 현재 사용되는 대부분의 합성세제는?**

① LAS계 합성세제
② ABS계 합성세제
③ 지방산나트륨 비누
④ AES계 합성세제

31 **합성세제의 특성이 잘못 설명된 것은?**

① 용해가 빠르고 헹구기가 쉽다.
② 거품이 잘 생기고 침투력이 우수하다.
③ 값이 싸고 원료 제한을 받지 않는다.
④ 분말이어서 센물에서는 사용할 수가 없다.

32 **합성세제의 특성에 대한 설명 중 틀린 것은?**

① 용해가 빠르고 헹구기가 쉽다.
② 거품이 잘 생기지 않으며 침투력이 우수하다.
③ 세탁 시 센물을 사용해도 무방하다.
④ 값이 싸고 원료의 제한을 받지 않는다.

33 **합성세제의 특성 중 틀린 것은?**

① 세탁 시 센물을 사용해도 무방하다.
② 산성 또는 알칼리성에도 사용이 가능하다.
③ 용해가 빠르고 헹구기가 쉽다.
④ 단열성이 높은 장치에 사용한다.

핵심요점

8 약알칼리성세제

(1) 약알칼리성세제의 개념
중질세제라고도 하며, 세탁 효과가 가장 좋은 pH 10.5~11.0 내외의 세제를 말한다.

(2) 약알칼리성 합성세제의 특징
① 세탁효과를 높인다.
② 센물에서도 세탁이 잘된다.
③ 변질된 당이나 단백질을 제거한다.

정답 28 ① 29 ② 30 ① 31 ④ 32 ② 33 ④

④ 면, 마, 합성섬유 등에 적합하다.
⑤ 중질세제라고도 한다.
⑥ 유화력, 분산력에 의해 세정을 돕는다.
⑦ 경수는 연화시켜 비누찌꺼기의 생성을 방지한다.

적중예상문제

34 알칼리성 합성세제의 성질이 아닌 것은?

① 변질된 당이나 단백질을 제거한다.
② 유화력, 분산력에 의해 세정을 돕는다.
③ 산성의 오점을 중화하고 산성비누를 생성한다.
④ 경수를 연화시켜 비누찌꺼기의 생성을 방지한다.

35 약알칼리성세제에 대한 설명으로 틀린 것은?

① 세탁 효과를 높인다.
② 센물에도 세탁이 잘된다.
③ 경질세제라고 한다.
④ 면, 마, 합성섬유에 적합하다.

핵심요점

9 알칼리성에 따른 세제의 구분

① 중성세제
② 다목적세제
③ 약알칼리성세제

적중예상문제

36 세탁용 세제를 알칼리성에 따라 구분할 때 해당하지 않는 것은?

① 중성세제
② 다목적세제
③ 강알칼리성세제
④ 약알칼리성세제

핵심요점

10 각종 세제의 pH 범위

① 중성세제 : pH 7
② 론드리 세탁 시 가장 적합한 세제 : pH 10~11
③ 약알칼리성세제(중질세제) : pH 10.5~11.0

적중예상문제

37 다음 중 중성세제에 가장 적당한 pH는?

① pH 7 ② pH 9
③ pH 11 ④ pH 13

해설
중성세제의 가장 적당한 pH 값은 7이다.

38 론드리 세탁 시 세제의 가장 적합한 pH 범위는?

① pH 6~7 ② pH 7~8
③ pH 8~9 ④ pH 10~11

핵심요점

11 과탄산나트륨

세제 중에 표백제가 배합된 것
(세제에 표백제 첨가)

적중예상문제

39 세제에 첨가되어 있는 표백제는?

① 과탄산나트륨 ② 과산화수소
③ 황산 ④ 셀룰로스

40 세제 중에 표백제가 배합된 것이 있는데, 여기에 사용되는 표백제는?

① 과탄산나트륨
② 과산화수소
③ 황산
④ 셀룰로스

정답 34 ③ 35 ③ 36 ③ 37 ① 38 ④ 39 ① 40 ①

핵심요점

⑫ 아염소산나트륨 순도 범위

70~90%

적중예상문제

41 무색의 결점으로 시판되는 공업용 표백제 아염소산나트륨의 순도 범위는?

① 70~90% ② 50~70%
③ 30~50% ④ 10~30%

핵심요점

⑬ 드럼식 세탁기에 적합한 세제

저포성세제

적중예상문제

42 드럼식 세탁기에 가장 적합한 세제는?

① 저포성세제
② 합성세제
③ 농축세제
④ 약알칼리성세제

핵심요점

⑭ 염소계 표백제로 세탁이 가능한 섬유

① 면
② 레이온
③ 폴리에스테르

적중예상문제

43 다음 중 염소계 표백제 사용에 가장 적합하지 않은 섬유는?

① 면 ② 양모
③ 레이온 ④ 폴리에스테르

핵심요점

⑮ 세제의 종류 선택 시 고려사항

① 섬유의 종류
② 오염의 상태
③ 세탁방법

적중예상문제

44 다음 중 세제의 종류를 선택할 때 고려하지 않아도 되는 것은?

① 섬유의 종류 ② 오염의 상태
③ 세탁방법 ④ 물의 온도

핵심요점

⑯ 와류식 세탁기에서 세탁효율이 최대가 되는 세제의 농도

0.2%

적중예상문제

45 와류식 세탁기에서 세탁효율이 최대가 되는 세제의 농도는?

① 0.05% ② 0.1%
③ 0.2% ④ 0.3%

정답 41 ① 42 ① 43 ② 44 ④ 45 ③

CHAPTER 003 재가공

핵심요점

1 방수가공

① 섬유제품이 물에 젖거나 흡수하는 것을 방지하는 가공이다.
② 직물이 습윤과 침투에 저항하는 성능을 부여하는 기능이 있다.
③ 가공약제가 직물표면을 덮어 물이 섬유 내부로 침투하는 것을 방지하는 가공이다.

2 방수가공제

① 아크릴수지
② 염화비닐수지
③ 폴리우레탄수지
④ 합성고무

적중예상문제

01 섬유제품이 물에 젖거나 흡수하는 것을 방지하는 가공은?

① 방오가공 ② 방수가공
③ 대전방지가공 ④ 방충가공

02 직물이 습윤과 침투에 저항하는 성능을 부여하는 가공방법은?

① 방오가공 ② 방수가공
③ 방염가공 ④ 방미가공

03 다음 중 방수가공제에 해당되는 것은?

① 실리카겔 ② 염화칼슘
③ 아크릴수지 ④ 과산화수소

04 가공약제가 직물표면을 덮어 물이 섬유 내부로 침투하는 것을 방지하는 가공은?

① 방축가공 ② 방오가공
③ 방추가공 ④ 방수가공

05 아크릴수지, 폴리우레탄수지, 염화비닐수지 등의 가공제를 사용하는 가공은?

① 대전방지가공 ② 방수가공
③ 방오가공 ④ 방축가공

핵심요점

3 표백가공

① 유색물질을 화학적으로 파괴시켜 무색화하는 것으로 세탁에 의한 황변, 유색오점을 제거하는 가공이다.
② 직물의 불순물을 알칼리로 제거한 다음 섬유에 남아 있는 천연색소를 분쇄하여 직물을 보다 희게 만드는 가공이다.
③ 표백가공의 특성
- 표백제는 산화표백제와 환원표백제로 나눈다.
- 산화표백제는 주로 식물성섬유에 사용된다.
- 유색물질을 화학적으로 파괴시켜 색소를 제거하는 것이다.
- 착용과 세탁에서 생기는 황변 또는 염색물의 오염상태를 제거한다.

정답 01 ② 02 ② 03 ③ 04 ④ 05 ②

적중예상문제

06 유색물질을 화학적으로 파괴시켜 무색화하는 것으로 세탁에 의한 황변, 유색오점을 제거하는 가공을 무엇이라고 하는가?

① 유연가공 ② 표백가공
③ 방충가공 ④ 형광가공

07 다음 중 표백가공의 설명으로 틀린 것은?

① 표백제는 산화표백제와 환원표백제로 나눈다.
② 산화표백제는 동물성섬유에 주로 사용한다.
③ 표백은 유색물질을 화학적으로 파괴시켜 색소를 제거하는 것이다.
④ 착용과 세탁에서 생기는 황변 또는 염색물의 오염상태를 제거한다.

08 직물의 불순물을 알칼리로 제거한 다음 섬유에 남아 있는 천연색소를 분해하여 직물을 보다 희게 만드는 것은?

① 유연가공 ② 표백가공
③ 방수가공 ④ 형광가공

핵심요점

4 대전방지가공

① 정전기 발생 방지 가공법이다.
② 세탁물을 드라이클리닝 세정액과 대전방지제액에 침지한 가공이다.
③ 합성섬유를 착용했을 때 정전기가 일어나 착용감이 저하되고 오점이 쉽게 부착되는 것을 방지하는 가공이다.
④ 직물에 유연 처리하여 정전기를 방지하는 가공이다.
⑤ '폴리에스테르'섬유는 정전기 발생이 심하여 대전방지가공이 필요하다.

적중예상문제

09 대전방지가공의 설명으로 옳은 것은?

① 정전기 발생 방지 가공법이다.
② 정전기로 섬유에 오점을 흡착시키는 가공이다.
③ 전기와 전기가 서로 대전하는 가공법이다.
④ 합성섬유 등이 착용마찰로 대전하여 착용기분이 나쁜 것을 방지하는 가공이다.

10 대전방지가공방법으로 맞는 것은?

① 텀블러 이후에 스프레이로 분사한다.
② 음이온 세제에 양이온 대전방지제를 첨가 후 처리한다.
③ 세탁 전에 스프레이로 분산한다.
④ 세탁물을 드라이클리닝 세정액과 대전방지제액에 침지한다.

11 합성섬유를 착용했을 때 정전기가 일어나 착용감이 저하되고 오점이 쉽게 부착되는 것을 방지하기 위한 가공법은?

① 방추가공 ② 방수가공
③ 증백가공 ④ 대전방지가공

12 합성직물로 된 폴리에스테르 의복을 세탁하였더니 정전기가 심하게 일어난다. 이를 개선하기 위해서는 어떤 가공을 하여야 하는가?

① 풀먹임가공 ② 대전방지가공
③ 방수가공 ④ 발수가공

13 합성섬유를 착용했을 때 정전기의 발생을 방지하기 위한 가공은?

① 방추가공 ② 방수가공
③ 증백가공 ④ 대전방지가공

정답 06 ② 07 ② 08 ② 09 ① 10 ④ 11 ④ 12 ② 13 ④

14 직물에 유연 처리하여 정전기의 발생을 방지하는 가공은?

① 방충가공 ② 대전방지가공
③ 방수가공 ④ 발수가공

15 다음 중 직물에 유연 처리하여 정전기 발생을 방지하는 가공은?

① 방충가공 ② 대전방지가공
③ 푸새가공 ④ 방습가공

16 직물에 유연 처리하여 정전기를 방지하는 가공은?

① 발수가공 ② 방수가공
③ 방오가공 ④ 대전방지가공

17 다음 중 대전방지가공을 필요로 하는 섬유는?

① 양모 ② 폴리에스테르
③ 견 ④ 면

해설
폴리에스테르섬유는 합성섬유로서 대전방지가공이 필요하다.

핵심요점

5 유연가공

섬유의 재가공 시 섬유를 부드럽게 하여 착용감을 높이려는 가공법이다.

적중예상문제

18 섬유의 재가공 시 섬유를 부드럽게 하여 착용감을 높이려는 가공방법은?

① 방곰팡이 가공
② 유연가공
③ 방오가공
④ 표백가공

핵심요점

6 방충가공

(1) 방충가공의 정의
의복이 벌레에 의해 손상되는 것을 방지하기 위한 가공법이다.

(2) 방충제의 종류
① 알레스린
• 의류에 방충가공제를 부착하여 방충 효과를 나타낸다.
• 직물의 방충가공에 사용된다.
• 직물에 영구적인 가공 효과를 부여하여 방충 효과를 나타낸다.
② 나프탈렌 : 살충력은 크지 않으나 벌레가 그 냄새를 기피하게 되어 방충 효과를 나타내는 방충제이다.
③ 파라디클로로벤젠 : 방충제로서 살충력이 강하고 효력이 빠르다.
④ 장뇌

적중예상문제

19 다음 중 방충제가 아닌 것은?

① 파라디클로로벤젠
② 나프탈렌
③ 장뇌
④ 콘스타치

20 다음 중 의류에 방충가공제를 부착하여 방충 효과를 내는 것은?

① 장뇌
② 나프탈렌
③ 알레스린
④ 파라디클로로벤젠

정답 14 ② 15 ② 16 ④ 17 ② 18 ② 19 ④ 20 ③

21 의복이 벌레에 의해 손상되는 것을 방지하기 위한 가공은?

① 방충가공 ② 방수가공
③ 방오가공 ④ 방염가공

22 살충력은 크지 않으나 벌레가 그 냄새를 기피하게 되어 방충 효과를 나타내는 방충제는?

① 나프탈렌 ② 실리카겔
③ 염화칼슘 ④ 과산화수소

23 직물에 영구적인 가공 효과를 부여하여 방충 효과를 나타내는 가공제는?

① 알레스린
② 장뇌
③ 파라디클로로벤젠
④ 나프탈렌

24 다음 중 가정용 방충제가 아닌 것은?

① 장뇌(Camphor)
② 파라디클로로벤젠(Paradichlorobenzene)
③ 오일란(Eulan)
④ 나프탈렌(Naphtalene)

25 다음 중 직물의 방충가공에 사용하는 가공제는?

① 알레스린 ② 과산화수소
③ 콘스타치 ④ 초산비닐

26 방충제로써 효력이 가장 빠르고 살충력이 강한 것은?

① 파라핀
② 파라디클로로벤젠
③ 나프탈렌
④ 장뇌

27 방충제의 종류 중 방향족 탄화수소화합물로 살충력은 크지 않으나 벌레가 그 냄새를 기피하게 되어 방충 효과가 있는 것은?

① 나프탈렌 ② 실리카겔
③ 파라핀 ④ 장뇌

28 다음 중 방충제에 해당하는 것은?

① 글리세린
② 나프탈렌
③ 불화암모늄
④ 차아염소산나트륨

핵심요점

7 방미가공

(1) 방미가공의 정의
드라이클리닝 후 섬유에 곰팡이가 발생하지 않도록 처리하는 가공법이다.

(2) 방곰팡이 가공방법
① 자외선 처리
② 탈산소 처리
③ 가스 처리

적중예상문제

29 다음 중 방곰팡이 가공방법이 아닌 것은?

① 드라이사이징 처리
② 자외선 처리
③ 탈산소 처리
④ 가스 처리

30 드라이클리닝 후 섬유에 곰팡이가 발생하지 않도록 처리하는 가공법을 무엇이라고 하는가?

① 방충가공 ② 방미가공
③ 풀먹임가공 ④ 방균가공

정답 21 ① 22 ① 23 ① 24 ③ 25 ① 26 ② 27 ① 28 ② 29 ① 30 ②

핵심요점

8 방축가공

직물의 수축을 방지하기 위하여 제직 후 수축분을 미리 수축시키는 가공법이다.

적중예상문제

31 직물의 수축을 방지하기 위하여 제직 후 미리 수축시키는 가공방법은?

① 방축가공 ② 방오가공
③ 방추가공 ④ 방수가공

핵심요점

9 방오가공

① 오염을 막고 때가 직물 내부로 침투하는 것을 방지한다.
② 세탁 시 재오염 방지와 오물의 탈락을 쉽게 하는 가공이다.
③ 직물에 발수성과 발유성을 부여하는 가공이다.
④ 방오가공약제 : 불소계 수지 사용

적중예상문제

32 방오가공에 대한 설명 중 틀린 것은?

① 세탁 시 재오염 방지와 오물의 탈락을 쉽게 하는 가공이다.
② 직물에 발수성과 발유성을 부여하는 가공이다.
③ 가공 약제로는 각종 불소계 수지를 사용한다.
④ 섬유제품이 물에 젖거나 침투, 흡수하는 것을 방지하는 가공이다.

해설
섬유제품이 물에 젖거나 침투, 흡수하는 것을 방지하는 가공은 방수가공이다.

33 방오가공의 목적으로 옳은 것은?

① 땀이 옷에 스며들지 못하게 하는 가공이다.
② 바람을 막아주는 가공이다.
③ 오염을 방지하는 가공이다.
④ 세탁 시 수축을 방지하는 가공이다.

34 다음 중 방오가공의 가공 약제로 사용하는 것은?

① 탄소수지 ② 불소수지
③ 질소수지 ④ 산소수지

핵심요점

10 퍼머넌트 프레스 가공

완성된 의류에 가공을 하여 형태를 고정시키는 가공법이다.

적중예상문제

35 완성된 의류에 가공을 하여 형태를 고정시키는 방법은?

① 퍼머넌트 프레스 가공
② 샌포라이즈 가공
③ 방축가공
④ 방오가공

핵심요점

11 살균위생가공

① 땀이나 체취에 의한 세균 번식을 방지하기 위한 가공이다.
② 물수건, 기저귀, 병원의 흰 가운 등이 대상이다.
③ 종류
• 가스봉인법
• 자외선법
• 탈산소법

정답 31 ① 32 ④ 33 ③ 34 ② 35 ①

36 살균위생가공의 방법으로 적합하지 않은 것은?

① 침적법 ② 가스봉인법
③ 탈산소법 ④ 자외선법

핵심요점

⑫ 의복의 재가공 종류

① 대전방지가공
② 방수가공
③ 방오가공
④ 방축가공
⑤ 표백가공
⑥ 유연가공

적중예상문제

37 다음 중 의복의 재가공 종류에 해당되지 않는 것은?

① 방수가공 ② 방오가공
③ 대전방지가공 ④ 방사가공

핵심요점

⑬ 곰팡이 방지방법

① 옷의 더러움을 깨끗이 없앤다.
② 의류를 충분히 건조시킨다.
③ 비닐포장 내부의 산소를 제거하는 포장법을 이용한다.
④ 보관 장소의 습도를 낮게 유지한다.

⑭ 곰팡이 발육이 가능한 습도와 온도

① 습도 : 20% 이상
② 온도 : 15~40℃

적중예상문제

38 곰팡이 방지방법으로 틀린 것은?

① 옷의 더러움을 깨끗이 없앤다.
② 의류를 충분히 건조시킨다.
③ 비닐포장 내부의 산소를 제거하는 포장법을 이용한다.
④ 보관 장소의 습도를 높게 하고 온도를 20~30℃ 정도로 유지한다.

39 다음 중 곰팡이의 발육이 가능한 습도와 온도 범위는?

① 20℃ 이상의 습도, 15~40℃의 온도
② 10℃ 이상의 습도, 15~40℃의 온도
③ 20℃ 이상의 습도, −15~15℃의 온도
④ 10℃ 이상의 습도, −15~15℃의 온도

정답 36 ① 37 ④ 38 ④ 39 ①

CHAPTER 004

오점의 분류

핵심요점

1 오염의 분류

(1) 유용성오염

① 종류 : 기계류, 그리스, 식용유, 왁스, 구두약, 화장품, 페인트 등

② 특성

- 유기용제에는 녹으나 물에는 잘 녹지 않는다.
- 광물성 유분, 동·식물유의 지방산 등이 있다.
- 인체, 외기, 자동차의 배기가스, 음식물 등에 의해서 발생된 오점

③ 제거방법

- 석유계 용제 또는 합성세제로 제거한다.
- 유기용제나 유성세제로 제거한다.
- 오점을 용해시켜 밑의 깔개 천을 이용하여 흡수시킨다.
- 수용성 잔류물은 물과 세제로 처리한다.
- 친유성이 있는 유기용제로 제거한다.
- 계면활성제로 제거한다.
- 알칼리로 제거한다.

(2) 수용성오염

① 종류 : 땀, 배설물, 겨자, 커피, 간장, 혈액, 술, 우유, 과즙, 케첩 등

② 특성

- 물에 용해된 물질에 의해 생긴 오점
- 물에 쉽게 녹는다.

③ 제거방법

- 수용성 얼룩은 물, 세제를 사용한다.
- 일반적 오점은 묻은 즉시 물로도 제거가 된다.
- 시간이 경과한 오염은 물과 알칼리성이나 중성세제로 제거된다.
- 오래된 오염은 공기 중에 변질, 고착되며 표백 처리가 필요하다.

(3) 고체오염

① 종류 : 매연, 점토, 흙, 시멘트, 석고

② 특성

- 유기용제, 물에도 녹지 않는다.
- 불용성오점이라고도 한다.
- 생성원인은 인체, 자동차의 배기가스 등에서 발생된다.

③ 제거방법

- 화학 처리
- 산성약제 사용 후 암모니아(알칼리)로 중화 처리

적중예상문제

01 오염의 분류에 속하지 않는 것은?

① 유성오염
② 불용성 고체오염
③ 대전성오염
④ 수용성오염

정답 01 ③

02 수용성오점 제거방법을 이야기한 것 중 맞지 않는 것은?

① 일반적으로 묻은 오점은 묻은 즉시 물만으로도 어느 정도 제거한다.
② 시간이 경과된 것은 물과 알칼리성 또는 중성세제로 제거될 수 있다.
③ 너무 오래된 것은 공기 중에서 변질, 고착되므로 표백 처리가 필요하다.
④ 중성세제로 제거되지 않은 오점은 불용성 오점이다.

해설
불용성오점은 화학 처리 또는 산성약제 사용 후 암모니아(알칼리)로 중화 처리한다.

03 다음의 오염 중 유용성오염물로 유기용제에 의해 가장 잘 용해되는 것은?

① 지방산 ② 당류
③ 아미노산 ④ 녹

04 자동차의 배기가스에 의해서 발생된 오점은?

① 유용성오점 ② 고체오점
③ 특수오점 ④ 유성오점

05 고체오점에 대한 설명으로 적합한 것은?

① 물이나 유기용제에도 잘 녹는다.
② 유기용제나 물에도 녹지 않으므로 불용성 오점이라고도 한다.
③ 고체오점은 수용성이므로 물로서 제거한다.
④ 고체오점은 유성오점과 같은 방법으로 제거한다.

06 유성오점의 설명 중 맞지 않는 것은?

① 매연, 점토 등 유기성의 먼지를 말한다.
② 유기용제에는 녹으나 물에는 녹지 않는다.
③ 유성오점에는 광물유나 동식물유 등이 있다.
④ 생성원인은 인체, 외기, 자동차의 배기가스, 음식물 등이다.

해설
매연, 점토, 흙, 시멘트 등은 고체오염(불용성오점)이다.

07 흙, 시멘트, 석고 등의 오염은 어떤 오점인가?

① 수용성오점 ② 유용성오점
③ 고체성오점 ④ 가용성오점

08 유성오점 제거에 대한 설명 중 틀린 것은?

① 드라이클리닝 용제에 거의 녹는다.
② 용제 중에 기름얼룩의 크기가 작을수록 기름의 용해속도가 느리다.
③ 위의 성질은 용제의 종류와는 관계없다.
④ 클리닝 용제에 녹지 않는 오점은 초산, 아밀 등에 오점 처리로 제거할 수 있다.

해설
용제 중에 기름얼룩의 크기가 작을수록 용해속도가 빠르다.

09 유성오점에 해당되지 않는 것은?

① 동식물의 지방산이 있다.
② 광물성의 유분이 있다.
③ 발생원인은 인체, 외기, 자동차의 배기가스나 음식물에 있다.
④ 유기용제에는 녹지 아니하나 물에는 잘 녹는다.

해설
유성오점은 유기용제에는 녹고 물에는 잘 녹지 않는다.

10 다음의 오염물 중에서 섬유 제품에 가장 많이 손상을 주는 것은?

① 땀 ② 고체오염물
③ 세균, 곰팡이 ④ 유성오염물

11 수용성오점에 해당되는 것은?

① 겨자 ② 고무
③ 구두약 ④ 그을음

정답 02 ④ 03 ① 04 ② 05 ② 06 ① 07 ③ 08 ② 09 ④ 10 ③ 11 ①

12 오점의 성분을 용제와 용해성으로 분류하면 세 가지로 나눌 수 있다. 해당되지 않는 것은?

① 기계성오점 ② 수용성오점
③ 불용성오점 ④ 유용성오점

13 다음 중에서 수용성오점에 해당되는 것은?

① 구두약, 구토물, 간장
② 땀, 과즙, 겨자
③ 기계유, 곰팡이, 간장
④ 과즙, 달걀, 니스

14 다음 중에서 유용성오점이 아닌 것은?

① 인주 ② 그리스
③ 구두약 ④ 술

15 다음 중 고체오점에 해당하는 것은?

① 유지 ② 지방산
③ 철분 ④ 광물성 유분

16 다음 중 유용성오점이 아닌 것은?

① 식용유 ② 피지
③ 기계유 ④ 곰팡이

해설
곰팡이는 수용성오점에 해당된다.

17 유성오점을 제거하는 데 쓰이는 용제로서 가장 상관이 적은 것은?

① 아세톤 ② 초산
③ 알코올 ④ 황산

18 케첩의 오점 분류는 어디에 해당되는가?

① 유용성 ② 수용성
③ 표백성 ④ 불용성

19 오점 제거방법이 잘못된 것은?

① 과일즙의 얼룩은 드라이클리닝으로 제거한다.
② 수용성 얼룩은 물 또는 세제를 사용한다.
③ 녹물은 수산으로 처리한다.
④ 유용성 얼룩은 석유계 또는 합성용제를 사용하여 제거한다.

해설
과일즙의 얼룩은 물 또는 세제를 사용한다.

20 오점 분류 및 오점 제거에 관하여 틀리게 설명한 것은?

① 과즙은 수용성오점에 속하며, 대부분 수성 소프로 제거한다.
② 유용성오점은 웨트클리닝이 바람직하다.
③ 불용성오점 중 녹물은 수산이 좋다.
④ 잉크 제거는 화학작용으로 다른 색이나 무색으로 변화시켜 제거한다.

해설
유용성오점은 드라이클리닝이 바람직하다.

21 다음 중에서 고체오점이 아닌 것은?

① 매연 ② 점토
③ 철분 ④ 유분

해설
유분은 유용성오점에 해당된다.

22 고체오점에 해당되는 설명은?

① 생성원인은 인체, 자동차의 배기가스 등이다.
② 유기용제나 물에도 녹지 아니하는 오점이다.
③ 유기용제에는 잘 녹으나 물에는 전혀 녹지 않는다.
④ 세균이나 곰팡이 등의 오점이다.

23 다음 중 수용성 얼룩이 아닌 것은?

① 땀 ② 식용유
③ 된장국 ④ 간장

정답 12 ① 13 ② 14 ④ 15 ③ 16 ④ 17 ④ 18 ② 19 ① 20 ② 21 ④ 22 ② 23 ②

해설
식용유는 유용성 얼룩에 해당된다.

24 다음 중에서 고체오점인 것은?

① 염류 ② 지방산
③ 철분 ④ 기계유

25 유성오점에 대한 설명 중 틀린 것은?

① 물에 잘 녹는 오점이다.
② 발생원인은 자동차의 배기가스와 음식물이다.
③ 유기용제에는 녹으나 물에는 불용이다.
④ 기름이 주성분으로 이루어진 것으로 광물유도 있다.

해설
물에 잘 녹는 오점은 수용성오점이다.

26 수용성오점 제거방법을 설명한 것 중 틀린 것은?

① 일반적으로 묻은 오점을 묻은 즉시 물만으로도 어느 정도 제거가 된다.
② 시간이 경과된 것은 물과 알칼리성 또는 중성세제로 제거될 수도 있다.
③ 너무 오래된 것은 공기 중에서 변질, 고착되므로 표백 처리가 필요할 수도 있다.
④ 중성세제로 제거되지 않은 오점은 수용성오점이 아닌 불용성오점이다.

27 다음 중 수용성오점이 아닌 것은?

① 땀 ② 과즙
③ 매직잉크 ④ 배설물

해설
매직잉크는 유용성오점에 해당된다.

28 유성오점의 설명으로 틀린 것은?

① 매연, 점토 등 유기성의 먼지를 말한다.
② 유기용제에는 잘 녹으나 물에는 쉽게 녹지 않는다.
③ 유성오점에는 광물유나 동 · 식물유 등이 있다.
④ 생성원인은 인체, 자동차의 배기가스, 음식물 등이다.

해설
매연, 점토 등 유기성 먼지는 고체오염(불용성오점)이다.

29 다음 중 과즙의 오점 분류는?

① 유용성 ② 수용성
③ 표백성 ④ 불용성

30 다음 중 유용성오점을 제거하는 것은?

① 표백제로 분해하여 제거한다.
② 친유성이 있는 유기용제로 제거한다.
③ 계면활성제로 제거한다.
④ 알칼리로 제거한다.

해설
표백제로 분해 제거하는 것은 수용성오점이다.

31 오점의 분류 중 토사, 매연 등의 무기질과 단백질을 비롯한, 신진대사 탈락물, 섬유를 비롯한 고분자 화합물 등의 오점은?

① 수용성오점 ② 유용성오점
③ 불용성오점 ④ 친수성오점

해설
매연, 점토, 흙(토사), 시멘트, 석고 등은 불용성오점(고체오염)에 해당된다.

32 다음 중 수용성오점에 해당되는 것은?

① 그리스 ② 화장품
③ 껌 ④ 간장

정답 24 ③ 25 ① 26 ④ 27 ③ 28 ① 29 ② 30 ② 31 ③ 32 ④

해설
땀, 배설물, 겨자, 커피, 간장, 혈액, 술, 우유, 과즙, 케첩 등은 수용성오염에 해당된다.

33 다음 중 유용성오점에 해당되는 것은?

① 그리스 ② 간장
③ 점토 ④ 먼지

34 수용성오점에 대한 설명 중 틀린 것은?

① 기름이 주성분으로 이루어진 것이다.
② 종류에는 간장, 겨자, 곰팡이 등이 있다.
③ 물에 쉽게 녹는다.
④ 물에 용해된 물질에 의하여 생긴 오점을 말한다.

해설
기름이 주성분으로 이루어진 것은 유용성오점이다.

35 오점의 종류가 아닌 것은?

① 유용성오점 ② 무용성오점
③ 수용성오점 ④ 불용성오점

해설
오점의 종류에는 수용성오점, 유용성오점, 불용성오점이 있다.

36 고체오점만으로 옳게 나열한 것은?

① 곰팡이, 겨자, 과자
② 매연, 시멘트, 석고
③ 간장, 술, 커피
④ 구두약, 안주, 왁스

37 다음 중 오점 제거방법이 아닌 것은?

① 털어서 제거 ② 유기용제로 제거
③ 빛에 의하여 제거 ④ 표백제로 제거

해설
빛에 의하여 오점을 제거하는 방법은 없다.

38 오점의 종류가 아닌 것은?

① 간장, 곰팡이 ② 구토물, 과자
③ 달걀, 커피 ④ 식용유, 풀물

39 기름을 주성분으로 이루어진 것으로 광물유나 동 · 식물유가 해당되는 오점은?

① 유용성오점 ② 수용성오점
③ 고체오점 ④ 기화성오점

해설
기름을 주성분으로 이루어진 오점은 유용성오점이다.

40 유용성오점을 제거하는 방법으로 옳은 것은?

① 찬물로서 제거한다.
② 중성세제로 제거한다.
③ 유기용제나 유성세제로 제거한다.
④ 비눗물로 제거한다.

41 수용성오점 제거방법으로 틀린 것은?

① 일반적으로 묻은 즉시에는 물만으로도 제거한다.
② 석유계 용제 또는 합성세제를 사용한다.
③ 시간이 경과한 것은 물과 알칼리성 또는 중성세제로 제거될 수 있다.
④ 너무 오래된 것은 공기 중에서 변질, 고착되므로 표백 처리가 필요할 수도 있다.

해설
석유계 용제 또는 합성용제 사용은 유용성오점에 해당된다.

42 유용성오점을 제거하는 방법으로 틀린 것은?

① 석유계 용제 또는 합성세제를 사용한다.
② 일반적으로 묻은 즉시 물만으로 제거한다.
③ 오점을 용해시켜 밑의 깔개 천으로 이동시켜 흡수시킨다.
④ 수용성 잔류물은 물과 세제로 처리한다.

정답 33 ① 34 ① 35 ② 36 ② 37 ③ 38 ④ 39 ① 40 ③ 41 ② 42 ②

해설
묻은 즉시 물만으로 제거시키는 오점은 수용성오점이다.

43 오점의 종류 중 물에 녹지 않는 오점을 모두 나열할 것은?

① 수용성오점
② 수용성오점, 고체오점
③ 유용성오점, 수용성오점
④ 유용성오점, 고체오점

44 다음 중 세탁물의 오점 제거방법에 해당되지 않는 것은?

① 물세탁으로 제거
② 세제로 제거
③ 유기용제로 제거
④ 식물성기름으로 제거

45 다음 중 유용성오점이 아닌 것은?

① 땀　② 구두약
③ 화장품　④ 그리스

해설
'땀'은 수용성오점이다.

46 용해성에 따른 오점의 분류가 틀린 것은?

① 커피 : 유용성오점
② 간장 : 수용성오점
③ 버터 : 유용성오점
④ 석고 : 고체오점

해설
커피는 수용성오염에 해당된다.

47 유기용제와 물에 녹지 않으며 매연, 점토, 흙 등이 해당되는 오점은?

① 유용성오점　② 고체오점
③ 수용성오점　④ 기화성오점

48 다음 중 수용성이 아닌 것은?

① 땀　② 겨자
③ 왁스　④ 배설물

해설
왁스는 유용성오염에 해당된다.

49 오점의 성분 중 충해의 원인이 되는 것은?

① 염류　② 무기질
③ 요소　④ 단백질

50 유용성오점에 대한 설명으로 옳은 것은?

① 매연, 점토 등 유기성의 먼지 등을 말한다.
② 유기용제에 녹으나 물에는 녹지 않는다.
③ 물에 용해된 물질에 의하여 생긴 오점이다.
④ 유기용제와 물에 녹지 않는다.

51 오점의 분류에서 와인에 해당하는 오점은?

① 수용성오점　② 불용성오점
③ 유용성오점　④ 복합성오점

해설
와인(술)은 수용성오점에 해당된다.

52 오점의 분류 중 혈액, 술, 우유 등이 해당하는 오점은?

① 수용성오점　② 유용성오점
③ 불용성오점　④ 고체오점

53 오점 제거방법 중 클리닝으로 제거할 수 있는 가장 적합한 방법은?

① 표백제로 제거
② 물세탁으로 제거
③ 털어서 제거
④ 세제로 제거

정답 43 ④ 44 ④ 45 ① 46 ① 47 ② 48 ③ 49 ④ 50 ② 51 ① 52 ① 53 ④

54 다음 중 유용성오점이 아닌 것은?

① 땀　② 니스
③ 인주　④ 식용유

해설
땀은 수용성오점에 해당된다.

55 오점 분류 중 불용성오점에 해당하는 것은?

① 유용성오점　② 수용성오점
③ 특수오점　④ 고체오점

해설
불용성오점을 고체오점이라고도 한다.

56 오점의 분류 중 매연, 점토, 유기성 먼지 등이 해당하는 오점은?

① 유용성오점　② 고체오점
③ 특수오점　④ 수용성오점

해설
매연, 점토, 흙(토사), 시멘트, 석고 등은 고체오점에 해당된다.

57 오점의 성분 중 충해의 원인에 해당되는 것은?

① 단백질　② 무기질
③ 염류　④ 요소

핵심요점

2 오염의 특성

(1) 오염의 부착상태
① 기계적 부착
- 마찰이나 물리적 작용으로 직접 오염이 부착된다.
- 중력 등에 의하여 오염입자가 침전된다.
- 피부표면에 오점이 부착된다.
- 솔질(브러싱)에 의해 쉽게 오염이 제거된다.

② 정전기에 의한 부착
- 섬유가 마찰 등에 의하여 발생된 전기적인 힘에 의하여 오염이 부착된다.
- 오염입자와 섬유가 서로 다른 대전성(+, −로 나타내는 전기적 성질)을 띠고 있을 때 오염입자가 섬유에 부착하는 것이다.
- 화학섬유에 먼지가 부착되는 것이다.

③ 화학결합에 의한 부착
- 섬유표면에 오염이 부착된 후 섬유와 오점 간의 결합이 화학결합하여 부착된 것이다.
- 섬유 중 면, 레이온, 모, 견에서 화학결합하는 경우가 많다.
- 오염 제거가 곤란하여 반드시 표백제로 제거한다.
- 영구적인 오점을 남기기 쉬운 오점부착 형태이다.

④ 유지결합에 의한 부착
- 오염입자가 기름의 엷은 막을 통해서 섬유에 부착한다.
- 휘발성 유기용제나 계면활성제, 알칼리 등으로 제거한다.

(2) 오염이 잘되는 섬유 순서(더러움이 빨리 타는 순서)
비스코스레이온 → 마 → 아세테이트 → 면 → 비닐론 → 견(실크) → 나일론 → 양모

(3) 오염 제거가 잘되는 섬유 순서(더러움이 쉽게 잘 제거되는 섬유 순서)
양모 → 나일론 → 비닐론 → 아세테이트 → 면 → 레이온 → 마 → 견

(4) 분자 간 인력에 의한 부착
① 오염물질의 분자와 섬유분자 간의 인력에 의해서 부착된다.
② 강한 분자 간의 인력으로 쉽게 제거되지 않는다.

적중예상문제

58 다음 중 더러움이 가장 빨리 타는 섬유는?

① 레이온　② 면
③ 비단　④ 양모

정답 54 ① 55 ④ 56 ② 57 ① 58 ①

59 다음 중 오점이 잘 제거되는 순서로 나열된 것은?

① 양모 → 아세테이트 → 면 → 나일론 → 비닐론 → 레이온 → 마 → 견
② 양모 → 아세테이트 → 레이온 → 면 → 마 → 견 → 비닐론 → 나일론
③ 양모 → 나일론 → 비닐론 → 아세테이트 → 면 → 레이온 → 마 → 견
④ 양모 → 나일론 → 아세테이트 → 비닐론 → 면 → 레이온 → 견 → 마

60 더러움이 쉽게 잘 제거되는 섬유의 순서로 되어 있는 것은?

① 레이온 – 마 – 나일론 – 양모
② 비닐론 – 아세테이트 – 마 – 견
③ 나일론 – 견 – 면 – 양모
④ 양모 – 견 – 면 – 마

61 다음 섬유 중 더러움이 빨리 타는 순서대로 나열한 것은?

① 면 – 마 – 양모
② 레이온 – 비닐론 – 나일론
③ 나일론 – 마 – 아세테이트
④ 양모 – 면 – 레이온

62 오점에 잘 제거되는 섬유의 순서로 되어 있는 것은?

① 레이온 – 비닐론 – 견
② 견 – 마 – 면 – 아세테이트
③ 나일론 – 레이온 – 양모 – 견
④ 양모 – 면 – 마 – 견

63 오염이 잘되는 섬유의 순으로 나열된 것은?

① 마, 아세테이트, 레이온, 면, 실크, 나일론, 양모
② 레이온, 마, 아세테이트, 면, 나일론, 양모
③ 양모, 나일론, 실크, 나일론, 양모
④ 마, 레이온, 아세테이트, 면, 실크, 나일론, 양모

64 다음 중 오점을 빼기가 가장 어려운 섬유는?

① 비단 ② 양모
③ 면 ④ 아세테이트

65 다음은 오염의 부착 상태를 이야기한 것이다. 맞지 않는 것은?

① 기계적 부착
② 정전기에 의한 부착
③ 흡착에 의한 부착
④ 유지결합에 의한 부착

66 다음의 섬유 중 오염을 가장 오염이 되기 쉬운 것은?

① 면 ② 나일론
③ 양모 ④ 레이온

67 오점이 잘 제거되는 섬유의 순서로 옳은 것은?

① 비닐론 – 나일론 – 양모 – 면 – 아세테이트
② 양모 – 나일론 – 비닐론 – 아세테이트 – 면
③ 나일론 – 비닐론 – 면 – 양모 – 아세테이트
④ 면 – 아세테이트 – 비닐론 – 나일론 – 양모

68 다음의 섬유 중 오염을 빼기 가장 어려운 것은?

① 나일론 ② 면
③ 견 ④ 아크릴

69 다음의 섬유 중 세탁 시 오염이 제일 잘 제거되는 섬유는?

① 레이온 ② 나일론
③ 양모 ④ 면

정답 59 ③ 60 ② 61 ② 62 ④ 63 ② 64 ① 65 ③ 66 ④ 67 ② 68 ③ 69 ③

70 다음 섬유 중 더러움이 빨리 타는 순서대로 나열한 것은?

① 면－마－양모
② 레이온－비닐론－나일론
③ 나일론－마－아세테이트
④ 양모－면－레이온

71 일반적으로 오염을 잘 제거되는 섬유의 순으로 나열된 것은?

① 양모－나일론－아세테이트－면－레이온－실크
② 면－나일론－레이온－아세테이트
③ 레이온－양모－실크－비닐론
④ 실크－나일론－모－비닐론－아세테이트

72 다음의 섬유 중 오염을 제일 적게 타는 것은?

① 양모 ② 면
③ 실크 ④ 아세테이트

73 다음 중 오점이 가장 잘 제거되는 섬유는?

① 비단 ② 양모
③ 면 ④ 비닐론

74 다음의 섬유 중 오염을 쉽게 타는 것은?

① 비닐론 ② 나일론
③ 양모 ④ 비스코스레이온

75 면, 모, 견 등에 결합하는 경우가 많고, 기름으로 더러워진 얼룩을 장기간 방치할 때 기름이 섬유에서 산화되어 결합하며, 표백제로 분해하여 제거가 가능한 오염의 부착상태는?

① 물리적 부착
② 정전기에 의한 부착
③ 화학결합에 의한 부착
④ 섬유대로의 분산

76 섬유가 마찰 중에 발생된 전기적 힘에 의하여 생기는 오염 부착 상태는?

① 기계적 부착
② 정전기에 의한 부착
③ 화학결합에 의한 부착
④ 분자 간 인력에 의한 부착

77 다음 섬유 중 가장 오염되기 쉬운 것은?

① 비스코스레이온 ② 양모
③ 비닐론 ④ 아세테이트

78 다음 섬유 중 일반적으로 오염 제거가 제일 까다로운 것은?

① 폴리에스테르 ② 마
③ 아세테이트 ④ 실크

79 다음 중 오점이 가장 쉽게 제거되는 것은?

① 면 ② 마
③ 폴리에스테르 ④ 양모

80 오점의 부착 형태와 가장 거리가 먼 것은?

① 기계적 부착
② 정전기에 의한 부착
③ 흡착에 의한 부착
④ 유지 결합에 의한 부착

81 각종 섬유들을 오점이 잘 제거되는 것부터 순서대로 나열한 것은?

① 양모 → 나일론 → 비닐론 → 아세테이트 → 면 → 레이온 → 마 → 견
② 나일론 → 아세테이트 → 면 → 마 → 견 → 비닐론 → 레이온 → 양모
③ 마 → 견 → 레이온 → 아세테이트 → 비닐론 → 나일론 → 양모 → 면
④ 비닐론 → 아세테이트 → 면 → 레이온 → 나일론 → 양모 → 마 → 견

정답 70 ② 71 ① 72 ① 73 ② 74 ④ 75 ③ 76 ② 77 ① 78 ④ 79 ④ 80 ③ 81 ①

82 다음 중 더러움을 제일 많이 타는 섬유는?

① 아세테이트　② 면
③ 레이온　④ 나일론

83 솔질(브러싱)에 의해 용이하게 제거되는 오염은 어떠한 부착에 의한 것인가?

① 화학결합에 부착
② 기계적 부착
③ 정전기에 의한 부착
④ 유지결합에 의한 부착

84 다음 중 오염 제거가 가장 어려운 섬유는?

① 양모　② 아세테이트
③ 견　④ 면

85 마찰이나 물리적 작용으로 직접오염이 부착하거나 중력 등에 의하여 오염입자가 침전하여 피복의 표면에 부착되는 오점 부착상태는?

① 정전기에 의한 부착
② 기계적 부착
③ 화학결합에 의한 부착
④ 분자 간 인력에 의한 부착

86 오점의 부착상태 분류가 아닌 것은?

① 기계적 부착
② 역학적 시험에 의한 부착
③ 정전기에 의한 부착
④ 유지결합에 의한 부착

87 피부의 오점 부착상태가 아닌 것은?

① 기계적 부착
② 정전기에 의한 부착
③ 흡착에 의한 부착
④ 유지결합에 의한 부착

88 일반적으로 오염이 잘 제거되는 섬유의 순서부터 제거되지 않는 섬유로 나열된 것은?

① 양모 → 나일론 → 아세테이트 → 면 → 비스코스레이온 → 견
② 양모 → 면 → 나일론 → 아세테이트 → 비스코스레이온 → 견
③ 견 → 아세테이트 → 비스코스레이온 → 면 → 나일론 → 양모
④ 견 → 비스코스레이온 → 면 → 아세테이트 → 나일론 → 양모

89 피복의 오염 부착상태에 대한 설명 중 틀린 것은?

① 화학결합에 의한 부착 : 섬유표면에 오염이 부착된 후 섬유와 오점 간의 결합이 화학결합하여 부착된 것이며 섬유 중 면, 레이온, 모, 견에서 화학결합하는 경우가 많다.
② 정전기에 의한 부착 : 섬유가 서로 다른 대전성(+, -로 나타내는 전기적 성질)을 띠고 있을 때 오염입자가 섬유에 부착하는 것이며, 화학섬유에 먼지가 부착하는 것이다.
③ 분자 간 인력에 의한 부착 : 오염물질의 분자와 섬유 분자 간의 인력에 의해서 부착된 것이며, 강한 분자 간의 인력으로 인하여 쉽게 제거하지 않는다.
④ 유지결합에 의한 부착 : 오염입자가 물의 엷은 막을 통해서 섬유에 부착된 것이며, 휘발성 유기용제나 계면활성제, 알칼리 등으로 제거된다.

해설
유지결합에 의한 부착 : 오염입자가 기름의 엷은 막을 통해서 섬유에 부착된 것이다.

90 다음 중 세정률이 가장 높은 섬유는?

① 레이온　② 양모
③ 아세테이트　④ 견

정답 82 ③ 83 ② 84 ③ 85 ② 86 ② 87 ③ 88 ① 89 ④ 90 ②

91 피복에 부착되는 오염 중 휘발성 유기용제나 계면활성제, 알칼리 등으로 제거되는 오염 입자의 부착 원인은?

① 분자 간 인력에 의한 부착
② 정전기에 의한 부착
③ 화학결합에 의한 부착
④ 유지결합에 의한 부착

92 피복의 오염 부착상태 중 마찰이나 물리적 작용으로 직접 오염이 부착되거나 중력 등에 의하여 오염입자가 침전하여 피복의 표면에 부착되는 것은?

① 유지결합에 의한 부착
② 정전기에 의한 부착
③ 화학결합에 의한 부착
④ 기계적 부착

93 다음 중 오염이 쉽게 되고 오염 제거가 어려운 섬유는?

① 비스코스레이온 ② 양모
③ 나일론 ④ 비닐론

94 오점이 잘 제거되는 섬유의 순서부터 나열한 것은?

① 마 → 견 → 양모 → 면
② 마 → 견 → 면 → 양모
③ 양모 → 면 → 견 → 마
④ 양모 → 면 → 마 → 견

95 오점의 부착상태 중 화학섬유에 먼지가 부착하는 경우가 해당하는 것은?

① 유지결합에 의한 부착
② 분자 간 인력에 의한 부착
③ 정전기에 의한 부착
④ 기계적 부착

96 다음 중 오염이 가장 잘 되는 섬유는?

① 면 ② 레이온
③ 아세테이트 ④ 양모

97 다음 중 오염부착이 가장 빠른 섬유는?

① 레이온 ② 견
③ 면 ④ 마

98 오염의 부착상태 중 오염의 제거가 곤란하여 반드시 표백제로 분해하여 제거하여야 하는 것은?

① 정전기에 의한 부착
② 유지결합에 의한 부착
③ 화학결합에 의한 부착
④ 분자 간 인력에 의한 부착

99 섬유에 오염 부착이 잘 되는 섬유의 순서대로 나열한 것은?

① 양모 → 나일론 → 레이온 → 아세테이트 → 마 → 견
② 양모 → 아세테이트 → 레이온 → 나일론 → 마 → 견
③ 레이온 → 마 → 아세테이트 → 견 → 나일론 → 양모
④ 레이온 → 견 → 아세테이트 → 마 → 나일론 → 양모

100 영구적인 오점을 남기기 쉬운 오점의 부착 형태는?

① 단순 부착
② 화학적 결합에 의한 부착
③ 정전기에 의한 부착
④ 침투 및 확산에 의한 부착

정답 91 ④ 92 ④ 93 ① 94 ④ 95 ③ 96 ② 97 ① 98 ③ 99 ③ 100 ②

101 **다음 중 정전기에 의한 오염에서 정전기가 가장 많이 발생하는 것은?**

① 폴리에스테르
② 실크
③ 비스코스레이온
④ 옥면

102 **피복의 오염 부착 상태 종류 중 화학섬유에 먼지가 부착하는 것은?**

① 정전기에 의한 부착
② 기계적 부착
③ 화학결합에 의한 부착
④ 유지결합에 의한 부착

103 **오점의 부착상태 중 화학결합에 의한 부착의 설명으로 옳은 것은?**

① 섬유 중 면, 레이온, 모, 견에서 화학결합하는 경우가 많다.
② 오염입자가 기름의 엷은 막을 통해서 섬유에 부착된 것이다.
③ 강한 분자 간의 인력으로 인하여 쉽게 제거가 되지 않는다.
④ 오염 입자가 침전하여 피복의 표면에 부착된 것이다.

104 **다음 중 오점 제거가 가장 잘 되는 것은?**

① 견　　② 면
③ 나일론　　④ 레이온

정답 101 ① 102 ① 103 ① 104 ③

CHAPTER 005 얼룩빼기

핵심요점

1 얼룩빼기 기계

(1) 스파팅머신

① 얼룩에 약제를 바른 후 공기와 압력을 이용하여 오점을 불어 얼룩을 제거하는 기계

② 컴프레서에서 발생하는 에어와 스팀은 함께 사용할 수 있다.

③ 의복에서 떨어진 얼룩찌꺼기, 수분, 먼지, 염료, 실, 보푸라기 등이 제거된다.

④ 얼룩 제거 능력이 탁월하고 색상에 대하여 안정성이 높다.

(2) 제트스포트

① 얼룩빼기액을 권총형의 총에서 분사하는 기계이다.

② 노즐을 조정하는 데 따라 천을 관통하여 얼룩을 밀어내거나 표면에 붙어서 얼룩을 뺀 자리를 흐리게 한다.

(3) 스팀 건

증기나 공기로 건에서 분사되는 힘을 이용하여 얼룩을 날리거나 둥근 얼룩을 흐리게 하거나 말리거나 하는 장치이다.

(4) 초음파 건

물리적인 힘을 가장 적게 주면서 얼룩을 효과적으로 분쇄하는 얼룩빼기 기계이다.

적중예상문제

01 얼룩에 약제를 바른 후 공기의 압력과 스팀을 이용하여 오점을 불어 얼룩을 제거하는 장치는?

① 스파팅머신 ② 만능프레스기
③ 제트스포트 ④ 초음파기계

02 다음 중 얼룩빼기 기계가 아닌 것은?

① 세탁 봉
② 스팀건
③ 제트스포트
④ 초음파 얼룩빼기 기계

03 얼룩빼기 기계와 기구를 구분하였을 때 얼룩빼기 기구에 해당되지 않는 것은?

① 제트스포트 ② 브러시
③ 인두 ④ 분무기

04 스파팅머신(Spotting Machine)에 대한 설명 중 틀린 것은?

① 공기의 압력과 스팀을 이용하여 오점을 불어 제거하는 기계이다.
② 색상에 대하여 안정성이 높다.
③ 오점 처리시간을 단축시킨다.
④ 오점은 잘 제거되나 얼룩은 그대로 남는다.

정답 01 ① 02 ① 03 ① 04 ④

핵심요점

2 얼룩빼기 도구

① 솔 : 얼룩에 약제를 바르고 두드리면서 사용
② 주걱 : 단단하게 부착된 얼룩을 긁어내는 데 사용
③ 면봉 : 용제 또는 약제를 바르고 얼룩을 두드리는 데 사용
④ 붓 : 약제를 바를 때 사용
⑤ 유리봉 : 약제를 저으며 바를 때 사용
⑥ 지우개 : 립스틱이나 연필자국을 지울 때 사용
⑦ 인두 : 얼룩빼기제의 작용을 촉진할 때 사용
⑧ 받침판 : 약제 사용으로 얼룩이 번지는 것을 방지
⑨ 분무기 : 얼룩에 용제나 약제를 균등하게 뿌릴 때 사용
⑩ 에어스포팅 : 에어 건을 이용하여 얼룩을 에어로 불어서 제거할 때 사용

적중예상문제

05 다음 중 얼룩빼기 용구가 아닌 것은?

① 솔 ② 받침대
③ 주걱 ④ 다림질판

06 다음 중 얼룩을 털거나 닦아내는 데 사용하는 얼룩빼기 용구는?

① 솔 ② 주걱
③ 면봉 ④ 인두

07 다음 중 얼룩빼기 용구가 아닌 것은?

① 주걱 ② 제트스포트
③ 받침판 ④ 분무기

핵심요점

3 얼룩빼기 약제

(1) 유기용제
① 기름얼룩 제거용제로는 벤젠, 휘발유, 석유벤진이 있다.
② 매니큐어 : 아세톤으로 제거
③ 아세톤은 아세테이트섬유에 묻은 얼룩을 제거하는데 사용할 수 없다.
④ 굳기 전의 유성페인트 얼룩을 빼기에 가장 적합한 약품은 클로로벤젠이다.
⑤ 유기용제에 가장 약한 섬유는 아세테이트이다.
⑥ 아세톤, 에스테르, 알코올 등의 특수용 때는 오염에 따라 강한 용해력을 가진다.
⑦ 로드유 : 염색가공 시 균열제로 사용, 잉크 제거에 효과

(2) 산
초산, 옥살산액

(3) 알칼리
암모니아, 피리딘

(4) 표백제
차아염소산, 과산화수소, 아황산수소나트륨

(5) 기타 약제
① 티오황산나트륨
② 요오드칼륨
③ 이황산탄소, 올레산
④ 단백질분해효소

4 얼룩빼기 약제와의 반응

① 면 : 진한 무기산을 사용할 수 없고, 염소계 표백제에는 일반적으로 안정하다.
② 폴리에스터 : 진한 산을 사용할 수 있다. 즉, 화학약품에 대한 저항력이 크고 20% 이상의 황산에서도 변화를 일으키지 않는다.
③ 양모 : 유기용제에는 안전하고 염소계 표백제는 사용하지 말아야 한다.
④ 나일론 : 진한 알칼리에는 황변할 수 있으므로 주의하여야 한다.

정답 05 ④ 06 ① 07 ②

적중예상문제

08 다음의 오염 중 유용성오염물로 유기용제에 의해 가장 잘 용해되는 것은?

① 지방산 ② 당류
③ 아미노산 ④ 녹

09 다음 얼룩 중 유기용제로 제거할 수 없는 것은?

① 매니큐어 ② 립스틱
③ 볼펜잉크 ④ 인주

10 휘발유, 석유, 벤젠 등의 기름얼룩을 제거하는 데 가장 많이 사용하는 약제는?

① 유기용제 ② 산
③ 알칼리 ④ 표백제

11 다음 중 유기용제에 가장 약한 섬유는?

① 면 ② 견
③ 나일론 ④ 아세테이트

12 다음 얼룩빼기의 약제가 아닌 것은?

① 휘발유
② 아세트산
③ 차아염소산나트륨
④ 녹말물

13 섬유의 얼룩빼기 약제와의 반응에 대한 설명 중 틀린 것은?

① 면은 진한 무기산을 사용할 수 없고, 염소계 표백제에는 일반적으로 안정하다.
② 폴리에스테르는 진한 산을 사용할 수 없고, 묽은 산은 주의하여야 한다.
③ 양모는 유기용제에는 안전하고, 염소계 표백제는 사용하지 말아야 한다.
④ 나일론은 진한 알칼리에는 황변할 수 있으므로 주의하여야 한다.

14 아세테이트 섬유에 묻은 얼룩을 제거하는 데 사용할 수 없는 것은?

① 벤젠 ② 암모니아수
③ 아세톤 ④ 중성세제

15 기름얼룩을 제거하는 데 가장 적합하지 않은 것은?

① 휘발유 ② 석유
③ 암모니아 ④ 벤젠

16 굳기 전의 유성페인트 얼룩을 빼기에 가장 적합한 약품은?

① 알코올 ② 수산
③ 클로로벤젠 ④ 중성세제

17 초산 셀룰로스를 잘 용해시키므로 아세테이트섬유에는 절대로 사용해서는 안 되는 유기용제는?

① 휘발유 ② 석유
③ 아세톤 ④ 벤젠

정답 08 ① 09 ① 10 ① 11 ④ 12 ④ 13 ② 14 ③ 15 ③ 16 ③ 17 ③

핵심요점

5 얼룩빼기 전처리방법

(1) 얼룩빼기를 하기에 적절한 경우
① 옷 전체를 세탁할 필요가 없는 부분 얼룩일 경우
② 세탁 시에 다른 부분으로 번질 우려가 있는 얼룩이 있을 시
③ 세탁을 하여도 제거되지 아니한 얼룩이 있을 시
※ 냄새는 얼룩빼기가 아닌 세탁으로 제거

(2) 얼룩빼기 요령
① 얼룩이 생긴 즉시 제거
② 피복의 재료 및 얼룩의 종류와 얼룩빼기의 방법이 적당한지 충분히 검토할 것
③ 심한 기계적인 힘을 피할 것
④ 얼룩이 번지지 않도록 할 것
⑤ 얼룩빼기할 때 생긴 반점을 없앨 것
⑥ 후처리를 완전히 할 것

적중예상문제

18 **다음 중 얼룩빼기를 하기에 적절하지 않은 경우는?**

① 옷 전체를 세탁할 필요가 없는 부분 얼룩이 있을 때
② 세탁 시에 다른 부분으로 번질 우려가 있는 얼룩이 있을 때
③ 특이한 얼룩은 없고 옷에서 음식 냄새가 날 때
④ 세탁을 하여도 제거되지 아니한 얼룩이 있을 때

핵심요점

6 얼룩빼기의 분류

(1) 수용성얼룩
① 음식물, 술, 음료 등
② 물에는 잘 용해되나 석유계, 타르계, 유기용제 등 극성이 적은 용제에는 거의 용해되지 않는 얼룩이다.

(2) 유용성얼룩
① 기계, 아이새도, 페인트, 식용유, 도료 등에서 묻은 얼룩 등을 말한다.
② 모노클로로벤젠, 피리딘, 퍼클로로에틸렌과 같은 유기용제에는 잘 용해된다.
③ 물과 같이 극성이 큰 용제에는 용해되지 않는다.

(3) 화학적 수단으로 제거하는 얼룩
산화철 염기성탄산동, 오래된 혈액, 오래된 땀, 변질된 것

(4) 불용성 얼룩
① 그을음, 먹, 흙탕물 등
② 계면활성제로 어느 정도 제거된다.

7 얼룩의 판별수단

① 외관 : 육안에 의해 색, 형상, 위치 등으로 판별한다.
② 현미경 : 미립자는 생물현미경(300~600배), 보통 입자는 실체현미경(50~60배)으로 관찰한다.
③ 확대경 : 볼록렌즈(3~5배율), 라이프스코프(30~100배율), 루페(3~5배율) 등으로 관찰한다.
④ 자외선램프 : 366미크론 블랙라이트로 관찰한다.
⑤ pH 시험지 : 산성, 알칼리성 여부를 조사한다.
⑥ 분무 : 얼룩 부분을 물로 분무하여 친수성, 친유성 얼룩 여부를 조사한다.
⑦ 냄새 : 사람의 후각으로 식별한다.
⑧ 감촉 : 만져서 미끈미끈, 끈적끈적, 딱딱함 등을 판별한다.
⑨ 착용자의 직업 등에 의한 식별 : 고객의 정보를 알아두면 얼룩빼기에 도움이 된다.

정답 18 ③

적중예상문제

19 얼룩의 판별 수단으로 옳은 것은?

① 외관 : 사람의 후각, 촉각에 의하여 판별한다.
② pH 시험지 : 얼룩부분을 물로 분무하여 진수성, 진유성, 얼룩 여부를 조사한다.
③ 분무 : 산성, 알칼리성 여부를 조사한다.
④ 현미경 : 미립자는 생물현미경(300~600배), 보통의 입자는 실체현미경(50~60배)으로 관찰한다.

핵심요점

8 얼룩빼기의 방법

(1) 물리적 방법
① 기계적 방법
- 옷(의류)의 표면에서 부착된 고형물질을 솔로 문질러 제거하는 방법 : 흙, 시멘트, 석회 등 고형물질을 제거하는 데 이용
- 열과 증기를 이용하여 얼룩을 제거한다.

② 분산방법 : 세제액, 유기용제 등을 사용하여 얼룩을 용해, 분산시키고 오염이 분산된 용액을 흡수 제거하는 방법이다. 설탕, 전분 등은 물 또는 세제액으로, 유지, 페인트, 바니시 등은 유기용매로 제거한다.
③ 흡착방법
- 얼룩에 전분풀이나 CMC의 진한 액을 바르고 여기에 오염을 흡착시켜 제거하는 방법
- 안료, 먹과 같이 섬유와 섬유 사이에 끼어든 고형물질을 제거하는 방법

(2) 화학적 방법
① 알칼리를 사용하는 방법 : 과즙, 땀, 기타 산성얼룩을 알칼리로 용해 시켜 제거하는 방법
② 산을 사용하는 방법 : 쇳물 등 금속산화물을 산으로 용해하여 제거하는 방법
③ 표백제를 사용하는 방법 : 흰색 의류에 생긴 유색물질의 얼룩을 표백제로 제거하는 방법
④ 특수약품을 사용하는 방법 : 얼룩에 따라서 특수한 약제를 사용하여 제거하는 방법
⑤ 효소를 사용하는 방법 : 단백질, 유지, 전분 등의 얼룩을 단백질 분해효소로서 제거하는 방법

적중예상문제

20 얼룩빼기 방법 중 물리적 방법이 아닌 것은?

① 산 · 알칼리를 사용하는 방법
② 기계적 힘을 이용하는 방법
③ 분산법
④ 흡착법

21 다음 중 화학적으로 얼룩을 빼는 방법과 무관한 것은?

① 과즙, 땀, 기타 산성얼룩을 알칼리에 의해 가용성 염을 만들어 용해하여 제거한다.
② 물을 사용하여 얼룩을 용해, 분산시켜 제거한다.
③ 요오드팅크에 의한 얼룩을 티오황산나트륨액으로 처리한다.
④ 효소의 작용으로 단백질오염을 제거한다.

22 얼룩빼기 방법 중 물리적 방법이 아닌 것은?

① 알칼리를 사용하는 방법
② 기계적 힘을 이용하는 방법
③ 분산법
④ 흡착법

23 다음 중 얼룩빼기 조작이 아닌 것은?

① 스프레이 조작
② 물리적 조작
③ 화학적 조작
④ 용제, 물, 세제에 의한 조작

정답 19 ④ 20 ① 21 ② 22 ① 23 ①

24 다음 중 화학적 얼룩빼기 방법이 아닌 것은?

① 효소법 ② 흡착법
③ 알칼리법 ④ 표백제법

25 얼룩빼기 방법 중 물리적인 방법이 아닌 것은?

① 기계적인 힘을 이용하는 방법
② 분산법
③ 효소를 사용하는 방법
④ 흡착법

26 물리적 얼룩빼기 방법이 아닌 것은?

① 기계적 힘을 이용하는 방법
② 분산법
③ 표백제법
④ 흡착법

27 화학적 얼룩빼기 방법에 관한 설명으로 틀린 것은?

① 과즙, 땀, 기타 산성 얼룩을 알칼리로 용해시켜 제거하는 방법이다.
② 물을 사용하여 얼룩을 용해하고 분리시킨 후 분산된 얼룩을 흡수하여 제거하는 방법이다.
③ 흰색 의류에 생긴 유색물질의 얼룩을 표백제로 제거하는 방법이다.
④ 단백질, 전분 등의 얼룩을 단백질 분해 효소들로서 제거하는 방법이다.

28 다음 중 물리적 얼룩빼기 방법에 해당하는 것은?

① 알칼리법 ② 표백제법
③ 분산법 ④ 효소법

29 얼룩빼기 방법 중 화학적 방법이 아닌 것은?

① 표백제를 사용하는 방법
② 스팀 건을 사용하는 방법
③ 특수약품을 사용하는 방법
④ 효소를 사용하는 방법

30 다음 중 화학적 얼룩빼기 방법이 아닌 것은?

① 표백제법 ② 알칼리법
③ 효소법 ④ 브러싱법

31 화학적 얼룩빼기 방법이 아닌 것은?

① 알칼리법 ② 분산법
③ 표백제법 ④ 효소법

32 얼룩빼기 방법 중 물리적 얼룩빼기 방법이 아닌 것은?

① 표백제법
② 분산법
③ 기계적 힘을 이용하는 방법
④ 흡착법

33 얼룩빼기 방법 중 화학적 얼룩빼기 방법이 아닌 것은?

① 표백제법 ② 효소법
③ 분산법 ④ 산법

정답 24 ② 25 ③ 26 ③ 27 ② 28 ③ 29 ② 30 ④ 31 ② 32 ① 33 ③

핵심요점

9 얼룩의 종류에 따른 제거

(1) 과일즙, 주스
① 물 또는 세제를 사용한다.
② 불충분하면 중성세제로 씻어내고 색소가 남으면 표백한다.

(2) 혈액
① 묻은 즉시 찬물로 세탁하고 효소세제나 암모니아수로 제거한다.
② 제거 후 얼룩이 남으면 옥살산으로 씻어낸다.

(3) 우유
지방분을 유기용제로 제거한 후 단백질은 암모니아수로 두드리거나 혈액을 지워서 제거한다.

(4) 커피, 차, 코코아
① 열처리와 pH 10 이상의 알칼리에 의하여 얼룩의 제거가 어렵다.
② 온수로 수용성 얼룩을 제거하고, 중성세제 용액으로 두드린다.
③ 남아 있는 색소는 표백제를 사용하여 제거한다.

(5) 립스틱
① 가벼운 얼룩은 지우개로 지운다.
② 유지와 왁스분을 유기용제로 빨아낸 뒤 세제로 두드리고 색소가 남으면 표백하여 제거한다.

(6) 잉크류
① 잉크 제거는 화학작용으로 다른 색이나 무색으로 변화시켜 제거한다.
② 세제용액으로 충분히 씻은 후 색소가 남으면 표백제를 사용한다.
③ 볼펜 : 알코올 또는 세제액으로 두드리고 색소가 남으면 표백한다.
④ 사인펜 : 유성 사인펜은 벤젠을 묻혀서 닦아 주고 수성 사인펜은 알코올을 묻혀서 닦아준다.
※ 스탬프잉크의 오점을 가장 빠르게 제거할 수 있는 약품 : 로드유

(7) 김치, 고추장
고춧가루에 의한 얼룩은 물에 적셔 햇볕에 널어놓으면 제거된다.

(8) 껌
얼음을 넣은 비닐주머니로 냉각하여 굳힌 다음 긁어내고 남은 것은 벤젠이나 아세톤으로 두드려 뺀다.

(9) 기름
식용유, 버터, 광물류 등은 세제용액 또는 유기용제로 두드려 빼고, 색소가 남으면 표백제를 사용한다.

(10) 땀, 오줌
① 오염된 직후에 세제액이나 암모니아수로 제거한다.
② 황변된 것은 옥살산으로 표백한다.

(11) 페인트
얼룩 직후 수성페인트는 세제용액으로, 유성페인트는 유기용제로 두드려 빼고, 처리 후에는 액체를 충분히 씻어내야 한다.

(12) 불용성오점 중 녹물
① 유기용제나 물에도 녹지 않으므로 불용성오점이라 한다.
② 녹물은 수산으로 처리한다.

(13) 먹
① 우선 세제를 용액에 묻힌 뒤 밥풀을 손가락으로 문질러 먹이 밥풀로 옮겨가도록 한다.
② 세제용액으로 되풀이하여 씻어낸다.

적중예상문제

34 다음 중 분비물, 배출물의 얼룩은?

① 카레, 과즙
② 먹물, 매직잉크
③ 땀, 혈액
④ 향수, 립스틱

정답 34 ③

35 쇠(철)의 녹 얼룩빼기에 사용하는 약품은?

① 락트산　② 옥살산
③ 표백분　④ 아세트산

36 얼룩빼기 방법 및 약품 사용에 대한 설명 중 옳은 것은?

① 아세테이트섬유는 질겨서 어느 약품을 사용해도 손상이 없다.
② 산성 약제로는 과산화수소, 수산, 올레인산 등이 있다.
③ 알칼리성 얼룩은 알칼리성 약품으로만 뺀다.
④ 쇠 녹의 얼룩은 수산으로 제거하고, 암모니아로 헹구어 중화하는 것이 바람직하다.

37 커피 얼룩의 제거방법으로 가장 적당한 것은?

① 온수로 수용성 얼룩을 제거한 후 중성세제 용액으로 씻어낸다.
② 과산화수소로 표백한다.
③ 글리세롤 액으로 씻어낸 후 20%의 아세트산으로 처리한다.
④ 얼음을 넣는 비닐 주머니로 냉각하여 굳힌 다음 대칼로 긁어낸다.

38 재료의 성분에 따라 벤젠 또는 알코올을 묻혀서 닦아 주면 말끔히 제거할 수 있는 얼룩은?

① 혈액　② 우유
③ 접착제　④ 사인펜

39 오염 직후에는 물만으로 제거되고, 불충분할 때는 중성세제로 씻어내면 잘 제거되는 얼룩은?

① 딸기 얼룩　② 쇳물(녹물)
③ 볼펜자국　④ 인주자국

40 립스틱 얼룩빼기에 가장 적당한 방법은?

① 유기용제로 두드린다.
② 뜨거운 물로 씻어낸다.
③ 지우개로 지운다.
④ 찬물로 씻어낸다.

핵심요점

10 얼룩빼기의 뒤처리

① 얼룩을 뺀 후 일단 전체적으로 세탁한다.
② 용제나 약제 사용에 의한 얼룩은 유기용제를 분무기로 안에서 밖으로 원을 그리듯 뿜어 주고 마른 수건으로 흡수시킨다.
③ 염색 보정은 고도의 기술을 습득한 후에 하는 것이 바람직하다.
④ 표백제를 사용할 때는 염색물의 탈색 여부를 얼룩빼기 전에 시험해 보아야 한다.

11 얼룩빼기의 주의점

① 얼룩빼기 시 생기는 반점을 제거해야 한다.
② 얼룩빼기 시 지나치게 기계적 힘을 가하지 말아야 한다.
③ 얼룩빼기 후에는 뒤처리를 반드시 행하여 섬유 손상을 방지해야 한다.
④ 얼룩이 주위로 번져 나가지 않도록 해야 한다.

적중예상문제

41 얼룩빼기의 주의점 중 틀린 것은?

① 얼룩빼기 시 생기는 반점을 제거해야 한다.
② 얼룩빼기 시 기계적 힘을 심하게 가해야 한다.
③ 얼룩빼기 후에는 뒤처리를 반드시 행하여 섬유 손상을 방지해야 한다.
④ 얼룩이 주위로 번져 나가지 않도록 해야 한다.

정답 35 ② 36 ④ 37 ① 38 ④ 39 ① 40 ① 41 ②

42 얼룩빼기의 뒤처리로 옳지 않은 것은?

① 얼룩을 뺀 후에 일단 전체적으로 세탁한다.
② 용제나 약제 사용에 의한 얼룩은 유기용제를 분무기로 안에서 밖으로 원을 그리듯 뿜어 주고 마른수건으로 흡수시킨다.
③ 색이 있는 얼룩부분을 표백제로 탈색한 후 부분 도색한다.
④ 염색 보정은 고도의 기술을 습득한 후에 하는 것이 바람직하다.

43 얼룩빼기의 주의점이 아닌 것은?

① 얼룩은 생긴 즉시 제거해야 한다.
② 얼룩이 주위로 번져 나가지 않도록 한다.
③ 얼룩빼기 시 심한 기계적 힘을 가하지 말아야 한다.
④ 표백제를 사용할 시는 염색물의 탈색 여부를 사후에 시험해 보아야 한다.

44 다음 중 얼룩빼기의 주의점으로 틀린 것은?

① 얼룩은 생긴 즉시 제거해야 한다.
② 섬유와 얼룩의 종류에 따른 적합한 얼룩빼기 방법을 검토해야 한다.
③ 얼룩빼기 시 심한 기계적 힘을 가하지 말아야 한다.
④ 얼룩빼기 후 뒤처리는 안 해도 섬유에 손상이 없다.

핵심요점

⑫ 황변현상 방지

황변이란 섬유가 약품의 작용이나 일광의 적당한 노출 등에 황색으로 변하는 것으로 일광, 습기, 온도 등에 영향을 받는다.

적중예상문제

45 황변 발생의 주요 원인요소가 아닌 것은?

① 일광 ② 습기
③ 압력 ④ 온도

정답 42 ③ 43 ④ 44 ④ 45 ③

CHAPTER 006

다림질

핵심요점

1 다림질의 목적

- 디자인 실루엣의 기능을 복원시킨다.
- 소재의 주름살을 펴서 매끈하게 한다.
- 의복에 필요한 부분에 주름을 만든다.
- 의복의 솔기부분과 전체 형태를 바로잡아 외관을 아름답게 한다.
- 옷감의 형태를 바로 잡아 원형으로 회복시킨다.
- 살균과 소독의 효과를 얻는다.
- 스팀은 수분과 열에 의해 의복소재에 가소성을 부여한다.

(1) 기계적 끝마무리 효과
① 의복의 모양을 다듬거나 수축된 것을 바로 잡는다.
② 천의 주름을 수정하고 광택을 준다.
③ 의복에 주름을 만든다.

(2) 다림질의 3대 요소
온도, 습도, 압력

(3) 기계 마무리의 주의사항
① 비닐론은 충분히 건조시켜서 마무리한다.
② 아세테이트, 아크릴 등은 깔개 천을 사용한다.
③ 마무리할 때 증기를 쏘이면 수축과 늘어남의 우려가 있다.
④ 플리츠 가공된 것은 스팀터널이나 스팀박스에 넣으면 주름이 소실될 수 있다.
⑤ 다리미 바닥에 실리콘이나 왁스를 칠한다.
⑥ 고무벨트를 이용한 바지, 스커트는 다림질하면 안 된다.

(4) 섬유의 다리미 적정온도
① 합성섬유, 아세테이트 : 100~200℃
② 견 : 120~130℃
③ 레이온 : 130~140℃
④ 모 : 130~150℃
⑤ 면 : 180~200℃
⑥ 마 : 180~210℃

적중예상문제

01 다림질과 관계없는 기능은?
① 흡입 ② 스팀
③ 압력 ④ 축융

02 다음 중 다림질의 3대 요소가 아닌 것은?
① 시간 ② 수분
③ 압력 ④ 온도

03 기계 마무리의 조건이 아닌 것은?
① 시간 ② 스팀
③ 압력 ④ 진공

04 다림질의 3대 요소에 해당하지 않는 것은?
① 온도 ② 진공
③ 압력 ④ 수분

정답 01 ④ 02 ① 03 ① 04 ②

05 다림질의 3대 요소가 아닌 것은?

① 온도 ② 압력
③ 수분 ④ 시간

06 다음 중 다림질의 3대 요소가 아닌 것은?

① 온도 ② 수분
③ 압력 ④ 전기

07 기계적 끝마무리 효과로 가장 거리가 먼 것은?

① 의복의 모양을 다듬거나 수축된 것을 바로 잡는다.
② 천의 주름을 수정하고 광택을 준다.
③ 의복에 주름을 만든다.
④ 약품을 사용하여 살균을 하거나 소독한다.

08 다림질 방법에 대한 설명 중 틀린 것은?

① 풀 먹인 직물을 너무 고온 처리하면 황변할 수 있다.
② 광택을 필요로 하는 옷은 딱딱한 다리미판을 사용한다.
③ 모직물은 위에 덧헝겊을 대고 물을 뿌려 다린다.
④ 혼방직물은 내열성이 높은 섬유를 기준으로 다린다.

09 기계 마무리의 주의점으로 틀린 것은?

① 비닐론은 충분히 건조시켜서 마무리한다.
② 마무리할 때 증기를 쏘이면 수축과 늘어짐의 염려가 있다.
③ 플리츠 가공된 것은 스팀터널이나 스팀박스에 넣으면 소실된다.
④ 고무벨트를 사용한 바지, 스커트는 다리미로 마무리해도 관계없다.

10 세탁의 마무리 목적을 설명한 것 중 틀린 것은?

① 옷감의 형태를 바로잡아 원형으로 회복시킨다.
② 디자인 또는 실루엣의 기능을 회복시킨다.
③ 스티밍은 수분과 열에 의하여 의복소재에 가소성을 제거한다.
④ 살균 및 소독을 한다.

11 다림질의 목적으로 틀린 것은?

① 살균과 소독의 효과를 얻는다.
② 의복에 남아 있는 얼룩을 뺀다.
③ 소재의 주름을 펴서 매끈하게 한다.
④ 디자인 실루엣의 기능을 복원시킨다.

12 다음 중 안전 다림질 온도가 가장 낮은 섬유는?

① 아세테이트 ② 양모
③ 면 ④ 마

핵심요점

2 다림질의 마무리방법

① 진한 색상의 의복은 섬유소재에 관계없이 천을 덮고 다린다.
② 표면 처리되지 않은 피혁제품은 스팀 주는 것을 절대 금지해야 한다.
③ 다림질은 섬유의 두께와 종류에 따라 온도 조절을 해야 한다.
④ 다림질은 섬유의 적정온도보다 높게 하면 의류를 손상시킬 수 있다.
⑤ 견직물은 열에 약하므로 안쪽을 다리거나 물기 없는 덧헝겊을 대고 다린다.
⑥ 혼방직물은 내열성이 낮은 섬유를 기준으로 하여서 다린다.
⑦ 풀 먹인 직물을 너무 고온 처리하면 황변할 수 있다.
⑧ 광택을 필요로 하는 옷은 다리미판이 딱딱한 것을 사용하면 효과적이다.

정답 05 ④ 06 ④ 07 ④ 08 ④ 09 ④ 10 ③ 11 ② 12 ①

⑨ 모직물은 위에 덮는 헝겊을 대고 물을 뿌려 다린다.
⑩ 면직물은 덧헝겊 없이 표면에 직접 다림질을 한다.
⑪ 보일러의 물을 자주 교체하여 다리미에서 녹물이 나오지 않도록 한다.
⑫ 편성물은 인체프레스기를 사용하면 회복불가 정도로 늘어난다.
⑬ 다림질은 나가는 방향의 뒤쪽으로 힘을 주어야 잔주름이 생기지 않는다.

3 화학섬유의 다림질 부주의로 생기는 현상

① 아세테이트, 비닐론은 습기를 과열하면 광택이 죽거나 경화된다.
② 나일론, 폴리에스테르는 160℃의 높은 온도에는 순간적으로 녹아 붙으며 용융된다.
③ 면, 마의 적정온도는 180~200℃이나 단시간 열을 받는 다림질은 비교적 220℃에서도 안전하다.
④ 폴리프로필렌은 140℃ 이상에서는 갑자기 열축을 일으키므로 주의한다.

적중예상문제

13 마무리 작업의 주의사항으로 틀린 것은?

① 섬유의 적정온도보다 다리미 온도가 높으면 황변이 일어날 수 있다.
② 진한 색상의 의복은 섬유 소재에 관계없이 천을 덮고 다리는 것이 좋다.
③ 표면 처리되지 않은 피혁제품의 스팀 처리는 절대 금지해야 한다.
④ 편성물은 신축성이 좋아 인체프레스기를 사용하여야 한다.

14 다림질 방법에 대한 설명 중 틀린 것은?

① 모직물은 위에 덧헝겊을 대고 물을 뿌려 다린다.
② 혼방물은 내열성이 낮은 섬유를 기준으로 다린다.
③ 풀 먹인 직물을 너무 고온 처리하면 황변이 될 수 있다.
④ 광택을 필요로 하는 옷은 다리미판이 부드러운 것을 사용한다.

15 다림질 시 주의할 점이 아닌 것은?

① 진한 색상의 의복은 섬유소재에 관계없이 천을 덮고 다린다.
② 표면 처리되지 않은 피혁제품은 스팀 주는 것을 절대 금지해야 한다.
③ 다림질은 섬유의 종류와 상관없이 150℃를 유지하는 전기다리미를 사용한다.
④ 다림질은 섬유의 적정온도보다 높게 하면 의류를 손상시킬 수 있다.

16 다음 중 섬유의 다림질 부주의로 나타나는 현상으로 틀린 것은?

① 아세테이트, 비닐론은 고온에서 습기를 주면 광택이 죽고 경화된다.
② 나일론은 160℃ 이상의 높은 온도에서는 순간적으로 녹아 붙으며 용융할 수도 있다.
③ 면, 마의 다림질 적당온도는 120~150℃이나 그 이상으로 다림질하면 탄화된다.
④ 폴리프로필렌은 140℃ 이상에서는 갑자기 열 수축을 일으킬 수 있으므로 주의해야 한다.

정답 13 ④ 14 ④ 15 ③ 16 ③

CHAPTER 007 마무리

핵심요점

1 드라이클리닝 마무리기계

(1) 드라이클리닝 마무리기계의 종류
① 만능프레스
② 스팀박스
③ 팬츠토퍼

(2) 드라이클리닝 마무리기계의 형식과 종류
① 폼머형 : 인체프레스
② 스팀형
③ 프레스형

(3) 드라이클리닝 마무리기계 중 인체프레스(Body Press)의 특징
① 아크릴 제품은 늘어나므로 적합하지 않다.
② 냉풍을 불어넣어 의복을 식혀 형태를 고정한다.
③ 의복을 기계에 입혀 증기를 안쪽에서부터 분출시켜 의복을 부드럽게 한다.
④ 하의에는 적합하지 않다.

(4) 팬츠토퍼
드라이클리닝의 마무리 기계에서 허리형의 포대에 하의를 입혀서 인체프레스와 동일하게 마무리하는 것을 말한다.

적중예상문제

01 드라이클리닝의 마무리기계에서 허리형의 포대에 하의를 입혀서 인체프레스와 동일하게 마무리하는 것은?

① 팬츠토퍼 ② 인체 프레스
③ 퍼프 아이론 ④ 스팀보드

02 형식에 따른 드라이클리닝용 마무리기계의 종류 중 성질이 다른 것은?

① 스팀형 ② 폼머형
③ 프레스형 ④ 카트리지형

03 드라이클리닝 마무리기계 중 폼머형에 해당되는 것은?

① 인체프레스 ② 만능프레스
③ 스팀터널 ④ 스팀박스

04 드라이클리닝 마무리기계의 형식과 종류가 옳게 연결된 것은?

① 스팀형 : 오프세트 프레스
② 프레스형 : 팬츠토퍼
③ 프레스형 : 스팀박스
④ 폼머형 : 인체프레스

정답 01 ① 02 ④ 03 ① 04 ④

05 드라이클리닝 마무리기계 중 인체프레스(Body Press)의 설명이 아닌 것은?

① 하의에 적합하다.
② 아크릴 제품은 늘어나므로 적합하지 않다,
③ 냉풍을 불어넣어 의복을 식혀 형태를 고정한다.
④ 의복을 기계에 입혀 증기를 안쪽으로부터 분출시켜 의복을 부드럽게 한다.

06 다음 중 드라이클리닝 마무리기계가 아닌 것은?

① 만능프레스기 ② 스팀박스
③ 몸통프레스기 ④ 팬츠토퍼

07 드라이클리닝 마무리기계 중 인체프레스가 해당하는 형태는?

① 폼머형 ② 프레스형
③ 스팀형 ④ 사이즈형

08 드라이클리닝 마무리기계의 형식이 아닌 것은?

① 캐비닛형 ② 프레스형
③ 폼머형 ④ 스팀형

핵심요점

2 드라이클리닝의 기술적 효과로서의 세탁 작용 순서

침투작용 → 흡착작용 → 분산작용 → 유화, 현탁작용

적중예상문제

09 드라이클리닝의 기술적 효과로서의 세탁작용 순서가 옳게 나열된 것은?

① 침투작용 → 흡착작용 → 분산작용 → 유화, 현탁작용
② 침투작용 → 흡착작용 → 유화, 현탁작용 → 분산작용
③ 흡착작용 → 침투작용 → 유화, 현탁작용 → 분산작용
④ 침투작용 → 흡착작용 → 분산작용 → 유화, 현탁작용

핵심요점

3 드라이클리닝 대상

① 순모제품, 방축 가공된 모제품
② 슈트제품(양복, 셔츠, 투피스 등)
③ 드레스류, 작업복류, 스커트류, 스웨터류
④ 슬랙스류(바지 판타롱)
⑤ 아세테이트 제품, 견섬유 제품, 한복 제품
⑥ 등유에 오염된 식탁보
⑦ 소수성 합성섬유 제품
※ 드라이클리닝에서 섬유 중 재오염률이 높은 것은 면 제품이다.
※ 양모섬유로 만든 코트를 드라이클리닝할 때 용제에 수분이 과잉 공급되면 수축과 손상을 받으므로 주의해야 한다.

적중예상문제

10 반드시 드라이클리닝을 해야 할 의류 제품은?

① 방축 가공된 모제품
② 합성피혁 제품
③ 고무를 입힌 제품
④ 안료로 염색된 제품

11 드라이클리닝에서 섬유 중 재오염률이 높은 것은?

① 면 ② 양모
③ 아세테이트 ④ 나일론

정답 05 ① 06 ③ 07 ① 08 ① 09 ① 10 ① 11 ①

12 드라이클리닝으로 인하여 의류제품의 손상이 가장 적은 것은?

① 합성피혁, 고무 제품, 코팅 제품, 비닐 제품
② 모직물, 합성섬유, 견직물류
③ 은박이나 금박 접착 제품, 합성수지 제품
④ 모피류, 섀미 제품, 고무 제품류

13 다음 중 드라이클리닝이 가능한 피복은?

① 고무를 입힌 제품
② 안료로 염색된 제품
③ 등유에 오염된 식탁보
④ 합성피혁 제품

14 일반적으로 가장 많이 사용하는 모직물 양복의 세탁법은?

① 물세탁 ② 론드링
③ 드라이클리닝 ④ 웨트클리닝

15 양모섬유로 만든 코트를 드라이클리닝할 때의 설명으로 옳은 것은?

① 용제에 수분이 과잉 공급되면 수축과 손상을 받는다.
② 물로 애벌빨래 후 건식 세탁을 한다.
③ 직사광선에 바짝 건조하여야 한다.
④ 광택, 촉감을 위해 문질러 빤다.

16 다음 중 드라이클리닝이 가능한 것은?

① 고무를 입힌 제품
② 수지안료로 가공한 제품
③ 소수성 합성섬유 제품
④ 합성수지 제품

17 다음 중 드라이클리닝을 필요로 하지 않는 섬유소재는?

① 양모 ② 견
③ 아세테이트 ④ 면

18 드라이클리닝 시에 손상된 것 중에서 잘못 연결된 것은?

① 벗겨짐 : 엠보싱 가공품
② 용해 : 단춧구멍
③ 탈락 : 금은박 무늬
④ 찢어짐 : 주름 잡은 곳

핵심요점

4 포수능의 정의

드라이클리닝용 세제가 수분을 가용화하는 힘을 포수능이라고 한다.

적중예상문제

19 드라이클리닝용 세제가 수분을 가용화하는 힘을 무엇이라고 하는가?

① 세제농도 ② 산가
③ 포수능 ④ 소포 농도

핵심요점

5 드라이클리닝의 방법

용제의 종류는 석유계에 한하여 드라이클리닝할 수 있다.

적중예상문제

20 다음과 같은 표시가 된 제품을 드라이클리닝 하는 방법은?

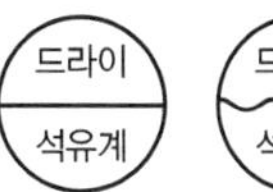

정답 12 ② 13 ③ 14 ③ 15 ① 16 ③ 17 ④ 18 ② 19 ③ 20 ③

① 용제의 종류는 석유계를 제외하고는 모두 사용할 수 있다.
② 석유를 섞은 물을 조금 넣어 세탁한다.
③ 용제의 종류는 석유계에 한하여 드라이클리닝한다.
④ 용제의 종류는 구별하지 않고, 석유계를 포함하여 모두 사용할 수 있다.

21 다음과 같은 표시가 된 제품을 드라이클리닝 하는 방법은?

① 용제의 종류는 구별하지 않아도 된다.
② 석유를 섞은 물을 조금 넣어 세탁한다.
③ 용제의 종류는 석유계에 한하여 드라이클리닝할 수 있다.
④ 용제의 종류는 석유계를 제외하고 모두 사용할 수 있다.

정답 21 ③

CHAPTER 008

프레스 점검

핵심요점

1 프레스형

(1) 만능프레스
주로 모제품 마무리에 사용한다.

(2) 오프셋프레스
주로 실크제품에 사용한다.

2 폼머형

(1) 인체프레스
의복을 기계에 입혀 증기를 안쪽에서부터 분출시켜 의복을 부드럽게 하고, 열풍으로 건조시키면서 포대를 부풀려 주름을 편다.

(2) 팬츠토퍼
드라이클리닝의 마무리기계에서 허리형의 포대에 하의를 입혀서 인체프레스와 동일하게 마무리하는 것이다.

(3) 퍼프아이론, 스팀보드
밑 인두판만으로 마무리하는 장치이다.

3 스팀형

(1) 스팀터널
스팀박스 안 옷걸이에 의류를 매달아 양측에서 증기, 가열공기, 냉공기를 차례로 불어넣어 마무리한다.

(2) 스팀박스
스키박스와 같이 옷걸이를 이동 고리에 매달아서 연속적으로 마무리한다.

4 기타 마무리기계

(1) 텀블러
열풍을 불어넣으면서 내통을 회전시켜서 세탁물과 열풍의 접촉을 이용하여 건조하는 기계

(2) 면프레스기
① 캐비닛형 : 상자형으로 와이셔츠, 코트류를 마무리하는 기계
② 시어즈형 : 고정된 아래 다림판에 윗다림판이 가위처럼 가압하여 마무리하는 기계

(3) 와이셔츠프레스기
깃, 어깨프레스, 소매프레스, 슬리브프레스, 몸통프레스 등

(4) 시트롤러
① 시트롤러는 시트 책상보 같은 편평한 직물을 마무리 다림질하는 기계
② 폴더 : 마무리에서 다림질한 물품을 접어 개는 기계
※ 스파팅머신 : 공기의 압력과 스팀을 이용하여 오점을 불어서 제거하는 오점 제거기계

적중예상문제

01 열풍을 불어넣으면서 내통을 회전시켜서 세탁물과 열풍의 접촉을 이용하여 건조하는 기계는?

① 워셔 ② 원심탈수기
③ 텀블러 ④ 면프레스기

정답 01 ③

02 다음 중 뜨거운 스팀 공기를 불어넣어 세탁물과 뜨거운 공기가 접촉되어 건조시키는 기계는?

① 스팀보드　　② 인체프레스
③ 텀블러　　④ 만능프레스

03 다음 중 공기의 압력과 스팀을 이용하여 오점을 불어서 제거하는 오점 제거기계는?

① 제트스포트
② 스파팅머신
③ 초음파 얼룩빼기
④ 바큠다이

04 스파팅머신에 대한 설명 중 틀린 것은?

① 컴프레서에서 발생하는 에어와 스팀은 함께 사용할 수 있다.
② 의복에서 떨어진 얼룩찌꺼기, 수분, 먼지, 염료, 실, 보푸라기 등이 제거된다.
③ 오점 처리시간을 단축시킨다.
④ 오점은 잘 제거되나 얼룩은 그대로 남는다.

05 폴더(Folder)라는 기계의 설명으로 옳은 것은?

① 물품을 시트롤러에 잘 들어가도록 한 장씩 펴주는 기계이다.
② 물품을 좌 · 우 양방향과 앞쪽으로 당기면서 시트롤러에 밀어 넣는 기계이다.
③ 마무리에서 다림질한 물품을 접어 개는 기계이다.
④ 시트가 접어 개어진 후 쌓고, 일정의 장수가 되면 컨베이어에 의해 물품을 포장하는 곳으로 보내는 기계이다.

정답 02 ② 03 ② 04 ④ 05 ③

CHAPTER 009 공중위생관리

핵심요점

1 공중위생법규

(1) 「공중위생관리법」의 정의
① 「공중위생관리법 시행령」은 대통령령으로 한다.
② 「공중위생관리법 시행규칙」은 보건복지부령으로 한다.
③ 「공중위생관리법」이 규정하고 있는 업종으로는 숙박업, 목욕업, 이용업, 미용업, 세탁업이 있다.

(2) 「공중위생관리법」의 목적
이 법은 공중이 이용하는 영업의 위생관리 등에 관한 사항을 규정함으로써 위생수준을 향상시켜 국민의 건강증진에 기여함을 목적으로 한다.

(3) 세부 내용
① 공중위생영업 : 다수인을 대상으로 위생관리 서비스를 제공하는 영업으로 숙박업, 목욕장업, 이용업, 세탁업, 건물위생관리업을 말한다.
② 세탁업 : 의류, 기타 섬유 제품이나 피혁제품 등을 세탁하는 영업을 말한다.
③ 건물위생관리업 : 공중이 이용하는 건축물, 시설물 등의 청결유지와 실내공기 정화를 위한 청소 등을 대행하는 영업을 말한다.

적중예상문제

01 다음 중 「공중위생관리법 시행규칙」이 해당되는 것은?

① 부령 ② 훈령
③ 고시 ④ 예규

02 다음 중 「공중위생관리법 시행규칙」을 개정할 수 있는 자는?

① 대통령
② 도지사
③ 시장 · 군수
④ 보건복지부장관

03 「공중위생관리법」의 궁극적인 목적에 해당되는 것은?

① 국민의 건강증진에 기여
② 위생관리서비스 향상에 노력
③ 종사자의 기술수준 향상
④ 종사자의 복리증진

04 「공중위생관리법 시행규칙」은 어느 영으로 하는가?

① 대통령령
② 보건복지부령
③ 환경부령
④ 노동부령

정답 01 ① 02 ④ 03 ① 04 ②

05 다음 중 「공중위생관리법」의 제정 목적이 아닌 것은?

① 공중이 이용하는 영업의 위생관리
② 위생 접객업의 시설과 운영사항 규정
③ 공중보건 및 위생수준 향상
④ 업계의 권익, 증진 도모

06 다음 중 「공중위생관리법」이 규정하고 있는 업종에 해당하지 않는 것은?

① 숙박업 ② 목욕탕업
③ 이용업 ④ 식품접객업

07 「공중위생관리법 시행규칙」은 어느 영인가?

① 국무총리
② 서울시장
③ 행정안전부장관
④ 보건복지부장관

해설
「공중위생관리법 시행규칙」은 보건복지부령이다.

08 다음 중 「공중위생관리법 시행령」은?

① 대통령령이다.
② 부령이다.
③ 총리령이다.
④ 법률을 말한다.

해설
「공중위생관리법 시행령」은 대통령령이다.

09 의류, 기타 섬유 제품이나 피혁 제품 등을 세탁하는 방법은?

① 세탁업
② 제조업
③ 판매업
④ 위생관리용역업

10 다음 중 「공중위생관리법」상 공중위생영업에 속하지 않는 것은?

① 숙박업 ② 이용업
③ 세탁업 ④ 학원사업

11 「공중위생관리법」에 규정된 세탁업의 정의 중 옳은 것은?

① 세제를 사용하여 의류를 빨아 말리는 영업
② 세제, 용제 등을 사용하여 의류를 원형대로 세탁하는 영업
③ 의류, 기타 섬유 제품이나 피혁 제품 등을 세탁하는 영업
④ 의류, 기타 피혁 제품을 세탁하거나 끝손질 작업을 하는 영업

12 「공중위생관리법」상 세탁업의 정의는?

① 세제를 사용하여 의류, 기타 섬유 제품이나 피혁 제품 등을 원형대로 세탁하는 영업
② 용제를 사용하여 의류, 기타 섬유 제품이나 피혁 제품 등을 원형대로 세탁하는 영업
③ 세제, 용제 등을 사용하여 의류, 기타 섬유 제품을 원형대로 세탁하는 영업
④ 세제, 용제 등을 사용하여 의류, 기타 섬유 제품이나 피혁 제품 등을 원형대로 세탁하는 영업

핵심요점

2 공중위생영업의 신고 및 폐업신고

① 공중위생영업을 하고자 하는 자는 공중위생영업의 종류별로 보건복지부령이 정하는 시설 및 설비를 갖추고 시장, 군수, 구청장에게 신고해야 한다.
② 보건복지부령이 정하는 중요사항을 변경하고자 하는 때에도 또한 같다.
③ 공중위생영업을 폐업한 날로부터 20일 이내에 시장, 군수, 구청장에게 신고하여야 한다.

정답 05 ④ 06 ④ 07 ④ 08 ① 09 ① 10 ④ 11 ③ 12 ④

적중예상문제

13 다음 중 세탁업에 대한 설명으로 옳은 것은?

① 세탁업의 영업소는 신고 없이 이전할 수 있다.
② 세탁업의 영업소를 이전하는 경우에는 시장 · 군수 · 구청장에게 변경신고를 하여야 한다.
③ 세탁업의 변경신고를 하려는 자는 필요한 서류 없이 신고할 수 있다.
④ 세탁업소의 세탁기를 교체한 경우에도 신고하여야 한다.

14 세탁업은 「공중위생관리법」상의 다음 중 어느 업종에 속하는가?

① 허가업종 ② 인가업종
③ 특허업종 ④ 신고업종

해설
공중위생영업을 하고자 하는 자는 공중위생영업의 종류별로 보건복지부령이 정하는 시설 및 설비를 갖추고 시장, 군수, 구청장에게 신고하여야 한다.

15 세탁업의 개설 시 신고대상기관이 아닌 것은?

① 시장 ② 군수
③ 구청장 ④ 도지사

16 세탁업의 개설신고기관이 될 수 없는 곳은?

① 구청 ② 시청
③ 도청 ④ 군청

17 「공중위생관리법」에 따라 공중위생영업을 신고할 때 신고를 받는 자가 아닌 것은?

① 도지사 ② 시장
③ 군수 ④ 구청장

18 세탁 관련 시설 및 설비기준이 적합하지 않을 경우, 개선을 명령하는 자가 아닌 것은?

① 보건복지부장관
② 시장
③ 군수
④ 구청장

19 공중위생업자가 폐업신고를 하고자 할 때 영업 폐업 신고서를 누구에게 제출하여야 하는가?

① 대통령
② 보건복지부령
③ 시 · 도지사
④ 시장, 군수, 구청장

20 세탁업의 신고기관이 아닌 것은?

① 시장 ② 도지사
③ 군수 ④ 구청장

21 다음 중 세탁업의 신고를 할 수 없는 경우에 해당되는 것은?

① 세탁업의 폐쇄명령을 받은 후 6개월이 지나지 아니한 장소에서 다시 세탁업을 하고자 하는 경우
② 신축 건축물을 임차하여 세탁업에 적합한 시설 및 설비를 갖춘 경우
③ 세탁업의 폐쇄명령을 받은 후 1년이 지난 자가 다시 세탁업을 하고자 하는 경우
④ 호텔에서 투숙객의 의복 등을 세탁하기 위하여 세탁소를 개설하고자 하는 경우

해설
폐쇄명령을 받은 후 6개월이 경과하지 아니한 때에는 누구든지 그 폐쇄명령이 이루어진 영업장소에서 같은 영업을 할 수 없다.

정답 13 ② 14 ④ 15 ④ 16 ③ 17 ① 18 ① 19 ④ 20 ② 21 ①

22 공중위생영업의 신고 및 폐업신고에 관한 설명으로 옳은 것은?

① 공중위생영업은 품목별로 행정안전부령이 정하는 시설 및 설비를 갖추어야 한다.
② 공중위생영업 신고는 군수, 읍장, 동장에게 하여야 한다.
③ 공중위생영업을 신고한 자는 공중위생영업을 폐업한 날부터 20일 이내에 시장, 군수, 구청장에게 신고하여야 한다.
④ 신고의 방법 및 절차에 관하여 필요한 사항은 시 · 도지사가 정한다.

23 세탁업의 신고를 한 자가 폐업신고 시 세탁업을 폐업한 날로부터 며칠 이내에 신고하여야 하는가?

① 5일 이내　② 10일 이내
③ 20일 이내　④ 1월 이내

24 세탁업을 하고자 하는 자는 공중위생영업의 종류별로 보건복지부령이 정하는 시설 및 설비를 갖추고 시장, 군수, 구청장에게 어떤 절차를 받아야 하는가?

① 허가　② 인가
③ 신고　④ 등록

25 다음 중 공중위생영업의 종류별 시설 및 설비기준을 규정한 「공중위생관리법령」은?

① 시행령　② 시행규칙
③ 법률　④ 훈령

26 세탁 관련 영업자가 영업신고를 하지 아니한 경우의 벌칙으로 맞는 것은?

① 6개월 이상의 징역
② 6개월 이내의 징역
③ 1년 이하의 징역
④ 1년 이상의 징역

27 공중위생영업의 종류별 시설 및 설비기준의 개별기준 중 세탁업에 해당하는 것으로 옳은 것은?

① 탈의실, 욕실, 욕조 및 샤워기를 설치해야 한다.
② 소독기, 자외선살균기 등 이용기구를 소독하는 장비를 갖추어야 한다.
③ 세탁용 약품을 보관할 수 있는 견고한 보관함을 설치하여야 한다.
④ 진공청소기(집수 및 집진용)를 2대 이상 비치하여야 한다.

핵심요점

3 공중위생영업의 승계

공중위생영업자의 지위를 승계한 자는 1개월 이내에 보건복지부령이 정하는 바에 따라 시장, 군수 또는 구청장에게 신고하여야 한다.

적중예상문제

28 세탁영업 승계를 신고할 때는 어느 영이 정하는 바에 따라야 하는가?

① 시장령
② 도지사령
③ 보건복지부령
④ 국무총리령

29 세탁업자는 지위를 승계한 자가 1월 이내에 보건복지부령이 정하는 바에 따라 누구에게 신고해야 하는가?

① 대통령
② 국무총리
③ 보건복지부령
④ 시장, 군수, 구청장

정답　22 ③　23 ③　24 ③　25 ②　26 ③　27 ③　28 ③　29 ④

30 공중위생영업자의 지위를 승계한 자의 신고 기간으로 옳은 것은?

① 1주일 이내 ② 10일 이내
③ 2주일 이내 ④ 1월 이내

31 공중위생영업자의 지위를 승계한 자가 보건복지부령이 정하는 바에 따라 시장, 군수 또는 구청장에게 신고하여야 할 기간은?

① 1일 이내 ② 7일 이내
③ 1월 이내 ④ 3월 이내

핵심요점

4 공중위생영업의 변경신고

법 제3조 제1항 후단에서 "보건복지부령"이 정하는 중요사항이란 다음의 사항을 말한다.

① 영업소의 명칭 또는 상호
② 영업소의 소재지
③ 신고한 영업장 면적의 3분의 1 이상의 증감
④ 대표자의 성명 또는 생년월일
⑤ 「공중위생관리법 시행령」(이하 "영"이라 한다) 제4조 제1호에 따른 숙박업 업종 간 변경
⑥ 영 제4조 제2호에 따른 미용업 업종 간 변경
⑦ 다음에 해당하는 자는 6월 이하의 징역 또는 500만 원 이하의 벌금에 처한다.
- 규정에 의한 변경신고를 하지 아니한 자
- 규정에 의하여 공중위생영업자의 지위를 승계한 자로서 신고를 하지 아니한 자

적중예상문제

32 공중위생영업의 변경신고에서 보건복지부령이 정하는 중요사항이 아닌 것은?

① 신고한 영업장 면적의 2분의 1 이상의 증감
② 영업소의 명칭 또는 상호
③ 영업소의 소재지
④ 대표자의 성명

해설
신고한 영업장 면적의 3분의 1 이상의 증감사항

33 공중위생업을 하고자 하는 자가 보건복지부령이 정하는 중요사항을 변경신고를 하지 않았을 때의 벌칙은?

① 1년 이하의 징역 또는 300만 원 이하의 벌금
② 6월 이하의 징역 또는 500만 원 이하의 벌금
③ 1년 이하의 징역 또는 1천만 원 이하의 벌금
④ 1년 이하의 징역 또는 500만 원 이하의 벌금

핵심요점

5 공중위생영업자의 위생관리 의무

① 공중위생영업자는 그 이용자에게 건강상 위해요인이 발생하지 아니하도록 영업 관련 시설 및 설비를 위생적이고 안전하게 관리하여야 한다.
② 세탁업을 하는 자는 세제를 사용함에 있어서 국민건강에 유해한 물질이 발생되지 아니하도록 기계 및 설비를 안전하게 관리하여야 한다. 이 경우 유해한 물질이 발생되는 세제의 종류와 기계 및 설비의 안전관리에 관하여 필요한 사항은 보건복지부령으로 정한다.
③ 공중위생영업을 하고자 하는 자는 공중위생영업의 종류별로 보건복지부령이 정하는 시설 및 설비를 갖추고 시장 · 군수 · 구청장에게 신고하여야 한다. 보건복지부령이 정하는 중요사항을 변경하고자 하는 때에도 또한 같다.
④ 다음에 해당하는 자는 200만 원 이하의 과태료에 처한다.
- 규정에 위반하여 세탁업소의 위생관리의무를 지키지 아니한 자
- 규정에 위반하여 위생교육을 받지 아니한 자

적중예상문제

34 공중위생영업자의 위생관리 의무로 맞는 것은?

① 공중위생영업장의 설치
② 영업 관련 시설 및 설비를 위생적이고 안전하게 관리
③ 유해물질의 발생
④ 세제의 제조 및 판매

정답 30 ④ 31 ③ 32 ① 33 ② 34 ②

35 「공중위생관리법」 규정에 의한 세탁업소의 시설 및 설비기준이 적합하지 아니하였을 때 그 시설 및 설비의 개수를 명할 수 있는 자가 아닌 것은?

① 구청장　② 관할시장
③ 군수　④ 보건복지부장관

36 세탁업주가 세탁업소의 위생관리 의무를 지키지 아니하였을 때 적용되는 과태료의 기준은?

① 30만 원 이하　② 50만 원 이하
③ 100만 원 이하　④ 200만 원 이하

핵심요점

6 행정처분의 개별기준 1

세제를 사용하는 세탁용 기계의 안전관리를 위하여 밀폐형이나 용제회수기가 부착된 세탁용 기계 또는 회수건조기가 부착된 세탁용 기계를 사용하지 아니한 경우

[행정처분]

1차 위반	2차 위반	3차 위반	4차 위반
개선명령	영업정지 5일	영업정지 10일	영업장 폐쇄명령

적중예상문제

37 세제를 사용하는 세탁용 기계의 안전관리를 위하여 밀폐형이거나 용제회수기가 부착된 세탁용 기계를 사용하지 아니한 때 2차 위반 시 행정처분기준은?

① 개선명령
② 영업정지 5일
③ 영업정지 10일
④ 영업장 폐쇄명령

38 세제를 사용하는 세탁용 기계의 안전관리를 위하여 밀폐형이나 용제회수기가 부착된 세탁용 기계를 사용하지 아니한 때 2차 위반 시 행정처분기준은?

① 영업정지 5일
② 영업정지 7일
③ 영업정지 10일
④ 영업정지 폐쇄명령

39 세제를 사용하는 세탁용 기계의 안전관리를 위하여 밀폐형이나 용제회수기가 부착된 세탁용 기계를 사용하지 아니한 때 2차 위반 시 행정처분 기준은?

① 개선명령　② 경고
③ 영업정지　④ 영업장 폐쇄명령

40 다음 중에서 트리클로로에탄이나 퍼클로로에틸렌 등의 세제를 사용하는 세탁용 기계의 안전관리를 위한 시설로 옳은 것은?

① 개방형이거나 용제회수기가 부착된 세탁용 기계를 사용하여야 한다.
② 밀폐형이거나 용제회수기가 부착된 세탁용 기계를 사용하여야 한다.
③ 밀폐형이고 용제회수가 용이하지 아니한 세탁용 기계를 사용하여야 경제적인 시설이다.
④ 개방형이고 용제회수가 용이한 세탁용 기계를 사용하여야 경제적인 시설이다.

41 세탁용 기계의 안전관리를 위하여 밀폐형이거나 용제회수기가 부착된 세탁용 기계에 사용하는 용제가 아닌 것은?

① 퍼클로로에틸렌　② 불소계 용제
③ 석유계 용제　④ 트리클로로에탄

정답 35 ④ 36 ④ 37 ② 38 ① 39 ③ 40 ② 41 ③

핵심요점

7 행정처분의 개별기준 2

드라이클리닝용 세탁기의 유기용제 누출 및 세탁물에 사용된 세제, 유기용제 또는 얼룩 제거 약제가 남거나 곰팡이 등이 생성된 경우

[행정처분]

1차 위반	2차 위반	3차 위반	4차 위반
경고	영업정지 5일	영업정지 10일	영업장 폐쇄명령

적중예상문제

42 다음 중 드라이클리닝용 세탁기의 유기용제 누출 및 세탁물에 사용된 세제나 유기용제 또는 얼룩 제거 약제가 남거나 좀이나 곰팡이 등이 생성된 때의 행정처분 기준(1차 위반 시)은?

① 개선명령
② 경고
③ 영업정지
④ 영업장 폐쇄명령

43 드라이클리닝용 세탁기의 유기용제 누출 및 세탁물에 사용된 세제, 유기용제가 남아 있을 때의 행정처분 기준으로 옳은 것은?

① 1차 위반 : 경고
② 2차 위반 : 영업정지 10일
③ 3차 위반 : 영업정지 30일
④ 3차 위반 : 영업정지 1년

44 드라이클리닝용 세탁기의 유기용제 누출 및 세탁물에 사용된 세제나 유기용제 또는 얼룩 제거 약제가 남거나 좀이나 곰팡이 등이 생성된 때 2차 위반 시의 행정처분기준은?

① 경고　② 개선명령
③ 영업정지　④ 영업장 폐쇄명령

45 드라이클리닝용 세탁기의 유기용제 누출 및 세탁물에 사용된 세제 · 유기용제 또는 얼룩 제거 약제가 남거나, 좀이나 곰팡이 등이 생성된 때에 2차 위반 시 행정처분기준은?

① 개선명령 또는 경고
② 영업정지 5일
③ 영업정지 10일
④ 영업장 폐쇄명령

46 드라이클리닝용 세탁기에서 유기용제가 누출되었을 때, 행정처분기준은?

① 1차 위반 시는 경고
② 2차 위반 시는 영업정지 10일
③ 1차 위반 시는 영업정지 3일
④ 3차 위반 시는 영업장 폐쇄명령

핵심요점

8 행정처분의 개별기준 3

신고를 하지 않고 영업소의 명칭 상호 또는 영업장 면적의 3분의 1 이상을 변경한 경우

[행정처분]

1차 위반	2차 위반	3차 위반	4차 위반
경고 또는 개선명령	영업정지 15일	영업정지 1월	영업장 폐쇄명령

적중예상문제

47 세탁업자가 신고를 하지 아니하고 영업소의 명칭 및 상호 또는 영업장 면적의 3분의 1 이상을 변경한 때 1차 위반 시 행정처분 기준은?

① 경고 또는 개선명령
② 경고
③ 영업정지 5일
④ 영업장 폐쇄명령

정답 42 ② 43 ① 44 ③ 45 ② 46 ① 47 ①

핵심요점

9 행정처분의 개별기준 4

영업정지처분을 받고도 그 영업정지기간에 영업을 한 경우

[행정처분]

1차 위반	2차 위반	3차 위반	4차 위반
영업장 폐쇄명령	–	–	–

적중예상문제

48 세탁업자가 영업정지처분을 받고 그 영업 정지기간 중 영업을 한 때에 행정처분기준은?

① 개선명령
② 경고
③ 영업정지 5일
④ 영업장 폐쇄명령

핵심요점

10 행정처분의 개별기준 5

신고를 하지 않고 영업소의 소재지를 변경한 경우

[행정처분]

1차 위반	2차 위반	3차 위반	4차 위반
영업장 폐쇄명령	–	–	–

적중예상문제

49 신고를 하지 아니하고 영업소의 소재지를 변경한 때 행정처분기준(1차 위반)은?

① 영업정지 5일
② 영업정지 15일
③ 영업정지 30일
④ 폐쇄명령

50 세탁업의 경우 신고를 하지 아니하고 영업소의 소재지를 변경한 때 1차 위반의 경우에 대한 행정처분기준은?

① 개선명령
② 영업정지 15일
③ 영업정지 2월
④ 영업장 폐쇄명령

51 신고를 하지 아니하고 영업소의 소재지를 변경할 때 1차 위반의 경우에 대한 행정처분기준으로 옳은 것은?

① 개선명령
② 영업정지 15일
③ 영업정지 2개월
④ 영업장 폐쇄명령

핵심요점

11 행정처분의 개별기준 6

법 제9조에 따른 보고를 하지 않거나 거짓으로 보고한 경우 또는 관계공무원의 출입, 검사 또는 공중위생업 장부 또는 서류의 열람을 거부, 방해하거나 기피한 경우

[행정처분]

1차 위반	2차 위반	3차 위반	4차 위반
영업정지 10일	영업정지 20일	영업정지 1월	영업장 폐쇄명령

적중예상문제

52 관계공무원의 출입 검사를 거부 기피하거나 방해한 때 2차 위반 시 행정처분기준은?

① 영업정지 10일
② 영업정지 20일
③ 영업정지 1개월
④ 영업장 폐쇄명령

정답 48 ④ 49 ④ 50 ④ 51 ④ 52 ②

53 **세탁업자가 1차 위반 시 행정처분기준이 경고가 아닌 것은?**

① 공중위생업자가 준수하여야 하는 위생관리기준 등을 위반한 때
② 시·도지사 또는 시장·군수·구청장의 개선명령을 이행하지 아니한 때
③ 관계공무원의 출입·검사를 거부 기피하거나 방해한 때
④ 위생교육을 받지 아니한 때

핵심요점

12 공중위생영업소 폐쇄명령

① 시장, 군수, 구청장은 영업처분명령을 받고도 그 영업정지기간에 영업을 한 경우에는 영업소 폐쇄를 명할 수 있다.
② 공중위생영업자가 정당한 사유 없이 6개월 이상 계속 휴업하는 경우 폐쇄명령을 할 수 있다.
③ 영업소 폐쇄명령을 받고도 계속하여 영업을 한 때에는 관계공무원으로 하여금 당해 영업소를 폐쇄하기 위하여 다음의 조치를 하게 할 수 있다.
- 당해 영업소의 간판, 기타 영업표지물의 제거
- 당해 영업소가 위법한 영업소임을 알리는 게시물 등의 부착
- 영업을 위하여 필수불가결한 기구 또는 시설물을 사용할 수 없게 하는 봉인

적중예상문제

54 **영업소 폐쇄명령을 받고도 영업을 하는 때에 관계 공무원이 폐쇄하기 위한 행위로 올바르지 않은 조치는?**

① 영업소의 간판, 기타 영업표지물의 제거 행위
② 영업을 위한 기구 또는 시설물을 사용할 수 없게 하는 봉인 작업
③ 영업소에 고객이 출입할 수 없도록 출입문을 지켜 서 있는 행위
④ 당해 영업소가 위법한 영업소임을 알리는 게시물의 부착 행위

55 **공중위생영업자가 영업소 폐쇄명령을 받고도 계속하여 영업을 하는 때에 관계공무원으로 하여금 조치를 할 수 있는 것이 아닌 것은?**

① 당해 영업소의 간판 기타 영업표지물의 제거
② 당해 영업소가 위법한 업소임을 알리는 게시물 등의 부착
③ 영업을 위하여 필수불가결한 기구 또는 시설물을 사용할 수 없게 하는 봉인
④ 영업소에 고객이 출입할 수 없도록 출입문 폐쇄

56 **공중위생업자는 영업소 폐쇄명령이 있은 후 몇 개월이 경과하지 아니할 때에는 누구든지 그 폐쇄명령이 이루어진 영업장소에서 같은 종류의 영업을 할 수 없는가?**

① 1개월 ② 3개월
③ 6개월 ④ 12개월

57 **「공중위생관리법」에 의한 명령에 위반하여 6월 이내의 기간을 정하여 영업정지 명령 또는 일부 시설의 사용중지명령을 받고도 그 기간 중에 영업을 하거나 그 시설을 사용한 자의 벌칙에 해당하는 것은?**

① 3년 이하의 징역 또는 1천만 원 이하의 벌금
② 1년 이하의 징역 또는 1천만 원 이하의 벌금
③ 200만 원 이하의 벌금
④ 100만 원 이하의 벌금

정답 53 ③ 54 ③ 55 ④ 56 ③ 57 ②

핵심요점

⑬ 세탁업 표준약관

(1) 세탁업의 목적
본 약관은 세탁업자와 세탁 서비스를 이용하는 고객 사이에 계약에 따른 권리와 의무에 관한 사항을 규정함을 목적으로 한다.

(2) 인수증 약관의 교부
① 세탁업자의 상호, 주소 및 전화번호
② 고객의 성명, 주소 및 전화번호
③ 세탁물 인수일
④ 세탁완성예정일
⑤ 세탁물의 구입가격 및 구입일
⑥ 세탁물의 품명, 수량 및 세탁요금
⑦ 피해 발생 시 손해배상기준
⑧ 기타 사항 : 세탁물 보관료, 세탁물의 하자 유무, 특약사항

※ 세탁업자는 이 약관을 고객 등이 열람하기에 용이한 장소에 게시하고 고객이 요구할 때에는 약관을 교부하여야 한다.

적중예상문제

58 다음 설명 중 옳지 않은 것은?

① 세탁 요금표에 의한 세탁요금을 초과해서 요금을 받아서는 아니 된다.
② 신고필증이나 주의사항은 게시해야 할 의무가 없다.
③ 세탁용 기구 및 기계는 수시로 손질하여야 한다.
④ 세탁물은 손상되지 않도록 충분히 주의를 하여야 한다.

59 세탁업소에 법적으로 게시할 내용이 아닌 것은?

① 신고필증
② 요금표
③ 주의사항
④ 세탁기능사 자격증

60 다음 중 의료기관(병원) 세탁물 취급에 대하여 옳게 설명한 것은?

① 일반 세탁물과 같이 취급한다.
② 의료기관의 세탁물은 의료 관계 법령에 의하여 별도의 설비를 갖추어야 한다.
③ 세탁업 개설 신고필증이 있으면 된다.
④ 소독만 자주하면 괜찮다.

61 끝손질만 하는 세탁업소는 어떤 작업만 하는 업소를 말하는가?

① 세탁　② 드라이클리닝
③ 짜깁기　④ 다리미질

핵심요점

⑭ 세탁업자가 준수하여야 할 위생관리기준

① 드라이클리닝용 세탁기는 유기용제의 누출이 없도록 항상 점검하여야 하고 사용 중에 누출되지 않도록 하여야 한다.
② 세탁물에는 세탁물의 처리에 사용된 세제, 유기용제 또는 얼룩 제거 약제가 남지 않도록 하여야 한다.
③ 세탁업자는 업소에 보관 중인 세탁물에 좀이나 곰팡이 등이 생성되지 않도록 위생적으로 관리하여야 한다.

적중예상문제

62 공중위생영업자가 준수하여야 하는 위생관리기준에 해당하지 않는 것은?

① 드라이클리닝용 세탁기는 유기용제의 유출이 없도록 항상 점검하여야 한다.
② 세탁물에는 세탁물의 처리에 사용된 세제, 유기용제 또는 얼룩 제거 약제가 남지 아니하도록 하여야 한다.
③ 영업자의 개인위생을 철저히 하여야 한다.
④ 세탁업자는 업소에 보관 중인 세탁물에 좀이나 곰팡이 등이 생성되지 않도록 위생적으로 관리하여야 한다.

정답 58 ② 59 ④ 60 ② 61 ④ 62 ③

63 세탁업자가 준수하여야 하는 위생관리기준으로 틀린 것은?

① 드라이클리닝용 세탁기는 유기용제의 누출이 없도록 항상 점검하여야 한다.
② 세탁물에는 세탁물의 처리에 사용된 세제가 남지 아니하도록 하여야 한다.
③ 보관 중인 세탁물에 좀이나 곰팡이 등이 생성되지 않도록 위생적으로 관리하여야 한다.
④ 영업장 안의 조명도는 100럭스 이상이 되도록 유지하여야 한다.

64 세탁업자가 준수하여야 할 위생관리기준으로 틀린 것은?

① 드라이클리닝용 세탁기는 유기용제의 누출이 없도록 항상 점검하여야 한다.
② 세탁물에는 세탁물 처리에 사용된 세제·유기용제 또는 얼룩 제거 약제가 남지 않도록 해야 한다.
③ 출입, 검사 등의 기록부를 영업소 밖에 비치하여야 한다.
④ 업소에 보관 중인 세탁물에 좀이나 곰팡이 등이 생성되지 않도록 위생적으로 관리하여야 한다.

핵심요점

⑮ 과징금

① 영업정지 1개월은 30일을 기준으로 한다.
② 과징금의 징수절차는 보건복지부령으로 정한다.
③ 규정에 의한 과징금을 부과하는 위반행위의 종별 정도 등에 따른 과징금의 금액 등에 관하여 필요한 사항은 대통령령으로 정한다.

적중예상문제

65 「공중위생관리법」상 과징금 산정기준으로 옳은 것은?

① 영업정지 1월은 30일로 계산한다.
② 영업정지 1월은 31일로 계산한다.
③ 과징금 부과기준이 되는 매출금액은 업주가 산출한다.
④ 처분일이 속한 연도의 전년도 2년간의 총 매출금액을 말한다.

66 공중위생영업자에 대한 과징금 징수절차는 무엇으로 정하는가?

① 대통령령　② 국무총리령
③ 보건복지부령　④ 행정안전부령

67 과징금을 부과하는 위반행위의 종별·정도에 따른 과징금의 금액 등에 관하여 필요한 사항은 어느 영으로 정하는가?

① 도지사령　② 보건복지부령
③ 국무총리령　④ 대통령령

68 「공중위생관리법」의 시행령 기준 과징금 산정기준 중 영업정지 1월의 기준으로 옳은 것은?

① 28일　② 29일
③ 30일　④ 31일

정답 63 ④ 64 ③ 65 ① 66 ③ 67 ④ 68 ③

핵심요점

⑯ 위생서비스 수준의 평가

(1) 위생서비스 수준의 평가(법 제13조)
① 시 · 도지사는 공중위생영업소의 위생관리수준을 향상시키기 위하여 위생서비스평가계획을 수립하여 시장, 군수, 구청장에게 통보하여야 한다.
② 시장, 군수, 구청장은 평가계획에 따라 관할지역별 세부평가계획을 수립한 후 공중위생영업소의 위생서비스 수준을 평가하여야 한다.
③ 시장, 군수, 구청장은 위생서비스평가의 전문성을 높이기 위하여 필요하다고 인정하는 경우에는 관련 전문기관 및 단체로 하여금 위생서비스 평가를 실시하게 할 수 있다.
④ ① 내지 ③의 규정에 의한 위생서비스 평가의 주기, 방법, 위생관리등급의 기준, 기타 평가에 관하여 필요한 사항은 보건복지부령으로 정한다.

(2) 위생서비스의 평가 주기
규정에 의한 공중위생서비스 평가주기는 2년으로 실시한다.

(3) 위생지도 및 개선명령을 할 수 있는 자
시장, 군수, 구청장

적중예상문제

69 위생서비스 수준의 평가에 대한 설명 중 틀린 것은?

① 시 · 도지사는 공중위생영업소의 위생관리수준을 향상시키기 위하여 위생서비스계획을 수립하여 시장 · 군수 · 구청장에게 통보하여야 한다.
② 보건복지부장관은 평가계획에 따라 관할지역별 세부평가계획을 수립한 후 공중위생영업소의 위생서비스기준을 평가하여야 한다.
③ 시장, 군수, 구청장은 위생서비스평가의 전문성을 높이기 위하여 필요하다고 인정하는 경우에는 관련 전문기관 및 단체로 하여금 위생서비스 평가를 실시하게 할 수 있다.
④ 위생서비스평가의 주기, 방법, 위생관리등급의 기준, 기타 평가에 관하여 필요한 사항은 보건복지부령으로 정한다.

70 위생서비스 수준의 평가에 대한 설명으로 바르지 않은 것은?

① 시 · 도지사는 공중위생영업소의 위생관리수준을 향상시키기 위하여 위생서비스 평가계획을 수립한다.
② 시장, 군수, 구청장은 평가계획에 따라 관할지역별 세부 평가계획을 수립한 후 공중위생영업소의 위생서비스 수준을 평가하여야 한다.
③ 위생서비스 평가의 전문성을 높이기 위하여 필요하다고 인정하는 경우에는 관련 전문기관 및 단체로 하여금 위생서비스 평가를 실시하게 할 수 있다.
④ 위생서비스 평가의 주기, 방법, 위생관리등급의 기준, 기타 평가에 관하여 필요한 사항은 시 · 도지사령으로 정한다.

71 공중위생영업소의 일반적인 위생서비스 수준의 평가 주기는?

① 1년 ② 2년
③ 5년 ④ 10년

72 다음 중 위생지도 및 개선명령을 할 수 있는 자는?

① 시장
② 행정안전부장관
③ 보건복지부장관
④ 국무총리

정답 69 ② 70 ④ 71 ② 72 ①

73 다음 중 위생지도 및 개선명령을 할 수 없는 자는?

① 구청장
② 군수
③ 시장
④ 보건복지부장관

핵심요점

17 과태료

대통령이 정하는 바에 의하여 시장, 군수, 구청장은 과태료를 부과할 수 있다.

① 과태료 처분에 불복이 있는 공중위생영업자는 그 처분의 고지를 받은 날로부터 30일 이내에 이의를 제기할 수 있다.
② 30만 원 이하 과태료 : 국민건강에 유해한 물질이 발생하지 아니하도록 기계 및 설비를 안전하게 관리함을 위반한 자
③ 100만 원 이하의 과태료 : 관계공무원의 출입, 검사, 기타 조치를 거부, 방해 또는 기피하는 자
④ 200만 원 이하의 과태료
- 규정에 위반하여 세탁업소의 위생관리의무를 지키지 아니한 자
- 규정에 위반하여 위생교육을 받지 아니한 자

⑤ 1년 이하의 징역 또는 1천만 원 이하의 벌금 : 공중위생업을 하고자 하는 자가 신고를 하지 아니한 자

적중예상문제

74 대통령이 정하는 바에 의하여 과태료를 부과 · 징수할 수 없는 자는?

① 구청장
② 군수
③ 시장
④ 보건복지부장관

75 행정기관으로부터 과태료 처분에 불복이 있는 자의 이의제기에 대한 설명으로 옳은 것은?

① 처분의 고지를 받은 날로부터 15일 이내에 처분권자에게 이의를 제기할 수 있다.
② 처분의 고지를 받은 날로부터 30일 이내에 처분권자에게 이의를 제기할 수 있다.
③ 관할법원에 재판을 신청하고 처분권자에게 이의를 제기할 수 있다.
④ 처분의 고지를 받은 날로부터 60일 이내에 처분권자보다 높은 국무총리에게 이의를 제기할 수 있다.

76 과태료 처분에 불복이 있는 공중위생영업자는 그 처분의 고지를 받은 날로부터 며칠 이내에 이의를 제기할 수 있는가?

① 30일 ② 40일
③ 50일 ④ 60일

77 관계공무원의 출입, 검사, 기타 조치를 거부, 방해 또는 기피한 자에게 부과되는 과태료 기준 금액은?

① 30만 원 ② 50만 원
③ 70만 원 ④ 100만 원

78 세탁업을 하는 자가 국민건강에 유해한 물질이 발생되지 않는 세제의 종류와 기계 및 설비를 안전하게 관리하는 위생관리의무규정에 위반하였을 때 처하는 과태료의 기준은?

① 100만 원 이하
② 200만 원 이하
③ 300만 원 이하
④ 500만 원 이하

정답 73 ④ 74 ④ 75 ② 76 ① 77 ④ 78 ②

79 세탁업을 하는 자가 세제를 사용함에 있어서 국민건강에 유해한 물질이 발생하지 아니하도록 기계 및 설비를 안전하게 관리함을 위반하여 부과되는 과태료의 기준금액은?

① 30만 원 ② 50만 원
③ 70만 원 ④ 100만 원

80 공중위생업을 하고자 하는 자가 신고를 하지 아니한 경우에 해당되는 벌칙은?

① 3년 이하의 징역 또는 1천만 원 이하의 벌금
② 1년 이하의 징역 또는 1천만 원 이하의 벌금
③ 6월 이하의 징역 또는 500만 원 이하의 벌금
④ 6월 이하의 징역 또는 100만 원 이하의 벌금

81 세탁업소의 위생관리의무를 지키지 아니하였을 경우 과태료 금액은?

① 80만 원 이하
② 100만 원 이하
③ 200만 원 이하
④ 300만 원 이하

82 세탁 관련 영업자가 영업신고를 하지 아니한 경우의 벌칙으로 맞는 것은?

① 6개월 이상의 징역
② 6개월 이내의 징역
③ 1년 이하의 징역
④ 2년 이하의 징역

핵심요점

18 위생교육

① 공중위생영업자는 매년 위생교육을 3시간 받아야 한다.
② 규정에 따른 위생교육의 방법, 절차 등에 관하여 필요한 사항은 보건복지부령으로 정한다.
③ 법 제17조 제2항에 따른 위생교육을 받은 자가 위생교육을 받은 날로부터 2년 이내에 위생교육을 받은 업종과 같은 업종의 영업을 하려는 경우에는 해당 영업에 대한 위생교육을 받은 것으로 한다.
④ 위생교육 실시단체의 장은 위생교육을 수료한 자에게 수료증을 교부하고, 교육실시 결과를 교육 후 1개월 이내에 시장, 군수, 구청장에게 통보하여야 하며, 수료증 교부대장 등 교육에 관한 기록을 2년 이상 보관, 관리하여야 한다.
⑤ 법 제17조 제4항에 따른 위생교육을 실시하는 단체는 (이하 "위생교육실시단체"라 한다) 보건복지부장관이 고지한다.
⑥ 위생교육을 받지 않았을 경우 1차 위반은 경고이며 과태료는 20만 원이다.

적중예상문제

83 공중위생영업자의 연간 위생교육시간은?

① 3시간 ② 6시간
③ 8시간 ④ 12시간

84 「공중위생관리법」상 위생교육을 받아야 하는 자에 대한 위생교육의 방법 · 절차 등에 관하여 필요한 사항은 어느 영으로 정하는가?

① 대통령령 ② 보건복지부령
③ 국무총리령 ④ 고용노동부령

85 공중위생업자가 받아야 할 연간 위생교육시간은?

① 1시간 ② 2시간
③ 3시간 ④ 4시간

정답 79 ① 80 ② 81 ③ 82 ③ 83 ① 84 ② 85 ③

86 「공중위생관리법 시행규칙」상 위생교육은 매년 몇 시간 실시하도록 되어 있는가?

① 2시간 ② 3시간
③ 8시간 ④ 10시간

87 다음 중 공중위생영업자의 위생교육시간은?

① 1개월마다 4시간
② 6개월마다 4시간
③ 매년 3시간
④ 2년마다 4시간

88 다음 중 세탁업과 관련한 위생교육에 대한 설명으로 틀린 것은?

① 위생교육의 내용은 「공중위생관리법」 및 관련 법규, 소양교육, 기술교육, 그 밖에 공중위생에 관하여 필요한 내용으로 한다.
② 위생교육은 매년 3시간으로 한다.
③ 위생교육을 실시하는 단체는 보건복지부 장관이 고시한다.
④ 위생교육을 받은 자가 위생교육을 받은 날부터 2년 이내에 위생교육을 받은 업종과 같은 업종의 영업을 할 경우에는 해당 영업에 대한 위생교육을 다시 받아야 한다.

89 위생교육 실시단체의 장은 위생교육 수료증 교부대장 등 교육에 대한 기록은 몇 년 이상 보관, 관리하여야 하는가?

① 1년 이상 ② 2년 이상
③ 3년 이상 ④ 4년 이상

90 세탁업자가 위생교육을 받지 아니한 때의 1차 행정처분기준은?

① 경고 ② 영업정지 5일
③ 영업정지 10일 ④ 영업장 폐쇄명령

핵심요점

⑲ 공중위생감시원

규정에 의한 공중위생감시원의 자격, 임명, 업무범위, 기타 필요한 사항은 대통령령으로 정한다.

(1) 공중위생감시원 자격
법 제15조의 규정에 의하여 특별시장, 광역시장, 도지사 또는 시장, 군수, 구청장은 다음에 해당하는 소속공무원 중에서 공중위생감시원을 임명한다.
① 위생사 또는 환경기사 2급 이상의 자격이 있는 자
② 「고등교육법」에 의한 대학에서 화학, 화공학, 환경공학 또는 위생학 분야를 전공하고 졸업한 자 또는 이와 동등한 이상의 자격증이 있는 자
③ 외국에서 위생사 또는 환경기사의 면허를 받은 자
④ 3년 이상 공중위생 행정에 종사한 경력이 있는 자

(2) 공중위생감시원 업무 범위
① 법 제3조 제1항의 규정에 의한 시설 및 설비의 확인
② 법 제4조의 규정에 의한 공중위생영업 관련 시설 및 설비의 위생상태 확인, 검사, 공중위생영업자의 위생관리의무 및 영업자 준수사항 이행 여부의 확인
③ 법 제10조의 규정에 의한 위생지도 및 개선명령 이행 여부의 확인
④ 법 제11조의 규정에 위한 공중위생영업소의 정지, 일부 시설의 사용중지 또는 영업소 폐쇄명령 이행 여부의 확인
⑤ 법 제17조의 규정에 의한 위생교육 이행 여부의 확인

(3) 명예공중감시원
① 시 · 도지사는 공중위생의 관리를 위한 지도, 계몽 등을 행하기 위하여 명예공중감시원을 둘 수 있다.

정답 86 ② 87 ③ 88 ④ 89 ② 90 ①

② ①의 규정에 의한 명예공중감시원의 자격 및 위촉방법, 업무 범위 등에 관하여 필요한 사항은 대통령령으로 정한다.

(4) 명예공중감시원의 업무 범위
① 공중위생감시원이 행하는 검사대상물의 수거 지원
② 법령 위반행위에 대한 신고 및 자료 제공
③ 그 밖의 공중위생에 관한 홍보, 계몽 등 공중위생관리업무와 관련하여 시 · 도지사가 따로 부여하는 업무

적중예상문제

91 공중위생감시원을 임명할 수 없는 자는?

① 구청장
② 시장
③ 특별시장
④ 보건복지부장관

92 다음 중 공중위생감시원을 임명할 수 있는 자가 아닌 것은?

① 도지사　② 공중위생단체의 장
③ 광역시장　④ 시장, 군수, 구청장

93 다음 중 공중위생감시원을 임명할 수 있는 자는?

① 특별시장, 광역시장, 도지사
② 보건복지부장관
③ 국무총리
④ 대통령

94 공중위생감시원의 자격으로 옳은 것은?

① 1년 이상 공중위생 행정에 종사한 경력이 있는 자
② 위생사 또는 환경기능사 이상의 자격증이 있는 자
③ 「고등교육법」에 의한 대학에서 화학, 화공학, 환경공학 또는 위생학 분야를 전공하고 졸업한 자
④ 대통령이 지정하는 공중위생감시원의 양성시설에서 소정의 과정을 이수한 자

95 공중위생감시원의 자격이 아닌 것은?

① 위생사 또는 환경기사 2급 이상의 자격이 있는 자
② 대학에서 화학, 화공학, 환경공학 또는 위생학 분야 전공졸업자
③ 외국에서 위생사 또는 환경기사 면허를 받은 자
④ 1년 이상 공중위생 행정에 종사한 경력이 있는 자

96 공중위생감시원의 자격으로 틀린 것은?

① 위생사 또는 환경기사 2급 이상의 자격증이 있는 자
② 외국에서 위생사 또는 환경기사의 면허를 받은 자
③ 2년 이상 공중위생 행정에 종사한 경력이 있는 자
④ 「고등교육법」에 의한 대학에서 화학, 화공학, 환경공학 또는 위생학 분야를 전공하고 졸업한 자

97 다음 중 공중위생감시원의 자격이 없는 사람은?

① 환경산업기사 이상의 자격증이 있는 자
② 대학에서 위생학 분야를 전공하고 졸업한 자
③ 2년 이상 공중위생 행정에 종사한 경력이 있는 자
④ 외국에서 환경기사의 면허를 받은 자

정답 91 ④ 92 ② 93 ① 94 ③ 95 ④ 96 ③ 97 ③

98 세탁업을 하는 자는 세제를 사용함에 있어서 국민건강에 유해한 물질이 발생되지 아니하도록 기계 및 설비를 안전하게 관리하여야 한다. 이와 같은 위생관리의무를 지키지 아니한 자에 대한 과태료 처분으로 옳은 것은?

① 개선명령 또는 70만 원 이하의 과태료
② 100만 원 이하의 과태료
③ 200만 원 이하의 과태료
④ 300만 원 이하의 과태료

99 다음 소속 공무원 중 공중위생감시원의 자격이 되지 않는 자는?

① 위생사 또는 환경기사 2급 이상의 자격증이 있는 자
② 3년 이상 공중위생 행정에 종사한 경력이 있는 자
③ 「고등교육법」에 의한 대학에서 환경공학 또는 위생학 분야를 전공하고 졸업한 자
④ 외국에서 공중위생업무에 종사한 경력이 있는 자

100 다음 중 공중위생감시원의 업무 범위가 아닌 것은?

① 시설 및 설비의 확인
② 영업자준수사항 이행 여부의 확인
③ 영업자의 기술적인 인정 여부 확인
④ 위생지도 및 개선명령 이행 여부의 확인

101 공중위생감시원의 업무 범위가 아닌 것은?

① 공중위생 관련 시설 및 설비의 위생상태 확인 검사
② 공중위생영업소의 영업의 재개명령 이행 여부의 확인
③ 공중위생업자의 위생교육 이행 여부의 확인
④ 공중 위생업자의 위생지도 및 개선명령 이행 여부 확인

102 다음 중 명예공중위생감시원의 업무가 아닌 것은?

① 공중위생감시원이 행하는 검사대상물의 수거 지원
② 법령 위반행위에 대한 신고 및 자료 제공
③ 공중위생관리업무와 관련하여 따로 부여받은 업무
④ 공중이용시설의 위생관리상태의 확인, 검사

해설

공중이용시설의 위생관리상태의 확인, 검사는 공중위생감시원의 업무 범위이다.

103 명예공중위생감시원의 업무가 아닌 것은?

① 공중위생관리 업무와 관련하여 시 · 도지사가 따로 정하여 부여하는 업무
② 위생지도 및 개선명령 이행 여부의 확인
③ 법령 위반행위에 대한 신고 및 자료 제공
④ 공중위생감시원이 행하는 검사대상물의 수거지원

해설

위생지도 및 개선명령 이행 여부의 확인은 공중위생감시원의 업무 범위이다.

104 다음 중 공중위생감시원의 업무 범위가 아닌 것은?

① 법 제3조 제1항의 규정에 의한 시설 및 설비의 확인
② 법 제5조의 규정에 의한 영업자의 기술자격 인정 여부
③ 법 제4조의 규정에 의한 영업자준수사항 이행 여부의 확인
④ 법 제5조의 규정에 의한 공중이용시설의 위생관리상태의 확인 · 검사

정답 98 ③ 99 ④ 100 ③ 101 ② 102 ④ 103 ② 104 ②

105 **공중위생감시원의 직무사항으로 맞지 않는 것은?**

① 영업자의 준수사항 이행 여부
② 행정처분의 이행 여부
③ 공중위생영업소의 위생지도에 관한 사항
④ 세탁물사고 분쟁해결

106 **다음 중 공중위생감시원을 임명하는 자가 아닌 것은?**

① 도지사
② 관련 단체장
③ 광역시장
④ 구청장

107 **공중위생감시원의 자격 · 임명 · 업무 범위 등은 다음 중 어느 영으로 정하는가?**

① 도지사
② 보건복지부
③ 시장 · 군수
④ 대통령

핵심요점

20 공중위생영업자단체와 분쟁의 조정

법 제6조의 규정에 의하여 설립된 세탁업자단체는 그 정관이 정하는 바에 의하여 세탁업자 소비자 분쟁 조정을 위하여 노력하여야 한다.

적중예상문제

108 **「공중위생관리법」에 규정한 세탁물 관리 사고로 인한 분쟁을 조정할 수 있는 곳은?**

① 소상공인지원센터
② 공정거래위원회
③ 세탁업자단체
④ 시 · 군 · 구청

정답 105 ④ 106 ② 107 ④ 108 ③

세탁기능사 필기 기출문제 600제

PART FOUR

세탁기능사 필기 기출문제 600제

01 클리닝 순서가 옳은 것은?

① 접수점검－마킹－대분류－포켓청소－세정
② 접수점검－포켓청소－대분류－세정－마킹
③ 접수점검－세정－마킹－대분류－포켓청소
④ 접수점검－대분류－마킹－세정－포켓청소

해설
클리닝 순서
접수점검－마킹－대분류－포켓청소－세분류－얼룩빼기[전처리]－클리닝[세정]－얼룩빼기[후처리]－마무리－최종점검－포장

02 오점의 분류에 속하지 않는 것은?

① 유성오염 ② 불용성 고체오염
③ 대전성오염 ④ 수용성오염

해설
오염의 분류
• 유성오염(유용성오염)
• 수용성오염
• 고형(고체오염)

03 유용성오점의 분류가 아닌 것은?

① 기계유, 식용유, 지방산, 그리스, 왁스 등
② 광유, 지방, 화장품, 지질 등
③ 페인트, 그리스, 왁스, 타르, 피지 등
④ 간장, 과즙, 구토물, 겨자, 곰팡이 등

해설
간장, 과즙, 구토물, 겨자, 곰팡이 등은 수용성오점이다.

04 섬유에 오염이 빨리 되는 순서로 맞는 것은?

① 레이온, 마, 아세테이트, 면, 비닐론, 견, 나일론, 양모
② 레이온, 아세테이트, 면, 마, 비닐론, 견,나일론, 양모
③ 레이온, 마, 면, 견, 아세테이트, 비닐론, 나일론, 양모
④ 레이온, 마, 아세테이트, 면, 견, 비닐론, 나일론, 양모

해설
오염이 빨리 되는 섬유순서
비스코스레이온－마－아세테이트－면－비닐론－견(실크)－나일론－양모

05 재오염의 원인에 대한 설명이 틀린 것은?

① 흡착에 의한 재오염에는 정전기에 의한 것이 있다.
② 세정과정에서 용제 중에 용탈한 염료가 섬유에 염착하지 않는다.
③ 용제의 수분이 과다함에 따라 재오염이 발생한다.
④ 물에 젖은 의류는 수분과다로 수용성 더러움이 흡착된다.

해설
세정과정에서 용제 중에 용탈한 염료는 섬유에 염착된다.

정답 01 ① 02 ③ 03 ④ 04 ① 05 ②

06 **세탁과정 중 옷에서 일단 분리되었던 오염이 다시 옷에 부착되는 경우를 무엇이라고 하는가?**

① 재오염 ② 방모
③ 표백 ④ 용해도

해설
재오염
분리되었던 오염이 다시 옷에 부착되는 경우를 말한다.

07 **다음 중 용제관리의 목적에 맞는 것은?**

① 용제의 산가가 높을수록 세정 효과가 크다.
② 용제는 소프 및 수분을 적정농도로 유지할 필요가 없다.
③ 재오염 방지 및 세정력 향상을 위해 용제를 깨끗이 하고, 소프 및 수분의 적정농도를 유지해야 한다.
④ 용제는 반복 사용하기 때문에 세정액을 청정화할 필요성이 없다.

해설
용제관리의 목적
- 재오염 방지
- 세정력 향상
- 용제 청결
- 소프 및 수분의 적정농도 유지

08 **견직물을 부러싱하기 전에 소프(Soap)가 들어 있지 않은 석유계 용제를 바르고 부러싱해야 한다. 그 이유는?**

① 용제의 산가가 높을수록 세정 효과가 크다.
② 용제는 소프 및 수분을 적정농도로 유지할 필요가 없다.
③ 시일의 경과에 따른 황갈색으로의 변색을 막기 위해서이다.
④ 용제는 반복 사용하기 때문에 세정액을 청정화할 필요성이 없다.

해설
소프(Soap)가 들어 있지 않은 석유계 용제를 바른 후 부러싱해야 하는 이유
시일 경과 후 황갈색으로 변하는 것을 막기 위해서이다.

09 **다음 중 세정액의 청정장치 종류가 아닌 것은?**

① 증발식 ② 필터식
③ 청정통식 ④ 카트리지식

해설
세정액 청정장치의 종류
- 증류식
- 필터식
- 청정통식
- 카트리지식

10 **퍼클로로에틸렌 기계구조 중 가장 상관이 적은 것은?**

① 세정 ② 탈액
③ 여과 ④ 건조

해설
여과는 석유계 용제 드라이클리닝과 관계가 있다.

11 **펌프 능력이 양호한 상태로 유지되는 액심도 3까지 도달하는 펌프의 소요시간은?**

① 120초 이상 ② 60～120초
③ 45초 이내 ④ 45～60초

해설
용제를 순환시키는 펌프의 능력에서 액심도 3까지 소요되는 시간이 45초 이내는 양호, 60초 이상이면 불량이다.

12 **세척력이 적으나 대전방지제로 주로 사용되는 것은?**

① 음이온계 계면활성제
② 양이온계 계면활성제
③ 비이온계 계면활성제
④ 양성계 계면활성제

해설
양이온계 계면활성제는 세척력이 적은 대전방지제로 주로 사용된다.

정답 06 ① 07 ③ 08 ③ 09 ① 10 ③ 11 ③ 12 ②

13 형광증백제의 특성으로 맞지 않는 것은?

① 태양이나 자외선이 비치지 않는 곳에서도 증백 효과가 나타난다.
② 증백제의 용량이 지나치면 백도가 저하하는 경향이 있다.
③ 증백작용이 물리적이므로 섬유에 손상이 없다.
④ 염소분이 섬유에 존재하면 형광증백 후 색소가 착색된다.

해설
형광증백제는 태양광선이나 자외선이 비쳐야만 원단의 백도를 나타낼 수 있다.

14 계면활성제는 용도에 따라 여러 가지 명칭이 있다. 다음 중에서 그 명칭이 아닌 것은?

① 세정제　② 유화제
③ 분산제　④ 건조제

해설
계면활성제는 용도에 따라 세정제, 유화제, 분산제, 습윤제, 가용화제로 구분된다.

15 다음 진단 내용 중 기술 진단으로 틀린 것은?

① 형태의 변형
② 오염 제거 정도의 진단
③ 제품가격의 진단
④ 가공표시의 여부

해설
기술 진단내용
형태의 변형, 오염 제거 정도, 가공표시, 금지표시, 얼룩, 곰팡이, 눌은 자국, 수축 여부, 상처, 보푸라기, 잔털이 누운 것, 마모, 부분 변퇴색 등

16 다음 중 보일러의 고장현상이 아닌 것은?

① 수면계의 수위가 나타나지 않는다.
② 증기(스팀)에 물이 섞여 나온다.
③ 부글부글 물이 끓는 소리가 난다.
④ 작동 중 불이 꺼진다.

해설
보일러의 고장현상
- 수면계의 수위가 나타나지 않는다.
- 증기(스팀)에 물이 섞여 나온다.
- 작동 중 불이 꺼진다.
- 압력 게이지가 움직이지 않는다.
- 본체에서 증기나 물이 샌다.

17 진단의 순서와 방법 중 맞지 않는 것은?

① 세탁물의 진단은 고객 앞에서 해야 된다.
② 진단은 고객으로부터 접수 시에 해야 된다.
③ 옷에 부착되어 있는 취급표시의 정보를 숙지하고, 작업자 임의대로 취급하는 것은 금물이다.
④ 형태의 변형과 얼룩 및 눌은 자국 등을 파악해야 할 의무는 없어도 된다.

해설
형태의 변형과 얼룩 및 눌은 자국 등을 파악해서 고객에게 설명해 주어야 한다.

18 수관 보일러의 형식으로 맞는 것은?

① 관류식　② 입식식
③ 노통식　④ 연관식

해설
수관 보일러의 형식
- 관류식
- 자연순환식
- 강제순환식

19 수용성오점 제거방법을 이야기한 것 중 맞지 않는 것은?

① 일반적으로 묻은 오점은 묻은 즉시 물만으로도 어느 정도는 제거된다.
② 시간이 경과된 것은 물과 알칼리성 또는 중성세제로 제거될 수 있다.
③ 너무 오래된 것은 공기 중에서 변질, 고착되므로 표백 처리가 필요할 수 있다.
④ 중성세제로 제거되지 않은 오점은 불용성 오점이다.

정답 13 ① 14 ④ 15 ③ 16 ③ 17 ④ 18 ① 19 ④

해설

수용성오점 제거방법

- 묻은 즉시 물만으로 제거가 가능하다.
- 시간이 경과한 것은 물과 세제로 제거가 가능하다.
- 오래된 것은 표백 처리한다.

20 합성세제의 특성이 잘못 설명된 것은?

① 용해가 빠르고 헹구기가 쉽다.
② 거품이 잘 생기고, 침투력이 우수하다.
③ 값이 싸고 원료제한을 받지 않는다.
④ 분말이어서 센물에서는 사용할 수가 없다.

해설

합성세제의 특성

- 용해가 빠르고 헹구기가 쉽다.
- 거품이 잘 생기고, 침투력이 우수하다.
- 값이 싸고 원료제한을 받지 않는다.
- 센물에서는 비누보다 세척력이 우수하다.
- 세탁 시 센물에서도 사용이 가능하다.

21 가정용 세탁기의 사용 시에 세탁용수의 한계 온도는?

① 20℃　② 40℃
③ 60℃　④ 80℃

해설

가정용 세탁기 사용 시 적당한 세탁물 온도는 35~40℃이다.

22 다음의 설명 중에서 드라이클리닝의 장점이 아닌 것은?

① 염색물의 이염이 되지 않는다.
② 단시간에 세정 건조할 수 있다.
③ 형태 변화, 신축의 우려가 적다.
④ 수용성 얼룩 제거가 용이하고 재오염의 우려가 없다.

유기용제를 사용하므로 수용성오염은 제거하지 못한다.

23 드라이클리닝 시 손상된 것 중에서 잘못 연결된 것은?

① 벗겨짐 : 엠보싱 가공품
② 용해 : 단춧구멍
③ 탈락 : 금은박 무늬
④ 찢어짐 : 주름잡은 곳

해설

용해란 녹아서 액체화되는 현상으로 단춧구멍과는 무관하다.

24 다음 중 웨트클리닝에서 손빨래를 해야 하는 경우로 맞는 것은?

① 비교적 큰 물품
② 형이 잘 흐트러지는 물품
③ 색이 빠지기 쉬운 물품
④ 비교적 작은 물품으로 염색이 강한 것

해설

웨트클리닝 손빨래 처리법

- 중성세제나 양질의 비누를 사용한다.
- 색이 빠지는 의류는 손빨래로 한다.
- 작은 양의 의류는 손빨래로 한다.
- 스웨터, 니트, 실크 등의 의류는 중성세제를 사용하여 눌러 빨기를 한다.

25 웨트클리닝에 가장 알맞는 세제는?

① 비누　② 가루비누
③ 중성세제　④ 강알칼리성세제

해설

웨트클리닝에 가장 알맞은 세제는 중성세제이다.

26 다음 중에서 론드리 공정순서가 가장 바르게 된 것은?

① 본 빨래 – 표백 – 헹굼 – 산욕 – 푸새 – 탈수
② 본 빨래 – 헹굼 – 표백 – 산욕 – 마무리 – 탈수
③ 본 빨래 – 표백 – 산욕 – 푸새 – 헹굼 – 탈수
④ 표백 – 본 빨래 – 헹굼 – 산욕 – 탈수 – 마무리

정답 20 ④　21 ②　22 ④　23 ②　24 ④　25 ③　26 ①

해설

론드리 공정(세탁)순서

- 애벌빨래 – 본 빨래 – 표백 – 헹굼 – 산욕 – 푸새(풀 먹임) – 탈수 – 건조 – 다림질
- 예세 – 본세 – 표백 – 헹굼 – 산세 – 증백 – 푸새 – 건조

27 다음 중 얼룩의 식별방법이 아닌 것은?

① 절단 ② pH 시험
③ 자외선램프 ④ 확대경

해설

얼룩 식별방법

- 육안(외관)
- pH 시험
- 자외선램프
- 확대경
- 분무
- 냄새
- 감촉 등

28 다음의 오염 중 유용성오염물로 유기용제에 의해 가장 잘 용해되는 것은?

① 지방산 ② 당류
③ 아미노산 ④ 녹

해설

유기용제

- 벤젠, 휘발유, 석유
- 기름얼룩 등 지방산 오염물을 제거하는 데 사용된다.

29 밀폐형 세정기(핫머신)의 설명 중 틀린 것은?

① 세정, 탈액, 건조까지 연속적으로 처리된다.
② 다양한 안전장치가 있다.
③ 세정만 가능하고, 탈수는 원심탈수기를 사용한다.
④ 운전조작이 다양한 컨트롤 시스템이다.

해설

밀폐형 세정기(핫머신)는 드라이클리닝 기계 중 합성용제를 사용하므로 세정, 탈액(탈수), 건조까지 연속적으로 처리된다.

30 폴더(Folder)라는 기계의 설명이 옳은 것은?

① 물품을 시트롤러에 잘 들어가도록 한 장씩 펴주는 기계이다.
② 물품을 좌 · 우 양방향과 앞쪽으로 당기면서 시트롤러에 밀어 넣는 기계이다.
③ 마무리 다림질한 물품을 접어 개는 기계이다.
④ 시트가 접어 개어진 후 쌓고 일정의 장수가 되면 컨베이어에 의해 물품을 포장하는 곳으로 보내는 기계이다.

해설

폴더(Folder)

마무리 다림질한 물품을 접어 넣고, 개는 기계이다.

31 가정용 세탁기 중 세탁 효과는 크나 세탁물이 쉽게 꼬이고 손상이 비교적 심한 세탁방식은?

① 와류식 ② 교반식
③ 회전드럼식 ④ 침전식

해설

와류식 세탁방식은 세탁 효과는 크나 세탁물이 쉽게 꼬이고 손상이 비교적 심한 세탁방식이다.

32 의복의 기능과 가장 상관이 없는 것은?

① 실용적인 성능이 있어야 한다.
② 위생적인 성능이 있어야 한다.
③ 감각적인 성능이 있어야 한다.
④ 귀족적인 성능이 있어야 한다.

해설

의복의 기능

- 실용적인 성능
- 위생적인 성능
- 감각적인 성능
- 관리적인 성능

33 다음 중 웨트클리닝 처리법에 해당되는 것은?

① 손빨래 ② 애벌빨래
③ 본 빨래 ④ 산욕

정답 27 ① 28 ① 29 ③ 30 ③ 31 ① 32 ④ 33 ①

해설

웨트클리닝 처리법

- 손빨래
- 솔빨래
- 기계빨래(워셔빨래)
- 오염 제거
- 탈수와 건조

34 다음은 차지법에 대해 설명한 내용이다. 맞는 것은?

① 용제에 적당량의 수분을 첨가하여 세정하는 방법이다.
② 용제에 소프와 함께 소량의 물을 첨가하여 세정하는 방법이다.
③ 석유계 용제만으로 세정하는 방법이다.
④ 퍼크로 용제에 중성세제를 넣어 사용하는 방법이다.

해설

차지법(차지시스템)

- 용제와 소프와 함께 소량의 물을 첨가하여 세정하는 방법이다.
- 소프를 첨가한 세정액을 필터와 워셔 간을 순환시켜 오점을 제거하면서 세정한다.
- 용제, 계면활성제에 적당량의 물을 첨가한 후 세탁하여 친유성 · 친수성 오염을 제거한다.
- 계면활성제가 첨가된 유기용제는 상당량의 물을 사용하여 친수성오염을 제거하는 데 효과가 있다.

35 론드리의 장점에 대한 설명 중 맞지 않는 것은?

① 세탁온도가 높아서 세탁 효과가 좋다.
② 알칼리제를 사용하므로 오점이 잘 빠진다.
③ 표백이나 풀먹임이 효과적이며 용이하다.
④ 마무리는 상당한 시간과 기술이 필요하다.

해설

'마무리는 상당한 시간과 기술이 필요하다'는 론드리의 단점에 해당된다.

36 파일 직물에 속하지 않는 것은?

① 우단 ② 벨벳
③ 타월 ④ 갑사

해설

갑사는 한복 원단에 해당된다.

37 위사와 경사를 조합해서 만든 천은?

① 직물 ② 편물
③ 부직포 ④ 접착포

해설

직물이란 위사와 경사를 조합해서 만든 천이다.

38 합성피혁에 대한 설명 중 틀린 것은?

① 초기에 나온 것은 주로 비닐레더라고 하며, 면포나 부직포에 염화비닐수지를 코팅한 것이다.
② 투습성이 있다.
③ 기온이 떨어지면 촉감이 딱딱하고 강도도 떨어진다.
④ 발수성이 없다.

해설

합성피혁(인조피혁)

- 초기에 나온 것은 주로 비닐레더라고 하며 면포나 부직포에 염화비닐수지를 코팅한 것이다.
- 통기성, 투습성이 있다.
- 기온이 떨어지면 촉감이 딱딱하고 강도도 떨어진다.
- 내구성이 불량하다.
- 부직포 상태로 만든다.
- 표면을 기모시켜 스웨이드와 같이 만든다.

39 동물성섬유에 속하지 않는 것은?

① 케이폭 ② 앙고라
③ 모헤어 ④ 캐시미어

해설

동물성섬유

- 모섬유
- 견섬유
- 산양모
- 낙타모
- 토끼모
- 가잠견
- 헤어섬유
- 양모
- 캐시미어
- 알파카
- 라마
- 야잠견

정답 34 ② 35 ④ 36 ④ 37 ① 38 ④ 39 ①

40 견과 같은 광택과 촉감을 지니므로 안감에 많이 쓰이나 마찰과 당김에는 약하며, 흡습성이 적고, 다리미 얼룩이 잘 남으며, 땀이나 가스에 의해 변색되기 쉬운 섬유는?

① 나일론 ② 레이온
③ 폴리에스테르 ④ 아세테이트

해설
아세테이트섬유의 특징
- 흡습성이 작다.
- 실크(견)와 같은 광택과 촉감이 부드럽다.
- 셀룰로스섬유에 비해 구김이 덜 생기고 쉽게 펴진다.
- 여성용 옷감, 양복 안감 등에 많이 사용하는 섬유이다.
- 열가소성이 좋다.
- 마찰과 당김에는 약하다.
- 다리미 얼룩이 잘 남는다.
- 땀이나 가스에 의해 변색되기 쉬운 섬유이다.
- 장기간 일광에 노출되면 강도가 떨어진다.
- 물에 대한 친화성이 작다.
- 산과 강한 알칼리에 약하다.

41 인견 중 흡습성이 가장 낮고, 수분 흡수 시 단면의 팽윤도가 낮아서, 때의 침투가 어렵고 세탁이 쉬우며 건조가 빠른 것은?

① 아세테이트 인견 ② 비스코스 인견
③ 폴리노직 ④ 벰베르크

해설
인견 중 흡습성이 낮고, 수분 흡수 시 단면의 팽윤도가 낮아서, 때의 침투가 어려우며 세탁이 쉽고 건조가 빠른 것은 '아세테이트 인견'이다.

42 흡수할 때 가장 저하가 심한 것은?

① 양모 ② 레이온
③ 면 ④ 나일론

해설
'레이온'은 흡수할 때 가장 강도 저하가 심하다.

43 산에 의하여 용해가 가장 큰 섬유는?

① 면 ② 양모
③ 견 ④ 나일론

해설
면은 산에 의하여 용해가 가장 큰 섬유이다.

44 염색된 섬유제품에 있어서 제조공정, 착용과정, 클리닝 또는 보관 시에 받는 여러 가지 작용에 대해 그 색이 견디는 정도를 나타내는 용어는?

① 염색견뢰도 ② 안료
③ 원액착색 ④ 염색 효과

해설
염색견뢰도
염색견뢰도란 염색된 섬유제품에 있어서 제조공정, 착용과정, 클리닝 보관 시에 받는 여러 가지 작용에 대해 그 색이 견디는 정도를 말한다.

45 다음 마크의 뜻은?

① 100% 견제품 ② 100% 양모제품
③ 100% 면제품 ④ 100% 나일론제품

46 다음 조직도에서 직물 조직명은?

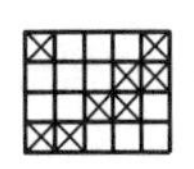

① $\frac{2}{2}\nearrow$ ② $\frac{3}{1}\nearrow$
③ $\frac{2}{2}\nwarrow$ ④ $\frac{1}{3}\nwarrow$

해설
능직의 조직 표시법(분수로 표기)
- 경사가 위로 올라온 것은 분자
- 경사가 아래로 내려간 것은 분모
- 2/1능직, 2/2능직, 3/1능직 등

정답 40 ④ 41 ① 42 ② 43 ① 44 ① 45 ② 46 ①

47 다음 조직 중 직물의 삼원 조직에 해당되지 않는 것은?

① 평직 ② 능직
③ 주자직 ④ 파일직

해설
직물의 종류
평직물, 능직(사문직), 주자직

48 공기 중에서 무명섬유에 약간의 강도와 신도의 저하를 일으키기 시작하는 온도는?

① 140℃ ② 180℃
③ 250℃ ④ 320℃

해설
면섬유(무명섬유)는 온도 140~160℃에서 약간의 강도와 신도의 저하를 일으키기 시작한다.

49 다음에서 합성섬유를 올바르게 설명한 것은?

① 정전기 발생이 쉽고, 흡습성이 작아서 내의로 적합하지 않다.
② 자외선에 강해서 햇빛에 오래 두어도 변색이 없다.
③ 강하고 가벼우며 열가소성이 없다.
④ 약품, 해충, 곰팡이에 저항성이 없다.

해설
합성섬유는 정전기 발생이 쉽고, 흡습성이 작아서 내의로 적합하지 않다.

50 견뢰도가 나쁘나 염색법이 간단하여 주로 면섬유의 연한 색에 많이 사용하는 염료는?

① 아조직염료 ② 배트염료
③ 직접염료 ④ 황하염료

해설
직접염료는 값이 싸고 염색법이 간단하여 주로 면섬유의 연한 색에 많이 사용하는 염료이다.

51 모든 섬유의 상품에서 필수적으로 들어가야 할 상품 표시사항은?

① 섬유의 혼용률 ② 길이 또는 중량
③ 번수 또는 데니어 ④ 가공 여부

해설
섬유의 혼용률은 모든 섬유의 상품에서 필수적으로 들어가야 할 상품 표시사항이다.

52 단백질섬유(양털, 명주)의 구성 물질이 아닌 것은?

① 탄소 ② 인
③ 질소 ④ 수소

해설
단백질섬유(동물성섬유)의 구성 물질이 아닌 것은 인이다.

53 합성심지의 특징을 설명한 내용으로 틀린 것은?

① 거의 줄지 않을 정도로 내수축성이 우수하다.
② 플리트성(Pleat, 주름잡는 성질)이 우수하다.
③ W&W성이 우수하다.
④ 보강심지와의 접착성이 아주 우수하다.

해설
합성심지는 보강심지와의 접착성이 불량하다.

54 세탁견뢰도 등급의 평어에서 세탁시험 편의 변·퇴색 또는 시험용 백면포의 오염을 표시하는 것 중 '가'가 의미하는 것은?

① 눈에 띄지 아니하다.
② 분명하다.
③ 약간 눈에 띈다.
④ 심하다.

정답 47 ④ 48 ① 49 ① 50 ③ 51 ① 52 ② 53 ④ 54 ④

해설

세탁견뢰도 등급의 평어

세탁견뢰도 등급	견뢰도 평어	세탁시험 편의 변색 또는 시험용 백면포의 오염
1	가	심하다.
2	양	다소 심하다.
3	미	분명하다.
4	우	약간 눈에 띈다.
5	수	눈에 띄지 않는다.

55 **다음 중 세탁업 영업의 정지처분기간 중에 계속 영업을 하였을 경우의 행정처분기준으로 맞는 것은?**

① 1차 위반 시에 영업장 폐쇄명령
② 2차 위반 시에 경고
③ 3차 위반 시에 영업정지 10일
④ 4차 위반 시에 영업장 폐쇄명령

해설

행정처분기준[공중위생관리법 시행규칙 제19조(별표 7)]

영업정지 처분을 받고도 그 영업정지기간에 영업을 한 경우
∵1차 위반 : 영업장 폐쇄명령

56 **폴리에스테르섬유의 성질을 바르게 설명한 것은?**

① 내구성이 아크릴보다는 강하고 나일론보다는 적다.
② 신장회복률이 좋아서 주름이 잘 간다.
③ 흡습성이 커서 세탁을 하면 쉽게 잘 줄어든다.
④ 대부분의 염료에 의해 쉽게 염색이 잘된다.

해설

폴리에스테르섬유의 특성

- 내구성이 아크릴보다는 강하고 나일론보다는 적다.
- 탄성회복률이 좋아서 구김이 잘 안 간다.
- 흡습성이 작아 정전기가 쉽게 발생한다.
- 염색 시 타 부속염료의 사용이 거의 불가능하고 분산염료가 주로 사용된다.

57 **다음 중 「공중위생관리법」은 어디에 해당되는가?**

① 명령 ② 법률
③ 시행령 ④ 시행규칙

해설

「공중위생관리법」은 '법률'에 해당된다.

58 **세탁업의 시설 및 설비기준의 세부내용은 어디에서 규정하고 있는가?**

① 공중위생관리법
② 공중위생관리법 시행령
③ 공중위생관리법 시행규칙
④ 훈령

해설

세탁업의 시설 및 설비기준의 세부내용은 「공중위생관리법 시행규칙」에서 규정하고 있다.

59 **공중위생영업자가 준수하여야 하는 위생관리기준에 해당하지 않는 것은?**

① 드라이클리닝 세탁기는 유기용제의 유출이 없도록 항상 점검하여야 한다.
② 세탁용 약품을 보관할 수 있는 견고한 보관함을 설치하여야 한다.
③ 영업자의 개인 위생을 철저히 하여야 한다.
④ 세탁물에는 세탁에 사용된 세제나 유기용제가 남아 있지 않게 하여야 한다.

해설

영업자의 개인 위생을 철저히 하는 것은 공중위생영업자의 위생관리 의무사항이다.

60 **위생교육을 받지 아니하였을 때, 1차 행정처분은?**

① 경고 ② 영업정지 5일
③ 영업정지 10일 ④ 영업장 폐쇄명령

해설

위생교육을 받지 아니하였을 때 1차 행정처분은 '경고'이다.

정답 55 ① 56 ① 57 ② 58 ③ 59 ③ 60 ①

61 **세탁물 보전기능의 유지를 하는 데 있어 가장 관계가 먼 것은?**

① 상품의 구조 ② 상품의 기능원리
③ 상품의 기능내용 ④ 상품의 제조방법

해설
세탁물 보전기능의 유지
- 상품의 구조
- 상품의 기능원리
- 상품의 기능내용
- 상품의 지식과 기술

62 **케첩의 오점 분류는 어디에 해당되는가?**

① 유용성 ② 수용성
③ 표백성 ④ 불용성

해설
수용성오염의 종류
수용성오점(오염)이란 물에 쉽게 녹는 오염(얼룩)을 말하며 케첩, 과즙(주스), 간장, 겨자, 곰팡이, 구토물, 달걀, 과자, 땀, 술, 배설물, 설탕, 소스, 아이스크림, 커피 등이 해당된다.

63 **화재 발생 시 소화기를 사용하는 방법으로 틀린 것은?**

① 화재의 종류에 맞는 소화기를 사용한다.
② 가급적 화점 가까이에 접근하여 사용한다.
③ 비로 쓸듯이 골고루 뿌린다.
④ 바람을 마주보고 소화기를 사용한다.

해설
화재 발생 시 소화기 사용방법
- 화재의 종류에 맞는 소화기 사용
- 가급적 화점 가까이에 접근하며 사용
- 비로 쓸듯이 골고루 뿌린다.
- 바람을 등지고 소화기 사용

64 **다음 섬유 중 세탁 시 오염이 제일 잘 제거되는 섬유는?**

① 레이온 ② 나일론
③ 양모 ④ 면

해설
오염이 되기 쉬운 섬유 순서
비스코스레이온－마－아세테이트－면－비닐론－견(실크)－나일론－양모

65 **다음 중 더러움이 심한 용제를 침전법으로 청정화하는 데 가장 적합한 청정제는?**

① 여과제 ② 활성탄소
③ 활성백토 ④ 탈산제

해설
활성백토는 더러움이 심한 용제를 침전법으로 청정화하는 데 가장 적합하다.

66 **용제관리에서 세정액의 청정화방법에 해당되지 않는 것은?**

① 여과 ② 증류
③ 부착 ④ 흡착

해설
세정액의 청정화방법
- 여과법
- 흡착법
- 증류법

67 **다음 중 드라이클리닝 용제의 특징으로 맞는 것은?**

① 석유용제 : 기계부식에 안정하고, 비중도 적어 독성이 약하며 저가이다.
② 불소계 용제 : 저온건조(50℃ 이하)가 가능하므로 내열성이 낮은 의류도 세탁이 가능하고 저가이다.
③ 퍼클로로에틸렌 : 기름에 대한 용해력이 적고 상압으로 증류할 수 없다.
④ 1.1.1－트리클로로에탄 : 상압으로 증류되므로 진공 증류가 필요 없고 독성이 없다.

해설
드라이클리닝 용제의 특징
- 석유 용제 : 기계부식에 안정하고, 비중도 적어 독

정답 61 ④ 62 ② 63 ④ 64 ③ 65 ③ 66 ③ 67 ①

성이 약하며 저가이다.
- 불소계 용제 : 저온으로 건조되고, 정교하고 섬세한 의류에 적합하며 고가이다.
- 퍼클로로에틸렌 : 용해력이 석유계 용제에 비하여 크고, 상압으로 증류가 가능하다.
- 1.1.1-트리클로로에탄 : 매회 증류가 용이하므로 용제 관리가 쉽고 독성이 있다.

68 양이온계 계면활성제의 쓰임으로 적당하지 않은 것은?

① 세척제 ② 발수제
③ 유화제 ④ 대전방지제

해설
양이온계 계면활성제는 세척력이 적어 세제보다는 섬유의 유연제, 대전방지제, 발수제 등에 사용된다.

69 섬유의 재가공 시 섬유를 부드럽게 하여 착용감을 높이려는 가공방법은?

① 방곰팡이가공
② 유연가공
③ 방오가공
④ 표백가공

해설
유연가공은 섬유의 재가공 시 섬유를 부드럽게 하여 착용감을 높이려는 가공방법이다.

70 비누의 특성 중 장점이 아닌 것은?

① 세탁 효과가 우수하다.
② 세탁한 작물의 촉감이 양호하다.
③ 거품이 잘 생기고 헹굴 때는 거품이 사라진다.
④ 가수분해되어 유리지방산을 생성한다.

해설
비누의 장점
- 세탁 효과가 우수하다.
- 세탁한 직물의 촉감이 양호하다.
- 거품이 잘 생기고 헹굴 때는 거품이 사라진다.
- 합성세제보다 환경을 적게 오염시킨다.

71 다음 중 재오염의 주요 원인이 아닌 것은?

① 용제 및 세제를 사용하지 않을 때
② 용제 중에 소프양이 적당하지 않을 때
③ 용제 중에 염료가 분산되어 있을 때
④ 수분의 양이 과다할 때

해설
재오염의 주요 원인
- 용제 및 세제를 사용하였을 때
- 용제 중에 소프양이 적당하지 않을 때
- 용제 중에 염료가 분산되어 있을 때
- 용제의 수분이 과다할 때
- 세제농도가 부족할 때

72 다음 중에서 특수세정에 해당되지 않는 것은?

① 파우더 세정 ② 초음파 세정
③ 샤워 세정 ④ 용제 세정

해설
특수세정의 종류
- 파우더 세정
- 초음파 세정
- 샤워 세정

73 다음 중 기술 진단이 아닌 것은?

① 클리닝 방법의 진단
② 부속품 및 장식품의 확인
③ 오점 및 얼룩 제거의 진단
④ 특수 의류 또는 패션 의류의 진단

해설
기술 진단방법
- 오점 및 얼룩 제거의 진단
- 클리닝 방법의 진단
- 가공표시의 진단
- 특수 의류 또는 패션 의류의 진단

74 다음 중 의류에 방충 가공제를 부착하여 방충 효과를 내는 것은?

① 장뇌 ② 나프탈렌
③ 알레스린 ④ 파라디클로로벤젠

정답 68 ① 69 ② 70 ④ 71 ① 72 ④ 73 ② 74 ③

해설
알레스린은 의류에 방충 가공제를 부착하여 방충 효과를 낸다.

75 용제에 관한 관계 습도를 가장 잘 표현한 것은?

① 용제 중에 가용화된 수분의 상태
② 용제와 수분의 평형상태 습도
③ 물에 용해된 용제의 농도
④ 용제 중 녹일 수 있는 물의 양

해설
용제의 습도란 용제 중에 가용화된 수분의 상태를 말한다.

76 합성용제를 사용한 세정기에 관한 것이다. 잘못된 것은?

① 세정, 탈액, 건조의 작업이 가능하다.
② 콘덴서로 회수되지 않은 용제증기를 탈취 시 흡착한다.
③ 세정부에는 필터장치가 없는 것이 특징이다.
④ 건조 시 발생한 용제의 증가는 콘덴서에 의하여 회수된다.

해설
합성용제를 사용한 세정기의 특징
- 세정, 탈액, 건조의 작업이 가능하다.
- 콘덴서로 회수되지 않은 용제증기를 탈취 시 흡착한다.
- 세정부에는 필터장치가 반드시 있어야 한다.
- 건조 시 발생한 용제의 증가는 콘덴서에 의하여 회수된다.

77 오점 제거방법이 잘못된 것은?

① 과일즙의 얼룩은 드라이클리닝으로 제거한다.
② 수용성 얼룩은 물 또는 세제를 사용한다.
③ 녹물은 수산으로 처리한다.
④ 유용성 얼룩은 석유계 또는 합성용제를 사용하여 제거한다.

해설
과일즙의 얼룩은 물 또는 세제를 사용하여 제거한다.

78 클리닝의 기술적인 효과와 가장 거리가 먼 것은?

① 수용성오점 제거
② 유성오점 제거
③ 불용성오점 제거
④ 박테리아 제거

해설
기술적인 효과 중 오점(오염) 제거
- 수용성오점 제거
- 유용성(유성)오점 제거
- 불용성(고체)오점 제거
- 특수오점 제거
- 세균, 곰팡이의 오점 제거

79 드라이클리닝한 후 섬유에 곰팡이가 발생하지 않도록 처리하는 가공법을 무엇이라고 하는가?

① 방충가공 ② 방미가공
③ 풀먹임 가공 ④ 방균가공

해설
방미가공(방곰팡이 가공)은 드라이클리닝 후 섬유에 곰팡이가 발생하지 않도록 처리하는 가공법이다.

80 보일러 사용 시 99.1℃에서의 증기압은 얼마인가?(단, 단위는 kg/cm^2)

① 1 ② 2
③ 3 ④ 4

해설
보일러의 증기압과 증기의 온도

압력 (kg/cm^2)	온도 (℃)	압력 (kg/cm^2)	온도 (℃)
1.0	99.1	6.0	158.1
2.0	119.6	7.0	164.2
3.0	132.9	8.0	169.6
4.0	142.9	9.0	174.5
5.0	151.1	10.0	179.0

정답 75 ① 76 ③ 77 ① 78 ④ 79 ② 80 ①

81 펌프의 능력에서 액심도 3까지 소요되는 시간은 얼마 이내가 양호한가?

① 1분 20초 ② 60초
③ 45～60초 ④ 45초

해설
펌프의 능력에서 액심도 3까지 소요되는 시간은 45초 이내이면 양호하고, 60초 이내이면 불량하다. '액심도'란, 외통 반경을 10등분한 수치를 말한다.

82 드라이클리닝 기계의 설명 중 잘못된 것은?

① 용제를 청정, 회수, 재사용할 수 있는 구조로 되어 있다.
② 석유계 용제용은 완전 방폭형 구조이어야 한다.
③ 합성용제용은 기밀장치가 있어야 바람직하다.
④ 기계는 반드시 부식에 견디는 재질이 아니어도 무방하다.

해설
기계는 부식에 잘 견디는 재질이어야 한다.

83 웨트클리닝 처리법 중 틀린 것은?

① 웨트클리닝은 색이 빠지거나 형이 일그러지는 것에 주의해야 한다.
② 웨트클리닝은 손빨래, 솔빨래, 기계빨래, 오염을 닦아내는 것 등이 있다.
③ 웨트클리닝의 대상이 되는 의류는 종류가 많고 성질도 다르나 처리법은 다 같다.
④ 웨트클리닝은 마무리 다림질을 생각하여 형이 흐트러지지 않게 빠는 것이 중요하다.

해설
웨트클리닝 처리법
- 손빨래
- 솔빨래
- 기계빨래(워셔빨래)
- 오염을 닦아내는 것
- 탈수와 건조

※ 웨트클리닝의 대상이 되는 의류는 종류가 많고 성질도 다르기 때문에 처리법 또한 다르다.

84 웨트클리닝으로 적합하지 않은 것은?

① 합성피혁 제품 ② 고무를 입힌 제품
③ 안료염색된 제품 ④ 염색 제품

해설
웨트클리닝 대상 제품
- 론드리가 불가능한 제품 : 양모나 견 등과 같이 강한 회전력을 이용한 기계 사용이 불가능한 제품
- 합성피혁 제품
- 고무를 입힌 제품
- 안료염색된 제품
- 염료가 빠져 용제를 훼손시킬 수 있는 제품
- 드라이클리닝으로 오점이 떨어지지 않는 제품

85 옷을 건조하는 방법 중 좋지 못한 것은?

① 건조기에서 말린다.
② 공기나 햇볕에서 말린다.
③ 건조실에서 말린다.
④ 세탁기에서 말린다.

해설
옷 건조방법
- 공기나 햇볕에서 말린다.
- 그늘에서 말린다.
- 건조기에서 말린다.
- 건조실에서 말린다.

86 일반적으로 가장 많이 사용하는 양복의 세탁법은?

① 물세탁으로 한다.
② 론드리로 한다.
③ 드라이클리닝을 한다.
④ 가정용 세탁기로 한다.

해설
양복세탁은 일반적으로 '드라이클리닝'으로 많이 한다.

87 퇴색 가능성이 있는 색상의 의류를 웨트클리닝하려고 할 때 다음 약품 중 어느 것을 사용하여야 퇴색을 방지하는 데 가장 효과적인가?

정답 81 ④ 82 ④ 83 ③ 84 ④ 85 ④ 86 ③ 87 ③

① 계면활성제 ② 수산
③ 빙초산 ④ 알코올

해설
퇴색 가능성이 있는 색상 의류의 퇴색 방지에 효과적인 약품은 빙초산이다.

88 거품의 작용에 대해 틀리게 설명한 것은?

① 거품은 섬유에서 오염을 분리, 제거하는 데 직접 작용을 하여 세탁력을 높인다.
② 세액 중의 기름이나 고형 오염을 흡착하여 세액 표면으로 떠올린다.
③ 세탁기에서는 거품이 세탁기의 기계적 힘의 작용을 방해하여 세탁 효과를 떨어뜨린다.
④ 기름과 음식찌꺼기가 많은 식기세척기에는 기포성이 좋은 계면활성제와 거품 안정제가 쓰인다.

해설
거품의 작용 특성
- 거품은 섬유에서 오염을 분리, 제거하는 데 간접 작용을 하여 세탁력을 높인다.
- 세액 중의 기름이나 고형 오염을 흡착하여 세액 표면으로 떠올린다.
- 세탁기에서는 거품이 세탁기의 기계적 힘의 작용을 방해하여 세탁 효과를 떨어뜨린다.
- 기름과 음식찌꺼기가 많은 식기 세척기에는 기포성이 좋은 계면활성제와 거품 안정제가 쓰인다.

89 론드리의 공정인 산욕방법의 주의사항이 아닌 것은?

① 식물성섬유는 산에 약하므로 산을 많이 사용하지 않는다.
② 온도는 50℃ 이하에서 20~30분간 처리한다.
③ 산을 넣을 때 직접 천에 닿지 않도록 한다.
④ 온도를 올리면 산의 작용이 너무 강하므로 온도는 올리지 않는다.

해설
론드리의 공정인 산욕 시 주의사항
- 식물성섬유는 산에 약하므로 산을 많이 사용하지 않는다.
- 온도는 40℃ 이하에서 20~30분간 처리한다.
- 산을 넣을 때 직접 천에 닿지 않도록 한다.
- 온도를 올리면 산의 작용이 너무 강하므로 온도는 올리지 않는다.

90 솔질(부러싱)에 의해 용이하게 제거되는 오염은 어떠한 부착에 의한 것인가?

① 화학결합에 의한 부착
② 기계적 부착
③ 정전기에 의한 부착
④ 유지결합에 의한 부착

해설
솔질(부러싱)에 의해 용이하게 제거되는 오염은 기계적 부착에 의한 것이다.

91 다음은 드라이클리닝 용제의 청정제이다. 효과 설명이 잘못된 것은?

① 규조토 : 흡착력은 좋으나 여과력이 없음
② 활성탄소 : 탈색 · 탈취 효과
③ 실리카겔 : 탈수 · 탈색 효과
④ 경질토 : 탈색 · 탈취 효과

해설
세정액의 청정화
- 규조토 : 여과력은 우수하나, 흡착력이 없음
- 활성탄소 : 탈색 · 탈취 효과
- 실리카겔 : 탈수 · 탈색 효과
- 경질토 : 탈색 · 탈취 효과

92 다음 문장에서 틀린 것은?

① 수축되기 쉬운 것은 빨기 전에 치수를 재어 놓는다.
② 염화비닐 합성피혁은 웨트클리닝에서 경화되므로 드라이클리닝한다.
③ 웨트클리닝의 워셔는 소형이고 회전이 느린 것을 사용한다.
④ 견, 모의 블라우스나 와이셔츠는 땀 오염이 심하므로 웨트클리닝이 좋다.

정답 88 ① 89 ② 90 ② 91 ① 92 ②

해설
염화 비닐 합성피혁은 드라이클리닝이 불가능한 제품이다.

93 론드리용 기계 중 워셔의 용도로 적당한 것은?

① 애벌빨래, 본 빨래
② 탈수
③ 열풍 건조
④ 마무리 다림질

해설
론드리용 기계 중 워셔의 용도는 애벌빨래, 본 빨래용이다.

94 밍크의류 및 제품을 세탁하는 데 좋은 것은?

① 물로 세탁한다.
② 퍼크로 에틸렌으로 세탁한다.
③ 솔벤트로 세탁을 한다.
④ 밍크 전용파워(가루)로 세탁을 한다.

해설
밍크 전용파워(가루)로 밍크의류 및 제품을 세탁하는 게 좋다.

95 다음 중 다림질할 때 가장 손상이 적은 섬유는?

① 아크릴수지 가공천
② 에나멜 가공천
③ 폴리프로필렌 합성천
④ 고무를 입힌 가공천

해설
다림질할 때 가장 손상이 적은 섬유는 폴리프로필렌 합성천이다.

96 합성고분자계 중 폴리아미드계섬유가 아닌 것은?

① 나일론 6 ② 나일론 66
③ 노메스(Nomex) ④ 캐시미어

해설
폴리아미드계 합성섬유
- 나일론 6
- 나일론 66
- 노메스
- 케블러
- 퀴아나

※ 캐시미어는 동물성섬유에 해당한다.

97 의복의 기능에 다소 부적합한 것은?

① 보건 위생상의 기능
② 활동 적응상의 기능
③ 사회생활상의 기능
④ 동물로부터의 보호 기능

해설
의복의 기능
- 실용적인 기능
- 위생적인 기능
- 감각적인 기능
- 관리적인 기능

98 다음 중에서 가장 소수성(물과 친화성이 적은 성질)인 섬유는?

① 무명섬유
② 비스코스레이온섬유
③ 양털섬유
④ 폴리에스테르섬유

해설
폴리에스테르섬유는 세탁할 때 세탁 수축률이 가장 적으므로, 물과 친화성이 가장 적은 성질의 섬유이다.

99 다음의 셀룰로스섬유 중 씨앗섬유에 속하는 것은?

① 아마 ② 무명
③ 모시 ④ 황마

해설
식물성(셀룰로스)섬유 중 씨앗섬유 종류
- 무명(면)
- 케이폭

정답 93 ① 94 ④ 95 ③ 96 ④ 97 ④ 98 ④ 99 ②

100 **염색된 섬유 제품에 있어 제조공정, 착용과정, 클리닝 또는 보관 시에 받는 여러 가지 작용에 대해 그 색이 견디는 정도를 나타내는 용어는?**

① 염색견뢰도 ② 안료
③ 원액 착색 ④ 염색 효과

해설
염색견뢰도
염색된 섬유제품에 있어서 제조공정, 착용과정, 클리닝 보관 시에 받는 여러 가지 작용에 대해 그 색이 견디는 정도를 염색견뢰도라 한다.

101 **식물성섬유용 염료로 견뢰도가 좋고 염색 시 환원제 및 알칼리를 이용하여 염색하는 염료는?**

① 직접염료
② 환원염료
③ 산성염료
④ 염기성염료

해설
환원염료는 식물성섬유용 염료로, 견뢰도가 좋고 염색 시 환원제 및 알칼리를 이용하여 염색하는 염료이다.

102 **견섬유의 설명 중 옳은 것은?**

① 견섬유의 주체는 세리신이라 한다.
② 누에고치에서 실을 뽑을 때는 냉수에서 처리한다.
③ 견섬유의 외부에는 세리신이 부착되어 있다.
④ 견섬유의 구조는 단면이 다각형이다.

해설
견(명주)섬유의 특징
- 견섬유의 주체는 피브로인이라 한다(피브로인 75~80%, 세리신 20~25% 구성).
- 누에고치에서 실을 뽑을 때는 뜨거운 물이나 증기 속에 넣어 처리한다.
- 견섬유의 외부에는 세리신이 부착되어 있다.
- 견섬유의 구조는 단면이 삼각형이다.

103 **섬유 제품 중 "물세탁을 하지 말라"는 취급상 표시 기호가 맞는 것은?**

① 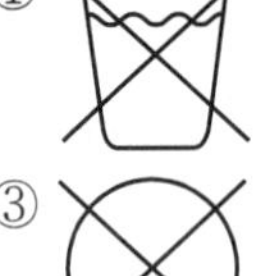
② 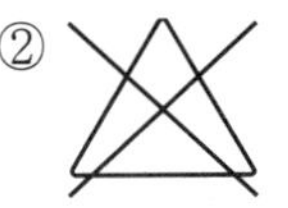
③ 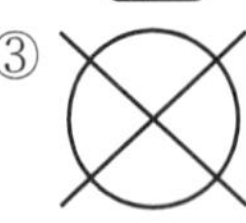
④ 

해설
① : 물세탁 금지 표기
② : 염소계 표백제로 표백할 수 없다.
③ : 다림질을 할 수 없다.
④ : 짜면 안 된다.

104 **천연피혁의 손질 및 보존방법 중 가장 옳은 것은?**

① 젖었을 때에는 직사일광 또는 불로 건조시켜야 원형이 보인다.
② 보존할 때에는 온도나 습도가 높은 곳에서 보관해야 한다.
③ 손질할 때에는 기름수건 또는 알코올수건을 사용한다.
④ 건조시킬 때는 반드시 응달에서 말려야 한다.

해설
천연피혁의 손질 및 보존방법
- 젖었을 때에는 직사일광 또는 불로 건조시키지 않는다.
- 보관할 때에는 온도나 습도가 낮은 곳에서 보관해야 한다.
- 손질할 때에는 기름수건 또는 알코올수건을 사용하지 않는다.
- 건조시킬 때는 반드시 응달에서 말려야 한다.

105 **면섬유나 목재 펄프를 초산으로 처리하여 만든 섬유로서 광택이 좋고 촉감이 부드러워 여성용 옷감, 양복 안감 등에 많이 쓰이는 섬유는?**

① 알긴산섬유 ② 가제인섬유
③ 아세테이트섬유 ④ 스판덱스섬유

정답 100 ① 101 ② 102 ③ 103 ① 104 ④ 105 ③

해설

아세테이트섬유

아세테이트섬유(반합성섬유)는 면섬유나 목재 펄프를 초산으로 처리하여 만든 섬유로서 광택이 좋고 촉감이 부드러워 여성용 옷감, 양복 안감 등에 많이 쓰이는 섬유이다.

106 천연모피의 설명을 바르게 한 것은?

① 모피의 가치는 무두질 가공과 별 관계가 없다.
② 모피에는 매우 고가의 양, 토끼 등과 저렴한 표범, 밍크 등이 있다.
③ 여름철에 털이 잘 자라며, 값도 가장 비싸다.
④ 모피의 구조는 면모, 강모, 조모로 구분할 수 있다.

해설

천연모피의 특성

- 모피의 가치는 무두질 가공과 관계가 많다.
- 모피에는 매우 고가의 표범, 밍크 등과 저렴한 양, 토끼 등이 있다.
- 겨울철에 털이 잘 자라며, 값도 가장 싸다.
- 모피의 구조는 면모, 강모, 조모로 구분할 수 있다.
- 면모의 밀도는 모피의 가치를 결정짓는 가장 중요한 요인이 된다.

107 폴리에스테르(Polyester)를 염색할 때 가장 많이 사용하는 염료는?

① 산성염료　② 염기성염료
③ 분산염료　④ 반응성염료

해설

분산염료는 폴리에스테르, 폴리아마이드, 아크릴을 염색할 때 가장 많이 사용하는 염료이다.

108 마섬유가 가지고 있는 주요 불순물은?

① 펙틴질　② 지방질
③ 납질　④ 회분

해설

마섬유가 가지고 있는 주요 불순물은 '펙틴질'이다.

109 다음 중 가장 가는 양털에 속하는 것은?

① 메리노　② 햄프셔
③ 링컨　④ 코리데일

해설

메리노종은 양모(양털) 중에서 품질이 가장 우수하다.

110 모시 직물과 아마 직물의 차이점은?

① 모시는 종자섬유이고 아마는 인피섬유이다.
② 모시는 하절기 옷감용이고 아마는 동절기 옷감이다.
③ 모시는 고급 직물이고, 아마는 다소 떨어진다.
④ 모시는 흡습 시 강도가 증가하고 아마는 감소한다.

해설

모시 직물과 아마 직물과의 비교

- 모시와 아마는 인피섬유이다.
- 모시와 아마는 하절기 옷감용이다.
- 모시는 고급 직물이고, 아마는 다소 떨어진다.
- 모시와 아마는 흡습 시 강도가 증가한다.

111 다음 기호의 설명으로 틀린 것은?

① 물의 온도 95℃를 표준으로 세탁할 수 있다.
② 세탁기에 의하여 세탁할 수 있다.
③ 손으로 빠는 것도 가능하다.
④ 세제의 종류에 제한을 받는다.

해설

세제 종류에 제한을 받지 않는다.

112 반합성섬유란 무엇인가?

① 셀룰로스의 친수성기인 수산기 중의 수소가 일부 아세틸기로 치환되어 소수성을 가지고 있는 섬유
② 섬유용 천연 고분자 화합물에 어떤 화학기를 결합시켜서 에스테르 또는 에테르형으로 한 섬유

정답 106 ④ 107 ③ 108 ① 109 ① 110 ③ 111 ④ 112 ②

③ 천연 고분자물을 용해시켜서 모양을 바꾸어 주고, 주된 구성 성분 그대로 재생시켜 섬유화한 것을 말함
④ 석유를 증류하여 얻은 원료를 합성하여 중합원료를 얻고, 그 중합원료를 중합하여 얻은 고분자를 용융 방사한 섬유

해설
반합성섬유
- 섬유용 고분자 화합물에 어떤 화학기를 결합시켜서 에스테르 또는 에테르형으로 한 섬유
- 반합성섬유에는 아세테이트, 트라이아세테이트 등이 있다.

113 인조피혁에 대한 설명 중 틀린 것은?

① 초기에 나온 것은 주로 비닐레더라고 하며 면포나 부직포에 염화비닐수지를 코팅한 것이다.
② 투습성이 있다.
③ 기온이 떨어지면 촉감이 딱딱하고 강도도 떨어질 수 있다.
④ 통기성이 없다.

해설
인조피혁의 특성
- 초기에 나온 것은 주로 비닐레더라고 하며 면포나 부직포에 염화비닐수지를 코팅한 것이다.
- 투습성이 있다.
- 기온이 떨어지면 촉감이 딱딱하고 강도도 떨어질 수 있다.
- 통기성이 있다.
- 내구성이 불량하다.
- 표면을 기모시켜 스웨이드와 같이 만든다.

114 다음 중 식물성섬유는?

① 견 ② 마
③ 모 ④ 가죽

해설
식물성섬유의 종류
- 면
- 마
- 케이폭
- 케나프
- 야자섬유

115 폴리에스테르 65%, 면 35%로 조성된 섬유 제품의 경우 면섬유의 혼용률 범위는?

① 64 ~ 66% ② 63 ~ 67%
③ 60 ~ 70% ④ 30 ~ 40%

해설
폴리에스테르 65%, 면 35%로 조성된 섬유 제품의 경우, 면섬유의 허용 혼용률 범위는 30~40%이다.

116 「공중위생관리법 시행규칙」은 어느 영으로 하는가?

① 국무총리
② 서울시장
③ 행정안전부장관
④ 보건복지부장관

해설
「공중위생관리법 시행규칙」은 보건복지부장관령이고, 「공중위생관리법 시행령」은 대통령령이다.

117 신고를 하지 아니하고 영업소의 소재지를 변경한 때 행정처분(1차 위반)은?

① 영업정지 5일
② 영업정지 15일
③ 영업정지 30일
④ 폐쇄명령

해설
신고를 하지 않고 영업소의 소재지를 변경한 때 1차 위반 행정처분 기준은 "영업장 폐쇄명령"이다.

118 세탁영업 승계를 신고할 때는 어느 영이 정하는 바에 따라야 하는가?

① 시장령 ② 도지사령
③ 보건복지부령 ④ 국무총리령

해설
세탁영업 승계를 신고할 때는 보건복지부령에 따라야 한다.

정답 113 ④ 114 ② 115 ④ 116 ④ 117 ④ 118 ③

119 다음 설명 중 옳지 않은 것은?

① 세탁 요금표에 의한 세탁 요금을 초과해서 요금을 받아서는 아니 된다.
② 신고필증이나 주의사항은 게시해야 할 의무가 없다.
③ 세탁용 기구 및 기계는 수시로 손질하여야 한다.
④ 세탁물은 손상되지 않도록 충분히 주의를 하여야 한다.

해설

세탁업자의 자세

- 세탁 요금표에 의한 세탁 요금을 초과해서 요금을 받아서는 아니 된다.
- 신고필증이나 주의사항은 반드시 게시해야 된다.
- 세탁용 기구 및 기계는 수시로 손질하여야 한다.
- 세탁물은 손상되지 않도록 충분히 주의를 하여야 한다.

120 세탁업은 「공중위생관리법상」의 다음 중 어느 업종에 속하는가?

① 허가업종 ② 인가업종
③ 특허업종 ④ 신고업종

해설

세탁업은 「공중위생관리법」상 신고업종에 해당된다.

121 의류에 대한 기술 진단의 방법이 아닌 것은?

① 오점의 진단
② 가공표시의 진단
③ 부속품의 유무 진단
④ 의류의 마모 진단

해설

의류기술 진단의 방법

- 오점의 진단
- 가공표시의 진단
- 클리닝 방법의 진단
- 의류의 마모 진단

122 석유계 용제로 세정 시 세정온도가 몇 ℃ 이하로 되면 용해력이 저하되는가?

① 10℃ ② 15℃
③ 20℃ ④ 35℃

해설

석유계 용제 세정 시 세정온도가 10℃ 이하이면 용해력이 저하된다.

123 드라이클리닝 용제로서 바람직하지 않은 것은?

① 기계의 부식성이나 독성이 적을 것
② 인화점이 낮고 가연성일 것
③ 의류품을 상하게 하지 않을 것
④ 값이 싸고 공급이 안정할 것

해설

드라이클리닝 용제의 조건

- 기계를 부식시키지 않고 인체에 독성이 없을 것
- 인화점이 높거나 불연성일 것
- 의류품을 상하게 하지 않을 것
- 값이 싸고 공급이 안정할 것
- 건조가 쉽고 세탁 후 냄새가 없을 것
- 표면 장력이 작아 옷감에 침투가 용이할 것
- 세탁 시 피복 및 염료를 용해 또는 손상시키지 않을 것
- 세탁 후 찌꺼기 회수가 쉽고 환경오염을 유발하지 않을 것

124 의류의 기술 진단 시 고액상품 그룹에 해당되지 않는 것은?

① 모피 제품 ② 폴리에스테르 제품
③ 실크 제품 ④ 유명 브랜드 제품

해설

기술 진단 고액상품류

- 모피 제품
- 실크 제품
- 유명 브랜드 제품
- 피혁 제품
- 희소섬유 제품

정답 119 ② 120 ④ 121 ③ 122 ① 123 ② 124 ②

125 다음의 표백제 중 염소계 산화표백제는?

① 차아염소산나트륨
② 아황산가스
③ 하이드로설파이트
④ 과산화수소

해설
염소계 산화표백제 종류
- 석회분
- 차아염소산나트륨
- 아염소산나트륨

126 클리닝에서 보다 고차원의 기능을 다하는 특수서비스에 해당되는 것은?

① 프레스 서비스
② 패션케어 서비스
③ 스팀 서비스
④ 살균 서비스

해설
패션케어 서비스는 클리닝에서 보다 고차원의 기능을 다하는 특수서비스에 해당된다.

127 합성섬유를 세탁 후 유연제로 처리함으로써 얻을 수 있는 주된 효과는?

① 강도 증가 ② 통기성 증가
③ 대전성 방지 ④ 취화성 감소

해설
대전성 방지
대전성 방지란 합성섬유를 착용했을 때 정전기의 발생을 방지하는 것을 말한다.
대전성 방지의 주된 효과는 합성섬유를 세탁 후 유연제로 처리함으로써 얻을 수 있는 효과를 말한다.

128 세정액 청정화 장치의 종류로서 맞는 것은?

① 리프필터, 튜브필터, 스프링필터, 증류식
② 여과제, 흡착제, 필러, 청정통, 카트리지
③ 필터, 청정통, 카트리지, 증류식
④ 리프필터, 필터, 파우더, 청정통, 카트리지

해설
세정액 청정화 장치의 종류
- 필터
- 청정통
- 카트리지
- 증류식

129 계면활성제에 대한 설명 중 틀린 것은?

① 물의 계면장력을 증가시켜 준다.
② 친수기와 친유기를 동시에 갖는다.
③ 직물에 묻은 오염물질을 유화 분산시킨다.
④ 기포성을 증가시키고 세척작용을 향상시킨다.

해설
계면활성제의 특징
- 물과 공기 등에 흡착하여 경계면에 계면장력을 저하시킨다.
- 친수기와 친유기를 동시에 갖는다.
- 직물에 묻은 오염물질을 유화 분산시킨다.
- 기포성을 증가시키고 세척작용을 향상시킨다.
- 직물의 습윤 효과를 향상시킨다.
- 직물의 약제에 침투 효과를 증가시킨다.

130 드라이클리닝의 준비공정에서 용제의 조정사항 중 틀린 것은?

① 펌프를 회전시켜 용제를 탱크로부터 퍼 올려와서, 필터 간을 순환시킨다.
② 분말에 용제를 첨가하여 반죽상태로 된 것을 투입구에 투입한다.
③ 필터의 오점 제거 작동이 시작하기 전 그리고 투시유리가 투명하게 되기 전에 반드시 용제를 순환시킨다.
④ 소프에 소량의 물을 첨가하여 그 위에 소량의 용제로 묽게 한 것을 투입구에 넣는다.

해설
드라이클리닝 용제의 조정사항
- 펌프를 회전시켜 용제를 탱크로부터 퍼 올려와서, 필터 간을 순환시킨다.
- 분말에 용제를 첨가하여 반죽상태로 된 것을 투입구에 투입한다.

정답 125 ① 126 ② 127 ③ 128 ③ 129 ① 130 ③

- 필터의 오점 제거 작동이 시작하기 전, 그리고 투시유리가 투명하게 되기 전에 용제를 순환시키면 안 된다.
- 소프에 소량의 물을 첨가하여 그 위에 소량의 용제로 묽게 한 것을 투입구에 넣는다.

131 세탁용 보일러의 증기압력과 온도가 맞게 짝지어진 것은?

① 증기압 2.0kg/cm^2, 온도 99.1℃
② 증기압 3.0kg/cm^2, 온도 119.2℃
③ 증기압 4.0kg/cm^2, 온도 142.9℃
④ 증기압 6.0kg/cm^2, 온도 151.9℃

해설
보일러의 증기압이 4.0kg/cm^{2}일 때, 온도는 142.9℃이다.

132 다음 중 오점이 가장 잘 제거되는 섬유는?

① 비단 ② 양모
③ 면 ④ 비닐론

해설
오염 제거가 잘 되는 섬유 순서
양모－나일론－비닐론－아세테이트－면－레이온－마－견

133 다음 중 수용성얼룩이 아닌 것은?

① 땀
② 식용유
③ 된장국
④ 간장

해설
수용성오염의 종류
수용성오점(오염)이란 물에 쉽게 녹는 오염(얼룩)으로 케첩, 과즙(주스), 간장, 겨자, 곰팡이, 구토물, 달걀, 과자, 땀, 술, 배설물, 설탕, 소스, 아이스크림, 커피 등이 해당된다.

134 다음의 섬유 중 가장 오염이 쉽게 되는 것은?

① 비닐론 ② 나일론
③ 양모 ④ 비스코스레이온

해설
오염이 잘 되는 섬유 순서
비스코스레이온－마－아세테이트－면－비닐론－실크(견)－나일론－양모

135 면, 모, 견 등에 결합하는 경우가 많고, 기름으로 더러워진 얼룩을 장기간 방치할 때, 기름이 섬유에서 산화되어 결합하며, 표백제로 분해하여 제거가 가능한 오염의 부착 상태는?

① 물리적 부착
② 정전기에 의한 부착
③ 화학 결합에 의한 부착
④ 섬유 내로의 분산

해설
화학 결합에 의한 부착은 기름으로 더러워진 얼룩을 장시간 방치할 때 기름이 섬유에서 산화되어 결합하며, 표백제로 분해하여 제거가 가능한 오염의 부착이다.

136 비누 거품이 가장 잘 생기는 물은?

① 연수
② 경수
③ 해수
④ 지하수

해설
연수는 비누 거품이 가장 잘 생기는 물이다.

137 게이지의 압력이 6kg/cm^{2}인 보일러의 압력을 절대압력(kg/cm^2)으로 계산하면 얼마인가?

① 4 ② 5
③ 6 ④ 7

해설
절대압력＝게이지압력＋1
식에 의해서, 6＋1＝7kg/cm^2

정답 131 ③ 132 ② 133 ② 134 ④ 135 ③ 136 ① 137 ④

138 다음 중 카트리지식 청정장치를 설명한 것은?

① 흡착제와 용제의 접촉이 길어 청정능력이 높아 가장 많이 사용되고 있다.
② 쇠망에 여과제 층을 부착시킨 장치이며 여과지와 흡착지가 분류된 것이다.
③ 여과지와 흡착제가 별도로 되어 있고, 여과 면적이 넓으며 흡착제의 양이 많아 오래 사용한다.
④ 스크린필터라고도 하며 모양은 평판상으로 필터를 8～10개 나란히 세운 것이 1세트이다.

해설

카트리지식 청정장치의 특징

- 흡착제와 용제의 접촉이 길어 청정능력이 높아 가장 많이 사용되고 있다.
- 취급이 간편하고, 청정통식과 같지만 미리 필터 속에 흡착지를 넣어둔다.

139 대전방지제인 4차 암모늄염, 부식방지제인 아민염 등의 계면활성제는?

① 양이온계　② 음이온계
③ 양성계　④ 비이온계

해설

양이온계 계면활성제의 특징

- 대전방지제인 4차 암모늄염, 부식방지제인 아민염 등이 이용된다.
- 수중에서 음으로 하전된 섬유에 잘 흡착되며, 살균, 소독의 목적으로 사용되기도 한다.
- 세척력이 작아 세제보다는 섬유유연제, 대전방지제, 발수제 등으로 사용된다.
- 양이온 활성제는 산성 쪽에는 안정적이지만, 알칼리나 음이온 활성제와 배합하면 물에 녹지 않는 물질을 생성하여 효력을 잃는다.

140 석유계 용제로 드라이클리닝할 때 재오염이 많이 발생되는 시간대는?

① 3～5분 경과 시　② 9～10분 경과 시
③ 12～15분 경과 시　④ 17～20분 경과 시

해설

석유계 용제로 드라이클리닝할 때 3~5분 경과 시에 재오염이 가장 많이 발생된다.

141 가정용 세탁기에 비해 론드리(Laundry) 방법의 특징이 아닌 것은?

① 끝마무리에서 고온, 고압이 사용되므로 마무리 효과가 좋다.
② 알칼리 조제의 사용으로 오염이 잘 빠진다.
③ 마무리하는 시간이 짧고 기술적인 숙달이 필요 없다.
④ 물에 침지하여 헹구는 방식으로 가정용 세탁기에 비해 세제, 물 등의 절약 효과가 크다.

해설

론드리 세탁방법의 특징

- 고온과 고압이 사용되므로 끝마무리가 좋다.
- 마무리에는 상당한 기술과 시간이 필요하다.
- 물에 침지하여 헹구는 방식으로 가정용 세탁기에 비해 세제, 물 등의 절약 효과가 크다.
- 알칼리 조제의 사용으로 오염이 잘 빠진다.

142 물속에 용해되어 있는 경화염류의 함유량을 표시하는 단위는?

① 농도　② 경도
③ 산가　④ 알칼리도

해설

경도란 물속에 용해되어 있는 경화염류의 함유량을 표시하는 단위를 말한다.

143 론드리(Laundry) 공정에서 애벌빨래에 관한 설명으로 틀린 것은?

① 알칼리세제를 사용하여 저온으로 오염을 제거할 수 있다.
② 오염이 많아 세제의 낭비가 되는 것을 막을 수 있다.
③ 금속비누가 되는 것을 방지한다.
④ 일반적으로 합성섬유에 많이 이용되고, 주로 워셔를 사용하며 세제로 때를 완전히 없앤다.

정답 138 ① 139 ① 140 ① 141 ③ 142 ② 143 ④

해설

론드리 세탁방법에서 애벌빨래의 특징

- 알칼리세제를 사용하여 저온으로 오염을 제거하는 것이다.
- 오염이 많아 세제의 낭비가 되는 것을 막을 수 있다.
- 금속비누가 되는 것을 방지한다.
- 합성섬유는 애벌빨래할 필요가 없다.

144 **수성 잉크얼룩을 제거하려고 과망간산칼륨을 칠하였더니 진한 자주색이 되었다. 이것을 환원시키고자 한다면 어떤 표백제를 사용하는 것이 가장 좋은가?**

① 하이드로설파이트
② 메탈알코올
③ 과산화수소
④ 아황산가스

해설

하이드로설파이트 표백제는 수성 잉크얼룩을 제거하기 위해 과망간산칼륨을 사용하였을 때 진한 자주색으로 변화된 것을 환원시키고자 사용되는 표백제이다.

145 **다음의 손세탁방법 중에서 모직이나 편성물 또는 실크 등의 의류를 손상되지 않게 세탁하는 방법으로 가장 적당한 것은?**

① 두드려 빨기　② 흔들어 빨기
③ 비벼 빨기　④ 삶아 빨기

해설

손세탁방법

- 두드려 빨기 : 면직물, 마직물 습윤강도가 크고 형태가 변하지 않는 직물과 삶아 빠는 세탁물에 적당하다.
- 흔들어 빨기 : 모직이나 편성물 또는 실크 등의 의류를 손상되지 않게 세탁하는 방법이다.
- 비벼 빨기 : 세탁물에 비누를 칠하거나 세제용액에 담가 두었다가 두 손 사이에서 또는 빨래판 위에서 비비는 방법으로 우리나라에서 가장 많이 쓰이는 방법이다.
- 삶아 빨기 : 흰 면 속옷이나 시트와 같은 면제품이 심하게 오염되었을 때의 세탁방법이다.

146 **드라이클리닝 처리공정 중 전처리공정에 대한 설명으로 맞는 것은?**

① 전처리는 용제를 조정하는 공정이다.
② 일반적으로 스프레이법과 브러싱법이 있다.
③ 본 세탁에서 쉽게 제거되는 오점을 제거하는 공정이다.
④ 브러싱을 할 때는 옷감의 털이 다소 일어나더라도 오점을 완전히 제거해야 한다.

해설

드라이클리닝 전처리공정의 특징

- 세정과정에서 제거하기 어려운 얼룩을 미리 제거하기 쉽도록 하는 처리공정이다.
- 일반적으로 브러싱법과 스프레이법이 있다.
- 드라이클리닝하기 전에 수용성얼룩 제거를 위한 전처리 작업을 한 다음 드라이클리닝을 한다.
- 브러싱을 할 때는 옷감의 털이 일어나는 일이 없도록 오점만을 문질러 내는 정도에서 끝내야 한다.

147 **드라이클리닝이 불가능한 것을 세제액으로 적신 후 곧바로 처리하는 고급세탁방법으로 맞는 것은?**

① 건식 세탁　② 웨트클리닝
③ 론드리　④ 스트롱차지

해설

웨트클리닝이란 드라이클리닝이 불가능한 것을 세제액으로 적신 후 곧바로 처리하는 고급세탁방법이다.

148 **다음 중에서 다림질의 최적 조건에 포함되는 항목으로 가장 옳은 것은?**

① 압력, 공기, 수분, 영양
② 공기, 시간, 증기, 풀
③ 온도, 압력, 수분, 시간
④ 온도, 수분, 시간, 용제

해설

다림질의 최적 조건 항목

- 온도　• 압력
- 수분　• 시간

정답 144 ① 145 ② 146 ② 147 ② 148 ③

149 다음 중 웨트클리닝을 필요로 하는 의류는?

① 지퍼가 달린 면바지
② 무늬가 있는 속치마
③ 여러 개의 호크가 달린 남방
④ 염화비닐 합성피혁

해설
웨트클리닝 대상 의류
- 양모
- 견(실크)
- 염화비닐 합성피혁
- 표현 처리된 피혁
- 고무 입힌 제품
- 안료염색 제품(수지안료 제품)

150 드라이클리닝으로 인하여 의류제품의 손상이 가장 적은 것은?

① 합성피혁, 고무 제품, 코팅 제품, 비닐 제품
② 모직물, 합성섬유, 견직물류
③ 은박이나 금박 접착 제품, 합성수지 제품
④ 모피류, 섀미 제품, 고무 제품류

해설
드라이클리닝으로 인하여 손상이 가장 적은 의류제품
- 모직물
- 합성섬유
- 견직물류

151 다음 중 물세탁의 특징이 아닌 것은?

① 세탁방법이 간단하다.
② 특별한 설비가 필요 없다.
③ 세탁방법이 다소 복잡하나 옷감의 손상이 적다.
④ 깨끗하게 세탁할 수 있다.

해설
물세탁의 특징
- 세탁방법이 간단하다.
- 특별한 설비가 필요 없다.
- 세탁방법이 단순하고 옷감의 손상이 적다.
- 깨끗하게 세탁할 수 있다.

152 섬유가 마찰 등에 의하여 발생된 전기적 힘에 의하여 생기는 오염 부착 기구는?

① 기계적 부착
② 정전기에 의한 부착
③ 화학결합에 의한 부착
④ 분자 간 인력에 의한 부착

해설
정전기에 의한 부착은 섬유가 마찰 등에 의하여 발생된 전기적 힘에 의하여 생기는 오염 부착 기구이다.

153 폴더(Folder)라는 기계의 설명이 옳은 것은?

① 물품을 시트롤러에 잘 들어가도록 한 장씩 펴주는 기계이다.
② 물품을 좌 · 우 양방향과 앞쪽으로 당기면서 시트롤러에 밀어 넣는 기계이다.
③ 마무리에서 다림질한 물품을 접어 개는 기계이다.
④ 시트가 접어 개어진 후 쌓고, 일정의 장수가 되면 컨베이어에 의해 물품을 포장하는 곳으로 보내는 기계이다.

해설
폴더(Folder)란 마무리 단계에서 다림질한 물품을 접어 개는 기계이다.

154 웨트클리닝에서 주의해야 할 점이 아닌 것은?

① 세탁 전에 색이 빠지는가 조사한다.
② 수축되기 쉬운 것은 치수를 재어 놓는다.
③ 색이 빠지기 쉬운 것은 될 수 있는 대로 한 점씩 빤다.
④ 의류의 종류, 성질에 관계없이 일률적으로 처리한다.

해설
웨트클리닝 시 주의사항
- 세탁 전에 색이 빠지는가 조사한다.
- 수축되기 쉬운 것은 치수를 재어 놓는다.
- 색이 빠지기 쉬운 것은 될 수 있는 대로 한 점씩 빤다.
- 의류의 종류, 성질에 관계없이 각각 처리한다.

정답 149 ④ 150 ② 151 ③ 152 ② 153 ③ 154 ④

155 **세정작용 과정의 순서가 바르게 된 것은?**

① 습윤 → 침투 → 흡착 → 팽윤 → 분리 → 분산 → 유화
② 침투 → 흡착 → 습윤 → 팽윤 → 분리 → 분산 → 유화
③ 습윤 → 팽윤 → 흡착 → 침투 → 분리 → 분산 → 유화
④ 유화 → 침투 → 흡착 → 팽윤 → 분산 → 분리 → 습윤

해설
세정작용 과정의 순서
습윤 – 침투 – 흡착 – 팽윤 – 분리 – 분산 – 유화

156 **다음에서 동물성섬유가 아닌 것은?**

① 양모 ② 캐시미어
③ 견 ④ 아크릴

해설
아크릴섬유는 합성섬유의 일종이다.

157 **재생섬유에 대한 설명 중 가장 옳은 것은?**

① 재생섬유는 면, 마와는 달리 물속에서는 강도가 많이 떨어지므로 물세탁에 주의하여야 한다.
② 재생섬유는 면, 마와는 달리 물속에서는 강도가 어느 정도 증가한다.
③ 재생섬유는 면, 마와 같이 물속에서 강도가 같다.
④ 재생섬유는 면, 마와는 달리 물속에서는 강도가 80% 정도 떨어진다.

해설
재생섬유는 면, 마와는 달리 물속에서는 강도가 많이 떨어지므로 물세탁에 주의하여야 한다.

158 **폴리노직 레이온은 어느 계통의 섬유에 속하는가?**

① 동물성섬유 ② 식물성섬유
③ 재생섬유 ④ 합성섬유

해설
재생섬유의 종류
- 셀룰로스계 : 비스코스레이온, 폴리노직레이온, 큐프라암모늄레이온 등
- 단백질계 : 카제인섬유 등
- 기타 : 고무섬유, 알긴산섬유 등

159 **다음 그림과 같은 기호로 표시된 제품의 취급방법은?**

① 물세탁은 되지 않는다.
② 물세탁을 낮은 온도에서 한다.
③ 물세탁은 하되 세제를 사용하지 않는다.
④ 드라이클리닝하지 말고 중성세제로 물세탁한다.

해설
물세탁은 안 된다는 표시이다.

160 **다음 중 저마섬유에 대한 설명으로 옳은 것은?**

① 현미경으로 관찰하면 측면은 리본 모양으로 되어 있고, 꼬임이 있다.
② 열 전도성이 좋아 동절기 옷감으로 사용되고, 세탁 시 알칼리에 대한 침해가 적다.
③ 일명 삼베라고도 하며 섬유의 단면은 삼각형이고 측면에는 마디와 선이 있다.
④ 일명 모시라고도 하며 오래전부터 한복감으로 사용되었고 식물성섬유 중 강도가 가장 크다.

해설
저마섬유의 특징
- 일명 모시라고도 하며, 오래전부터 한복감으로 많이 사용되고 있다.
- 흡습성, 발산성, 통기성이 우수해 시원한 맛이 있다.
- 색상이 희고 실크 같은 광택이 있다.
- 까칠까칠한 맛이 있고 스티프니스(Stiffness, 힘 강성, 빳빳이)가 있다.

정답 155 ① 156 ④ 157 ① 158 ③ 159 ① 160 ④

161 벨벳(Velvet)과 같은 옷감은 어떤 제품에 속하는가?

① 파일 제품 ② 부직포 제품
③ 편직물 제품 ④ 모피 제품

해설
벨벳(Velvet)은 파일 제품에 속하는 옷감이다.

162 폴리에스테르 직물을 염색할 수 있는 염료로 가장 적당한 것은?

① 반응성염료 ② 분산염료
③ 염기성염료 ④ 직접염료

해설
분산염료는 폴리에스테르 직물을 염색할 수 있는 가장 적당한 염료이다.

163 섬유의 분류에서 아세테이트는 어느 섬유에 해당되는가?

① 셀룰로스섬유 ② 단백질섬유
③ 합성섬유 ④ 반합성섬유

해설
반합성섬유의 종류
- 비스코스레이온
- 아세테이트

164 다음 중 재생섬유의 원료는?

① a-셀룰로스 ② B-셀룰로스
③ 합성섬유 ④ 반합성섬유

해설
재생섬유의 원료
- a-셀룰로스
- 용해 펄프
- 린터 펄프

165 셀룰로스섬유의 염색에 적합하지 못한 염료는?

① 직접염료 ② 분산염료
③ 반응성염료 ④ 배트염료

해설
분산염료는 폴리에스터, 폴리아마이드, 아크릴섬유 염색에 적합하다.

166 산성염료에 가장 염색이 불량한 것은?

① 양털 ② 명주
③ 나일론 ④ 무명

해설
산성염료는 모, 견, 나일론에 쓰인다. 무명은 산성에 약하다.

167 직물과 비교해 편물의 특성을 설명한 것 중 틀린 것은?

① 신축성이 크다.
② 유연성이 크다.
③ 함기량이 많다.
④ 내구성이 크다.

해설
편물의 특성
- 신축성이 크다.
- 유연성이 크다.
- 함기량이 많다.
- 내구성이 작다.

168 클리닝 대상품에 관한 다음 사항 중 옳게 기술된 것은?

① 클리닝 대상품은 섬유 제품만이다.
② 클리닝의 주된 대상품은 산업재료이다.
③ 섬유 제품뿐만 아니라 비섬유 제품도 클리닝 대상품으로써 그 양이 점차 증가되고 있다.
④ 클리닝 대상품이란 특수 의류만 말하는 것이다.

해설
클리닝 대상품은 섬유 제품뿐만 아니라 비섬유 제품도 클리닝 대상품으로써 그 양이 점차 증가되고 있다.

정답 161 ① 162 ② 163 ④ 164 ① 165 ② 166 ④ 167 ④ 168 ③

169 한복 세탁에 대한 설명 중 틀린 것은?

① 면, 마는 용제 속에서 세탁하면 모, 나일론에 비해 세척률이 낮기 때문에 물세탁을 하여야 한다.
② 오염이 심한 견으로 만든 한복은 물세탁을 하여도 무방하다.
③ 견으로 만든 한복을 물세탁하면 광택이나 촉감이 저하하고, 풀기로 인한 맵시가 알칼리성에 의해 손상받기 쉽다.
④ 견으로 만든 한복만이라도 제품의 품질관리 표시상에 물세탁이 가능한 표시가 없으면 드라이클리닝하는 것이 원칙이다.

해설
한복 세탁 시 오염이 심한 견(실크)으로 만든 한복은 물세탁하면 안 된다.

170 면섬유의 정련에 사용할 수 있는 약제로 가장 적당한 것은?

① 수산화나트륨 ② 초산
③ 질산 ④ 염산

해설
수산화나트륨은 면섬유의 정련에 사용할 수 있는 약제로 가장 적당하다.

171 세탁견뢰도의 등급은 몇 등급으로 이루어져 있는가?

① 2 ② 3
③ 4 ④ 5

해설
세탁견뢰도 등급의 평어

세탁견뢰도 등급	견뢰도 평어	세탁 시험편의 · 퇴색 또는 시험용 백면포의 오염
1	가	심하다.
2	양	다소 심하다.
3	미	분명하다.
4	우	약간 눈에 띈다.
5	수	눈에 띄지 않는다.

172 무명섬유의 산과 알칼리에 대한 작용으로 옳은 것은?

① 산이나 알칼리 양쪽 모두 강한 편이다.
② 산에는 강하고, 알칼리에는 약한 편이다.
③ 산에는 약하고, 알칼리에는 강한 편이다.
④ 산이나 알칼리 양쪽 모두 약한 편이다.

해설
무명섬유의 산과 알칼리에 대한 작용
산에는 약하고 알칼리에는 강하다.

173 명주섬유의 증량이나 매염제로 이용되는 약품은?

① 질산 ② 염산
③ 탄닌산 ④ 과산화수소

해설
탄닌산은 명주섬유의 증량이나 매염제로 이용되는 약품이다.

174 견섬유와 일광과의 관계 중에서 옳은 것은?

① 다른 천연섬유에 비하여 일광에 가장 약하다.
② 자외선은 수일간 조사하여도 견섬유에 변화가 없다.
③ 견섬유를 구성하는 아미노산은 자외선에 강하다.
④ 생사가 정련 견보다 일광에 약하다.

해설
견(실크)섬유와 일광과의 관계(견섬유와 면 · 마 · 양 · 모섬유와의 차이점)
- 일광에 가장 약하다.
- 흡습성이 좋다.
- 열의 불량 도체이다.
- 신도는 양털보다 약하다.

175 양털섬유를 형성하는 단백질의 주성분은?

① 셀룰로스 ② 케라틴
③ 피브로인 ④ 글리신

해설
케라틴은 양털섬유를 형성하는 단백질의 주성분이다.

정답 169 ② 170 ① 171 ④ 172 ③ 173 ③ 174 ① 175 ②

176 **세제를 사용하는 세탁용 기계의 안전관리를 위하여 밀폐형이거나 용제회수기가 부착된 세탁용 기계를 사용하지 아니한 때 3차 위반 시 행정처분기준은?**

① 경고 ② 영업정지 10일
③ 개선명령 ④ 영업장 폐쇄명령

해설
세제를 사용하는 세탁용 기계의 안전관리를 위하여 밀폐형이거나 용제회수기가 부착된 세탁용 기계를 사용하지 아니한 때 3차 위반 시 '영업정지 10일'의 행정처분을 받는다.

177 **영업소 폐쇄명령을 받고도 계속하여 영업을 하는 때에 관계 공무원이 폐쇄하기 위한 행위로 올바르지 않은 조치는?**

① 영업소의 간판 기타 영업 표지물의 제거 행위
② 영업을 위한 기구 또는 시설물을 사용할 수 없게 하는 봉인 작업
③ 영업소에 고객이 출입할 수 없도록 출입문에 지켜 서 있는 행위
④ 당해 영업소가 위법한 영업소임을 알리는 게시물의 부착 행위

해설
관계 공무원이 영업을 폐쇄하기 위한 조치
- 영업소의 간판 기타 영업 표지물의 제거 행위
- 영업을 위한 기구 또는 시설물을 사용할 수 없게 하는 봉인 작업
- 당해 영업소가 위법한 영업소임을 알리는 게시물의 부착 행위

178 **다음 중 공중위생감시원의 자격이 없는 사람은?**

① 환경산업기사 이상의 자격증이 있는 자
② 대학에서 위생학 분야를 전공하고 졸업한 자
③ 2년 이상 공중위생 행정에 종사한 경력이 있는 자
④ 외국에서 환경기사의 면허를 받은 자

해설
공중위생감시원의 자격
- 위생사 또는 환경기사 2급 이상의 자격증이 있는 자
- 「고등교육법」에 의한 대학에서 화학 · 화공학 · 환경공학 또는 위생학 분야를 전공하고 졸업한 자 또는 이와 동등 이상의 자격이 있는 자
- 외국에서 위생사 또는 환경기사의 면허를 받은 자
- 3년 이상 공중위생 행정에 종사한 경력이 있는 자

179 **의류, 기타섬유 제품이나 피혁 제품 등을 세탁하는 영업은?**

① 세탁업 ② 제조업
③ 판매업 ④ 위생관리용역업

해설
세탁업이란 의류, 기타섬유 제품이나 피혁 제품 등을 세탁하는 업을 말한다.

180 **세탁업자가 준수하여야 하는 위생관리기준으로 틀린 것은?**

① 드라이클리닝용 세탁기는 유기용제의 누출이 없도록 항상 점검하여야 한다.
② 세탁물에는 세탁물의 처리에 사용된 세제가 남지 아니하도록 하여야 한다.
③ 보관중인 세탁물에 좀이나 곰팡이 등이 생성되지 않도록 위생적으로 관리하여야 한다.
④ 영업장 안의 조명도는 100럭스 이상이 되도록 유지하여야 한다.

해설
세탁업자가 준수하여야 하는 위생관리기준(규칙 제7조 관련 별표4의5)
- 드라이클리닝용 세탁기는 유기용제의 누출이 없도록 항상 점검하여야 하고, 사용 중에 누출되지 아니하도록 하여야 한다.
- 세탁물에는 세탁물의 처리에 사용된 세제 · 유기용제 또는 얼룩 제거 약제가 남지 아니하도록 하여야 한다.
- 세탁업자는 업소에 보관 중인 세탁물에 좀이나 곰팡이 등이 생성되지 않도록 위생적으로 관리하여야 한다.

정답 176 ② 177 ③ 178 ③ 179 ① 180 ④

181 다음 중 고체오점에 해당되지 않는 것은?

① 염류 ② 지방산
③ 철분 ④ 기계유

해설
고체오점(불용성오점)의 종류
- 염류
- 지방산
- 기계유
- 시멘트
- 매연
- 석고
- 흙
- 먼지
- 매연 등

182 유성오점에 대한 설명 중 틀린 것은?

① 물에 잘 녹는 오점이다.
② 발생원인은 자동차의 배기가스나 음식물 등이 있다.
③ 유기용제에는 녹으나 물에는 불용이다.
④ 기름을 주성분으로 이루어진 것으로는 광물유도 있다.

해설
유성오점의 특징
- 물에 잘 녹지 않는 오염이다.
- 발생원인은 자동차의 배기가스나 음식물 등이 있다.
- 유기용제에는 녹으나 물에는 불용이다.
- 기름을 주성분으로 이루어진 것으로는 광물유도 있다.

183 다음 섬유 중 가장 오염되기 쉬운 것은?

① 비스코스레이온 ② 양모
③ 나일론 ④ 아세테이트

해설
오염이 잘 되는 섬유순서
비스코스레이온－마－아세테이트－면－비닐론－실크(견)－나일론－양모

184 다음 중 재오염에 대한 설명으로 틀린 것은?

① 흡착에 의한 재오염은 용제로 헹구면 완전히 제거된다.
② 재오염이란 세정액 중에 분산된 오염이 의류에 재부착하는 현상을 말한다.
③ 재오염의 원인은 부착, 흡착, 염착 등의 형태로 나타난다.
④ 재오염을 방지하기 위해 세정액을 청정하게 유지하고 소프 농도 및 용제습도를 적정하게 유지해야 한다.

해설
재오염의 특성
- 흡착에 의한 재오염은 깨끗한 용제로 헹구어도 제거가 곤란한 경우가 많다.
- 재오염이란 세정액 중에 분산된 오염이 의류에 재부착하는 현상을 말한다.
- 재오염의 원인은 부착, 흡착, 염착 등의 형태로 나타난다.
- 재오염을 방지하기 위해 세정액을 청정하게 유지하고 소프 농도 및 용제습도를 적정하게 유지해야 한다.

185 다음 중 드라이클리닝에 사용되는 용제가 아닌 것은?

① 석유계 용제 ② 수용성 용제
③ 불소계 용제 ④ 퍼클로로에틸렌

해설
드라이클리닝에 사용되는 용제
- 석유계 용제
- 1.1.1－트리클로로에탄
- 불소계 용제
- 퍼클로로에틸렌

186 용제관리방법의 요점이라고 할 수 없는 것은?

① 세정액의 청정화 방법에는 여과와 흡착 및 증류 등이 있다.
② 세정액의 청정장치에는 필터, 청정통, 카트리지, 증류기 등이 있다.

정답 181 ③ 182 ① 183 ① 184 ① 185 ② 186 ③

③ 필터의 압력상승과 누출, 막힘과는 용제관리 면에서 상관이 없다.
④ 증류에는 온도상승에 따른 돌비와 용제의 분해에 주의하여야 한다.

해설
용제관리방법
- 세정액의 청정화 방법에는 여과와 흡착 및 증류 등이 있다.
- 세정액의 청정장치에는 필터, 청정통, 카트리지, 증류기 등이 있다.
- 필터의 압력상승과 누출, 막힘은 용제관리 면에서 상관이 있다.
- 증류에는 온도상승에 따른 돌비와 용제의 분해에 주의하여야 한다.

187 대단히 큰 흡착 표면적을 가지고 있어 오염입자가 작은 것일수록 흡착 효과가 크고, 색소, 냄새, 더러움의 흡착 효과가 큰 흡착제는?

① 여과제 ② 탈산제
③ 활성탄소 ④ 활성백토

해설
활성탄소란 대단히 큰 흡착 표면적을 가지고 있어 오염입자가 작은 것일수록 흡착 효과가 크고 색소, 냄새, 더러움의 흡착 효과가 큰 흡착제이다.

188 세정기계(Dry Cleaning Machine)의 증류 중 세정, 탈수, 건조의 연관 작업의 처리가 가능한 기밀 구조로 되어 있고 일부의 기계에서는 스프레이 가공까지 할 수 있는 것은?

① 퍼클로로에틸렌용 기계
② 솔벤트 기계
③ 건조기 및 쿨러
④ 석유계 기계 및 인체 프레스

해설
퍼클로로에틸렌용 기계는 세정기계의 증류 중 세정, 탈수, 건조의 연관 작업의 처리가 가능한 기밀 구조로 되어 있고, 일부의 기계에서는 스프레이 가공까지 할 수 있는 기계이다.

189 펌프의 설명 중 틀린 것은?

① 용제의 필터 순환 횟수에 따라 세정과 재오염 방지의 효과가 좌우된다.
② 펌프능력이 저하하면 세정기 내의 용제 교환 횟수가 줄어든다.
③ 필터 압력이 상승하면 유량이 저하된다.
④ 펌프능력의 저하는 워셔의 액심도 5까지 달하는 펌프의 소요시간을 측정하면 알 수 있다.

해설
용제 공급펌프의 특성
- 용제의 필터 순환 횟수에 따라 세정과 재오염 방지의 효과가 좌우된다.
- 펌프능력이 저하하면 세정기 내의 용제 교환 횟수가 줄어든다.
- 필터 압력이 상승하면 유량이 저하된다.
- 펌프능력의 저하는 워셔의 액심도 3까지 달하는 펌프의 소요시간을 측정하면 알 수 있다.

190 섬유의 세탁에서 세척력이 적어 세제로는 사용되지 않지만, 유연제, 대전방지제, 발수제 등에 주로 쓰이는 계면활성제는?

① 음이온계 계면활성제
② 양이온계 계면활성제
③ 양쪽성계 계면활성제
④ 비이온계 계면활성제

해설
양이온계 계면활성제는 섬유의 세탁에서 세척력이 적어 세제로는 사용되지 않지만, 유연제, 대전방지제, 발수제 등에 주로 사용되는 계면활성제이다.

191 형광증백제에 대한 설명 중 옳은 것은?

① 형광증백제는 섬유상에 과도하게 염착되면 도리어 나쁜 효과가 생길 수도 있다.
② 대부분의 형광증백제는 염소계 표백제에 의해 증백능력을 상실한다.
③ 증백 효과는 증백제의 양에 따라 비례한다.
④ 형광증백제의 종류에 따라 파장 길이의 순으로 녹색, 청색, 홍색이 나타나며 주로 녹색이 쓰인다.

정답 187 ③ 188 ① 189 ④ 190 ② 191 ①

해설
형광증백제의 특성
- 형광증백제는 섬유상에 과도하게 염착되면 도리어 나쁜 효과가 생길 수도 있다.
- 형광증백제는 미량으로 충분한 증백 효과를 거둘 수 있다.
- 증백제의 용량이 지나치면 백도가 저하하는 경향이 있다.
- 증백제 처리를 잘못했을 때 녹색을 띠는 경우가 있으므로 주의하여야 한다.

192 세탁물을 접수할 때 기술적인 진단과 관계없는 것은?

① 수량 ② 부분 변퇴색
③ 변형 ④ 눌은 자국

해설
세탁물을 접수할 때 기술적 진단
- 형태의 변형
- 부분 변퇴색
- 보푸라기
- 잔털이 누운 것
- 마모
- 상처
- 곰팡이
- 좀
- 얼룩
- 눌은 자국
- 의류의 마모도
- 수축 여부
- 금지표시
- 가공표시 등

193 다음 중 원통 보일러에 해당되는 것은?

① 자연순환식 수관보일러
② 노통연관 보일러
③ 강제순환식 수관보일러
④ 관류보일러

해설
원통 보일러의 종류
- 입식 보일러
- 노통연관 보일러
- 노통 보일러
- 연관 보일러

194 계면활성제는 용도에 따라 여러 가지 명칭이 있다. 다음 중 그 명칭이 아닌 것은?

① 세정제 ② 유화제
③ 분산제 ④ 건조제

해설
계면활성제 용도에 따른 구분
- 세정제
- 유화제
- 분산제
- 가용화제

195 계면활성제의 작용과 가장 거리가 먼 것은?

① 침투 ② 기포
③ 표백 ④ 분산

해설
계면활성제 용도에 따른 구분
- 습윤
- 침투
- 흡착
- 분산
- 보호
- 기포

196 얼룩빼기 약제와 섬유와의 반응을 나타낸 것 중 옳은 것은?

① 아세테이트는 아세톤 사용이 불가능하다.
② 셀룰로스섬유는 유기용제와 알칼리에 안정하고, 진한 무기산에도 안정하다.
③ 동물성섬유는 유기용제에는 안정하나 묽은 산에는 비교적 불안정하다.
④ 나일론은 진한 알칼리에 황변 현상이 나타날 수도 있으나 염소계 표백제에는 사용이 가능하다.

해설
얼룩빼기 약제와 섬유와의 반응
- 아세테이트는 아세톤 사용이 불가능하다.
- 셀룰로스섬유는 유기용제와 알칼리에 안정하고, 진한 무기산에는 사용이 불가능하다.
- 동물성섬유(단백질섬유)는 유기용제에 안정하고 묽은 산에도 대체로 안정하다.
- 나일론은 진한 알칼리에 황변 현상이 나타날 수도 있으나 염소계 표백제에는 사용이 불가능하다.

197 보일러의 고장현상 중 틀린 것은?

① 수면계에 수위가 나타나지 않는다.
② 증기(스팀)에 물이 섞여 나온다.
③ 작동 중 불이 꺼진다.
④ 압력 게이지가 움직인다.

정답 192 ① 193 ② 194 ④ 195 ③ 196 ① 197 ④

해설
문제 16번 해설 참고

198 수용성오점 제거방법을 설명한 것 중 틀린 것은?

① 일반적으로 묻은 오점은 묻은 즉시 물만으로도 어느 정도는 제거된다.
② 시간이 경과된 것은 물과 알칼리성 또는 중성세제로 제거될 수도 있다.
③ 너무 오래된 것은 공기 중에서 변질, 고착되므로 표백 처리가 필요할 수도 있다.
④ 중성세제로 제거되지 않은 오점은 수용성 오점이 아니고, 불용성오점이다.

해설
수용성오점 제거방법
- 일반적으로 묻은 오점은 묻은 즉시 물만으로도 어느 정도는 제거된다.
- 시간이 경과된 것은 물과 알칼리성 또는 중성세제로 제거될 수도 있다.
- 너무 오래된 것은 공기 중에서 변질, 고착되므로 표백 처리가 필요할 수도 있다.
- 불용성오점(고체오점)은 화학 처리, 산성약제 사용 후에는 암모니아(알칼리) 중화 처리한다.
- 수용성오점은 중성세제로도 제거가 가능하다.

199 다음 중 셀룰로스 직물에 주로 사용되는 표백제는?

① 차아염소산나트륨
② 하이드로설파이트
③ 과탄산나트륨
④ 과붕산나트륨

해설
차아염소산나트륨은 셀룰로스 직물에 주로 사용되는 표백제이다.

200 워싱(Washing)의 가장 기본적인 서비스는?

① 보전 서비스 ② 기능성 부여
③ 패션성 제공 ④ 청결 서비스

해설
워싱의 가장 기본적인 서비스는 '청결 서비스'이다.

201 습윤 시 강도가 증가하며, 세탁조작에 특별히 유의하지 않아도 되고, 비누나 약알칼리성 합성세제를 쓰며, 뜨거운 물로 세탁할 수 있는 섬유제품은?

① 면 · 마 제품 ② 양모 제품
③ 피혁 제품 ④ 인견섬유 제품

해설
면 · 마 제품은 비누나 약알칼리성 합성세제를 쓰며, 뜨거운 물로 세탁할 수 있는 섬유 제품이다.

202 세탁기에 넣고 세탁할 때 세탁 수축률이 가장 적은 직물은?

① 레이온 ② 면
③ 견 ④ 폴리에스테르

해설
폴리에스테르섬유는 세탁할 때 세탁 수축률이 가장 적다.

203 론드리에서 본 빨래를 할 때 세제의 pH로 옳은 것은?

① pH 1～2 ② pH 4～5
③ pH 7～8 ④ pH 10～11

해설
론드리에서 본 빨래를 할 때 세제의 pH는 10～11을 유지한다.

204 섬유에서 오점 입자가 작게 부서져 용액 중에 균일하게 흩어져 있는 상태는?

① 흡착 ② 보호
③ 기포 ④ 분산

해설
분산 작용은 오점 입자가 작게 부서져 용액 중에 균일하게 흩어져 있는 상태를 말한다.

정답 198 ④ 199 ① 200 ④ 201 ① 202 ④ 203 ④ 204 ④

205 웨트클리닝 처리방법으로 설명이 잘못된 것은?

① 색이 빠지기 쉬운 것에 유의한다.
② 형이 잘 흐트러지는 것에 유의하여야 한다.
③ 워셔는 대형이며 회전이 빠른 것을 사용하고, 장시간 처리한다.
④ 드라이클리닝에서 유성의 오점을 지우고 물세탁하는 것이 바람직하다.

해설
웨트클리닝 처리방법 시 주의사항
- 세탁 전에 형이 흐트러지는가, 색이 빠지는가 등 사전에 반드시 검토해야 한다.
- 색이 빠지기 쉬운 것이나 작은 물품은 손빨래로 한다.
- 워셔는 소형이며 회전이 느린 것을 사용하여 단시간에 처리한다.
- 드라이클리닝에서 유성의 오점을 지우고 물세탁하는 것이 바람직하다.

206 론드리에서 헹굼의 방법으로 틀린 것은?

① 같은 양의 물을 3~4회로 나누어 헹구며, 비누와 세제가 섬유에 남지 않도록 몇 차례 씻어 낸다.
② 첫 번째 헹굼에서는 세탁온도와 같게 한다.
③ 헹굼과 헹굼 사이에 탈수를 해주면 물의 사용량이 절약된다.
④ 수위는 25cm, 시간은 3~5분으로 하며, 첫 번째 헹굼은 세탁온도보다 낮은 것이 효과적이다.

해설
수위는 25cm, 시간은 3~5분으로 하며, 첫 번째 헹굼은 세탁온도와 같게 한다.

207 다음 설명 중 론드리의 장점으로 볼 수 없는 것은?

① 주로 알칼리제와 비누를 사용하여 공해가 적다.
② 백도가 저하되므로 형광증백 가공이 필요하다.
③ 워셔기는 원통형이므로 물품이 상하지 않고 오점이 잘 빠진다.
④ 표백과 풀먹임이 효과적이다.

해설
론드리의 장 · 단점

㉠ 장점
- 세탁온도가 높아 세탁효과가 좋다.
- 주로 알칼리제와 비누를 사용하여 공해가 적다.
- 알칼리제를 사용하므로 오점이 잘 빠진다.
- 표백이나 풀먹임이 효과적이며 용이하다.
- 워셔기는 원통형이므로 물품이 상하지 않고 오점이 잘 빠진다.

㉡ 단점
- 마무리에 상당한 시간과 기술이 필요하다.
- 백도가 저하되므로 형광증백 가공이 필요하다.
- 수질 오염방지 등 배수시설이 필요하므로 원가가 높다.
- 처리조건이 강력하여 물품의 변형이나 수축의 사고가 일어나기 쉽다.

208 다음 중 화학적 조작에 의한 얼룩빼기 방법은?

① 기계적 힘을 이용하는 방법
② 분산법
③ 흡착법
④ 효소법

해설
얼룩빼기 방법

물리적 방법	화학적 방법
기계적 힘을 이용하는 방법	표백제를 사용하는 방법
분산법	특수 약품을 사용하는 방법
흡착법	알칼리를 사용하는 방법
물을 사용하여 얼룩을 용해 분리시킨 후 분산된 얼룩을 흡수하여 제거한다.	산을 사용하는 방법
	효소를 사용하는 방법

209 다음 그림은 섬유의 건조방법 중 어떠한 방법인가?

① 옷걸이에 걸어서 일광에 건조시킬 것
② 옷걸이에 걸고 그늘에서 건조시킬 것

정답 205 ③ 206 ④ 207 ② 208 ④ 209 ②

③ 일광에 뉘어서 건조시킬 것
④ 그늘에 뉘어서 건조시킬 것

해설

섬유의 건조방법 표시기호

기호	기호의 정의
옷걸이	햇빛에서 옷걸이에 걸어 건조시킨다.
옷걸이	옷걸이에 걸어서 그늘에 건조시킨다.
뉘어서	햇빛에서 뉘어서 건조시킨다.
뉘어서	그늘에 뉘어서 건조시킨다.
	세탁 후 건조할 때 기계 건조를 할 수 있다.
	세탁 후 건조할 때 기계 건조를 할 수 없다.

210 형식에 따른 드라이클리닝용 마무리 기계의 종류 중 성질이 다른 것은?

① 스팀형
② 폼머형
③ 프레스형
④ 카트리지형

해설

드라이클리닝용 마무리 기계의 종류

- 스팀형
- 폼머형
- 프레스형

211 밀폐된 용기에 물을 채우고, 등유나 가스 혹은 전기로 가열하여 증기를 발생시키는 장치는?

① 텀블러
② 워셔
③ 증기보일러
④ 만능프레스

해설

증기보일러란 밀폐된 용기에 물을 채우고, 등유나 가스 혹은 전기로 가열하여 증기를 발생시키는 장치이다.

212 얼룩에 약제를 바른 후 공기의 압력과 스팀을 이용하여 오점을 불어 얼룩을 제거하는 장치는?

① 스파팅머신
② 만능프레스기
③ 제트스포트
④ 초음파기계

해설

스파팅머신이란 얼룩에 약제를 바른 후 공기의 압력과 스팀을 이용하여 오점을 불어 얼룩을 제거하는 기계이다.

213 다음 중 드라이클리닝의 특성에 해당되는 것은?

① 형태 변화가 적고, 수용성얼룩 제거가 용이하다.
② 용제가 싸고, 용제회수장치가 필요하다.
③ 용제에 약한 색상은 잘 빠지기 쉽다.
④ 세정시간은 긴 편이나 건조시간은 짧다.

해설

드라이클리닝의 특성

- 형태 변화가 적고, 이염이 되지 않는다.
- 용제가 비싸고, 독성과 가연성의 문제가 있다.
- 세정, 탈수, 건조가 단시간 내에 이루어진다.

정답 210 ④ 211 ③ 212 ① 213 ③

214 **다음 중 드라이클리닝의 정의에 대해 맞게 설명한 것은?**

① 드라이클리닝이란 유성의 휘발성 유기용제를 사용한 방법이다.
② 드라이클리닝이란 남녀 정장 제품을 위주로 세탁하는 방법이다.
③ 드라이클리닝이란 모, 견 제품만 세탁하는 방법이다.
④ 드라이클리닝이란 친수성오점이 많이 묻은 세탁물을 세탁하는 방법이다.

해설
드라이클리닝이란 유성의 휘발성 유기용제를 사용한 방법이다.

215 **의복의 기능 중 위생상의 성능이 아닌 것은?**

① 더위와 추위로부터 몸을 보호
② 보온성과 열전도성
③ 함기성, 통기성 및 흡수성
④ 형태 안정성, 방충성

해설
의복의 기능 중 위생상의 성능
- 더위와 추위로부터 몸을 보호하는 기능이다.
- 보온성과 열전도성, 대전성이 있다.
- 함기성, 통기성 및 흡수성이 있다.

216 **직물 조직 중 삼원 조직에 속하지 않는 것은?**

① 평직 ② 능직(사문직)
③ 수자직(주자직) ④ 바스켓직

해설
직물의 삼원 조직
- 평직물
- 능직물(사문직)
- 주자직물(수자직)

포플린, 옥양목 등
평직

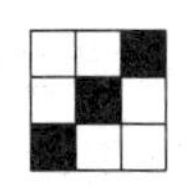
서지, 캐시미어, 개버딘 등
능직(사문직)

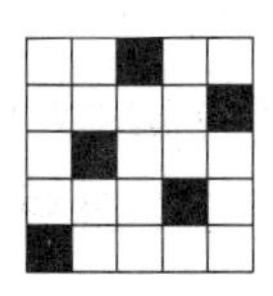
공단, 도스킨 등
주자직(수자직)

217 **두 가닥의 날실이 한 조가 되어 얽히면서 씨실을 얽어 속이 비치고 통기성이 뛰어나지만 조직이 엉성하므로 조심해서 다루어야 하는 직물은?**

① 평직 ② 사문직
③ 익조직 ④ 주자직

해설
익조직이란 두 가닥의 날실이 한 조가 되어 얽히면서 씨실을 얽어 속이 비치고 통기성이 뛰어나지만, 조직이 엉성하므로 클리닝 조작은 가능한 가볍게 하고 조심해서 다루어야 하는 직물이다.

218 **섬유가 갖추어야 할 조건 중 틀린 것은?**

① 광택이 좋아야 한다.
② 가소성이 풍부하여야 한다.
③ 탄력이 좋아야 한다.
④ 비중이 커야 한다.

해설
섬유가 갖추어야 할 조건
- 광택이 좋아야 한다.
- 가소성이 풍부하여야 한다.
- 탄력이 좋아야 한다.
- 비중이 작아야 한다.

219 **섬유제품에 대한 설명 중 틀린 것은?**

① 면, 마는 식물성섬유이다.
② 모, 견은 동물성섬유이다.
③ 나일론은 합성섬유이다.
④ 비스코스레이온은 반합성섬유이다.

해설
비스코스레이온은 재생섬유이다.

220 **양모섬유로 된 내의를 세탁할 때 부주의로 인해서 많이 줄어드는 주된 원인은?**

① 양모섬유는 크림프를 가지고 있기 때문이다.
② 양모섬유는 탄성이 좋기 때문이다.
③ 양모섬유는 표피층에 스케일 구조를 가지고 있기 때문이다.
④ 양모섬유는 분자 구조 중 조염결합을 가지고 있기 때문이다.

정답 214 ① 215 ④ 216 ④ 217 ③ 218 ④ 219 ④ 220 ③

해설

양모섬유로 된 내의를 세탁할 때 부주의로 인해서 많이 줄어드는 주된 원인은, 양모섬유는 표피층에 스케일 구조를 가지고 있기 때문이다.

스케일 구조

겉비늘(Scale)은 평평한 표피세포가 서로 겹쳐서 비늘 모양을 하고 있으며 잘 발달될수록 양털이 섬세하며, 피질부(내층)를 보호하고 광택과 밀접한 관계가 있으며 방적성을 좋게 해준다.

221 1D(Denier, 데니어)란 길이가 ( )m이고, 무게가 1g일 때를 말한다. ( )에 적합한 것은?

① 840 ② 1,000
③ 9,000 ④ 10,000

해설

1D(Denier, 데니어)란 길이가 9,000m이고, 무게가 1g일 때를 말한다.

222 면섬유의 특성 중 틀린 것은?

① 현미경으로 보면 측면은 리본 모양이다.
② 수분을 흡수하면 강도가 증가한다.
③ 내열성이 우수한 편에 속한다.
④ 산에는 강하고 알칼리에는 약하다.

해설

면섬유의 특성

- 현미경으로 보면 측면은 리본 모양이다.
- 수분을 흡수하면 강도가 증가한다.
- 내열성이 우수한 편에 속한다.
- 산에는 약하나 알칼리에 강해서 합성세제에 비교적 안전하다.

223 양모섬유에 가장 많이 사용되는 염료는?

① 직접염료 ② 반응성염료
③ 산성염료 ④ 분산성염료

해설

산성염료는 양모섬유에 가장 많이 사용되는 염료이다.

224 파스너의 취급 설명 중 틀린 것은?

① 클리닝 및 프레스할 때에는 파스너를 열어 놓은 상태에서 한다.
② 슬라이더의 손잡이를 정상으로 해놓고 프레스한다.
③ 슬라이더에 직접 다림질을 하지 않는다.
④ 프레스 온도는 130℃ 이하를 지킨다.

해설

파스너(지퍼) 취급 시 주의사항

- 프레스 온도는 130℃ 이하로 유지한다.
- 슬라이더의 손잡이를 정상으로 해놓고 프레스 한다.
- 슬라이더에 직접 다림질하지 않는다.
- 클리닝 및 프레스할 때에는 파스너(지퍼)를 잠근 상태에서 한다.

225 다음 직물 중 평직에 해당되는 것은?

① 포플린 ② 캐시미어
③ 서지 ④ 공단

해설

평직물의 종류

- 광목
- 옥양목
- 포플린(Poplin)
- 브로드크로스
- 보일
- 머슬린
- 트로피컬
- 캘리코
- 태피터
- 샴브레이
- 깅엄

226 다음 중 탄성회복률이 가장 우수한 섬유는?

① 무명 ② 아마
③ 대마 ④ 양털

해설

탄성회복률은 천연섬유 중에서 양털이 가장 우수하다.

227 견뢰도가 나쁘나 염색법이 간단하여 주로 면섬유의 연한 색에 많이 사용되는 염료는?

① 아조익염료 ② 배트염료
③ 직접염료 ④ 황화염료

정답 221 ③ 222 ④ 223 ③ 224 ① 225 ① 226 ④ 227 ③

해설
직접염료는 견뢰도는 나쁘나 염색법이 간단하고, 주로 면섬유의 연한 색 염료로 많이 사용한다.

228 다음 중 재생 단백질섬유는?

① 비스코스 ② 카제인
③ 아세테이트 ④ 폴리에스테르

해설
카제인섬유는 재생 단백질섬유이다.

229 다음 중 가늘고 긴 섬유(필라멘트)를 여러 가닥 합쳐 만들어진 실은?

① 면사 ② 모사
③ 견사 ④ 마사

해설
견사는 가늘고 긴 섬유(필라멘트)를 여러 가닥 합쳐서 만들어진 실이다.

230 식물성섬유 중 잎섬유에 해당되는 것은?

① 아마 ② 마닐라마
③ 대마 ④ 저마

해설
식물성섬유 중 잎섬유의 종류
- 마닐라마
- 사이잘마 등

231 다음의 합성섬유 중 일광에 대한 견뢰도가 가장 우수한 것은?

① 나일론 ② 폴리에스테르
③ 아크릴 ④ 비닐론

해설
아크릴섬유는 합성섬유 중 일광에 대한 견뢰도가 가장 우수한 섬유이다.

232 명주섬유의 물리적 성질과 화학적 성질을 설명한 것 중 옳은 것은?

① 천연섬유 중 가장 길이가 길고 일광에는 강하다.
② 강도가 우수한 편이고 신도도 양털보다는 우수하다.
③ 광택과 촉감은 우수하나 다른 섬유보다 일광에는 약하다.
④ 산에는 약하나 알칼리에는 강한 편이다.

해설
명주섬유(견)의 특징
- 다른 천연섬유에 비하여 일광에 가장 약하다.
- 강도가 우수한 편이고 신도는 양털보다 약하다.
- 산에는 강한 편이나, 알칼리에 약해서 강한 알칼리에 의하여 쉽게 손상된다.
- 광택과 촉감은 우수하나 다른 섬유보다 일광에는 약하다.

233 직물조직 중 가장 간단한 조직으로 경사와 위사가 한 올씩 교대로 위로 올라가고, 아래로 내려가는 조직은?

① 평직 ② 능직
③ 주자직 ④ 여직

해설
평직이란 직물조직 중 가장 간단한 조직으로, 경사와 위사가 한 올씩 교대로 위로 올라가고, 아래로 내려간 조직이다.

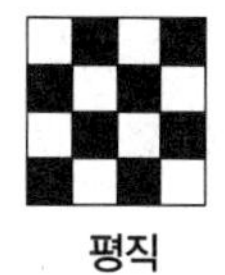
평직

234 석회에 담그기가 끝난 가죽은 알칼리가 높아 가죽재료로 사용하기에 부적당하므로 산, 산성염으로 중화시키는 작업은?

① 물에 침지 ② 회분빼기기
③ 석회 침지 ④ 효소분해

해설
석회에 담그기가 끝난 가죽은 알칼리가 높아 가죽재료로 사용하기에 부적당하므로 산, 산성염으로 중화시키는 작업을 회분빼기라 한다.

정답 228 ② 229 ③ 230 ② 231 ③ 232 ③ 233 ① 234 ②

235 **실의 굵기를 나타내는 번수 중에서 항장식 번수로 표시하는 실은?**

① 모사 ② 면사
③ 견사 ④ 아마사

해설
항중식 번수로 표시하는 실의 종류
- 모사(소모사, 방모사, 혼방사)
- 면사
- 아마사(마사)

※ 실의 번수란 실의 굵기를 나타내는 수치를 말한다.

236 **세탁물관리 사고로 인한 분쟁 발생 시 세탁업자와 소비자 간의 분쟁조정을 위하여 노력하여야 할 기관은?**

① 직물 제조회사 ② 세탁업자단체
③ 세탁기 제조회사 ④ 화공약품 제조회사

해설
세탁업자단체는 세탁물관리사고로 인한 분쟁 발생 시 세탁업자와 소비자 간의 분쟁조정을 위하여 노력하여야 한다.

237 **공중위생영업을 하고자 하는 자는 공중위생영업의 종류별로 보건복지부령이 정하는 시설 및 설비를 갖추고 신고하여야 하는데, 이때 해당 기관의 장이 아닌 것은?**

① 군수 ② 행정안전부장관
③ 구청장 ④ 시장

해설
시장, 군수, 구청장은 공중위생영업을 하고자 하는 공중위생영업의 종류별로 보건복지부령이 정하는 시설 및 설비를 갖추고 신고하여야 할 해당 기관의 장이다.

238 **세제를 사용하는 세탁용 기계의 안전관리를 위하여 밀폐형이나 용제회수기가 부착된 세탁용 기계를 사용하지 아니한 때 2차 위반 시 행정처분기준은?**

① 영업정지 5일 ② 영업정지 7일
③ 영업정지 10일 ④ 영업장 폐쇄명령

해설
행정처분기준

위반행위	1차 위반	2차 위반	3차 위반
세제를 사용하는 세탁용 기계의 안전관리를 위하여 밀폐형이나 용제회수기가 부착된 세탁용 기계 또는 회수건조기가 부착된 세탁용 기계를 사용하지 아니한 경우	개선명령	영업정지 5일	영업정지 10일

239 **공중위생영업의 신고방법 및 절차 등에 관하여 필요한 사항을 정하는 것은?**

① 보건복지부령 ② 법령
③ 대통령령 ④ 훈령

해설
공중위생영업의 신고방법 및 절차 등에 관하여 필요한 사항을 정하는 영은 보건복지부령이다.

240 **관계공무원의 출입, 검사, 기타 조치를 거부, 방해 또는 기피한 자에게 부과되는 과태료 기준 금액은?**

① 30만 원 ② 50만 원
③ 70만 원 ④ 100만 원

해설
관계공무원의 출입, 검사, 기타 조치를 거부, 방해 또는 기피한 자는 '100만 원'의 과태료를 부과받는다.

241 **표백에 관한 설명 중 틀린 것은?**

① 일반적으로 고온일 때가 저온일 때보다 표백제의 분해가 빠르다.
② 표백제의 pH와 반대의 pH 용액을 가했을 때 표백작용이 강해진다.
③ 산화표백제와 환원표백제를 혼합하면 효과가 없어진다.
④ 환원표백제를 쓴 것은 광택이 나쁘고, 시간이 지나면 공기 중의 산소로 환원되어 원색이 나오기 쉽다.

정답 235 ③ 236 ② 237 ② 238 ① 239 ① 240 ④ 241 ④

해설
표백제의 특성
- 일반적으로 고온일 때가 저온일 때보다 표백제의 분해가 빠르다.
- 표백제의 pH와 반대의 pH 용액을 가했을 때 표백 작용이 강해진다.
- 산화표백제와 환원표백제를 혼합하면 효과가 없어진다.
- 환원 표백제를 쓴 것은 광택이 나쁘지만 시간이 지나면 공기 중의 산소로 환원되어 원색이 되기는 쉬우나, 고도의 흰색은 얻기가 어렵다.

242 오점의 종류에 따른 제거방법에 대한 설명으로 틀린 것은?

① 과즙은 수용성오점에 속하며, 대부분 수성 소프(Soap)로 제거한다.
② 유용성오점은 웨트클리닝이 바람직하다.
③ 불용성오점 중 녹물은 수산이 좋다.
④ 잉크 제거는 화학작용으로 다른 색이나 무색으로 변화시켜 제거한다.

해설
유용성오점 제거방법은 석유계 용제 또는 합성용제를 사용하여 제거한다.

243 클리닝의 일반적인 효과가 아닌 것은?

① 오점 제거로 위생수준 유지
② 세탁물의 내구성 유지
③ 고급의류의 패션성 보전
④ 대기 중의 오염 방지

해설
클리닝의 일반적인 효과
- 오점을 제거하여 위생수준을 향상시킨다.
- 세탁물에 대한 내구성을 유지시킨다.
- 고급의류는 패션성을 보전한다.

244 세정액의 청정화방법에 있어서 여과장치에 속하지 않는 것은?

① 필터 ② 카트리지식
③ 청정통식 ④ 텀블러

해설
세정액의 청정화방법에 있어서 여과장치의 종류
- 필터식
- 카트리지식
- 청정통식
- 증류식

245 다음 설명에 해당되는 계면활성제는?

> 세척력이 적어서 세제로 사용되는 일은 적고, 수중에서 음으로 하전된 섬유에 잘 흡착되므로 섬유의 유연제, 대전방지제, 발수제 등으로 사용되거나, 살균, 소독의 목적으로 사용되기도 한다.

① 음이온계 계면활성제
② 양이온계 계면활성제
③ 비이온계 계면활성제
④ 양성계 계면활성제

해설
양이온계 계면활성제의 특성
- 세척력이 적어서 세제로 사용되는 일은 적다.
- 수중에서 음으로 하전된 섬유에 잘 흡착된다.
- 섬유의 유연제, 대전방지제, 발수제 등으로 사용된다.
- 살균, 소독의 목적으로 사용되기도 한다.

246 각종 용제의 특성에 대한 설명 중 틀린 것은?

① 석유계 용제는 세척력이 가장 우수하고, 인화점이 높아 화재의 위험이 없다.
② 퍼클로로에틸렌 용제는 불연성이며, 용해력 및 비중이 크므로 세정시간이 짧다.
③ 불소계 용제는 매회 증류가 용이하며, 용제관리가 쉽고, 독성이 약하다.
④ 1.1.1-트리클로로에탄은 내열성이 낮은 의류에 적당하나 독성이 다소 강하다.

해설
석유계 용제는 세척력이 가장 우수하고, 우리나라에서 기계 세탁용 용제로 많이 사용되며, 인화점이 높아 화재의 위험이 크다.

247 보일러 사용 시 99.1℃에서의 증기압은?

① $1kg/cm^2$ ② $2kg/cm^2$
③ $3kg/cm^2$ ④ $4kg/cm^2$

정답 242 ② 243 ④ 244 ④ 245 ② 246 ① 247 ①

해설
문제 80번 해설 참고

248 용제만으로는 오점이 제거되기 어렵기 때문에 용제 속에 습도를 어느 정도로 유지하는 것이 좋은가?

① 10～20%　② 30～40%
③ 70～75%　④ 85～90%

해설
용제 속에 습도를 70~75% 유지하는 것이 좋다.

249 클리닝 처리를 하기 전에 선행되어야 할 기술진단 항목이 아닌 것은?

① 소매, 깃 부분의 마모 상태
② 가공 일자의 유무
③ 형태의 변형 유무
④ 특수염색의 유무

해설
클리닝 처리 전 선행되어야 할 기술 진단
- 형태의 변형
- 특수염색의 유무
- 소매 깃 부분의 마모도
- 가공표시, 금지표시, 수축 여부

250 유성오점의 설명으로 틀린 것은?

① 매연, 점토 등 유기성의 먼지를 말한다.
② 유기용제에는 잘 녹으나 물에는 쉽게 녹지 않는다.
③ 유성오점에는 광물유나 동 · 식물유 등이 있다.
④ 생성원인은 인체, 자동차의 배기가스, 음식물 등이다.

해설
유성오점의 특징
- 생성 원인 : 인체, 외기, 자동차의 배기가스나 음식물이 있다.
- 유기용제에는 잘 녹으나 물에는 쉽게 녹지 않는다.
- 유성오점에는 광물성의 유분, 동 · 식물유의 지방산 등이 있다.

※ 매연, 점토 등 유기성 먼지는 고체오염(불용성오염)에 해당된다.

251 세정과정에서 용제 중 분산된 더러움이 피세탁물에 다시 부착되어 흰색이 거무스레한 회색 기미를 띠는 현상을 재오염, 또는 역오염이라 하는데, 퍼클로로에틸렌과 석유계 용제에서는 각각 얼마의 시간이 지난 시점부터 재오염이 시작되는가?

① 퍼클로로에틸렌 : 1～2분, 석유계 용제 : 5～10분
② 퍼클로로에틸렌 : 30～60초, 석유계 용제 : 3～5분
③ 퍼클로로에틸렌 : 20～40초, 석유계 용제 : 10～15
④ 퍼클로로에틸렌 : 2～3분, 석유계 용제 : 12～15분

해설
퍼클로로에틸렌에 의한 드라이클리닝에서는 세척 시작에서 30~60초, 석유계 용제에서는 3~5분 경과한 때 재오염이 많이 발생한다.

252 다음 섬유 중 오점 제거가 가장 잘 되는 섬유는?

① 면　② 마
③ 폴리에스테르　④ 양모

해설
오염 제거가 잘되는 섬유순서
양모－나일론－비닐론－아세테이트－면－레이온－마－견

253 다음 중 흡착제와 용제의 접촉이 길어 청정능력이 높아 가장 많이 사용되고 있는 청정장치는?

① 증류식　② 필터식
③ 청정통식　④ 카트리지식

정답　248 ③　249 ②　250 ①　251 ②　252 ④　253 ④

해설

카트리지식 청정장치는 흡착제와 용제의 접촉이 길어 청정능력이 높아 가장 많이 사용되는 청정장치이다.

254 드라이클리닝할 때 재오염을 방지하기 위하여 용제의 성능을 점검하는 사항이 아닌 것은?

① 투명도 ② 산가
③ 완충 효과 ④ 불휘발성 잔류물

해설

드라이클리닝 시 재오염방지 용제성능 점검사항

- 투명도
- 산가
- 불휘발성 잔류물

255 웨트클리닝할 때 잘못하여 발생하는 사고 내용이 아닌 것은?

① 탈색 ② 이염
③ 형태의 변화 ④ 용융

해설

웨트클리닝할 때 잘못하여 발생하는 사고 내용

- 탈색
- 이염
- 형태의 변화

※ 용융이란 녹는 것을 의미한다.

256 다음 청정제 중 여과력은 우수하나 흡착력이 없고, 탈진 효과가 가장 우수한 것은?

① 활성탄소 ② 산성백토
③ 규조토 ④ 실리카겔

해설

청정제 중 여과력은 우수하나 흡착력이 없고, 탈진 효과가 가장 우수한 것은 규조토이다.

257 비누와 같이 에멀션화 작용을 하는 물질은?

① 탄수화물 ② 계면활성제
③ 단백질 ④ 효소

해설

에멀션화는 거품화를 의미하는 것으로 '계면활성제'는 비누와 같이 에멀션화 작용을 하는 물질이다.

258 섬유 제품 표시의 진단방법에 대하여 가장 옳은 것은?

① 섬유 제품에 부착되어 있는 표시는 그대로 믿어도 된다.
② 표시가 부착되어 있지 않은 것은 실험 없이 물세탁도 가능하다.
③ 등록상표 또는 승인번호 등 회사명이 기록된 표시가 부착되어 있더라도 일단 기초 실험 후 처리한다.
④ 유명회사 제품은 실험 없이 바로 세탁이 가능하다.

해설

섬유 제품 표시 진단방법

- 섬유 제품에 부착되어 있는 표시가 있더라도 사전에 진단할 필요가 있다.
- 품질 표시가 없는 제품은 진단 시 고객으로부터 충분한 정보를 입수하여야 한다.
- 등록상표 또는 승인번호 등 회사명이 기록된 표시가 부착되어 있더라도 일단 기초 실험 후 처리한다.
- 유명회사 제품도 기초 실험 후 처리한다.

259 다음 중 형식상 수관 보일러의 한 종류인 것은?

① 관류식 보일러 ② 입식 보일러
③ 노통 보일러 ④ 연관 보일러

해설

수관 보일러의 종류

자연 순환식, 강제 순환식, 관류식

260 오점의 부착 형태와 가장 거리가 먼 것은?

① 기계적 부착
② 정전기에 의한 부착
③ 흡착에 의한 부착
④ 유지결합에 의한 부착

정답 254 ③ 255 ④ 256 ③ 257 ② 258 ③ 259 ① 260 ③

해설
오점의 부착 형태
- 기계적 부착
- 정전기에 의한 부착
- 화학결합에 의한 부착
- 유지결합에 의한 부착

261 다림질 방법에 대한 설명으로 틀린 것은?

① 광택을 필요로 하는 것은 다리미판이 딱딱한 것을 사용한다.
② 견직물은 열에 약하므로 안쪽을 다리거나 물기 없는 덧 헝겊을 대고 다린다.
③ 풀 먹인 직물은 너무 고온 처리하면 황변될 수 있음에 유의하여 다린다.
④ 혼방직물은 내열성이 높은 섬유를 기준으로 하여서 다린다.

해설
다림질 방법
- 광택을 필요로 하는 옷은 다리미판이 딱딱한 것을 사용하면 효과적이다.
- 견직물은 열에 약하므로 안쪽을 다리거나 물기 없는 덧 헝겊을 대고 다린다.
- 풀 먹인 직물은 너무 고온 처리하면 황변될 수 있다.
- 혼방직물은 내열성이 낮은 섬유를 기준으로 하여서 다린다.

262 다음의 드라이클리닝 공정 중 가장 먼저 해야 할 것은?

① 얼룩 제거 ② 포장
③ 클리닝 ④ 대분류

해설
드라이클리닝 공정순서
접수공정－마킹－대분류－주머니 청소－세분류－클리닝－얼룩빼기－마무리－최종 점검－포장－인도

263 민감하고 섬세한 직물에 물리적인 힘을 가장 적게 주면서 얼룩을 효과적으로 분쇄하는 얼룩빼기 도구는?

① 초음파 건 ② 스팀 건
③ 스파팅머신 ④ 브러시

해설
얼룩빼기 도구 중 초음파 건은 민감하고 섬세한 직물에 물리적인 힘을 가장 적게 주면서 얼룩을 효과적으로 분쇄하는 얼룩빼기 도구이다.

264 론드리에서 산욕을 하는 주된 이유는?

① 황변을 방지하고, 살균을 하기 위함이다.
② 재오염의 방지를 하기 위함이다.
③ 정련작용과 표백작용을 원활히 하기 위함이다.
④ 경수를 연화하여 세탁을 쉽게 하기 위함이다.

해설
론드리에서 산욕을 하는 주된 이유는 황변을 방지하고, 살균을 하기 위함이다.

265 론드리에서 텀블러 건조 시 주의점으로 옳은 것은?

① 화학섬유는 수축, 황변되기 쉬우므로 될 수 있는 대로 80℃ 이하에서 건조시킨다.
② 가열이 끝났더라도 여열을 이용하여 물품을 그대로 두어 완전히 건조시킨다.
③ 텀블러의 배기 도관은 수평으로 길게 하거나 굴곡은 피해야 한다.
④ 텀블러의 물품은 4/5 정도 넣고 10~20분간 처리한다.

해설
론드리에서 텀블러 건조 시 주의점
- 화학섬유를 텀블러에서 건조할 경우는 수축, 황변되기 쉬우므로 60℃ 이하에서 건조시킨다.
- 가열을 정지시킨 후라도 텀블러 안에 물품을 방치해서는 안 된다.
- 텀블러의 배기 도관은 수평으로 길게 하거나 굴곡은 피해야 한다.
- 텀블러의 물품은 회전동의 반 정도 넣고 20~30분 간 처리한다.

정답 261 ④ 262 ④ 263 ① 264 ① 265 ④

266 론드리의 세탁공정 순서로 옳은 것은?

① 애벌빨래－본 빨래－표백－헹굼－산욕－풀먹임－탈수－건조－다림질
② 애벌빨래－산욕－본 빨래－건조－표백－풀먹임－탈수－헹굼－다림질
③ 애벌빨래－산욕－탈수－건조－헹굼－본 빨래－표백－풀먹임－다림질
④ 애벌빨래－헹굼－산욕－표백－본 빨래－탈수－풀먹임－건조－다림질

해설
문제 26번 해설 참고

267 배치(Batch) 시스템 세정에 대한 설명 중 옳은 것은?

① 소프(Soap)를 첨가한 세정액을 필터와 워셔 간을 순환시켜 오점을 제거하면서 씻는 방법이다.
② 소프를 첨가하지 않고 용제만으로 세탁하는 방식으로 헹구기에 주로 응용된다.
③ 농후한 소프의 스트롱차지가 되므로 재오염을 방지할 뿐만 아니라 세정력이 강하다.
④ 용제 중에 소프를 첨가 보충하여 세정하는 방법으로 세정력이 다소 약하다.

해설
배치 시스템 세정기는 농후한 소프의 스트롱차지가 되므로 재오염을 방지할 뿐만 아니라 세정력이 강하다.

268 다음 중 화학적으로 얼룩을 빼는 방법과 무관한 것은?

① 과즙, 땀, 기타 산성얼룩을 알칼리에 의해 가용성염을 만들어 용해하여 제거한다.
② 물을 사용하여 얼룩을 용해, 분산시켜 제거한다.
③ 요오드팅크에 의한 얼룩을 티오황산나트륨액으로 처리한다.
④ 효소의 작용으로 단백질오염을 제거한다.

해설
화학적으로 얼룩을 빼는 방법
- 알칼리를 사용하는 방법
- 산을 사용하는 방법
- 표백제를 사용하는 방법
- 효소를 사용하는 방법
- 특수 약품을 사용하는 방법

※ 물을 사용하여 얼룩을 용해, 분산시켜 제거하는 방법은 물리적으로 얼룩을 빼는 방법이다.

269 세탁 조건에 관한 설명 중 틀린 것은?

① 잿물의 주성분은 탄산칼슘이 물에 녹아 있어 알칼리성을 나타낸다.
② 세탁에 가장 적절한 알칼리의 농도는 pH 8 정도이다.
③ 양모, 견직물 및 아세테이트 직물은 알칼리에 침해가 일어날 수 있으므로 중성에서 세탁해야 한다.
④ 세탁시간은 와류식 세탁기는 10분 정도, 교반식 세탁기는 20분, 회전드럼식은 30분 정도가 표준이다.

해설
세탁에 가장 적절한 알칼리 농도는 pH 11 정도이다.

270 드라이클리닝의 전처리에 관한 설명으로 틀린 것은?

① 브러싱액에 사용하는 소프(Soap)로는 포수능이 큰 브러싱 용액을 사용하는 것이 바람직하다.
② 세정과정에서 제거하기 어려운 얼룩을 미리 제거하기 쉽도록 하는 처리이다.
③ 전처리액의 사용은 이로 인해서 염료의 흐름이나 수축이 없다는 것을 확인한 후에 사용해야 한다.
④ 브러싱법은 더러운 곳에 처리액을 뿌려 오점을 풀리게 하거나 또는 뜨게 한 후 워셔에 넣어 오점을 제거하는 방법이다.

해설
브러싱액을 묻힌 브러시로 얼룩 있는 곳을 두드려서 더러움을 분산시키는 법을 브러싱법이라 한다.

정답 266 ① 267 ③ 268 ② 269 ② 270 ④

271 기계적 끝마무리 효과와 가장 거리가 먼 것은?

① 의복의 모양을 다듬거나 수축된 것을 바로 잡는다.
② 천의 주름을 수정하고 광택을 준다.
③ 의복에 주름을 만든다.
④ 약품을 사용하여 살균을 하거나 소독한다.

해설
기계적 끝마무리 효과
- 의복의 모양을 다듬거나 수축된 것을 바로 잡는다.
- 천의 주름을 수정하고 광택을 준다.
- 의복에 주름을 만든다.

272 세탁용수인 물의 특성을 설명한 것 중 틀린 것은?

① 용해성이 우수하다.
② 인화성이 없을 뿐 아니라 불연성이므로 대단히 안정적이다.
③ 유용성오염에 대한 용해력이 우수하다.
④ 세탁에서는 열을 많이 이용하는데, 열의 전달 매체로서 대단히 좋다.

해설
세탁용수인 물의 특성
- 용해성이 우수하다.
- 인화성이 없을 뿐 아니라 불연성이므로 대단히 안정적이다.
- 유용성오점에 대한 용해력이 부족하다.
- 세탁에서는 열을 많이 이용하는데, 열의 전달 매체로서 대단히 좋다.

273 웨트클리닝에서 손빨래를 해야 하는 경우로 옳은 것은?

① 비교적 큰 세탁물을 빨 때
② 형태가 안정한 세탁물을 빨 때
③ 색이 빠지기 쉬운 세탁물이나 작은 것을 빨 때
④ 비교적 염색견뢰도가 강한 세탁물을 빨 때

해설
웨트클리닝에서 손빨래를 해야 하는 경우
- 색이 빠지기 쉬운 세탁물이나 작은 것을 빨 때
- 스웨터, 니트, 실크 등의 처리방법은 중성세제를 사용하여 눌러 빨기를 한다.

274 용제를 순환시키는 펌프의 능력에서 액심도 3까지 소요되는 시간이 얼마 이내이면 양호한가?

① 1분 20초 ② 60초
③ 45～60초 ④ 45초

해설
용제를 순환시키는 펌프의 능력에서 액심도 3까지 소요되는 시간이 45초 이내는 양호, 60초 이상이면 불량하다. 액심도란 외통 반경을 10분등한 수치이다.

275 다음 중 얼룩빼기 기계가 아닌 것은?

① 세탁 봉
② 스팀 건
③ 제트스포트
④ 초음파 얼룩빼기 기계

해설
얼룩빼기 기계
- 스파팅 머신
- 스팀 건
- 제트스포트
- 초음파 건(초음파 얼룩빼기 기계)

276 다음 중 면섬유의 염색에 가장 적당한 염료는?

① 산성염료 ② 분산염료
③ 염기성염료 ④ 반응성염료

해설
면섬유의 염색에 가장 적당한 염료는 반응성염료이다.

277 다음 중 반합성섬유에 속하는 것은?

① 아세테이트 ② 폴리에스테르
③ 스판덱스 ④ 비닐론

해설
반합성섬유의 종류
아세테이트, 트라이아세테이트

정답 271 ④ 272 ③ 273 ③ 274 ④ 275 ① 276 ④ 277 ①

278 **면(Cotton)섬유의 특성에 대한 설명으로 옳은 것은?**

① 우수한 신축성과 탄성이 있다.
② 열전도성이 좋고, 촉감이 차고 시원하여, 여름 의복으로 가장 적당하다.
③ 알칼리에 약하고, 산에 강하다.
④ 물기에 젖었을 때 강도가 증가하고, 물빨래 세탁에도 잘 견딘다.

해설

면섬유의 특성

- 물기에 젖었을 때 강도가 증가하고, 물빨래 세탁에도 잘 견딘다.
- 산에는 약하나 알칼리에 강해서 합성세제에 비교적 안전하다.
- 옷이 질겨 내구성이 크다.
- 흡습성이 양호하고 위생적이므로 내의로 사용된다.

279 **다음의 목화 중 평균길이, 굵기, 꼬임수, 신장도 등이 가장 우수한 것은?**

① 미국 면　② 이집트 면
③ 중국 면　④ 인도 면

해설

이집트 면은 목화 중 평균길이, 굵기, 꼬임수, 신장도 등이 가장 우수하다.

280 **합성심지의 특징을 설명한 것으로 틀린 것은?**

① 거의 줄지 않을 정도로 내수축성이 우수하다.
② 주름잡는 성질이 우수하다.
③ W&W 성이 우수하다.
④ 대전성이 없으므로 때가 잘 타지 않는다.

해설

심지

의복에 아름다운 실루엣을 부여하는 한편, 착용 또는 세탁 등에 의하여 형태가 변형되는 것을 방지해 주는 부속재료이다.

합성심지의 특징

- 거의 줄지 않을 정도로 내수축성이 우수하다.
- 주름잡는 성질이 우수하다.
- W&W성이 우수하다.
- 보강심지와의 접착성이 좋지 못하다.

281 **니트웨어의 올바른 세탁방법이 아닌 것은?**

① 스웨터를 뒤집어 단추나 고리는 잠가둔다.
② 대발 같은 것의 위에 평평하게 널어 그늘에 말린다.
③ 탈수하여 옷걸이에 뒤집어 걸어 말린다.
④ 세탁하기 전에, 각 요소의 사이즈를 측정하여 메모해둔다.

해설

니트웨어의 올바른 세탁방법

- 스웨터를 뒤집어 단추나 고리는 잠가둔다.
- 대발 같은 것의 위에 평평하게 널어 그늘에 말린다.
- 니트웨어는 다른 옷과는 달리 신축성이 있는 것이므 세탁 후 비틀어 짜지 말고 마른 수건으로 톡톡 두들겨 물기를 제거해준다.
- 세탁하기 전에, 각 요소의 사이즈를 측정하여 메모해둔다.

282 **원단을 사용하여 제조 또는 가공한 섬유상품의 품질표시사항이 아닌 것은?**

① 섬유의 혼용률　② 길이 또는 중량
③ 취급상의 주의　④ 번수 또는 데니어

해설

섬유상품 품질표시사항

- 섬유의 혼용률
- 길이 또는 중량
- 취급상의 주의
- 세탁기호 및 취급방법

283 **다음의 셀룰로스섬유 중 잎섬유에 해당하는 것은?**

① 무명　② 사이잘마
③ 카폭　④ 아마

해설

식물성(셀룰로스)섬유 중 잎섬유의 종류

- 마닐라마　• 사이잘마

정답 278 ④　279 ②　280 ④　281 ③　282 ④　283 ②

284 **다음 중 무명섬유를 용해할 수 있는 약품으로 가장 적합한 것은?**

① 온도 25℃에서 35% 염산
② 온도 25℃에서 100% 아세톤
③ 온도 25℃에서 70% 황산
④ 온도 100℃에서 5% 수산화나트륨

해설
무명섬유를 용해할 수 있는 약품은, 온도 25℃에서 70%의 황산이 가장 적합하다.

285 **아마섬유의 성질 중 틀린 것은?**

① 면섬유보다 산에 대한 저항력은 크고, 알칼리에는 손상되기 쉽다.
② 면에 비해 염료의 침투 및 친화력이 적다.
③ 열에 대하여 양도체이므로 열의 전도성이 좋다.
④ 셀룰로스의 사슬분자가 더욱 배향되어 있으므로 면섬유보다 신장도가 크다.

해설
아마섬유의 성질
- 면섬유보다 산에 대한 저항력은 크고, 알칼리에는 손상되기 쉽다.
- 면에 비해 염료의 침투 및 친화력이 적다.
- 열에 대하여 양도체이므로 열의 전도성이 좋다.
- 아마섬유의 신도는 면섬유보다는 작다.

286 **견과 같은 광택과 촉감을 가지며, 마찰이나 당김에는 약하나 탄성이 풍부하고, 내열성이 나쁘며, 다리미 얼룩이 잘 남는 직물은?**

① 레이온
② 아세테이트
③ 폴리에스테르
④ 폴리노직레이온

해설
아세테이트는 견과 같은 광택과 촉감을 가지며, 마찰이나 당김에는 약하나 탄성이 풍부하고, 내열성이 나쁘며 다리미 얼룩이 잘 남는 직물이다.

287 **천의 구조상 수축 신장이 일어나기 쉬우며 조직이 일그러지거나 보풀이 가장 잘 일어나기 쉬운 직물은?**

① 사문직물
② 편성물
③ 평직물
④ 주자직물

해설
편성물은 천의 구조상 수축 신장이 일어나기 쉬우며, 조직이 일그러지거나 보풀이 가장 잘 일어나기 쉬운 직물이다.

288 **실을 거치지 아니하고 직접 섬유가 엉켜서 천의 형태로 만들어진 것으로 보온성과 탄력성이 좋으나 마찰에 약하여 내구성이 떨어지는 것은?**

① 펠트 ② 레이스
③ 편성물 ④ 피혁

해설
펠트는 실을 거치지 아니하고 직접 섬유가 엉켜서 천의 형태로 만들어진 것으로, 보온성과 탄력성이 좋으나 마찰에 약하여 내구성이 떨어진다.

289 **다음 시험법 중 섬유감별법이 아닌 것은?**

① 연소시험법
② 현미경관찰법
③ 용해시험법
④ 분석시험법

해설
섬유감별법
- 연소시험법
- 현미경관찰법
- 용해시험법
- 육안관찰법

정답 284 ③ 285 ④ 286 ② 287 ② 288 ① 289 ④

290 **합성섬유에 대한 설명으로 옳은 것은?**

① 정전기 발생이 쉽고, 흡습성이 작아서 내의로 적합하지 않다.
② 나일론은 자외선에 강해서 햇빛에 오래 두어도 변색이 없다.
③ 강하고, 가벼우며, 열가소성이 없다.
④ 약품, 해충, 곰팡이에 점성이 적은 편이다.

해설
합성섬유의 특성
- 정전기 발생이 쉽고, 흡습성이 작아서 내의로 적합하지 않다.
- 가볍고 열가소성이 크며 열에 약하다.
- 약품, 해충, 곰팡이에 저항성이 있다.
- 나일론은 자외선에 약해서 햇빛에 오래 두면 변색이 된다.

291 **견섬유에 대한 설명으로 옳은 것은?**

① 견섬유의 주체는 세리신이다.
② 누에고치에서 실을 뽑을 때는 냉수에서 처리한다.
③ 피브로인의 외부에는 세리신이 부착되어 있다.
④ 견섬유의 구조는 단면이 다각형이다.

해설
견(실크)섬유의 특성
- 견섬유의 주체는 피브로인이다.
- 누에고치에서 실을 뽑을 때에는 뜨거운 물의 증기 속에 넣어 처리한다.
- 피브로인의 외부에는 세리신이 부착되어 있다.
- 견섬유의 구조는 단면이 삼각형이다.

292 **다음 중 폴리아미드계 합성섬유에 속하는 것은?**

① 나일론 ② 폴리에스테르
③ 스판덱스 ④ 비닐론

해설
폴리아미드계 합성섬유의 종류
- 나일론 6
- 나일론 66
- 노메스
- 아라미드

293 **수축과 황변방지를 위하여 통풍량을 많게 하고, 저온에서 건조시켜야 하는 섬유는?**

① 아마, 대마
② 나일론, 저마
③ 나일론, 폴리에스테르
④ 면, 폴리에스테르

해설
수축과 황변방지를 위하여 통풍량을 많이 하고, 저온에서 건조시켜야 하는 섬유는 합성섬유이다. 합성섬유의 종류에는 나일론, 아크릴, 폴리에스테르 등이 있다.

294 **가죽제품이 깨끗하고 염색이 잘 되게 은면에 남아 있는 모근, 지방 또는 상피층의 분해물을 제거하는 작업은?**

① 물에 침지 ② 산에 침지
③ 때빼기 ④ 효소 분해

해설
때빼기 작업은, 가죽제품이 깨끗하고 염색이 잘 되게 은면에 남아 있는 모근, 지방 또는 상피층의 분해물을 제거하는 작업을 말한다.

295 **아마섬유의 다림질에 대한 설명으로 옳은 것은?**

① 무명섬유보다 약하다.
② 양모섬유보다 강하다.
③ 나일론섬유보다 약하다.
④ 견섬유보다 약하다.

해설
아마섬유는 다림질 시 양모섬유보다 강하다.

296 **「공중위생관리법」 규정에 의한 세탁업소의 시설 및 설비기준이 적합하지 아니하였을 때 그 시설 및 설비의 개수를 명할 수 있는 자가 아닌 것은?**

① 구청장 ② 관할 시장
③ 군수 ④ 보건복지부장관

정답 290 ① 291 ③ 292 ① 293 ③ 294 ③ 295 ② 296 ④

해설
시장, 군수, 구청장은 「공중위생관리법」 규정에 의한 세탁업소의 시설 및 설비기준이 적합하지 아니하였을 때 그 시설 및 설비의 개수를 명할 수 있다.

297 세탁업의 신고기관이 아닌 것은?

① 시장 ② 도지사
③ 군수 ④ 구청장

해설
세탁업 신고기관
- 시장
- 군수
- 구청장

298 공중위생감시원의 자격으로 틀린 것은?

① 위생사 또는 환경기사 2급 이상의 자격증이 있는 자
② 외국에서 위생사 또는 환경기사의 면허를 받은 자
③ 2년 이상 공중위생 행정에 종사한 경력이 있는 자
④ 「고등교육법」에 의한 대학에서 화학, 화공학, 환경공학 또는 위생학 분야를 전공하고 졸업한 자

해설
문제 178번 해설 참고

299 세탁업을 하는 자는 세제를 사용함에 있어서 국민건강에 유해한 물질이 발생되지 아니하도록 기계 및 설비를 안전하게 관리하여야 한다. 이와 같은 위생관리의무를 지키지 아니한 자에 대한 과태료 처분으로 옳은 것은?

① 개선명령 또는 70만 원 이하의 과태료
② 100만 원 이하의 과태료
③ 200만 원 이하의 과태료
④ 300만 원 이하의 과태료

해설
세탁업을 하는 자는 세제를 사용함에 있어서 국민건강에 유해한 물질이 발생되지 않도록 기계 및 설비를 안전하게 관리하여야 하며, 이와 같은 위생관리 의무를 지키지 못하면 200만 원 이하의 과태료를 처분받는다.

300 세제를 사용하는 세탁기계의 안전관리를 위하여 밀폐형이거나 용제회수기가 부착된 세탁용 기계를 사용하지 아니한 때 2차 위반 시 행정처분기준은?

① 영업정지 5일 ② 개선 명령
③ 영업정지 10일 ④ 영업장 폐쇄명령

해설
문제 238번 해설 참고

301 보일러의 부피를 일정하게 유지하고 증기의 온도를 상승시켰을 때 압력의 변화는?

① 일정하다. ② 감소한다.
③ 상승한다. ④ 압력과 관계없다.

해설
보일러의 부피를 일정하게 유지하고 증기의 온도를 상승시키면 압력은 상승한다.

302 다음 청정제 중 탈색 · 탈취 효과가 가장 좋은 것은?

① 실리카겔 ② 산성백토
③ 활성탄 ④ 규조토

해설
활성탄은 청정제 중 탈색 · 탈취 효과가 가장 좋다.

303 론드리에 가장 많이 쓰이는 표백제는?

① 과망간산칼륨
② 과산화수소
③ 차아염산나트륨
④ 하이드로설파이트

정답 297 ② 298 ③ 299 ③ 300 ① 301 ③ 302 ③ 303 ③

해설
차아염산나트륨 표백제는 론드리 세탁에서 가장 많이 쓰이는 표백제이다.

304 다음 중 세제에 주로 사용되는 계면활성제는?

① 양성 계면활성제
② 비이온 계면활성제
③ 양이온 계면활성제
④ 음이온 계면활성제

해설
음이온 계면활성제는 계면활성제 중 세제로 가장 많이 사용된다.

305 용제의 세척력을 결정해 주는 요소가 아닌 것은?

① 용해력 ② 표면장력
③ 용제의 비중 ④ 분산력

해설
용제의 세척력을 결정해주는 요소
- 용해력
- 표면장력
- 용제의 비중

※ 분산이란 세정과정에서 용제 중에 분산된 더러움이 피세탁물에 다시 부착되어 흰색이나 연한색 물이 거므스름한 회색 기미를 보이는 현상으로 재오염, 역오염, 재부착이라고도 한다.

306 다음 중 전문적인 진단이 필요한 특수가공이 아닌 것은?

① 날염 제품 ② 합성피혁
③ 접착 제품 ④ 라미 제품

해설
전문적 진단이 필요한 특수가공 제품
- 인조피혁 제품(합성피혁 제품)
- 접착 제품
- 라미 제품

307 오점의 분류 중 토사, 매염 등의 무기질과 단백질을 비롯한 신진대사 탈락물, 섬유를 비롯한 고분자 화합물 등의 오점은?

① 수용성오점
② 유용성오점
③ 불용성오점
④ 친수성오점

해설
불용성오점은 토사, 매염 등의 무기질과 단백질을 비롯한 신진대사 탈락물, 섬유를 비롯한 고분자 화합물 등의 오점이다.

308 비누의 특성으로 옳은 것은?

① 산성에서 세탁 효과가 좋다.
② 알칼리성 용액에서 사용할 수 없다.
③ 연수와 반응해서 침전을 만든다.
④ 물에서 가수분해해서 알칼리성을 나타낸다.

해설
비누의 특성
- 산성 용액에는 사용할 수 없다.
- 알칼리성 용액이 첨가되어야 세탁 효과가 좋다.
- 경수와 반응해서 침전을 만든다.

309 다음의 표면반사율로 계산된 세척률은?

- 원포의 표면반사율 : 80%
- 세탁 전 오염포의 표면반사율 : 30%
- 세탁 후 염포의 표면반사율 : 60%

① 20% ② 50%
③ 60% ④ 167%

해설
세척력(%)

$$= \frac{(\text{세척 후 반사율} - \text{세척 전 반사율})}{(\text{백포 반사율} - \text{세척 전 반사율})} \times 100$$

$$= \frac{(60-30)}{(80-30)} \times 100 = 60\%$$

정답 304 ④ 305 ④ 306 ① 307 ③ 308 ④ 309 ③

310 약알칼리성세제에 대한 설명으로 틀린 것은?

① 세탁 효과를 높인다.
② 센물에도 세탁이 잘 된다.
③ 경질세제라고 한다.
④ 면 · 마 · 합성섬유 등에 적합하다.

해설
약알칼리성세제
㉠ 개념
약알칼리성세제는 가정에서 일반적으로 많이 사용하는 가루비누나, 드럼용 세탁기에 많이 사용하는 드럼 세탁기 전용 액체로 된 제품을 의미한다.
㉡ 약알칼리성세제의 특징
- 세탁 효과를 높인다.
- 경수(센물)에도 세탁이 잘된다.
- 중질세제라고 한다.
- 면 · 마 · 합성섬유 등에 적합하다.

311 다음 중 기술 진단의 포인트가 아닌 것은?

① 마모 ② 변형
③ 얼룩 ④ 수량

해설
기술 진단의 포인트
- 수축 여부
- 형태의 변형
- 보푸라기
- 금지표시
- 가공표시
- 잔털이 누운 것
- 부분 변퇴색
- 얼룩
- 눌은 자국
- 마모
- 좀
- 상처
- 의류의 마모도
- 곰팡이

312 세정액의 청정장치에 관한 설명 중 틀린 것은?

① 종류로는 필터식, 청정통식, 카트리지식, 증류식 등이 있다.
② 스프링 필터의 용제는 튜브의 외부로부터 펌프 압력으로 필터 안으로 들어갈 때 청정화한다.
③ 리프 필터의 모양은 8~10매씩 나란히 세운 것이 1세트이다.
④ 튜브 필터의 구조는 가는 철사망으로 짠 원통형이다.

해설
②는 튜브 필터에 대한 설명이다.

313 보일러의 고장이 아닌 것은?

① 수면계의 수위가 나타나지 않는다.
② 보일러의 본체에서 증기나 물이 샌다.
③ 부글부글 물이 끓는 소리가 난다.
④ 작동 중 불이 꺼진다.

해설
문제 16번 해설 참고

314 다음 기술 진단의 중요한 진단이 아닌 것은?

① 특수품의 진단
② 납기의 진단
③ 고객주문의 타당성 진단
④ 오염 제거 정도의 진단

해설
기술진단의 중요한 진단
- 특수품의 진단
- 요금의 진단
- 가공표시의 진단
- 고객주문의 타당성 진단
- 오염 제거 정도의 진단
- 의류의 마모 진단
- 클리닝 방법의 진단

315 다음 중 재오염의 원인이 아닌 것은?

① 부착 ② 흡착
③ 염착 ④ 용해

해설
재오염의 원인
- 부착
- 흡착
- 염착

정답 310 ③ 311 ④ 312 ② 313 ③ 314 ② 315 ④

316 **환원표백제의 얼룩빼기에 사용할 수 있는 약제는?**

① 차아염소산나트륨
② 과망간산칼륨
③ 하이드로설파이트
④ 티오황산나트륨

해설
하이드로설파이트는 환원표백제의 얼룩빼기에 사용할 수 있는 약제이다.
환원표백제란 상대를 환원시키고 자기는 산화되는 것으로 상대에게 수소를 주고, 빼앗는 표백제이다.

317 **다음 중 수용성오점에 해당되는 것은?**

① 그리스 ② 화장품
③ 껌 ④ 간장

해설
문제 62번 해설 참고

318 **다음 중 산화표백제에 해당되지 않는 것은?**

① 표백제
② 아황산나트륨
③ 아염소산나트륨
④ 과탄산나트륨

해설
산화표백제의 분류
㉠ 염소계
- 차아염소산나트륨
- 석회분
- 아염소산나트륨

㉡ 과산화물계
- 과붕산나트륨
- 과망간산칼륨
- 과탄산나트륨
- 과산화수소

319 **비누의 장점에 해당하지 않는 것은?**

① 합성세제보다 환경을 적게 오염시킨다.
② 세탁한 직물의 촉감이 양호하다.
③ 거품이 잘 생기고 헹굴 때는 거품이 사라진다.
④ 가수분해되어 유리지방산을 생성한다.

해설
문제 70번 해설 참고

320 **용제관리의 목적이 아닌 것은?**

① 물품을 상하지 않게 한다.
② 재오염을 방지한다.
③ 세정 효과를 높인다.
④ 정전기 발생을 방지한다.

해설
용제관리의 목적
- 물품을 상하지 않게 한다.
- 재오염을 방지한다.
- 세정 효과를 높인다.
- 소프 및 수분의 적정농도를 유지시킨다.

321 **웨트클리닝의 대상이 아닌 것은?**

① 합성수지 제품
② 수지안료 가공 제품
③ 고무를 입힌 제품
④ 슈트나 한복

해설
슈트나 한복은 드라이클리닝 대상이다.

322 **피혁제품의 세탁에 대한 설명 중 틀린 것은?**

① 파우더클리닝을 하는 것이 효과적이다.
② 물품에 따라 처리 시간을 조절한다.
③ 탈지성이 적은 용제를 사용하는 것이 좋다.
④ 세탁을 하면 원래 품질보다 떨어지게 된다.

해설
파우더클리닝은 모피류를 세탁할 때 한다.

정답 316 ③ 317 ④ 318 ② 319 ④ 320 ④ 321 ④ 322 ①

323 **드라이클리닝을 할 때 탈액을 강하게 할 경우 나타나는 효과가 아닌 것은?**

① 건조 및 용제의 회수 효과가 좋아진다.
② 주름이 강하게 남는다.
③ 의류의 형태나 손상이 일어날 가능성이 있다.
④ 용제 중에 오점과 세제 등이 옷에 남게 된다.

해설
드라이클리닝 시 탈액을 강하게 할 경우 나타나는 효과
- 건조 및 용제의 회수 효과가 좋아진다.
- 주름이 강하게 남는다.
- 의류의 형태나 손상이 일어날 가능성이 있다.
- 탈액에서 원심분리가 너무 심하면 구김이 생기고, 피복에 변형이 생길 가능성이 있다.

※ 용제 중에 오점과 세제 등이 옷에 남게 되는 경우는 탈액을 약하게 할 때 나타나는 현상이다.

324 **론드리 세탁방법의 설명 중 틀린 것은?**

① 마직물로 된 백색 세탁물의 백도를 회복시키기 위한 고온 세탁방법이다.
② 수지 가공 면직물이나 면 폴리에스터 혼방물, 염색물의 중온 세탁방법이다.
③ 용수가 절약되고 세탁물의 손상이 비교적 적다.
④ 표면 처리된 피혁제품의 세탁방법이다.

해설
표면 처리된 피혁제품의 세탁방법은 웨트클리닝 세탁방법이다.

325 **드라이클리닝에 대한 설명으로 틀린 것은?**

① 유기용제를 사용하므로 수용성오염은 제거하지 못한다.
② 건조가 빠르고 단시간에 세탁완료가 가능하다.
③ 옷감의 연료가 유기용제에 잘 용해되므로 다른 옷과의 세탁은 피해야 한다.
④ 용제의 청정장치와 회수장치가 필요하다.

해설
드라이클리닝 세탁방법ㅋ
- 유기용제를 사용하므로 수용성오염은 제거하지 못한다.
- 건조가 빠르고 단시간에 세탁완료가 가능하다.
- 옷감의 연료가 유기용제에 용해되지 않으므로 색상에 관계없이 동시에 세탁할 수 있다.
- 용제의 청정장치와 회수장치가 필요하다.

326 **다음 중 얼룩빼기가 필요 없는 것은?**

① 옷 전체를 세탁할 필요가 없는 부분에 얼룩이 있을 때
② 세탁 시 다른 부분으로 번질 우려가 있는 얼룩이 있을 때
③ 특이한 얼룩은 없고 옷에서 음식 냄새가 날 때
④ 세탁을 하여도 제거되지 아니한 얼룩이 있을 때

해설
특이한 얼룩은 없고 옷에서 음식 냄새가 나는 경우는 얼룩빼기를 하지 않고, 세탁을 하여야 한다.

327 **다음 중 얼룩빼기의 약제가 아닌 것은?**

① 휘발유
② 아세트산
③ 차아염소산나트륨
④ 녹말풀

해설
얼룩빼기의 약제
- 휘발유 : 기름얼룩 제거 시 사용
- 아세트산(아세톤) : 오염에 따라 강한 용해력을 가지고 있어, 아세테이트섬유에 묻은 얼룩을 제거하는데 사용할 수 없다.
- 차아염소산나트륨 : 식물성섬유 얼룩 제거 시 사용 가능하고, 동물성섬유(양모, 견)에는 사용할 수 없다.

정답 323 ④ 324 ④ 325 ③ 326 ③ 327 ④

328 다음 중 모터와 컴프레서에 가장 많이 사용되는 동력원은?

① 휘발유 ② 석탄
③ 가스 ④ 전기

해설
모터와 컴프레서에 가장 많이 사용되는 동력원은 전기이다.

329 의복의 기능에 해당되지 않는 것은?

① 위생상 성능 ② 관리적 성능
③ 실용적인 성능 ④ 감수성의 성능

해설
의복의 기능
- 위생상 성능
- 관리적 성능
- 실용적인 성능
- 감각적인 성능

330 핫머신이라고 하며 합성용제를 사용하여 세척, 탈액, 건조까지 연속으로 처리되는 세탁 기계는?

① 준밀폐형 세탁기
② 밀폐형 세탁기
③ 자동 론드리 세탁기
④ 개방형 세탁기

해설
밀폐형 세탁기는 핫머신이라고도 하며, 합성용제를 사용하여 세척, 탈액, 건조까지 연속적으로 처리되는 세탁 기계이다.

331 다음 중 론드리용 기계가 아닌 것은?

① 프레스기 ② 건조기
③ 탈수기 ④ 절단기

해설
론드리용 기계의 종류
- 프레스기 : 면 프레스기, 와이셔츠 프레스기, 인체에어 프레스기
- 건조기
- 탈수기 : 원심 탈수기
- 워셔 : 사이드 로딩형, 워셔형, 엔딩 로드형
- 텀블러
- 시트롤러 : 스프레더, 피더, 폴더, 스태커

332 단백질 전분 등의 얼룩을 단백질 분해효소로써 제거하는 화학적 얼룩빼기방법은?

① 표백제법 ② 알칼리법
③ 산법 ④ 효소법

해설
효소법은 단백질 전분 등의 얼룩을 단백질 분해효소로써 제거하는 화학적 얼룩빼기 방법이다.

333 론드리에서 백색 의류에 형광염료가 떨어졌다면 이것이 원인이 되는 공정은?

① 본 세탁 ② 산욕
③ 건조 ④ 헹굼

해설
백색 의류에 형광염료가 떨어졌다면 본 세탁(본 빨래) 공정에서 발생한 것이다.

334 웨트클리닝 처리법 중 탈수와 건조의 설명으로 틀린 것은?

① 탈수 시 형의 망가짐에 유의하고 가볍게 원심 탈수한다.
② 늘어날 위험이 있는 것은 둥글게 말아서 말린다.
③ 색 빠짐의 우려가 있는 것은 타월에 싸서 가볍게 손으로 눌러 짠다.
④ 가급적 자연 건조한다.

해설
웨트클리닝 처리법 중 탈수와 건조
- 탈수 시 형의 망가짐에 유의하고 가볍게 원심 탈수한다.
- 늘어날 위험이 있는 것은 평평한 곳에 뉘어서 말린다.
- 색 빠짐의 우려가 있는 것은 타월에 싸서 가볍게 손으로 눌러 짠다.
- 가급적 자연 건조한다.

정답 328 ④ 329 ④ 330 ② 331 ④ 332 ④ 333 ① 334 ②

335 기계 마무리의 주의점으로 틀린 것은?

① 비닐론은 충분히 건조시켜서 마무리한다.
② 마무리 할 때 증기를 쏘이면 수축과 늘어남의 우려가 있다.
③ 플리츠 가공된 것은 스팀터널이나 스팀박스에 넣으면 주름이 소실될 수 있다.
④ 고무벨트를 이용한 바지, 스커트는 다리미로 마무리해도 관계없다.

해설

기계 마무리의 주의점

- 비닐론은 충분히 건조시켜서 마무리한다.
- 아세테이트, 아크릴 등은 깔개천을 사용함이 좋다.
- 마무리할 때 증기를 쏘이면 수축과 늘어남의 우려가 있다.
- 플리츠 가공된 것은 스팀터널이나 스팀박스에 넣으면 주름이 소실될 수 있다.
- 다리미에 미끄러움을 주기 위해 다리미 바닥에 실리콘이나 왁스를 칠한다.
- 고무벨트를 이용한 바지, 스커트는 다리미로 마무리하면 안 된다.

336 견뢰도와 색상이 좋아 면섬유에 가장 많이 사용하는 염료는?

① 분산염료 ② 염기성염료
③ 산성염료 ④ 반응성염료

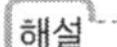

반응성염료는 견뢰도와 색상이 좋아 면섬유에 가장 많이 사용하는 염료이다.

337 나일론섬유의 성질로서 틀린 것은?

① 강도가 크다. ② 신도가 크다.
③ 열가소성이 좋다. ④ 내일광성이 크다.

해설

나일론섬유의 성질

- 강도가 크다.
- 신도가 크다.
- 열가소성이 좋다.
- 내일광성이 불량하여 직사광선을 쬐면 급속히 강도가 저하한다.

338 섬유의 분류에서 인피섬유에 해당되지 않는 것은?

① 면 ② 대마
③ 아마 ④ 모시

해설

인피섬유의 종류

- 대마
- 아마
- 모시(저마)
- 황마

※ 인피섬유는 식물성섬유로써, 삼의 줄기에서 분리한 껍질섬유이다.

339 다음 중 강도가 가장 큰 섬유는?

① 면 ② 견
③ 아크릴 ④ 나일론

해설

섬유의 강도 크기순서

나일론 > 아크릴 > 면 > 견

340 반합성섬유의 설명으로 옳은 것은?

① 유기화합물이 포함되지 않은 섬유이다.
② 섬유용 고분자 화합물에 어떤 화학기를 결합시켜서 에스테르 또는 에테르형으로 한 섬유이다.
③ 천연 고분자 화합물을 용해시켜서 모양을 바꾸어주고 주된 구성성분 그대로 재생시킨 섬유이다.
④ 섬유를 증류하여 얻은 원료를 합성하여 종합원료를 얻고 그 종합원료를 종합하여 얻은 고분자를 용융 방사한 섬유이다.

해설

반합성섬유란 섬유용 고분자 화합물에 어떤 화학기를 결합시켜서 에스테르 또는 에테르형으로 한 섬유이다.

정답 335 ④ 336 ④ 337 ④ 338 ① 339 ④ 340 ②

341 다음 그림과 같은 세탁 관련 기호의 취급방법에 대한 설명으로 옳은 것은?

① 탄화수소계 용제로 약하게
② 탄화수소계 용제로 세탁
③ 용제의 종류에 상관없이 약하게
④ 용제의 종류에 상관없이 세탁

해설
용제의 종류에 상관없이 세탁할 수 있다는 기호이다.

342 다음 섬유 중 합성섬유가 아닌 것은?

① 비스코스레이온 ② 나일론 66
③ 폴리에스테르 ④ 아크릴

해설
3대 합성섬유
- 나일론(나일론 6, 나일론 66)
- 아크릴
- 폴리에스테르

343 위사와 경사를 조합해서 만든 피륙은?

① 직물 ② 편성물
③ 레이스 ④ 브레이드

해설
문제 216번 해설 참고

344 다음 기호의 설명으로 옳은 것은?

① 옷걸이에 걸고 햇빛에 건조한다.
② 옷걸이에 걸고 그늘에서 건조시킨다.
③ 뉘어서 건조시킨다.
④ 그늘에 뉘어서 건조시킨다.

해설
문제 209번 해설 참고

345 직접염료의 설명으로 틀린 것은?

① 산성하에서 단백질섬유와 나일론에도 염착된다.
② 색의 종류는 풍부하고 염색법이 간단하다.
③ 색상이 선명하다.
④ 일광마찰 및 세탁견뢰도가 나쁘다.

해설
색상이 선명한 염료는 반응성염료이다.

346 면섬유와 아마섬유의 특징으로 틀린 것은?

① 강도가 크다. ② 탄성이 나쁘다.
③ 내열성이 좋다. ④ 흡습성이 낮다.

해설
흡습성이 좋다.

347 다음 직물의 삼원 조직이 아닌 것은?

① 평직 ② 능직
③ 주자직 ④ 두둑직

해설
문제 216번 해설 참고

348 클리닝 대상품을 분류한 것 중 틀린 것은?

① 모포 : 모포류
② 사무복 : 작업복류
③ 오버 : 코트류
④ 방석커버 : 시트류

해설
방석류는 기타 제품류에 해당된다.

349 성인남자 긴 소매 드레스셔츠의 염색견뢰도 중 마찰견뢰도의 기준으로 옳은 것은?

① 건 : 3급 이상, 습 : 3급 이상
② 건 : 3급 이상, 습 : 4급 이상
③ 건 : 4급 이상, 습 : 3급 이상
④ 건 : 4급 이상, 습 : 4급 이상

정답 **341** ④ **342** ① **343** ① **344** ② **345** ③ **346** ④ **347** ④ **348** ④ **349** ③

해설
성인남자 긴 소매 드레스셔츠의 마찰견뢰도 기준

- 건 : 4급 이상, 습 : 3급 이상
- 건 마찰(마른 상태), 습 마찰(젖은 상태)을 의미한다.

※ 마찰견뢰도란 염색물을 마찰시켰을 때 건조하거나 물기에 젖은 상태에서도 염색물의 빛깔이 유지되는 정도를 말한다.

350 다음 중 재생 셀룰로스섬유가 아닌 것은?

① 비스코스레이온
② 폴리노직레이온
③ 아세테이트
④ 카제인섬유

해설
카제인섬유는 단백질계섬유에 해당된다.

351 파스너의 취급 설명 중 틀린 것은?

① 클리닝 및 프레스할 때에는 파스너를 열어 놓은 상태에서 한다.
② 슬라이더의 손잡이를 정상으로 해놓고 프레스한다.
③ 슬라이더에 직접 다림질하지 않는다.
④ 프레스 온도는 130℃ 이하로 유지한다.

해설
문제 224번 해설 참고

352 피혁의 결점에 대한 설명으로 틀린 것은?

① 열에 약하므로 온도 55℃ 이상에서는 굳어지고 수축된다.
② 염색견뢰도가 나빠서 일광, 클리닝에 의해 퇴색되기 쉽다.
③ 곰팡이가 생기기 쉽다.
④ 인장굴곡, 마찰에 약하고 보온성이 나쁘다.

해설
피혁의 장점
안장굴곡, 마찰에 강하고 보온성이 좋다.

353 다음 중 아세테이트섬유를 녹일 수 있는 약제는?

① 알코올　② 벤젠
③ 에테르　④ 아세톤

해설
아세톤은 아세테이트섬유를 녹일 수 있는 약제이다.

354 면섬유의 온도별 열에 의한 변화가 틀린 것은?

① 100℃ 정도에서 수분을 잃게 된다.
② 160℃에서 탈수작용이 일어난다.
③ 250℃에서 분해하기 시작한다.
④ 320℃에서 연소하기 시작한다.

해설
면섬유의 온도별 열에 의한 변화

- 100~105℃ : 수분을 반출한다.
- 110℃ : 24시간 가열하면 점도가 반으로 떨어진다.
- 105~140℃ : 현저한 변화가 없다.
- 140~160℃ : 약간의 강도와 신도의 저하를 일으키기 시작한다.
- 160℃ : 분자 내 탈수를 일으킨다.
- 180~250℃ : 섬유는 탄화하여 갈색으로 변한다.
- 320~350℃ : 연소한다.

355 탄성회복이 나빠서 구김이 가장 잘 생기는 섬유는?

① 양모　② 견
③ 아마　④ 나일론

해설
아마는 임피섬유(줄기섬유)의 종류로써 탄성회복이 나쁘고, 구김이 가장 잘 생기는 섬유이다.

356 「공중위생관리법령」에 따라 공중위생영업을 신고 할 때 신고를 받는 자가 아닌 것은?

① 도지사　② 시장
③ 군수　④ 구청장

해설
시장, 군수, 구청장은 「공중위생관리법령」에 따라 공중위생영업을 신고할 때 신고를 받는 자다.

정답 350 ④ 351 ① 352 ④ 353 ④ 354 ③ 355 ③ 356 ①

357 다음 중 공중위생감시원의 업무 범위가 아닌 것은?

① 공중위생 관련 시설 및 설비의 위생상태 확인검사
② 공중위생영업소의 영업의 재개명령 이행 여부의 확인
③ 공중위생업자의 위생교육 이행 여부의 확인
④ 공중 위생업자의 위생지도 및 개선명령 이행 여부 확인

해설
공중위생감시원의 업무 범위
- 공중위생 관련 시설 및 설비의 위생상태 확인검사
- 공중위생영업소의 영업의 정지, 일부 시설의 사용중지 또는 영업소 폐쇄명령 이행 여부의 확인
- 공중위생업자의 위생교육 이행 여부의 확인
- 공중 위생업자의 위생지도 및 개선명령 이행 여부 확인

358 다음 중 위생 지도 및 개선 명령을 하는 자가 아닌 것은?

① 도지사 ② 군수
③ 구청장 ④ 보건소장

해설
도지사, 군수, 구청장은 위생 지도 및 개선 명령을 할 수 있다.

359 다음 중 행정처분권자가 위반사항에 대한 처분기준을 경감할 수 없는 경우는?

① 위반사항의 내용으로 보아 그 위반 정도가 미비한 경우
② 해당 위반사항에 관하여 검사로부터 기소유예의 처분을 받은 경우
③ 해당 위반사항에 관하여 법원으로부터 선고 유예의 판결을 받은 경우
④ 해당 위반사항에 관하여 법원으로부터 집행유예의 판결을 받은 경우

해설
행정처분권자가 위반사항에 대한 처분기준 경감사항
- 위반사항의 내용으로 보아 그 위반 정도가 미비한 경우
- 해당 위반사항에 관하여 검사로부터 기소유예의 처분을 받은 경우
- 해당 위반사항에 관하여 법원으로부터 선고 유예의 판결을 받은 경우

360 공중위생업자는 영업소 폐쇄명령이 있은 후 몇 개월이 경과하지 아니할 때에는 누구든지 그 폐쇄명령이 이루어진 영업장소에서 같은 종류의 영업을 할 수 없는가?

① 1개월 ② 3개월
③ 6개월 ④ 12개월

해설
공중위생업자는 영업소 폐쇄명령이 있은 후 6개월이 경과하지 아니할 때에는 누구든지 그 폐쇄명령이 이루어진 영업장소에서 같은 종류의 영업을 할 수가 없다.

361 다음 중 오염의 제거가 가장 어려운 섬유는?

① 양모 ② 아세테이트
③ 견 ④ 면

해설
오점(오염) 제거가 잘 되는 섬유 순서
양모 – 나일론 – 비닐론(합성섬유) – 아세테이트 – 면 – 레이온 – 마 – 견

362 흡착제와 용제의 접촉이 길어 청정능력이 높아 가장 많이 사용되는 세정액의 청정장치는?

① 카트리지식 ② 청정통식
③ 증류식 ④ 필터식

해설
카트리지식 청정장치는 흡착제와 용제의 접촉이 길어 청정능력이 높아 가장 많이 사용되는 세정액의 청정장치이다.

정답 357 ② 358 ④ 359 ④ 360 ③ 361 ③ 362 ①

363 드라이클리닝 용제 중 용해력이 강해 오염 제거가 용이하며 세정시간이 가장 짧은 것은?

① 1.1.1－트리클로로에탄
② 퍼클로로에틸렌
③ 석유계 용제
④ 불소계 용제

해설
1.1.1－트리클로로에탄은 드라이클리닝 용제 중 용해력이 강해 오염 제거가 용이하며 세정시간이 가장 짧다.

364 비누가 해당되는 계면활성제는?

① 양이온 계면활성제
② 비이온 계면활성제
③ 양성 계면활성제
④ 음이온 계면활성제

해설
비누에 해당되는 계면활성제는 음이온 계면활성제이다.

365 계면활성제의 성질에 대한 설명 중 틀린 것은?

① 분자가 모여 미셀을 형성한다.
② 한 개의 분자 내에 친수기와 친유기를 가진다.
③ 기포성이 증가하고 세척작용을 향상시킨다.
④ 물과 공기 등에 흡착하여 계면장력을 상승시킨다.

해설
물과 공기 등에 흡착하여 경계면에 계면장력을 저하시킨다.

366 HLB 값이 3~4인 계면활성제의 용도는?

① 소포제
② 드라이클리닝용 세제
③ 침윤제
④ 세탁용 세제

해설
HLB 수치에 따른 용도

HLB	용도
1~3	소포제
3~4	드라이클리닝용 세제
4~8	유화제(기름 속에 물 분산)
8~13	유화제(물속에 기름 분산)
13~15	세탁용 세제
15~18	가용화(물속에 기름 분산)

※ HLB란 계면활성제의 친수성과 친유성의 정도를 나타내는 수치이다.

367 섬유의 재가공 시 섬유를 부드럽게 하여 착용감을 높이려는 가공방법은?

① 방추가공　② 유연가공
③ 방오가공　④ 표백가공

해설
유연가공은 섬유의 재가공 시 섬유를 부드럽게 하여 착용감을 높이려는 가공방법이다.

368 세탁용 보일러의 증기압력과 온도가 옳은 것은?

① 증기압 2.0kg/cm², 온도 99.1℃
② 증기압 3.0kg/cm², 온도 119.6℃
③ 증기압 4.0kg/cm², 온도 142.9℃
④ 증기압 6.0kg/cm², 온도 151.1℃

해설
문제 80번 해설 참고

369 용제 청정화방법이 아닌 것은?

① 여과방법
② 증류방법
③ 흡착방법
④ 분산방법

해설
용제(세정액) 청정화방법

- 여과방법
- 증류방법
- 흡착방법

정답 363 ① 364 ④ 365 ④ 366 ② 367 ② 368 ③ 369 ④

370 **다음 중 세정률이 가장 좋은 섬유는?**

① 양모　　② 나일론
③ 비닐론　　④ 아세테이트

해설
세정률이 높은 섬유순서
양모－나일론－비닐론－아세테이트－면－마－견(실크)

371 **클리닝의 일반적인 공정에서 제일 먼저 해야 할 일은?**

① 접수점검　　② 대분류
③ 얼룩빼기　　④ 포켓 청소

해설
클리닝의 일반적인 공정순서
접수점검－마킹－대분류－포켓 청소－세분류－얼룩빼기(전처리)－클리닝(세정)－얼룩빼기(후처리)－마무리－최종점검－포장

372 **재오염의 원인에 대한 설명으로 틀린 것은?**

① 흡착에 의한 재오염에는 정전기에 의한 것이 있다.
② 세정과정에서 용제 중에 용탈한 염료는 섬유에 염착되지 않는다.
③ 용제의 수분이 과다함에 따라 재오염이 발생한다.
④ 물에 젖은 의류는 수분과다로 수용성 더러움이 흡착된다.

해설
재오염의 원인
- 흡착에 의한 재오염에는 정전기에 의한 것이 있다.
- 세정과정에서 용제 중에 용탈한 염료는 다시 섬유에 염착된다.
- 용제의 수분이 과다함에 따라 재오염이 발생한다.
- 물에 젖은 의류는 수분과다로 수용성 더러움이 흡착된다.

373 **일반적으로 보일러 수증기의 온도를 약 120℃로 하기 위한 보일러의 압력(kg/cm^2)은?**

① 1　　② 2
③ 3　　④ 4

해설
보일러 수증기의 온도를 약 120℃로 하기 위한 보일러의 압력은 약 2기압(kg/cm^2)이 되어야 한다.

374 **비누의 단점이 아닌 것은?**

① 가수분해되어 유리지방산을 생성한다.
② 산성용액에서는 사용할 수 없다.
③ 합성세제보다 환경오염이 적다.
④ 알칼리성을 첨가해야만 세탁 효과가 좋다.

해설
'합성세제보다 환경오염이 적다'는 비누의 장점에 해당된다.

375 **석유계 용제의 장점이 아닌 것은?**

① 세정시간이 짧다.
② 기계부식에 안전하다.
③ 독성이 약하고 값이 싸다.
④ 섬세한 의류에 적당하다.

해설
'세정시간이 짧다'는 석유계 용제의 단점에 해당된다.

376 **경영관리에 대한 설명 중 옳은 것은?**

① 경영관리란 사람을 통해서 하는 것이므로 협동이라 할 수 있으며 경영은 주로 최고층이 하는 것이며, 관리는 중간층에서 활동하는 것으로 구분된다.
② 자신이 필요로 하고 있는 고객의 계층을 설정하고 지역마다 고객의 특수성을 고려해서 사업방향을 잡을 필요는 없다.
③ 세탁영업에서는 소비자가 바라는 것이 별로 없기 때문에 신경 쓸 필요가 없다.
④ 고객에게 서비스는 단 한번으로 끝내고 고가의 물품에 대해서는 가볍게 손질하는 방법을 알려줘서는 안 된다.

정답 370 ① 371 ① 372 ② 373 ② 374 ③ 375 ① 376 ①

해설

② 자신이 필요로 하고 있는 고객의 계층을 설정하고 지역마다 고객의 특수성을 고려해서 사업방향을 잡을 필요가 있다.
③ 세탁영업에서는 소비자가 바라는 것이 무엇인지 확인하고, 고객관리를 철저히 하며 질의 추구에 중점을 두고 고객과의 접촉에 노력한다.
④ 고객에게 의류의 보전이나 손질의 방법에 대하여 정보를 제공하는 등 고객 서비스는 계속되어야 한다.

377 의복이 벌레에 의해 손상이 되는 것을 방지하기 위한 가공은?

① 방충가공 ② 방수가공
③ 방오가공 ④ 방염가공

해설

각종 가공의 뜻

- 방충가공 : 의복이 벌레에 의해 손상되는 것을 방지하기 위한 가공이다.
- 방수가공 : 섬유제품이 물에 젖거나 침투, 흡수하는 것을 방지하는 가공이다.
- 방오가공 : 오염을 막고 때가 직물 내부로 침투하는 것을 방지, 쉽게 제거할 수 있도록 하는 가공이다.
- 방염가공 : 직물이 불에 잘 타지 않게 하는 가공이다.

378 보일러의 고장현상으로 틀린 것은?

① 수면계에 수위가 나타난다.
② 증기에 물이 섞여 나온다.
③ 작동 중 불이 꺼진다.
④ 본체에서 증기나 물이 샌다.

해설

문제 16번 해설 참고

379 다음 중 기술 진단의 포인트가 아닌 것은?

① 장식단추
② 가공표시
③ 형태의 변형
④ 부분 변퇴색

해설

문제 311번 해설 참고

380 다음 중 수관보일러에 해당되는 형식이 아닌 것은?

① 자연순환식 ② 강제순환식
③ 관류식 ④ 노통연관식

해설

수관보일러의 형식

- 자연순환식
- 강제순환식
- 관류식

381 다음 중 론드리에 대한 설명으로 틀린 것은?

① 알칼리제, 비누 등을 사용하여 온수에서 워셔로 세탁하는 가장 세정작용이 강한 방법이다.
② 론드리 대상품은 직접 살에 닿는 와이셔츠류, 더러움이 비교적 잘 타는 작업복류, 견고한 백색 직물 등이다.
③ 세탁온도가 높아 세탁 효과가 좋다.
④ 수질오염 방지 등 배수시설이 필요 없어 경제적이다.

해설

수질오염 방지 등 배수시설이 필요하다.

382 다음 중 오점 제거방법이 아닌 것은?

① 털어서 제거
② 유기용제로 제거
③ 빛에 의하여 제거
④ 표백제로 제거

해설

오점 제거방법

- 털어서 제거
- 유기용제로 제거
- 물세탁으로 제거
- 표백제로 제거
- 세제로 제거

정답 377 ① 378 ① 379 ① 380 ④ 381 ④ 382 ③

383 드라이클리닝 마무리 기계 중 폼머형에 해당되는 것은?

① 인체프레스 ② 만능프레스
③ 스팀터널 ④ 스팀박스

해설
드라이클리닝 마무리 기계 중 폼머형의 종류
- 인체프레스
- 팬츠 토퍼
- 퍼프아이론
- 스팀보드

384 다음 중 다림질의 목적이 아닌 것은?

① 디자인 실루엣의 기능을 복원시킨다.
② 의복에 필요한 부분에 주름을 만든다.
③ 살균과 소독의 효과를 얻는 데 있다.
④ 세탁에서 제거되지 아니한 얼룩을 모두 제거할 수 있다.

해설
세탁에서 제거되지 아니한 얼룩을 모두 제거할 수 있는 것은 다림질 목적이 아닌 얼룩빼기 목적이다.

385 다음 중 드라이클리닝의 장점으로 틀린 것은?

① 용제가 저가이며, 독성과 가연성의 문제가 없다.
② 기름얼룩의 제거가 쉽다.
③ 염색에 의한 이염이 잘 되지 않는다.
④ 세정, 탈수, 건조가 단시간 내에 이루어진다.

해설
드라이클리닝의 장점
- 옷감의 손상이 적으며 원상회복이 용이하다.
- 기름얼룩의 제거가 쉽다.
- 염색에 의한 이염이 잘 되지 않는다.
- 세정, 탈수, 건조가 단시간 내에 이루어진다.

386 다음 중 물의 장점이 아닌 것은?

① 표면장력이 너무 크다.
② 용해성이 우수하다.
③ 인화성이 없다.
④ 무독 · 무해하다.

해설
'표면장력이 너무 크다'는 물의 단점에 해당된다.

387 드라이클리닝의 전처리에 대한 설명 중 틀린 것은?

① 세정에서 제거하기 어려운 오점이 쉽게 제거되도록 세정 전에 하는 처리과정이다.
② 브러싱액을 묻힌 브러시로 얼룩이 있는 옷을 두드려 더러움을 분산시키는 방법을 브러싱법이라 한다.
③ 더러운 곳에 처리액을 뿌려 오점을 풀리게 하거나, 뜨게 한 후 기계에 넣어 오점을 제거하는 방법을 스프레이법이라 한다.
④ 전처리액으로 인한 염료의 흐름이나 수축이 있음을 확인한 다음 석유계 용제를 사용해야 한다.

해설
드라이클리닝의 전처리
- 세정에서 제거하기 어려운 오점이 쉽게 제거되도록 세정 전에 하는 처리과정이다.
- 브러싱액을 묻힌 브러시로 얼룩이 있는 옷을 두드려 더러움을 분산시키는 방법을 브러싱법이라 한다.
- 더러운 곳에 처리액을 뿌려 오점을 풀리게 하거나, 뜨게 한 후 기계에 넣어 오점을 제거하는 방법을 스프레이법이라 한다.
- 전처리액의 사용은 이로 인해서 연료의 흐름이나 수축이 없다는 것을 확인한 후에 사용해야 한다.

388 얼룩빼기방법 중 물리적인 방법이 아닌 것은?

① 기계적인 힘을 이용하는 방법
② 분산법
③ 효소를 사용하는 방법
④ 흡착법

해설
문제 208번 해설 참고

정답 383 ① 384 ④ 385 ① 386 ① 387 ④ 388 ③

389 다음 중 마섬유 재킷을 다림질할 때 가장 좋은 것은?

① 스팀다리미 ② 캐비닛형 프레스기
③ 전기다리미 ④ 시트롤러

해설
마섬유 재킷을 다림질할 때 가장 좋은 다리미는 전기다리미이다.

390 다음 중 일반적인 손빨래의 방법이 아닌 것은?

① 돌려서 빨기 ② 두들겨 빨기
③ 주물러 빨기 ④ 흔들어 빨기

해설
손빨래 방법
- 두들겨 빨기
- 주물러 빨기
- 흔들어 빨기
- 눌러 빨기
- 비벼 빨기
- 솔로 문질러 빨기
- 삶아 빨기

391 웨트클리닝 처리방법에 대한 설명 중 틀린 것은?

① 색이 빠지거나 형이 일그러지는 것에 주의해야 한다.
② 처리방법에는 솔빨래, 손빨래, 기계빨래, 오염을 닦아내는 것 등이 있다.
③ 대상이 되는 의류는 종류가 많고 성질은 다르나 처리방법은 모두 같다.
④ 마무리 다림질을 생각하여 형의 망가짐에 유의하여야 한다.

해설
웨트클리닝 처리방법
- 색이 빠지거나 형이 일그러지는 것에 주의해야 한다.
- 처리방법에는 솔빨래, 손빨래, 기계빨래, 오염을 닦아내는 것 등이 있다.
- 대상이 되는 의류의 종류 및 성질에 따라 다르게 처리한다.
- 마무리 다림질을 생각하여 형의 망가짐에 유의하여야 한다.

392 밀폐형 세정기(Hot Machine)에 대한 설명 중 틀린 것은?

① 세정, 탈액, 건조까지 연속적으로 처리된다.
② 다양한 안전장치가 있다.
③ 세정만 가능하고 탈수는 원심탈수기를 사용한다.
④ 운전조작이 다양한 컨트롤 시스템이다.

해설
밀폐형 세정기(Hot Machine)의 특징
- 세정, 탈액, 건조까지 연속적으로 처리된다.
- 다양한 안전장치가 있다.
- 세정기는 용제를 청정하게 하고, 재사용할 수 있는 견고한 기계가 좋다.
- 운전조작이 다양한 컨트롤 시스템이다.

393 경수를 연수로 바꾸는 방법이 아닌 것은?

① 끓이는 법
② 암모니아를 가하는 법
③ 이온교환수지법
④ 알칼리를 가하는 법

해설
경수(센물)를 연수(단물)로 바꾸는 방법
- 끓이는 법
- 이온교환수지법
- 알칼리를 가하는 법

394 용제를 순환시키는 펌프의 능력에서 액심도 3까지 소요되는 양호한 시간은?

① 1분 30초 이상 ② 60초 이상
③ 45~60초 이내 ④ 45초 이내

해설
용제를 순환시키는 펌프의 능력에서 액심도 3까지 소요되는 시간은 45초 이내이다.

395 다음 중 론드리의 과정이 아닌 것은?

① 보관 ② 본 세탁
③ 표백 처리 ④ 다림질

정답 389 ③ 390 ① 391 ③ 392 ③ 393 ② 394 ④ 395 ①

해설
문제 26번 해설 참고

396 다음에 해당되는 섬유 제품의 취급에 관한 표시 기호는?

- 삶을 수 있다.
- 세탁기로 세탁할 수 있다.
- 손빨래도 가능하다.
- 세제 종류에 제한받지 않는다.

①
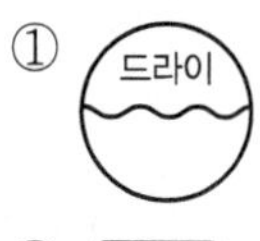

②

③

④
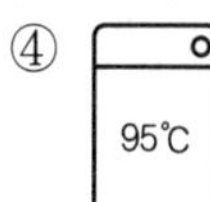

해설
섬유제품의 취급에 관한 표시기호

	• 드라이클리닝할 수 있다. • 용제의 종류는 퍼클로로에틸렌 또는 석유계를 사용한다.
	• 물 온도 30℃를 표준으로 하여 약하게 손세탁할 수 있다(세탁기 사용 불가). • 세제 종류는 중성세제를 사용한다.
약 30℃ 중성	• 물의 온도 30℃를 표준으로 하여 세탁기로 약하게 세탁 또는 약한 손세탁도 할 수 있다. • 세제 종류는 중성세제를 사용한다.
	• 물의 온도 95℃를 표준으로 세탁할 수 있다. • 삶을 수 있다. • 세탁기로 세탁할 수 있다(손세탁 가능). • 세제 종류에 제한받지 않는다.

397 섬유 감별의 대표적인 방법이 아닌 것은?

① 연소에 의한 방법
② 현미경에 의한 방법
③ 용해에 의한 방법
④ 두들기는 방법

해설
섬유 감별방법

- 육안 관찰법(외관 관찰법)
- 연소에 의한 방법
- 현미경에 의한 방법
- 용해에 의한 방법
- 비중에 의한 방법
- 적외선에 의한 방법

398 면섬유의 정련에 사용할 수 있는 약제로 가장 적당한 것은?

① 수산화나트륨　② 초산
③ 질산　④ 염산

해설
수산화나트륨은 면섬유의 정련에 사용할 수 있는 가장 적당한 약제이다.

399 섬유가 구비해야 할 조건과 가장 거리가 먼 것은?

① 섬유 상호 간에 포합성이 있어야 한다.
② 굵기가 굵고 균일하여야 한다.
③ 부드러운 성질이 있어야 한다.
④ 탄성과 광택이 우수하여야 한다.

해설
섬유의 구비조건

- 섬유 상호 간에 포합성이 있어야 한다.
- 굵기가 가늘고 균일하여야 한다.
- 부드러운 성질이 있어야 한다.
- 탄성과 광택이 우수하여야 한다.
- 내구력이 커야 한다.
- 탄력이 좋아야 한다.

400 다음 중 양모섬유를 용해시키는 용액은?

① 수산화나트륨　② 암모니아
③ 규산나트륨　④ 인산나트륨

해설
수산화나트륨은 양모섬유를 용해시키는 용액이다.

정답 396 ④ 397 ④ 398 ① 399 ② 400 ①

401 다음 중 폴리에스테르염료는?

① 직접염료　② 산성염료
③ 분산염료　④ 배트염료

해설
분산염료는 폴리에스테르, 아세테이트섬유의 염색에 가장 많이 사용되고 있는 염료이다.

402 완성된 의류에 가공을 하여 형태를 고정시키는 방법은?

① 퍼머넌트 프레스 가공
② 샌포라이즈 가공
③ 방축가공
④ 방오가공

해설
퍼머넌트 프레스 가공은 완성된 의류에 가공을 하여 형태를 고정시키는 방법이다.

403 세탁견뢰도에 대한 설명 중 틀린 것은?

① 염색 옷이 세탁에 견디는 능력을 말한다.
② 세탁으로 인해 옷의 물감이 빠지는 것을 평가한다.
③ 견뢰도 등급 숫자가 높을수록 물감이 잘 빠지고 숫자가 낮을수록 물감이 빠지지 않는다는 것이다.
④ 세탁 의약품 중에는 용해견뢰도가 낮은 의복이 많으므로 주의하여야 한다.

해설
세탁견뢰도
- 염색 옷이 세탁에 견디는 능력을 말한다.
- 세탁으로 인해 옷의 물감이 빠지는 것을 평가한다.
- 견뢰도 등급 숫자가 높을수록 물감이 잘 빠지지 않고, 숫자가 낮을수록 물감이 잘 빠진다.
- 세탁 의약품 중에는 용해견뢰도가 낮은 의복이 많으므로 주의하여야 한다.

404 다음 중 2개 이상의 직물을 접착시킨 직물이 아닌 것은?

① 퀼트천　② 본딩직물
③ 이중직　④ 인조피혁

해설
복합직물의 종류
복합직물이란 2개 이상의 직물을 접착시킨 직물로 종류는 다음과 같다.
- 퀼트천
- 본딩직물
- 인조피혁

405 아세테이트섬유의 특성으로 옳은 것은?

① 물에 대한 친화성이 크다.
② 강산에 강하다.
③ 장기간 일광에 노출하여도 강도에 변함이 없다.
④ 열가소성이 좋다.

해설
문제 40번 해설 참고

406 다음 중 능직의 특징에 해당되는 것은?

① 경사와 위사가 한 올씩 상하 교대로 교차되어 있다.
② 광택이 좋고 표면이 고운 직물을 만들 수 있다.
③ 앞뒤의 구별이 없다.
④ 제직이 간단하다.

해설
능직(능직물)의 특징
- 광택이 좋고 표면이 고운 직물을 만들 수 있다.
- 평직 다음으로 많이 사용된다.
- 능선각이 급할수록 내구성이 좋다.
- 평직에 비해 마찰에 약하다.
- 능직은 분수로 조직을 표시하는데, 경사가 위사 위로 올라온 것을 분자로 하고 내려간 것을 분모로 한다(2/1, 2/2, 3/1 등).

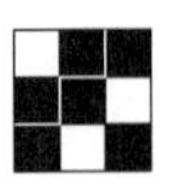

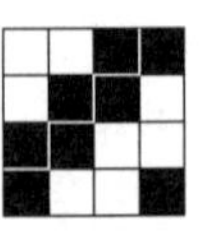
2/2 능직

3/1 능직

정답 401 ③ 402 ① 403 ③ 404 ③ 405 ④ 406 ②

407 **합성심지의 특징에 대한 설명으로 틀린 것은?**

① 거의 줄지 않을 정도로 내수축성이 우수하다.
② 보강 심지와의 접착성이 좋지 못하다.
③ W&W성이 우수하다.
④ 대전성이 없으므로 때가 잘 타지 않는다.

해설

합성심지의 특징

- 거의 줄지 않을 정도로 내수축성이 우수하다.
- 보강심지와의 접착성이 좋지 못하다.
- W&W성이 우수하다.
- 주름잡는 성질이 우수하다.

※ 심지란 의복에 아름다운 실루엣을 부여하고, 착용 및 세탁 등에 의하여 형태가 변형되는 것을 방지해주는 부속 재료이다.

※ 'W&W성'이란 그대로 세탁하여 바로 입을 수 있다는 것을 의미한다.

408 **아마섬유를 면섬유와 비교하였을 때의 성질로서 틀린 것은?**

① 강도가 크다.　② 흡습속도가 빠르다.
③ 열전도성이 크다.　④ 탄성이 크다.

해설

아마섬유를 면섬유와 비교하였을 때의 성질

- 강도가 크다.
- 흡습속도가 빠르다.
- 열전도성이 크다.
- 탄성이 낮다.
- 아마섬유의 신도는 면섬유보다는 작다.

409 **다음 면 중 가장 우수한 품종은?**

① 미국 면　② 이집트 면
③ 중국 면　④ 인도 면

해설

면의 종류(면의 품종)

- 해도면(Sea Island Cotton) : 최고급면
- 이집트 면 : 고급면
- 미국 면 : 중급면
- 인도 면 : 저급면
- 중국 면 : 저급면

410 **직물과 편성물을 비교하였을 때 직물의 특성에 해당하는 것은?**

① 가볍고 부드럽다.
② 성형성이 좋다.
③ 형태안정성이 있다.
④ 신축성이 좋다.

해설

직물과 편성물을 비교하였을 때 직물의 특성

- 형태안정성이 있다.
- 마찰저항성, 내구력이 있다.

411 **양모섬유의 구조에 대한 설명으로 옳은 것은?**

① 섬유의 단면은 원형이고, 겉비닐이 있다.
② 섬유의 단면은 삼각형이고, 리본 모양이 있다.
③ 섬유의 단면은 5~6각의 다각형이고, 겉비늘이 있다.
④ 섬유의 단면은 원형이고, 리본 모양이 있다.

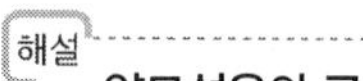

해설

양모섬유의 구조

섬유의 단면은 원형이고, 겉비닐(스케일)이 있다.

412 **다음 중 실을 거치지 않은 피륙은?**

① 펠트　② 레이스
③ 편성물　④ 직물

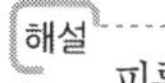

해설

피륙이란 아직 끊지 않은 베, 무명, 비단 따위의 천을 말하는 것으로 펠트는 실을 거치지 않은 피륙이다.

413 **생피에서 지질이나 결채조직을 떼어내고 남은 가죽부분을 명반, 기름, 크롬 등으로 처리해서 가죽의 부패를 방지하고 유연성을 부여하는 작업은?**

① 알칼리 처리　② 효소 처리
③ 산 처리　④ 무두질

정답 407 ④　408 ④　409 ②　410 ③　411 ①　412 ①　413 ④

해설
무두질 작업이란 생피에서 지질이나 결채조직을 떼어내고 남은 가죽 부분을 명반, 기름, 크롬 등으로 처리해서 가죽의 부패를 방지하고 유연성을 부여하는 작업을 말한다.

414 편성물의 장점으로 옳은 것은?

① 코가 풀리면 전선이 생긴다.
② 마찰에 의한 필링이 발생한다.
③ 세탁성은 좋으나 형태가 잘 변한다.
④ 통기성이 좋은 위생적인 옷을 만들 수 있다.

해설
편성물의 특징
- 통기성이 좋은 위생적인 옷을 만들 수 있다.
- 몸에 잘 맞고 활동하기에 편하며 부드럽다.
- 함기량이 많아 가볍고 따뜻하다.
- 신축성이 좋고 구김이 생기지 않는다.
- 손질하기 쉬우며 보온성이 좋다.
- 세탁 후 다림질이 필요 없다.
- 세탁 시의 강한 마찰이나 교반 등의 기계적인 힘은 필링과 보풀의 원인이 된다.

415 부직포의 특성 중 틀린 것은?

① 통기성이 좋다. ② 보온성이 좋다.
③ 유연성이 좋다. ④ 형태안정성이 좋다.

해설
부직포의 특징
- 통기성이 좋다
- 보온성이 좋다.
- 형태안정성이 좋다.
- 유연성이 좋지 못하고 뻣뻣하다.

416 공중위생영업의 종류별 시설 및 설비기준을 위반한 공중위생영업자에 대하여 즉시 또는 일정한 기간을 정하여 그 개선을 명령할 수 없는 자는?

① 보건복지부장관 ② 시 · 도지사
③ 시장 · 군수 ④ 구청장

해설
시 · 도지사, 시장 · 군수, 구청장은 공중위생영업의 종류별 시설 및 설비기준을 위반한 공중위생업자에 대하여 즉시 또는 일정한 기간을 정하여 그 개선을 명령할 수 있다.

417 공중위생관리상 필요하다고 인정하는 때에 관계 공무원의 출입 · 검사 기타 조치를 거부 · 방해 또는 기피한 자에게 부과되는 과태료 기준 금액은?

① 30만 원 ② 50만 원
③ 70만 원 ④ 100만 원

해설
공중위생관리상 필요하다고 인정하는 때에 관계 공무원의 출입검사 기타 조치를 거부 방해 또는 기피한 자에게 100만 원의 과태료를 부과할 수 있다.

418 세탁 관련 영업을 하고자 하는 자는 어느 영이 정하는 시설 및 설비를 갖추어야 하는가?

① 국무총리령
② 대통령령
③ 보건복지부령
④ 시 · 도지사령

해설
세탁 관련 영업을 하고자 하는 자는 보건복지부령이 정하는 시설 및 설비를 갖추어야 한다.

419 세탁업자와 소비자 간의 세탁물관리 사고로 인한 분쟁 조정을 위하여 노력해야 하는 곳은?

① 세탁업자단체
② 보건복지부
③ 의류제조업단체
④ 세탁기제조업단체

해설
세탁업자단체는 세탁업자와 소비자 간의 세탁물관리 사고로 인한 분쟁 조정을 위하여 노력해야 한다.

정답 414 ④ 415 ③ 416 ① 417 ④ 418 ③ 419 ①

420 다음 중 세탁업과 관련한 위생교육에 대한 설명으로 틀린 것은?

① 위생교육의 내용은 「공중위생관리법」 및 관련 법규, 소양교육, 기술교육 그 밖에 공중위생에 관하여 필요한 내용으로 한다.
② 위생교육은 매년 4시간으로 한다.
③ 위생교육을 실시하는 단체는 보건복지부장관이 고시한다.
④ 위생교육을 받은 자가 위생교육을 받은 날부터 2년 이내에 위생교육을 받은 업종과 같은 업종의 영업을 할 경우에도 해당 영업에 대한 위생교육을 다시 받아야 한다.

해설
위생교육을 받은 자가 위생교육을 받은 날부터 2년 이내에 위생교육을 받은 업종과 같은 업종의 영업을 하려는 경우에는 해당 영업에 대한 위생교육을 받은 것으로 본다.

421 흡착제와 용제의 접촉이 길어 청정능력이 높아 가장 많이 사용되는 세정액의 청정장치는?

① 카트리지식 ② 청정통식
③ 증류식 ④ 필터식

해설
카트리지식 청정장치는 흡착제와 용제의 접촉이 길어 청정능력이 높아 가장 많이 사용되는 청정장치이다.

422 다음 중 드라이클리닝 용제 선택의 조건이 아닌 것은?

① 오염물질을 용해 분산하는 능력이 커야 한다.
② 건조가 쉽고 세탁 후 냄새가 없어야 한다.
③ 인화성이 있거나 독성이 강해야 한다.
④ 회수, 정제가 용이해야 한다.

해설
인화성이 높거나 독성이 없어야 한다.

423 직물에 영구적인 가공 효과를 부여하여 방충효과를 나타내는 가공제는?

① 알레스린
② 장뇌
③ 파라클로로벤젠
④ 나프탈렌

해설
방충효과를 나타내는 가공제
- 알레스린
- 가드나
- 인디고 연료

424 드럼식 세탁기에 가장 적합한 세제는?

① 저포성세제 ② 합성세제
③ 농축세제 ④ 약알칼리성세제

해설
저포성세제는 드럼식 세탁기에 가장 적합한 세제이다.

425 석유계 용제의 장점 중 틀린 것은?

① 기계부식에 안전하다.
② 독성이 약하고 값이 싸다.
③ 약하고 섬세한 의류에 적당하다.
④ 세정시간이 짧다.

해설
석유계 용제의 장점
- 기계부식에 안전하다.
- 독성이 약하고 값이 싸다.
- 약하고 섬세한 의류에 적당하다.
- 자연건조를 할 수 있다.

426 청정제 종류와 뛰어난 성질과의 관계가 틀린 것은?

① 활성탄소 : 탈취
② 실리카겔 : 탈산
③ 알루미나겔 : 탈취
④ 산성백토 : 탈색

정답 420 ④ 421 ① 422 ③ 423 ① 424 ① 425 ④ 426 ②

해설

청정제의 종류

㉠ 흡착제이면서 탈산력이 뛰어난 청정제
- 알루미나겔 : 탈산, 탈취
- 경질토 : 탈산, 탈취

㉡ 흡착제이면서 탈색력이 뛰어난 청정제
- 활성탄소 : 탈색, 탈취
- 실리카겔 : 탈색, 탈수
- 산성백토 : 탈색
- 활성백토 : 탈색, 탈수

427 세정액의 청정장치 중 여과지와 흡착제가 별도로 되어 있고 여과 면적이 넓으며 흡착제의 양이 많아 오래 사용하는 것은?

① 필터식　② 청정통식
③ 카트리지식　④ 증류식

해설

청정통식 세정액 청정장치는 여과지와 흡착제가 별도로 되어 있고 여과 면적이 넓으며 흡착제의 양이 많아 오래 사용하는 청정장치이다.

428 오점의 부착 상태 분류가 아닌 것은?

① 기계적 부착
② 역학적 시험에 의한 부착
③ 정전기에 의한 부착
④ 유지 결합에 의한 부착

해설

오점(오염)의 부착상태 종류

- 기계적 부착
- 정전기에 의한 부착
- 유지 결합에 의한 부착
- 화학 결합에 의한 부착
- 분자 간 인력에 의한 부착

429 다음 중 보일러의 고장이 아닌 것은?

① 수면계에 수위가 나타나지 않는다.
② 보일러의 본체에서 증기나 물이 샌다.
③ 부글부글 물이 끓는 소리가 난다.
④ 작동 중 불이 꺼진다.

해설

문제 16번 해설 참고

430 클리닝 대상품에 대한 사무진단의 포인트가 아닌 것은?

① 물품의 종류, 수량, 색상 등을 세탁물 인수증에 기입한다.
② 단춧구멍과 숫자 등도 정확하게 기입한다.
③ 있어야 할 벨트, 견장 등이 없을 때는 명기하지 않아도 된다.
④ 부속품이 특수한 색상일 경우에는 색상도 기재한다.

해설

클리닝 대상품에 대한 사무진단의 포인트

- 물품의 종류, 수량, 색상 등을 세탁물 인수증에 기입
- 단춧구멍과 숫자 등도 정확하게 기입
- 의류에 부착된 장식품의 확인 및 의류의 부속품 유무 진단
- 부속품이 특수한 색상일 경우에는 색상도 기재

431 계면활성제의 종류에 해당되지 않는 것은?

① 음이온계 계면활성제
② 중이온계 계면활성제
③ 양이온계 계면활성제
④ 비이온계 계면활성제

해설

계면활성제의 종류

- 음이온계 계면활성제
- 양이온계 계면활성제
- 양성이온계 계면활성제
- 비이온계 계면활성제

432 클리닝의 일반적인 효과가 아닌 것은?

① 오염 제거로 위생수준 유지
② 다량의 세제 사용으로 오염 향상
③ 세탁물의 내구성 유지
④ 고급의류의 패션성 보전

정답 427 ② 428 ② 429 ③ 430 ③ 431 ② 432 ②

해설
클리닝의 일반적인 효과
- 오염 제거로 위생수준 유지
- 세탁물의 내구성 유지
- 고급의류의 패션성 보전

433 다음 중 수용성오점에 해당되는 것은?

① 식용유 ② 점토
③ 간장 ④ 왁스

해설
문제 62번 해설 참고

434 다음 중 곰팡이의 발육이 가능한 습도와 온도 범위는?

① 20% 이상의 습도, 15~40℃의 온도
② 10% 이상의 습도, 15~40℃의 온도
③ 20% 이상의 습도, −15~15℃의 온도
④ 10% 이상의 습도, −15~15℃의 온도

해설
20% 이상의 습도, 15~40℃의 온도에서 곰팡이의 발육이 가능해진다.

435 기술 진단의 포인트에 해당되지 않는 것은?

① 형태의 변형 ② 가공표시
③ 얼룩 ④ 부속품의 유무

해설
문제 311번 해설 참고

436 다음 중 계면활성제의 세정작용에서 일어나는 작용이 아닌 것은?

① 침투작용 ② 증류작용
③ 분산작용 ④ 습윤작용

해설
계면활성제의 세정작용
- 침투작용
- 흡착작용
- 분산작용
- 습윤작용

437 보일러의 온도가 132.9℃일 때 보일러의 압력은?

① $2.0kg/cm^2$ ② $3.0kg/cm^2$
③ $4.0kg/cm^2$ ④ $5.0kg/cm^2$

해설
문제 80번 해설 참고

438 방오가공에 대한 설명 중 틀린 것은?

① 세탁 시 재오염 방지와 오물의 탈락을 쉽게 하는 가공이다.
② 직물에 발수성과 발유성을 부여하는 가공이다.
③ 가공 약제로는 각종 불소계 수지를 사용한다.
④ 섬유제품이 물에 젖거나 침투, 흡수하는 것을 방지하는 가공이다.

해설
섬유제품이 물에 젖거나 침투, 흡수하는 것을 방지하는 가공은 방수가공이다.

439 계면활성제의 성질 중 틀린 것은?

① 물과 공기 등에 흡착하여 계면장력을 저하시킨다.
② 분자가 모여 미셀을 형성한다.
③ 기포성이 증가하고 세척작용을 향상시킨다.
④ 최소 3개의 분자 내에서 친수기와 친유기를 가진다.

해설
한 개의 분자 내에 친수기와 친유기를 동시에 가진다.

440 직물에 유연 처리를 하여 정전기의 발생을 방지하는 가공은?

① 방충가공 ② 대전방지가공
③ 푸새가공 ④ 방습가공

해설
대전방지가공은 직물에 유연 처리를 하여 정전기의 발생을 방지하는 가공이다.

정답 433 ③ 434 ① 435 ④ 436 ② 437 ② 438 ④ 439 ④ 440 ②

441 론드리 공정 중 산욕을 하는 이유로 옳은 것은?

① 재오염 방지 ② 세탁시간 단축
③ 황변 방지 ④ 표백작용

해설
론드리 공정 중 산욕을 하는 이유는 황변을 방지하고, 살균을 하기 위함이다.

442 세탁물 소재의 마무리 가공 목적이 아닌 것은?

① 소재의 기능을 보다 더 향상시킨다.
② 소재의 결점을 보완한다.
③ 소재에 새로운 기능을 부여한다.
④ 소재에 영구적인 성능을 주기 위하여 형상을 바꾼다.

해설
소재에 성능을 주기 위하여 형상을 바꾸면 안 된다.

443 공기의 압력과 스팀을 이용하여 오점을 불어 제거하는 얼룩빼기 기계는?

① 에어스포팅
② 플라스틱주걱
③ 초음파 얼룩제거기
④ 스파팅머신

해설
스파팅머신은 공기의 압력과 스팀을 이용하여 오점을 불어 얼룩을 제거하는 기계이다.

444 다음 중 얼룩빼기의 약제가 아닌 것은?

① 휘발유
② 아세트산
③ 차아염소산나트륨
④ 녹말풀

해설
얼룩빼기 약제의 종류

- 유기용제 : 벤젠, 휘발유, 석유벤진, 클로로벤진, 아세톤, 에스테르, 알코올, 로드유
- 산 : 초산(빙초산), 수산(옥살산액), 리트산액
- 알칼리 : 암모니아, 피리딘
- 표백제 : 차아염소산나트륨, 과산화수소, 아황산수소나트륨

445 드라이클리닝의 단점으로 틀린 것은?

① 형태 변화가 크다.
② 재오염되기 쉽다.
③ 수용성얼룩은 제거가 곤란하다.
④ 용제가 고가이다.

해설
드라이클리닝의 단점

- 독성과 가연성의 문제가 있다.
- 재오염이 되기 쉽다.
- 수용성얼룩은 제거가 곤란하다.
- 용제가 고가이다.
- 용제의 청정장치와 회수장치가 필요하다.

446 열풍을 불어넣으면서 내통을 회전시켜서 세탁물과 열풍의 접촉을 이용하여 건조하는 기계는?

① 워셔 ② 원심탈수기
③ 텀블러 ④ 면프레스기

해설
텀블러는 열풍을 불어넣으면서 내통을 회전시켜서 세탁물과 열풍의 접촉을 이용하여 건조하는 기계이다.

447 드라이클리닝에 대한 설명 중 틀린 것은?

① 알칼리제, 비누 등을 사용하여 온수에서 워셔로 세탁하는 가장 세정작용이 강한 방법이다.
② 사전 얼룩빼기와 용제관리의 기술이 필요하다.
③ 섬유의 종류, 오염의 정도에 따라 용제의 종류와 세제를 적절히 선택하는 것이 바람직하다.
④ 용제의 관리가 제대로 되지 않으면 드라이클리닝으로 인하여 흰색이나 엷은색 옷은 더 더러워지는 경우도 있다.

해설
드라이클리닝은 유성의 휘발성 유기용제를 사용하는 방법이다.

정답 441 ③ 442 ④ 443 ④ 444 ④ 445 ① 446 ③ 447 ①

448 **다음 중 드라이클리닝을 필요로 하지 않는 섬유소재는?**

① 양모　② 견
③ 아세테이트　④ 면

해설
드라이클리닝 대상 제품
- 슈트류 제품(양복, 셔츠, 투피스 등)
- 드레스류, 작업복류, 스커트류, 스웨터류
- 아세테이트 제품, 한복 제품, 실크(견) 제품
- 순모 제품, 방축 가공한 제품
- 슬랙스류 (바지 등)

※ 면섬유 소재 세탁방법은 론드리 세탁 방법에 해당된다.

449 **웨트클리닝 처리법 중 탈수와 건조에 대한 설명으로 틀린 것은?**

① 탈수 시 형의 망가짐에 유의하고 가볍게 원심 탈수한다.
② 늘어날 위험이 있는 것은 둥글게 말아서 말린다.
③ 색빠짐의 우려가 있는 것은 타월에 싸서 가볍게 손으로 눌러 빤다.
④ 가급적 자연 건조한다.

해설
늘어날 위험이 있는 것은 평평한 곳에 뉘어서 말린다.

450 **다음 중 웨트클리닝 대상품으로 가장 적절한 의류는?**

① 순모 상의　② 오리털 점퍼
③ 실크 블라우스　④ 면 와이셔츠

해설
실크 블라우스는 웨트클리닝 세탁방법으로 세탁하여야 한다.

451 **경수(센물)에 대한 설명 중 틀린 것은?**

① 칼슘, 마그네슘, 철 등의 금속이 함유되어 있는 물이 센물이다.
② 센물로 세탁하게 되면 세탁과정 중 불용성 비누가 의복에 잔존할 수도 있어 의복의 촉감이 불량해지는 원인이 되기도 한다.
③ 센물에 포함되어 있는 금속성분은 비누와 결합하여 비누의 성능을 떨어지게 하므로 비누의 손실이 많아짐은 물론 세탁 효과도 저하시킨다.
④ 끓이기만 하면 센물로 바뀌는데 가정에서 쉽게 할 수 있다.

해설
경수(센물)를 연수(단물)로 바꾸는 방법
- 끓이는 법
- 알칼리를 가하는 법
- 이온교환수지법

※ 물을 끓이면 경수(센물)가 연수(단물)로 바뀐다.

452 **다음 중 웨트클리닝을 해야 하는 것이 아닌 것은?**

① 합성피혁 제품　② 안료염색된 의복
③ 고무를 입힌 의복　④ 슈트나 한복

해설
슈트류나 한복류는 드라이클리닝 세탁방법에 해당된다.

453 **얼룩빼기기계와 기구를 구분하였을 때 얼룩빼기 기구에 해당되지 않는 것은?**

① 제트스포트　② 브러시
③ 인두　④ 분무기

해설
얼룩빼기 기계
- 스파팅머신
- 제트스포트
- 스팀 건
- 초음파 건

얼룩빼기 기구(도구)
- 브러시(솔)
- 인두
- 분무기
- 주걱
- 붓
- 면봉
- 지우개
- 천
- 유리봉

※ 제트스포트는 얼룩빼기 기계에 해당된다.

정답 448 ④ 449 ② 450 ③ 451 ④ 452 ④ 453 ①

454 론드리용 기계 중 와이셔츠나 코트류를 마무리하기 위해 만들어진 것은?

① 워셔　② 원심탈수기
③ 면 프레스기　④ 텀블러

해설
면 프레스기는 론드리용 기계 중 와이셔츠나 코트류 등을 마무리하기 위해 만들어진 기계이다.

455 다음 중 다림질 작업 시의 주의점으로 틀린 것은?

① 보일러의 물을 자주 교체하여 다리미에서 녹물이 나오지 않도록 한다.
② 진한 색상의 의복은 섬유 소재에 관계없이 천을 덮고서 다린다.
③ 편성물은 인체프레스기를 사용하면 회복 불가 정도로 늘어진다.
④ 섬유의 적정온도보다 다리미 온도가 낮으면 황변이 일어날 수 있다.

해설
다림질은 섬유의 적정온도보다 높게 하면 의류를 손상(황변 등)시킬 수 있다.

456 다음 중 산성염료에 가장 염색이 불량한 섬유는?

① 양모　② 견
③ 나일론　④ 면

해설
면섬유는 염기성염료에 해당되고, 산성염료는 모, 견, 나일론에 쓰인다.

457 견과 같은 광택과 촉감을 가져 안감에 많이 사용되나 마찰과 당김에는 약하며, 흡습성이 적고, 다리미 얼룩이 잘 남으며, 땀이나 가스에 의해 변색되기 쉬운 섬유는?

① 나일론　② 비스코스레이온
③ 폴리에스테르　④ 아세테이트

해설
아세테이트섬유는 견과 같은 광택과 촉감을 가져 안감에 많이 사용되며 마찰 및 당김에는 약하고, 흡습성이 적으며 다리미 얼룩이 잘 남는다. 또한 땀이나 가스에 의해 변색이 쉬운 섬유이다.

458 양모섬유에 대한 설명으로 틀린 것은?

① 탄성회복률이 우수하다.
② 일광에 의해 황변되면서 강도도 줄어든다.
③ 열전도율이 적어서 보온성이 좋다.
④ 염색이 어려워 좋은 견뢰도를 얻을 수 없다.

해설
양모섬유의 특징
- 탄성회복률이 우수하다.
- 일광에 의해 황변되면서 강도도 줄어든다.
- 열전도율이 적어서 보온성이 좋다.
- 양모섬유 염색은 친화성이 좋은 산성염료이다.
- 열전도율이 적고, 신축성이 좋다.
- 산에는 비교적 강하지만 알칼리에 약하다.
- 다공성이 커서 보온성이 좋다.

459 천연피혁에서 표피층 아래 부분으로 원피 두께의 50% 이상을 차지하며 제혁작업 후 최종까지 남아서 피혁이 되는 중요한 부분은?

① 진피　② 표피
③ 피하조직　④ 하이드

해설
진피는 천연피혁에서 표피층 아래 부분으로 원피 두께의 50% 이상을 차지하며 제혁작업 후 최종까지 남아서 피혁이 되는 중요한 부분이다.

460 면린터나 목재펄프를 빙초산, 무수초산, 초산 등으로 처리하여 건식 방사법으로 만들어 낸 섬유는?

① 아세테이트　② 폴리에스테르
③ 비스코스레이온　④ 나일론

해설
문제 40번 해설 참고

정답 454 ③ 455 ④ 456 ④ 457 ④ 458 ④ 459 ① 460 ①

461 나일론섬유의 특징으로 틀린 것은?

① 정전기가 잘 생긴다.
② 보푸라기가 잘 생긴다.
③ 빨래가 쉽게 마른다.
④ 내일광성이 우수하다.

해설
내일광성이 약해서 햇빛에 오래 두면 변색이 된다.

462 연소 시 딱딱한 덩어리의 재가 남고 약간 달콤한 냄새가 나는 섬유는?

① 아세테이트 ② 비스코스레이온
③ 면 ④ 폴리에스테르

해설
문제 342번 해설 참고

463 셀룰로스의 화학구조식으로 옳은 것은?

① $\{C_6H_7O_5(OH)_3\}n$
② $\{C_6H_7O_3(OH)_3\}n$
③ $\{C_6H_7O_2(OH)_3\}n$
④ $\{C_6H_5O_2(OH)_3\}n$

해설
셀룰로스 화학구조식
$\{C_6H_7O_2(OH)_3\}n$

464 다음 중 천연피혁의 종류가 아닌 것은?

① 생피 ② 스웨이드
③ 은면 스웨이드 ④ 시프스킨

해설
천연피혁의 종류
- 생피
- 스웨이드
- 은면 스웨이드
- 무두질한 가죽

465 다음 중 재생섬유의 주원료에 해당되는 것은?

① α − 셀룰로스 ② β − 셀룰로스
③ 헤이 셀룰로스 ④ 리그노 셀룰로스

해설
α − 셀룰로스는 재생섬유의 주원료에 해당된다. 재생섬유의 원료는 목재펄프 중에서도 α − 셀룰로스분이 많은 용해펄프나 린터펄프를 원료로 한다.

466 가죽 처리 공정 중 가죽의 촉감 향상을 위하여 털과 표피층, 불필요한 단백질, 지방과 기름 등을 제거하는 공정은?

① 유성 ② 산에 담그기
③ 회분빼기기 ④ 석회 침지

해설
가죽 처리 공정
- 유성 : 동물피를 가죽으로 만드는 것으로 이 공정을 거친 것을 가죽, 즉 레더라 한다.
- 산에 담그기 : 산을 가하여 산성화하여 가죽을 부드럽게 하는 것이다.
- 회분빼기기 : 석회에 담그기가 끝난 가죽은 알칼리가 높아 가죽재료로 사용하기에 부적당하므로 산, 산성염으로 중화시키는 작업이다.
- 석회 침지 : 가죽의 촉감 향상을 위하여 털과 표피층, 불필요한 단백질, 지방과 기름 등을 제거하는 작업이다.

467 다음 중 편성물의 장점으로 틀린 것은?

① 마찰강도가 좋다.
② 신축성이 좋고 구김이 생기지 아니한다.
③ 함기량이 많아 가볍고 따뜻하다.
④ 유연하다.

해설
문제 414번 해설 참고

468 의류의 조성표시에서 혼용률을 표시하지 않고 소재명만으로 가능한 혼용률의 범위는?

① ±1% ② ±3%
③ ±5% ④ ±10%

해설
의류의 조성표시에서 혼용률을 표시하지 않고 소재명만으로 가능한 혼용률의 범위는 ±5%이다.

정답 461 ④ 462 ④ 463 ③ 464 ④ 465 ① 466 ④ 467 ① 468 ③

혼용률이란 조성섬유가 2종 이상의 섬유로 혼용(혼방, 교직)되었을 때, 각 조성섬유의 무게를 전 조성섬유 무게에 대한 백분율(%)로 나타낸 것을 말한다.

469 합성섬유 중 내일광성이 가장 우수한 섬유는?

① 나일론 ② 폴리에스테르
③ 아크릴 ④ 스판덱스

해설
문제 342번 해설 참고

470 다음 중 평직물에 해당되는 것은?

① 광목 ② 서지
③ 공단 ④ 벨벳

해설
문제 225번 해설 참고

471 생피를 가죽으로 가공하는 것을 의미하는 것은?

① 유성 ② 수적
③ 염색 ④ 가재

해설
유성이란 동물피를 가죽으로 만드는 것으로, 이 공정을 거친 것을 가죽, 즉 레더라 한다.

472 면섬유의 특성이 아닌 것은?

① 알칼리에 강하고 산에 약하다.
② 탄성과 레질리언스가 나쁘다.
③ 열전도율이 커서 보온성이 적다.
④ 열에 약하나 내연성이 좋다.

해설
면섬유의 특성
- 알칼리에 강하고 산에 약하다.
- 탄성과 레질리언스가 나쁘다.
- 열전도율이 커서 보온성이 적다.
- 충해에 약하다.
- 주름이 쉽게 진다.
- 신장도는 견이나 양모보다는 적고, 탄성은 양모보다 불량하다.
- 흡수성이 좋고, 옷이 질겨 내구성이 크다.
- 내열성이 좋고 다림질 온도가 높다.
- 물기에 젖었을 때 강도가 크고, 물빨래 세탁 시 잘 견딘다.
- 산에는 약하나 알칼리에 강해서 합성세제에 비교적 안전하다.

473 식물성섬유의 화학적 주성분에 해당되는 것은?

① 케라틴 ② 프로테인
③ 세리신 ④ 셀룰로스

해설
식물성섬유의 화학적 주성분은 셀룰로스이다.

474 다음 중 워시 앤드 웨어성이 가장 우수한 섬유는?

① 비스코스레이온
② 면
③ 양모
④ 폴리에스테르

해설
폴리에스테르섬유는 워시 앤드 웨어성이 가장 우수한 섬유이다.
워시 앤드 웨어성이란 수분 흡수율이 낮고, 세탁 후에 잘 마르며, 다림질이 필요 없다.

475 드라이클리닝의 표시기호 중 용제의 종류를 퍼클로로에틸렌 또는 석유계를 사용함을 표시한 것은?

①
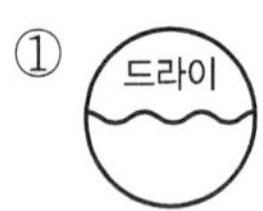

②

③
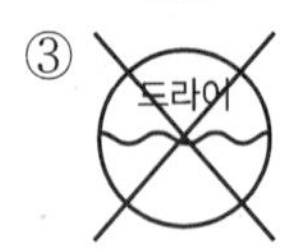

④
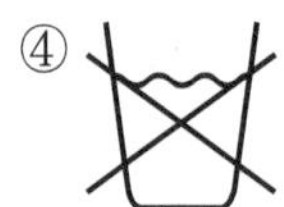

정답 469 ③ 470 ① 471 ① 472 ④ 473 ④ 474 ④ 475 ①

해설

드라이클리닝 세탁방법의 표시기호

기호	기호의 정의
드라이	• 드라이클리닝을 할 수 있다. • 용제의 종류는 퍼클로로에틸렌 또는 석유계를 사용한다.
드라이 석유계	• 드라이클리닝을 할 수 있다. • 용제의 종류는 석유계에 한한다.
드라이	드라이클리닝을 할 수 없다.
드라이	드라이클리닝은 할 수 있으나 셀프 서비스는 할 수 없고, 전문점에서만 할 수 있다.

물세탁방법 표시기호

기호	기호의 정의
95℃	• 물의 온도 95℃를 표준으로 세탁할 수 있다. • 삶을 수 있다. • 세탁기로 세탁할 수 있다(손세탁 가능). • 세제 종류에 재한을 받지 않는다.
60℃	• 물의 온도 60℃를 표준으로 하여 세탁기로 세탁할 수 있다(손세탁 가능). • 세제 종류에 재한을 받지 않는다.
40℃	• 물의 온도 40℃를 표준으로 하여 세탁기로 세탁할 수 있다(손세탁 가능). • 세제 종류에 제한을 받지 않는다.
약 40℃	• 물의 온도 40℃를 표준으로 하여 세탁기로 약하게 세탁 또는 약한 손세탁도 할 수 있다. • 세제 종류에 제한을 받지 않는다.
손세탁 30℃ 중성	• 물의 온도 30℃를 표준으로 하여 약하게 손세탁할 수 있다(세탁기 사용 불가). • 세제 종류는 중성세제를 사용한다.
	물세탁은 안 된다.

476 공중위생영업자는 영업소 폐쇄명령이 있은 후 몇 개월이 경과하지 아니한 때에는 누구든지 그 폐쇄명령이 이루어진 영업장소에서 같은 종류의 영업을 할 수 없는가?

① 1개월 ② 3개월
③ 6개월 ④ 12개월

해설

공중위생영업자는 영업소 폐쇄명령이 있은 후 6개월이 경과하지 아니한 때에는 누구든지 그 폐쇄명령이 이루어진 영업장소에서 같은 종류의 영업을 할 수 없다.

477 「공중위생관리법」에 규정된 세탁업의 정의 중 옳은 것은?

① 세제를 사용하여 의류를 빨아 말리는 영업
② 세제, 용제 등을 사용하여 의류를 원형대로 세탁하는 영업
③ 의류 기타 섬유제품이나 피혁제품 등을 세탁하는 영업
④ 의류 기타 피혁제품을 세탁하거나 끝손질 작업을 하는 영업

해설

「공중위생관리법」에 의한 세탁업의 정의

의류 기타 섬유제품이나 피혁제품 등을 세탁하는 영업을 말한다.

478 공중위생영업의 변경신고에서 보건복지부령이 정하는 중요사항이 아닌 것은?

① 신고한 영업장 면적의 2분의 1 이상의 증감
② 영업소의 명칭 또는 상호
③ 영업소의 소재지
④ 대표자의 성명

해설

공중위생영업의 변경신고에서 보건복지부령이 정하는 중요사항

- 신고한 영업장 면적의 3분의 1 이상의 증감
- 영업소의 명칭 또는 상호
- 영업소의 소재지
- 대표자의 성명과 생년월일

정답 476 ③ 477 ③ 478 ①

479 공중위생영업자의 지위를 승계한 자의 신고 기간으로 옳은 것은?

① 1주일 이내 ② 10일 이내
③ 2주일 이내 ④ 1월 이내

해설
공중위생영업자의 지위를 승계한 자는 1월 이내에 보건복지부령이 정하는 바에 따라 시장 · 군수 또는 구청장에게 신고하여야 한다.

480 「공중위생관리법」상 과징금 산정기준 및 부과에 대한 설명으로 옳은 것은?

① 영업정지 1월은 30일로 계산한다.
② 영업정지 1일에 해당되는 최저등급 과징금은 50,000원이다.
③ 과징금을 부과할 때 반드시 서면으로 통지할 필요는 없다.
④ 과징금은 가중 또는 감경할 수 없다.

해설
「공중위생관리법」상 과징금 산정기준 및 부과
- 영업정지 1월은 30일을 기준으로 하고, 행정처분을 가중하거나 경감하는 경우 1일 미만은 처분기준 산정에서 제외한다.
- 영업정지 및 면허정지의 경우에는 그 처분기준 일수의 2분의 1의 범위 안에서 경감할 수 있다.
- 영업장 폐쇄의 경우에는 3월 이상의 영업정지처분으로 경감할 수 있다.

481 기술진단 중 사무진단이 아닌 것은?

① 의류 물품의 종류, 수량, 색상
② 의류 부속품의 유무
③ 의류에 부착된 장식 단추
④ 의류의 변형에 관한 사항

해설
사무진단 내용
- 의류 물품의 종류, 수량, 색상
- 의류 부속품의 유무
- 의류에 부착된 장식 단추

482 비누의 장점이 아닌 것은?

① 세탁 효과가 우수하다.
② 세탁한 직물의 촉감이 우수하다.
③ 가수분해되어 유리지방산을 생성한다.
④ 합성세제보다 환경오염이 적다.

해설
문제 70번 해설 참고

483 다음 중 세정액의 청정화방법에 해당되지 않는 것은?

① 여과법 ② 기포법
③ 흡착법 ④ 증류법

해설
세정액의 청정화 방법
- 여과법
- 흡착법
- 증류법

484 세탁 시 경수를 사용하는 경우의 세탁 효과는?

① 용수를 가열하면 철분이 무색으로 되어 세탁 효과를 좋게 한다.
② 표백에서 촉매역할을 하여 표백 효과를 좋게 한다.
③ 섬유의 손상을 방지하며 세탁 효과를 상승시킨다.
④ 비누의 손실이 많아짐은 물론 세탁 효과도 저하시킨다.

해설
경수(센물)를 사용할 경우 세탁의 효과
- 세탁 시 경수를 사용하는 경우 비누의 손실이 많아짐은 물론 세탁 효과도 저하된다.
- 경수에 포함되어 있는 금속성분은 비누와 결합하여 비누의 성능을 떨어지게 하는 등 세탁 효과가 저하되고, 의복의 촉감이 불량해진다.

정답 479 ④ 480 ① 481 ④ 482 ③ 483 ② 484 ④

485 용제의 독성을 나타내는 허용농도(TLV)값이 가장 작은 것은?

① 퍼클로로에틸렌
② 벤젠
③ 1.1.1－트리클로로에탄
④ 삼염화삼불화에탄

해설
용제의 독성을 나타내는 허용농도(TLV)의 값이 가장 작은 용제는 벤젠이다.

486 계면활성제의 역할에 대한 설명 중 틀린 것은?

① 물에 용해되면 물의 표면장력을 증가시켜 준다.
② 친수기와 친유기를 함께 가지고 있다.
③ 직물에 묻은 오염물질을 유화 분산시킨다.
④ 기포성을증가시키고 세척작용을 향상시킨다.

해설
문제 129번 해설 참고

487 한국산업표준에서의 순품 고형 세탁비누의 수분 및 휘발성 물질의 기준량은?

① 30% 이하 ② 35% 이하
③ 87% 이하 ④ 95% 이상

해설
한국산업표준에서의 순품 고형 세탁비누의 수분 및 휘발성 물질 기준량은 30% 이하이다.

488 다음 중 산화표백제가 아닌 것은?

① 차아염소산나트륨
② 과망간산칼륨
③ 과산화수소
④ 아황산수소나트륨

해설
산화표백제의 종류
- 염소계 : 차아염소산나트륨, 아염소산나트륨, 석회분 등
- 과산화물계 : 과망간산칼륨, 과산화수소, 과탄산나트륨 등

489 피복의 오염 부착 상태에 대한 설명 중 틀린 것은?

① 화학 결합에 의한 부착 : 섬유 표면에 오염이 부착된 후 섬유와 오점 간의 결합이 화학 결합하여 부착된 것이며, 섬유 중 면, 레이온, 모, 견에서 화학 결합하는 경우가 많다.
② 정전기에 의한 부착 : 오염입자와 섬유가 서로 다른 대전성(+, －로 나타나는 전기적 성질)을 띠고 있을 때 오염입자가 섬유에 부착하는 것이며, 화학섬유에 먼지가 부착하는 것이다.
③ 분자 간 인력에 의한 부착 : 오염물질의 분자와 섬유 분자 간의 인력에 의해서 부착된 것이며, 강한 분자 간의 인력으로 인하여 쉽게 제거되지 않는다.
④ 유지 결합에 의한 부착 : 오염입자가 물의 엷은 막을 통해서 섬유에 부착된 것이며, 휘발성 유기용제나 계면활성제, 알칼리 등으로 제거된다.

해설
④ 유지 결합에 의한 부착 : 오염입자가 기름의 엷은 막을 통해서 섬유에 부착된 것이며, 휘발성 유기용제나 계면활성제, 알칼리 등으로 제거된다.

490 흡착제이면서 탈산력이 뛰어난 청정제는?

① 실리카겔 ② 활성백토
③ 경질토 ④ 산성백토

해설
문제 426번 해설 참고

491 세탁용 보일러의 증기압력과 온도로 옳은 것은?

① 증기압 2.0kg/cm^2, 온도 99.1℃
② 증기압 3.0kg/cm^2, 온도 119.6℃
③ 증기압 4.0kg/cm^2, 온도 142.9℃
④ 증기압 6.0kg/cm^2, 온도 151.1℃

해설
문제 80번 해설 참고

정답 485 ② 486 ① 487 ① 488 ④ 489 ④ 490 ③ 491 ③

492 다음 중 계면활성제의 기본적인 성질과 직접 관계하는 작용이 아닌 것은?

① 습윤작용 ② 침투작용
③ 유화작용 ④ 방수작용

해설
계면활성제의 직접 작용
- 습윤작용
- 침투작용
- 유화작용
- 분산작용
- 기포작용
- 세척작용
- 가용화작용

493 환원표백제의 얼룩빼기에 사용할 수 있는 약제는?

① 차아염소산나트륨
② 과망간산칼륨
③ 하이드로설파이트
④ 티오황산나트륨

해설
환원표백제의 얼룩빼기에 사용할 수 있는 약제는 하이드로설파이트(아황산나트륨)이다.

494 다음 중 보일러의 정상적인 작동을 위한 주의사항으로 틀린 것은?

① 수위를 일정하게 유지한다.
② 압력을 일정하게 유지한다.
③ 연료를 불완전하게 연소한다.
④ 새는 것을 방지한다.

해설
보일러의 정상적인 작동을 위한 주의사항
- 수위를 일정하게 유지한다.
- 압력을 일정하게 유지한다.
- 연료의 완전 연소를 수시로 조정 관찰한다.
- 새는 것을 방지한다.
- 보일러의 압력을 서서히 올린다.

495 다음 중 기술 진단에서 중요한 진단에 해당되지 않는 것은?

① 특수품의 진단
② 오점 제거 정도의 진단
③ 부속품의 유무 진단
④ 고객 주문의 타당성 진단

해설
기술 진단에서 중요한 진단사항
- 특수품의 진단
- 오점 제거 정도의 진단
- 고객주문의 타당성 진단
- 가공표시의 진단
- 요금의 진단
- 의류의 마모진단
- 클리닝방법의 진단

496 의류를 중심으로 한 대상품의 가치보전과 기능회복이 중요한 포인트인 클리닝 서비스는?

① 보전 서비스 ② 특수 서비스
③ 워싱 서비스 ④ 재오염 서비스

해설
워싱 서비스란 의류를 중심으로 한 대상품의 가치보전과 기능회복이 중요한 클리닝 서비스를 말한다.

497 용제의 구비조건이 아닌 것은?

① 기계를 부식시키지 않고 인체에 독성이 없을 것
② 건조가 쉽고 세탁 후 냄새가 없을 것
③ 값이 싸고 공급이 안정할 것
④ 인화점이 낮을 것

해설
용제의 구비조건
- 기계를 부식시키지 않고 인체에 독성이 없어야 한다.
- 건조가 쉽고 세탁 후 냄새가 없어야 한다.
- 값이 싸고 공급이 안정해야 한다.
- 인화점이 높아야 한다.
- 세탁 후 찌꺼기 회수가 쉬워야 한다.
- 환경오염을 유발하지 않아야 한다.
- 불연성이어야 한다.
- 분산능력이 커야 한다.

정답 492 ④ 493 ③ 494 ③ 495 ③ 496 ③ 497 ④

498 용제의 청정제 중 흡착제가 아닌 것은?

① 알루미나겔
② 실리카겔
③ 산성백토
④ 규조토

해설
문제 426번 해설 참고

499 재오염에 대한 설명 중 가장 옳은 것은?

① 재오염은 일명 역오염 중에서 섬유로 이염된 것을 말한다.
② 의류가 세정과정에서 용제 중에 분산된 더러움이 의류에 다시 부착되어 흰색이나 색물이 거무스레한 회색기미를 띠는 현상을 말한다.
③ 오염물 중 재부착된 더러움을 다시 헹구는 과정에서 떨어지는 것을 말한다.
④ 용제 중에 분산된 더러움이 의류에 스며들어 붉은색을 띠는 것을 말한다.

해설
재오염이란 의류가 세정과정에서 용제 중에 분산된 더러움이 의류에 다시 부착되어 흰색이나 색물이 거무스레한 회색기미를 띠는 현상을 말한다.

500 보일러의 게이지압력이 $6kg/cm^2$를 나타내고 있을 때의 절대압력(kg/cm^2)은?(단, 대기압력은 750mmHg이다.)

① 7.033
② 7.019
③ 7.046
④ 7.073

해설
절대압력 = 게이지압력 + 1

$$= 1.033 \times \frac{\text{실제 대기압력}}{\text{표준 대기압력}} + \text{게이지압력}$$

$$= 1.033 \times \frac{750}{760} + 6$$

$$= 7.019kg/cm^2$$

501 얼룩빼기의 주의사항 중 틀린 것은?

① 얼룩빼기 시 생기는 반점을 제거해야 한다.
② 얼룩빼기 시 기계적 힘을 심하게 가해야 한다.
③ 얼룩빼기 후에는 뒤처리를 반드시 행하여 섬유 손상을 방지해야 한다.
④ 얼룩이 주위로 번져나가지 않도록 해야 한다.

해설
얼룩빼기 시 지나치게 기계적 힘을 가하지 말아야 한다.

502 론드리의 세탁순서가 가장 바르게 된 것은?

① 본 빨래 – 표백 – 헹굼 – 산욕 – 푸새 – 탈수
② 본 빨래 – 헹굼 – 표백 – 산욕 – 푸새 – 탈수
③ 본 빨래 – 표백 – 산욕 – 푸새 – 헹굼 – 탈수
④ 표백 – 본 빨래 – 헹굼 – 산욕 – 탈수 – 푸새

해설
문제 26번 해설 참고

503 웨트클리닝의 탈수와 건조에 대한 설명 중 틀린 것은?

① 형의 망가짐에 상관없이 강하게 원심 탈수한다.
② 늘어날 위험이 있는 것은 평평한 곳에 뉘어서 말린다.
③ 건조는 될 수 있는 대로 자연 건조를 한다.
④ 색 빠짐에 우려가 있는 것은 타월에 싸서 가볍게 손으로 눌러 짠다.

해설
형의 망가짐에 유의하며 가볍게 원심 탈수한다.

504 오염 직후에는 물만으로 제거되고, 불충분할 땐 중성세제로 씻어내면 잘 제거되는 얼룩은?

① 딸기얼룩　② 쇳물(녹물)
③ 볼펜자국　④ 인주자국

해설
딸기얼룩은 오염 직후에는 물만으로 제거되고, 불충분할 땐 중성세제로 씻어내면 얼룩이 잘 제거된다.

정답 498 ④ 499 ② 500 ② 501 ② 502 ① 503 ① 504 ①

505 다림질의 3대 요소가 아닌 것은?

① 온도　　② 수분
③ 압력　　④ 전기

해설

다림질의 3대 요소

- 온도
- 수분
- 압력

506 드라이클리닝 시 퍼클로로에틸렌 용제를 사용할 때 유지해야 할 세정액 최대 온도의 기준은?

① 35℃ 이하　　② 45℃ 이하
③ 60℃ 이하　　④ 90℃ 이하

드라이클리닝 시 퍼클로로에틸렌 용제를 사용할 때 유지해야 할 세정액 최대 온도의 기준은 35℃ 이하이다.

507 기계 마무리의 주의사항으로 틀린 것은?

① 비닐론은 충분히 건조시켜서 마무리한다.
② 마무리할 때 증기를 쏘이면 수축과 늘어짐의 염려가 있다.
③ 플리츠가공된 것은 스팀터널이나 스팀박스에 넣으면 주름이 소실될 수도 있다.
④ 고무벨트를 사용한 바지, 스커트는 다리미로 마무리해도 관계없다.

해설

기계 마무리의 주의사항

- 비닐론은 충분히 건조시켜서 마무리한다.
- 마무리할 때 증기를 쏘이면 수축과 늘어짐의 염려가 있다.
- 플리츠가공된 것은 스팀터널이나 스팀박스에 넣으면 주름이 소실될 수도 있다.
- 고무벨트를 이용한 바지, 스커트는 다리미로 마무리하면 안 된다.
- 아세테이트, 아크릴 등은 깔개천을 사용하면 좋다.
- 다리미에 미끄러움을 주기 위해 다리미 바닥에 실리콘이나 왁스를 칠한다.

508 제트스포트의 주 용도로 옳은 것은?

① 얼룩빼기
② 용제관리
③ 산가측정
④ 소프측정

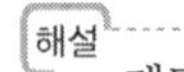

제트스포트의 주 용도는 얼룩빼기에 사용되는 권총형의 기계이다.

509 다음 중 모터와 컴프레서에 가장 많이 사용되는 동력원은?

① 휘발유　　② 석탄
③ 가스　　④ 전기

해설

모터와 컴프레서에 가장 많이 사용되는 동력원은 전기이다.

510 드라이클리닝의 장점이 아닌 것은?

① 기름의 얼룩을 잘 제거한다.
② 형태 변화가 적으며, 원상회복이 용이하다.
③ 세정, 탈수, 건조를 단시간 내에 할 수 있다.
④ 용제가 저가이며, 용제를 깨끗이 하는 장치가 필요 없다.

드라이클리닝의 특징

장점	단점
형태 변화가 적다.	용제가 비싸다.
이염이 되지 않는다.	용제의 독성과 가연성에 문제가 있다.
기름얼룩 제거가 용이하다.	빠진 얼룩이 재오염되기가 쉽다.
옷감의 손상이 적다.	유기용제를 사용하여 수용성오염은 제거하지 못한다.
신축의 우려가 적다.	특수의류는 진단과 처리기술이 필요하다.
색상의 변화를 방지한다.	용제의 청정장치와 회수장치가 필요하다.
세정, 탈수, 건조가 짧은 시간 내에 이루어진다.	화재 및 폭발의 위험성이 있다.

정답 505 ④ 506 ① 507 ④ 508 ① 509 ④ 510 ④

511 **다음 중 흡수력이 강한 무색 결정으로 취급이 간단하여 식품의 방습제로도 많이 사용하는 것은?**

① 실리카겔 ② 염화칼슘
③ 나프탈렌 ④ 장뇌

해설
실리카겔은 흡수력이 강한 무색 결정으로 취급이 간단하여 식품의 방습제로도 많이 사용된다.

512 **드라이클리닝에서 용제의 정제방법으로 가장 적합한 것은?**

① 연소시험법 ② 여과법과 증류법
③ 자연낙수법 ④ 검화법

해설
여과법과 증류법은 드라이클리닝에서 용제의 정제방법으로 가장 적합하다.

513 **화학적 얼룩빼기 방법에 관한 설명으로 틀린 것은?**

① 과즙, 땀, 기타 산성얼룩을 알칼리로 용해시켜 제거하는 방법이다.
② 물을 사용하여 얼룩을 용해하고 분리시킨 후 분산된 얼룩을 흡수하여 제거하는 방법이다.
③ 흰색 의류에 생긴 유색물질의 얼룩을 표백제로 제거하는 방법이다.
④ 단백질, 전분 등의 얼룩을 단백질 분해 효소들로서 제거하는 방법이다.

해설
화학적 얼룩빼기 방법
- 알칼리로 용해시켜 제거하는 방법 : 과즙, 땀, 기타 산성얼룩을 제거
- 표백제를 사용하여 제거하는 방법 : 흰색 의류에 생긴 유색물질을 제거
- 효소를 사용하여 제거하는 방법 : 단백질, 전분 등의 얼룩을 제거
- 산을 사용하여 제거하는 방법 : 알칼리성 오염, 쇳물 등 금속산화물 얼룩을 제거
- 특수 약품을 사용하여 제거하는 방법 : 얼룩에 따라서 특수한 약품을 사용하여 얼룩을 제거

※ 물을 사용하여 얼룩을 용해하고 분리시킨 후 분산된 얼룩을 흡수하여 제거하는 방법은 물리적 얼룩빼기 방법이다.

514 **다음 중 물리적 얼룩빼기 방법에 해당하는 것은?**

① 알칼리법 ② 표백제법
③ 분산법 ④ 효소법

해설
물리적 얼룩빼기 방법
- 분산법
- 흡착법
- 기계적 힘을 이용한 방법

515 **비누의 효과에 관한 설명으로 틀린 것은?**

① 유성오염에 효과가 좋다.
② 고형오염에 효과가 좋다.
③ 양모 세탁에 효과가 좋다.
④ 나일론 세탁에 효과가 적다.

해설
양모 세탁에 효과가 적다.

516 **폴리에스테르섬유와 면섬유를 혼방한 직물에 가장 적합한 염료는?**

① 분산염료와 반응성염료
② 산성염료와 직접염료
③ 분산염료와 산성염료
④ 염기성염료와 직접염료

해설
분산염료와 반응성염료는 폴리에스테르섬유와 면섬유를 혼방한 직물에 가장 적합한 염료이다.

517 **우리나라에서 가장 많이 생산되는 나일론은?**

① 나일론 6 ② 나일론 66
③ 나일론 610 ④ 나일론 11

정답 513 ② 514 ③ 515 ③ 516 ① 517 ①

해설
우리나라에서 가장 많이 생산되는 나일론은 나일론 6이다.

518 의복의 성능을 향상시키기 위한 재가공에 관한 설명 중 틀린 것은?

① 직물에 유연제 처리를 하여 정전기를 방지한다.
② 대전방지제로는 음이온 계면활성제를 사용한다.
③ 직물의 표면을 기모하여 복숭아 껍질의 촉감과 유사하게 한 것이 피치스킨 가공이다.
④ 축융방지 가공은 양모의 스케일을 수지로 덮어 씌운다.

해설
대전방지제로는 양이온 계면활성제를 사용한다.

519 다음 중 인조섬유에 해당되지 않는 섬유는?

① 폴리우레탄섬유
② 폴리염화비닐섬유
③ 헤어섬유
④ 아크릴섬유

해설
인조섬유의 종류
- 재생섬유 : 레이온, 아세테이트
- 합성섬유 : 나일론, 폴리에스테르, 아크릴, 폴리우레탄, 폴리프로필렌

520 편성물의 장점이 아닌 것은?

① 함기량이 많아 가볍고 따뜻하다.
② 필링이 생기기 쉽다.
③ 신축성이 좋고 구김이 생기지 않는다.
④ 유연하다.

해설
'필링이 생기기 쉽다'는 편성물의 단점에 해당된다. 필링이란 옷감표면에 섬유나 실이 빠져나와 뭉치는 현상을 말한다.

521 일광견뢰도에서 가장 좋은 등급은?

① 1급 ② 3급
③ 5급 ④ 8급

해설
일광견뢰도 등급에서 가장 좋은 등급은 8급이다.

일광견뢰도 등급	내용	일광견뢰도 등급	내용
1	최하 (Very Poor)	5	미 (Good)
2	하 (Poor)	6	우 (Very Good)
3	가 (Fair)	7	수 (Excellent)
4	양 (Fair Good)	8	최상 (Outstanding)

522 염색방법에 관한 설명으로 옳은 것은?

① 침염법은 실이나 직물을 염료용액에 담가서 열을 가하고 전체를 동일한 색상으로 염색하는 것이다.
② 이색염색법은 두 가지 섬유를 동일한 색상으로 염색하는 것이다.
③ 날염법은 한 가지 섬유에 한 가지 색만 염색하는 것이다.
④ 방염법은 무늬 부분만 표백하여 표현하는 것이다.

해설
염색방법
- 침염법은 실이나 직물을 염료용액에 담가서 열을 가하고 전체를 동일한 색상으로 염색하는 것이다.
- 이색염색법은 혼방직물이나 교직물 염색 시 섬유의 종류에 따른 염색성의 차이를 이용하여 섬유의 종류에 따라서 각기 다른 색으로 염색하는 것이다.
- 날염법은 완성된 직물에 염료와 안료를 사용하여 여러 가지 모양의 무늬를 염색하는 것이다.
- 방염법은 염료가 스며들지 못하게 미리 처리한 후 원하는 무늬천에 물들이는 방법이다.

정답 518 ② 519 ③ 520 ② 521 ④ 522 ①

523 직물의 삼원 조직이 아닌 것은?

① 능직　② 수자직
③ 평직　④ 리브직

해설
문제 216번 해설 참고

524 단백질섬유를 구성하는 성분이 아닌 것은?

① 탄소　② 인
③ 질소　④ 수소

해설
단백질섬유를 구성하는 성분
- 탄소(C)
- 질소(N)
- 수소(H)

525 다음 중 습윤하면 강도가 가장 많이 증가하는 섬유는?

① 면　② 양모
③ 견　④ 나일론

해설
습윤하면 강도가 가장 많이 증가하는 섬유는 면이다.

526 가죽처리 공정 중 가죽제품이 깨끗하고 염색이 잘 되게 은면에 남아 있는 모근, 지방 또는 상피층의 분해물을 제거하는 것은?

① 물에 침지　② 산에 침지
③ 때빼기　④ 효소 분해

해설
가죽처리 공정
- 물에 침지 : 원피에 붙어 있는 오물, 소금 등을 씻어내고, 가죽 중에 있는 가용성 단백질을 녹여낸 후 원피에 수분을 충분히 흡수하여 생피 상태로 연하게 환원시키는 것
- 산에 침지 : 산을 가하여 산성화하여 가죽을 부드럽게 하는 것
- 때빼기 : 가죽 제품이 깨끗하고 염색이 잘 되게 은면에 남아 있는 모근, 지방 또는 상피층의 분해물을 제거하는 것

527 다음 섬유 중 PET섬유가 해당하는 것은?

① 나일론　② 폴리프로필렌
③ 폴리에틸렌　④ 폴리에스테르

해설
PET섬유에 해당하는 섬유는 폴리에스테르섬유이다.

528 다음 중 나일론섬유에 가장 많이 사용하는 염료는?

① 직접염료　② 산성염료
③ 분산염료　④ 배트염료

해설
나일론섬유에 가장 많이 사용하는 염료는 산성염료이다.

529 어느 방향에 대해서도 신축성이 없고, 형이 변형되는 일이 적은 것이 특징이며 짜거나 뜨지 않고 섬유를 천 상태로 만든 것은?

① 펠트　② 부직포
③ 레이스　④ 편성물

해설
부직포의 특징
- 어느 방향에 대해서도 신축성이 없다.
- 형태가 변형되는 일이 적다.
- 함기량이 많고, 절단 부분이 풀리지 않는다.
- 탄성과 레질리언스가 우수하다.

530 면섬유의 온도에 의한 변화에 대한 설명 중 틀린 것은?

① 100~105℃ : 수분을 방출한다.
② 140~160℃ : 변화가 없다.
③ 180~250℃ : 갈색으로 변한다.
④ 320~350℃ : 연소한다.

해설
면섬유 온도에 의한 변화
- 100~105℃ : 수분을 방출한다.
- 140~160℃ : 변화가 있다.
- 180~250℃ : 갈색으로 변한다.
- 320~350℃ : 연소한다.

정답 523 ④　524 ②　525 ①　526 ③　527 ④　528 ②　529 ②　530 ②

531 바늘 또는 보빈 등의 기구를 사용하여 실을 엮거나 꼬아서 만든 무늬가 있는 천은?

① 펠트 ② 부직포
③ 파일 ④ 레이스

해설
레이스는 바늘 또는 보빈 등의 기구를 사용하여 실을 엮거나 꼬아서 만든 무늬가 있는 천이다.

※ 보빈이란 재봉틀의 밑실을 감는 실패통을 말한다.

532 인조피혁을 만들기 위해 주로 사용된 수지는?

① 폴리우레탄수지
② 폴리아크릴수지
③ 폴리에스테르수지
④ 아크릴수지

해설
폴리우레탄수지는 인조피혁을 만들기 위해 주로 사용되는 수지이다.

533 단섬유를 여러 개 합쳐 실을 뽑아낸 방적사에 해당되지 않는 실은?

① 견사 ② 면사
③ 마사 ④ 모사

해설
방적사(스테이플사)란 단섬유를 여러 개 합쳐 뽑아낸 실을 말하며, 면사, 마사, 모사 등이 해당된다.

534 다음 중 비중이 가장 높은 섬유는?

① 나일론 ② 아세테이트
③ 폴리에스테르 ④ 폴리프로필렌

해설
섬유의 비중
- 나일론 : 1.14
- 아세테이트 : 1.17
- 폴리에스테르 : 1.38
- 폴리프로필렌 : 0.91

535 아마섬유의 성질을 면섬유와 비교한 설명으로 옳은 것은?

① 아마섬유의 신도는 면섬유보다는 작다.
② 아마섬유의 길이는 면섬유보다는 짧다.
③ 아마섬유의 강도는 면섬유보다는 약하다.
④ 아마섬유의 탄성은 면섬유보다는 크다.

해설
아마섬유의 성질을 면섬유와 비교하였을 때의 성질
- 아마섬유의 신도는 면섬유보다는 작다.
- 아마섬유의 길이는 면섬유보다는 길다.
- 아마섬유의 강도는 면섬유보다 크다.
- 아마섬유의 탄성은 면섬유보다는 작다.

536 다음 중 공중위생관리법의 목적이 아닌 것은?

① 공중이 이용하는 영업과 시설의 위생관리
② 위생수준 향상
③ 국민의 건강증진에 기여
④ 업계의 권익 도모

해설
「공중위생관리법」의 목적
공중이 이용하는 영업의 위생관리 등에 관한 사항을 규정함으로써 위생수준을 향상시켜 국민의 건강증진에 기여함을 목적으로 한다.

537 공중위생영업자에 대한 과징금 징수절차는 무엇으로 정하는가?

① 대통령령 ② 국무총리령
③ 보건복지부령 ④ 행정안전부령

해설
공중위생영업자에 대한 과징금 징수절차는 보건복지부령으로 한다.

538 세탁업을 하는 자가 세제를 사용함에 있어서 국민건강에 유해한 물질이 발생하지 아니하도록 기계 및 설비를 안전하게 관리함을 위반하여 부과되는 과태료의 기준금액은?

정답 531 ④ 532 ① 533 ① 534 ③ 535 ① 536 ④ 537 ③ 538 ①

① 30만 원　　② 50만 원
③ 70만 원　　④ 100만 원

해설

과태료 부과기준

위반행위	과태료
세탁업소의 위생관리 의무를 지키지 아니한 자	30만 원
거짓으로 보고하거나 관계 공무원의 출입, 검사, 기타 조치를 거부, 방해 또는 기피한 자	100만 원
개선명령을 위반한 자	100만 원
위생교육을 받지 아니한 자	20만 원

539 공중위생감시원의 자격으로 옳은 것은?

① 1년 이상 공중위생 행정에 종사한 경력이 있는 자
② 위생사 또는 환경기능사 이상의 자격증이 있는 자
③ 「고등교육법」에 의한 대학에서 화학 · 화공학 · 환경공학 또는 위생학 분야를 전공하고 졸업한 자
④ 대통령이 지정하는 공중위생감시원의 양성시설에서 소정의 과정을 이수한 자

해설

문제 178번 해설 참고

540 세탁업자의 지위를 승계한 자가 1월 이내에 보건복지부령이 정하는 바에 따라 누구에게 신고해야 하는가?

① 대통령
② 국무총리
③ 보건복지부장관
④ 시장 · 군수 · 구청장

해설

세탁업자의 지위를 승계한 자가 1월 이내에 보건복지부령이 정하는 바에 따라 시장 · 군수 · 구청장에게 신고하여야 한다.

541 다음 중 세정률이 가장 높은 섬유는?

① 견　　② 아세테이트
③ 양모　　④ 레이온

해설

세정률이 높은 섬유 순서

양모 – 나일론 – 비닐론 – 아세테이트 – 면 – 레이온 – 마 – 견

542 세정액의 청정화방법 중 오염이 심한 용제의 청정에 가장 효과적인 방법은?

① 여과식　　② 흡착식
③ 증류식　　④ 표백식

해설

증류식 청정화방법

- 오염이 심한 용제의 청정에 가장 효과적인 방법이다.
- 용해성 오염물질이 포함된 세정액을 청정화할 때 가장 우수한 성능장치이다.
- 최근에 사용하는 핫머신에는 증류장치가 붙어 있어 자동적으로 증류가 된다.

543 드라이클리닝 용제 중 세정시간이 길고 인화점이 낮아 화재의 위험성이 있는 것은?

① 퍼클로로에틸렌
② 불소계 용제
③ 1.1.1 – 트리클로로에탄
④ 석유계 용제

해설

석유계 용제의 장 · 단점

석유계 용제의 장점	석유계 용제의 단점
비중이 적다.	세정시간이 길다.
독성이 약하고 가격이 싸다.	세정력이 약하다.
기계부식에 안전하다.	인화점이 낮아 화재의 위험성이 있다.
한복 및 섬세한 의류의 클리닝에 적합하다.	의류에 냄새가 남을 수 있다.
자연건조가 가능하다.	
기름에 대한 용해도와 휘발성에 안정하다.	

정답　539 ③　540 ④　541 ③　542 ③　543 ④

544 계면활성제와 HLB의 용도가 잘못 짝지어진 것은?

① HLB 1~2 : 소포제
② HLB 3~4 : 유화제
③ HLB 7~9 : 침윤제
④ HLB 13~15 : 세탁용 세제

해설
문제 366번 해설 참고

545 다음 중 외부에서 펌프 압력에 의해 필터 면을 통과하면서 청정화하는 필터는?

① 튜브 필터 ② 스프링 필터
③ 특수 필터 ④ 리프 필터

해설
리프 필터란 외부에서 펌프 압력에 의해 필터 면을 통과하면서 청정화하는 필터이다.

546 푸새의 효과가 아닌 것은?

① 광택이 난다.
② 오염을 방지한다.
③ 세척 효과를 향상시킨다.
④ 구김이 생기지 않는다.

해설
푸새(풀먹임)의 효과
- 천을 희게 하고, 광택이 난다.
- 오염을 방지한다.
- 세정 효과를 향상시킨다(세탁 시에 더러움이 잘 빠진다).
- 천의 내구성을 좋게 한다.
- 형태 유지가 좋아진다.

547 다음 중 해리되지 않은 친수기를 가진 계면활성제는?

① 음이온 계면활성제
② 양이온 계면활성제
③ 양성 계면활성제
④ 비이온 계면활성제

해설
비이온 계면활성제는 해리되지 않은 친수기를 가지는 계면활성제이다.

548 다음 중 재오염의 원인이 아닌 것은?

① 부착 ② 압착
③ 흡착 ④ 염착

해설
재오염의 원인
- 부착에 의한 재오염 : 용제 청정의 불충분으로 인하여 더러움이 섬유에 부착하는 것
- 흡착에 의한 재오염 : 정전기 등의 인력과 섬유표면의 점착력 등에 의하여 섬유에 부착하는 오염
- 염착에 의한 재오염 : 세정액 중에 잔존해 있는 염료가 섬유에 흡착하는 오염 및 용탈된 염료가 다시 섬유에 염착하는 오염

549 다음 중 환원표백제에 해당하는 것은?

① 아염소산나트륨 ② 과붕산나트륨
③ 아황산나트륨 ④ 과산화수소

해설
환원표백제의 종류
- 아황산나트륨(아황산수소나트륨)
- 아황산가스
- 하이드로설파이트
- 징크로닌

550 표백 가공에서 단백질섬유에 가장 적합한 표백제는?

① 차아염소산나트륨 ②아염소산나트륨
③ 아황산수소나트륨 ④과산화수소

해설
과산화수소 표백제
- 단백질섬유(모, 견) 등의 표백 가공에 가장 적합한 산소계 표백제이다.
- 셀룰로스계 섬유, 명주, 양모, 나일론 등의 표백에 적합한 산소계 표백제이다.

정답 544 ② 545 ④ 546 ④ 547 ④ 548 ② 549 ③ 550 ④

551 피복에 부착되는 오염 중 휘발성 유기용제나 계면활성제, 알칼리 등으로 제거되는 오염 입자의 부착원인은?

① 분자 간 인력에 의한 부착
② 정전기에 의한 부착
③ 화학결합에 의한 부착
④ 유지결합에 의한 부착

해설
오염입자의 부착원인
- 유지결합에 의한 부착 : 피복에 부착되는 오염 중 휘발성 용기용제나 계면활성제, 알칼리 등으로 제거되는 오염부착
- 분자 간 인력에 의한 부착 : 오염물질의 분자와 인력에 의한 부착
- 정전기에 의한 부착 : 섬유가 마찰 등에 의하여 발생된 전기적 힘에 의해 생기는 오염부착
- 기계적 부착 : 마찰이나 물리적 작용으로 인해 직접 오염이 부착

552 다음 중 스프링 필터식 청정장치의 스프링에 부착되어 있는 것은?

① 규조토 ② 분말세제
③ 비닐수지 ④ 폴리우레탄

해설
스프링 필터식 청정장치의 스프링에는 규조토가 부착되어 있다.

553 흡착제이면서 탈색력이 뛰어난 청정제가 아닌 것은?

① 활성탄소 ② 실리카겔
③ 규조토 ④ 산성백토

해설
문제 426번 해설 참고

554 세탁용 세제를 알칼리성에 따라 구분할 때 해당되지 않는 것은?

① 중성세제 ② 다목적세제
③ 강알칼리성세제 ④ 약알칼리성세제

해설
알칼리성에 따른 세제의 종류
- 중성세제
- 다목적세제
- 약알칼리성세제

555 용해성에 따른 오점의 분류가 틀린 것은?

① 커피 : 유용성오염
② 간장 : 수용성오점
③ 버터 : 유용성오염
④ 석고 : 고체오점

해설
커피는 수용성오점에 해당된다.

556 유기용제와 물에 녹지 않으며 매연, 점토, 흙 등이 해당되는 오점은?

① 유용성오점 ② 고체오점
③ 수용성오점 ④ 기화성오점

해설
오염(오점)의 특징
- 고체오점 : 유기용제와 물에 녹지 않는 것으로 매연, 점토, 흙 등이 해당되며 불용성오점이라고도 한다.
- 유용성오점 : 자동차 배기가스(매연) 및 인체, 외기, 음식물 등이 있으며 유기용제에는 잘 녹으나, 물에는 녹지 않는다.
- 수용성오점 : 물에 용해된 물질에 의하여 생긴 오염을 말하며, 물에 쉽게 녹는다.

557 계면활성제가 물에 용해되었을 때 해리되며, 세제로 가장 많이 사용되는 것은?

① 음이온계 계면활성제
② 양이온계 계면활성제
③ 비이온계 계면활성제
④ 양성이온계 계면활성제

해설
음이온계 계면활성제는 물에 용해되었을 때 해리되며, 세제로 가장 많이 사용되는 계면활성제이다.

정답 551 ④ 552 ① 553 ③ 554 ③ 555 ① 556 ② 557 ①

558 **불소계 용제의 장점으로 틀린 것은?**

① 불연성이다.
② 독성이 약하다.
③ 용해력이 강해 오염 제거가 충분하다.
④ 매회 증류가 용이하여 용제관리가 쉽다.

해설

불소계 용제의 단점

- 불연성으로, 화재의 위험이 없다.
- 독성 및 용해력이 약하다.
- 비점이 낮고, 저온에서 건조되며 섬세하고 정교한 의류에 적합하다.
- 사용 시마다 증류가 용이하여 용제 관리가 쉽다.

559 **클리닝 서비스 중 패션케어 서비스에 대한 설명이 아닌 것은?**

① 섬유 제품의 소재를 청결히 해주는 단순함에서 고차원적인 기능을 부여하도록 하는 것이다.
② 의류의 세정은 물론 의류를 보다 좋은 상태로 보전하는 것이다.
③ 의류의 가치와 기능을 유지하도록 하는 것이다.
④ 의류를 중심으로 한 대상품의 가치보전과 기능회복이 중요한 포인트이다.

해설

패션케어 서비스의 특징

- 섬유 제품의 소재를 청결히 해주는 단순함에서 고차원적인 기능을 부여하도록 하는 것이다.
- 의류의 세정은 물론 의류를 보다 좋은 상태로 보전하는 것이다.
- 의류의 가치와 기능을 유지하도록 하는 것이다.
- 고급품이나 희귀품의 가치와 기능성을 유지한다.
- 사람의 개성, 인품 등을 표현하게 하는 서비스이다.
- 패션 가공이 고도화되어 재생이 불가능한 제품으로, 특별한 취급을 요하는 제품이다.

560 **클리닝 용제의 관리 목적이 아닌 것은?**

① 의류를 부드럽게 하여 마모율을 높인다.
② 재오염을 방지한다.
③ 세정 효과를 높인다.
④ 의류를 상하지 않게 한다.

해설

클리닝 용제의 관리 목적

- 용제를 깨끗이 하고, 세정력을 향상시킬 것
- 소프 및 수분의 적정농도를 유지해야 할 것
- 재오염을 방지할 것
- 세정 효과를 높일 것
- 의류를 상하지 않게 할 것

561 **다음 중 웨트클리닝에 해당되지 않는 것은?**

① 손빨래 ② 솔빨래
③ 기계빨래 ④ 애벌빨래

해설

웨트클리닝 처리법

- 손빨래
- 솔빨래
- 기계빨래(워셔빨래)
- 오염 제거(오점 제거)
- 탈수와 건조

562 **론드리의 세탁 순서 중 가장 먼저 해야 하는 공정은?**

① 애벌빨래 ② 본빨래
③ 표백 ④ 헹굼

해설

문제 26번 해설 참고

563 **합성세제의 특성에 대한 설명 중 틀린 것은?**

① 용해가 빠르고 헹구기가 쉽다.
② 거품이 잘 생기지 않으며 침투력이 우수하다.
③ 세탁 시 센물을 사용해도 무방하다.
④ 값이 싸고 원료의 제한을 받지 않는다.

해설

합성세제의 특성

- 거품이 잘 생기고, 침투력이 우수하다.
- 용해가 빠르고, 헹구기가 쉽다.
- 세탁 시 센물을 사용해도 무방하다.
- 가격이 저렴하고, 원료에 제한을 받지 않는다.
- 센물에서는 비누보다 세척력이 우수하다.

정답 558 ③ 559 ④ 560 ① 561 ④ 562 ① 563 ②

564 다림질의 목적으로 틀린 것은?

① 디자인 실루엣의 기능을 복원시킨다.
② 살균과 소독의 효과를 얻는다.
③ 소재의 주름을 펴서 매끈하게 한다.
④ 의복에 남아 있는 얼룩을 뺀다.

해설

다림질의 목적

- 디자인 실루엣의 기능을 복원시킨다.
- 살균과 소독의 효과를 얻는다.
- 소재의 주름을 펴서 매끈하게 한다.
- 의복의 형태를 바로 잡아 원형으로 회복시키고, 외관을 아름답게 한다.
- 의복의 필요한 부분에 주름을 만든다.

565 세탁온도와 세탁 효과에 대한 설명 중 틀린 것은?

① 세탁온도가 올라가면 섬유와 오점의 결합력이 약해져서 세탁 효과가 좋아진다.
② 세탁온도는 오점이 옷에 묻을 때보다 약간 낮은 온도가 적합하다.
③ 고체 상태의 피지를 액체 상태로 완전 용해할 수 있는 온도는 37℃이다.
④ 오점을 섬유로부터 제거하기 위해서는 외부로부터 에너지가 필요하다.

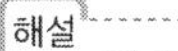

세탁온도는 오점이 옷에 묻을 때보다 약간 높은 온도가 적합하다.

566 다음 중 작업장 환경으로 가장 적합한 것은?

① 스팀이 충분하여 습도가 높은 곳
② 직사광선이 많이 들어와 밝기가 충분한 곳
③ 전압이 적당하여 기계적 소음이 많은 곳
④ 통풍이 잘되고 조명이 적당한 곳

해설

작업장 환경의 조건

- 작업환경에 맞는 적절한 조명을 한다.
- 통풍이 잘 되어야 한다.
- 실내온도는 보통 22~25℃로 유지한다.
- 실내 습도는 45±5RH%로 유지한다.
- 배수가 잘 되고, 소독약품 등을 보관할 수 있는 시설을 한다.

567 웨트클리닝을 해야 하는 의복의 소재나 종류가 아닌 것은?

① 고무를 입힌 것
② 안료염색된 것
③ 수지가공된 면직물
④ 합성피혁 제품

해설

웨트클리닝 대상 제품

- 양모나 견(실크) 제품
- 합성수지 제품(염화비닐 합성피혁, 표면 처리된 피혁)
- 고무를 입힌 제품
- 안료염색된 제품
- 염료가 빠지는 제품
- 드라이클리닝 세탁으로 오염(오점)이 떨어지지 않는 제품

568 드라이클리닝의 탈액과 건조에 대한 설명으로 옳은 것은?

① 탈액에서 원심분리가 심하면 구김이 생기고 피복에 변형이 생길 가능성이 있다.
② 회수된 용제는 다시 사용할 수 없다.
③ 건조는 가능한 한 고온에서 풍량을 많이 사용한다.
④ 열에 약한 의복은 햇빛에서 건조하도록 한다.

해설

드라이클리닝 탈액과 건조

- 탈액에서 원심분리가 심하면 구김이 생기고 피복에 변형이 생길 가능성이 있다.
- 용제의 회수 효과가 좋다.
- 건조 효과가 좋다.
- 주름이 강하게 남고, 의류의 손상 및 형태 변형이 일어날 수 있다.
- 탈액이 너무 약하면 세제나 오점이 옷에 남게 된다.

569 립스틱 얼룩빼기에 가장 적당한 방법은?

① 유기용제로 두드린다.
② 뜨거운 물로 씻어낸다.
③ 지우개로 지운다.
④ 찬물로 씻어낸다.

립스틱 얼룩빼기에 가장 적합한 방법은 유기용제로 두드리면서 얼룩을 제거하면 효과적이다.

정답 564 ④ 565 ② 566 ④ 567 ③ 568 ① 569 ①

570 얼룩빼기 방법 중 화학적 방법이 아닌 것은?

① 표백제를 사용하는 방법
② 스팀 건을 사용하는 방법
③ 특수약품을 사용하는 방법
④ 효소를 사용하는 방법

해설
문제 208번 해설 참고

571 세탁방법에 대한 설명 중 틀린 것은?

① 세탁방법은 크게 건식방법과 습식방법으로 나눈다.
② 세탁물의 분류에 따라 혼합세탁, 분류세탁, 부분세탁으로 나눈다.
③ 적은 양을 세탁할 때는 손빨래보다 세탁기를 이용하면 경제적이다.
④ 부분세탁은 세탁물을 분류한 후에 극소부분의 세탁을 할 필요가 있을 때 그 부분만을 세탁하는 방법이다.

해설
적은 양을 세탁할 때는 손빨래가 경제적이다.

572 다림질의 3대 요소가 아닌 것은?

① 시간 ② 수분
③ 압력 ④ 온도

해설
문제 505번 해설 참고

573 다음 중 드라이클리닝의 장점에 해당하는 것은?

① 용제 값이 싸다.
② 용제의 독성과 가연성에 문제가 없다.
③ 재오염되지 않는다.
④ 형태 변화가 적다.

해설
문제 510번 해설 참고

574 우리나라에서 사용하는 경도방식은?

① 영국식 ② 독일식
③ 미국식 ④ 프랑스식

해설
우리나라에서 사용하는 경도방식은 독일식이다.

575 세탁작용 중 침투작용에 대한 설명으로 가장 옳은 것은?

① 천이 젖기 어렵게 하는 것이다.
② 세제는 물의 표면장력을 높이는 힘을 가지고 있다.
③ 세제액이 천과 오염 사이에 들어가는 작용이다.
④ 오점이 천에서 분리되기 어렵게 하는 작용이다.

해설
세탁의 작용

- 침투작용 : 세제액이 천과 오염 사이에 들어가는 작용
- 흡착작용 : 세제용액이 섬유와 오염을 팽윤시켜 쉽게 분리할 수 있는 작용
- 분산작용 : 섬유에서 오염(오점)입자가 작게 부서져 용액 중에 균일하게 흩어져 있는 작용
- 유화현탁작용 : 고형입자가 현탁되어 세탁액 속에서 분산되는 작용
- 세탁작용의 순서 : 세제액 침투－흡착배열－팽윤－분리－유화－분산

576 물에 잘 녹으며 중성 또는 약산성에서 단백질섬유에 잘 염착되고 아크릴섬유에도 염착되는 염료는?

① 반응성염료
② 직접염료
③ 염기성염료
④ 산성염료

해설
염기성염료는 물에 잘 녹으며 중성 또는 약산성에서 단백질섬유에 잘 염착되고, 아크릴섬유에도 염착되는 염료이다.

정답 570 ② 571 ③ 572 ① 573 ④ 574 ② 575 ③ 576 ③

577 아세테이트섬유의 염색에 가장 적합한 염료는?

① 산성염료　② 직접염료
③ 분산염료　④ 배트염료

해설
분산염료는 아세테이트섬유 염색에 가장 적합한 염료이다.

578 품질표시 중 표시자가 필요하지 않다고 판단되면 생략할 수도 있는 것은?

① 건조방법　② 세탁방법
③ 표백방법　④ 다림질방법

해설
품질표시 중 표시자가 필요하지 않다고 판단되면 생략할 수도 있는 것은 건조방법이다.

579 레이스의 특성에 해당하는 것은?

① 광택이 우아하여 공단에 이용된다.
② 강직하여 유연성이 부족하다.
③ 통기성이 좋아 시원하다.
④ 신축성이 좋고 구김이 생기지 않는다.

해설
레이스는 바늘 또는 보빈 등의 기구를 사용하여 실을 엮거나 꼬아서 만든 무늬가 있는 천으로써 통기성이 좋고 시원하다.

580 천연섬유 중 유일하게 필라멘트섬유인 것은?

① 면　② 양모
③ 마　④ 견

해설
필라멘트사의 종류
- 천연섬유 : 길이가 긴 견사
- 합성섬유 : 나일론사, 폴리에스테르사, 아크릴사
- 재생섬유 : 레이온사

※ 필라멘트사란 여러 가닥을 합쳐서 만든 실을 말한다.

581 한 올 또는 여러 올의 실을 바늘로 고리를 만들어 얽어 만든 피륙은?

① 부직포　② 레이스
③ 직물　④ 편성물

해설
편성물이란 한 올 또는 여러 올의 실을 바늘로 고리를 만들어 얽어 만든 피륙을 말한다.

582 비스코스 원액을 일정온도에서 일정시간 방치하여 점도를 저하시키는 것은?

① 노성　② 숙성
③ 침지　④ 정제

해설
비스코스 원액을 일정온도에서 일정시간 방치하여 점도를 저하시키는 것을 숙성이라고 한다.

583 다음 중 장식적인 부속품에 해당하는 것은?

① 단추　② 지퍼
③ 비즈　④ 스냅

해설
부속품
- 장식적인 부속품 : 비즈, 스팽글 등
- 실용적인 부속품 : 단추, 지퍼, 호크, 스냅 등

584 면섬유의 성질로 옳은 것은?

① 흡습성이 나쁘다.
② 산에 의해 쉽게 분해된다.
③ 염색하기가 곤란하다.
④ 내구성이 약하다.

해설
면섬유의 성질(특징)
- 흡습성이 좋다.
- 위생적이어서 내의로 사용되고, 다림질 시 온도가 높다.
- 산에 의해 쉽게 분해가 된다.
- 염색하기가 쉽다.
- 물기에 젖어들 때 강도가 크다.

정답 577 ③ 578 ① 579 ③ 580 ④ 581 ④ 582 ② 583 ③ 584 ②

- 물빨래 세탁에도 잘 견딘다.
- 내구성이 크다.
- 환원표백제에 일반적으로 강하다.
- 주름이 생기기 쉽다.
- 충해에 약하다.

585 아세테이트 특징에 대한 설명으로 옳은 것은?

① 세탁 처리 시 85℃ 이상에서 행하여야 한다.
② 물세탁에 의해 손상되기 쉬우므로 드라이 클리닝하는 것이 안전하다.
③ 일광에 장시간 노출시켜도 상해가 없다.
④ 산과 알칼리에 처리해도 상해가 없다.

해설
아세테이트 특징
- 장시간 일광에 노출되면 강도가 떨어진다.
- 열가소성이 좋다.
- 산과 알칼리에 약하다.

586 마섬유의 종류 중 모시는 어디에 해당되는가?

① 아마 ② 저마
③ 대마 ④ 황마

해설
마섬유의 종류 중 모시는 저마에 해당된다. 저마는 여름용 옷감, 의료용 거즈와 붕대 등에 쓰인다.

587 경사 또는 위사가 2올 또는 그 이상이 계속 업(Up)다운(Down)되어 조직점이 대각선 방향으로 연결된 선이 나타난 직물의 기본조직은?

① 평직 ② 능직
③ 수자직 ④ 변화조직

해설
능직이란 경사 또는 위사가 2올 또는 그 이상이 계속 업(Up)되거나 다운(Down)되어 조직점이 대각선 방향으로 연결된 선이 나타난 직물의 기본 조직으로 써 사문직이라고도 한다.

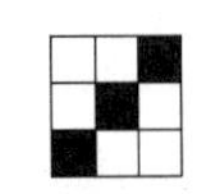
능직(사문직)

588 인조섬유에 해당되지 않는 것은?

① 재생섬유 ② 합성섬유
③ 무기질섬유 ④ 광물성섬유

해설
인조섬유의 종류
- 재생섬유
- 합성섬유
- 무기질섬유

589 실의 품질을 표시하는 기준 항목으로만 되어 있는 것은?

① 섬유의 혼용률, 실의 번수
② 섬유의 가공방법, 섬유의 지름
③ 섬유의 생산지, 섬유의 너비
④ 섬유의 혼용률, 치수 또는 호수

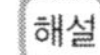
해설
섬유의 혼용률, 실의 번수는 실의 품질을 표시하는 기준 항목이다.

590 항중식 번수 중 공통식 번수인 것은?

① 영국식 면번수
② 영국식 마변수
③ 미터번수
④ 재래식 모사번수

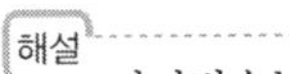
해설
미터번수는 항중식 번수 중 공통식 번수이다.

591 다음 중 합성섬유로 만들어진 실이 아닌 것은?

① 나일론사
② 폴리에스테르사
③ 레이온사
④ 아크릴사

해설
문제 342번 해설 참고

정답 585 ② 586 ② 587 ② 588 ④ 589 ① 590 ③ 591 ③

592 **가죽의 특성 중 틀린 것은?**

① 부패하지 않는다.
② 유연성과 탄력성이 크다.
③ 화학약제에 대한 저항력이 크다.
④ 생피에 비해 수분의 흡수도가 현저히 변화하지 않는다.

해설
가죽의 특성
- 부패하지 않는다.
- 유연성과 탄력성이 크다.
- 화학약제에 대한 저항력이 크다.
- 내열성이 증대한다.
- 산성염료에 대한 염색성이 좋다.

593 **부직포의 특성이 아닌 것은?**

① 함기량이 많다.
② 절단부분이 풀리지 않는다.
③ 탄성과 레질리언스가 좋다.
④ 방향성이 있다.

방향성이 없고, 가격이 저렴하다.

594 **다음 중 축합중합체섬유가 아닌 것은?**

① 나일론 ② 스판덱스
③ 아크릴 ④ 폴리에스테르

해설
축합중합체섬유의 종류
- 폴리우레탄계 : 스판덱스
- 폴리에스테르계 : 폴리에스테르
- 폴리아미드계 : 나일론, 아라미드, 노메스

※ 축합중합체섬유란 분자 간 결합 시 작은 분자가 제거되는 축합 반응으로 형성된 섬유를 말한다.

595 **붕대와 거즈에 가장 적합한 마섬유는?**

① 아마 ② 대마
③ 저마 ④ 황마

해설
저마는 여름용 옷감, 의료용 거즈와 붕대 등에 사용된다.

596 **세탁업자가 영업정지처분을 받고 그 영업 정지기간 중 영업을 한 때 행정처분기준은?**

① 개선명령
② 경고
③ 영업정지 5일
④ 영업장 폐쇄명령

해설
세탁업자가 영업정지처분을 받고 그 영업정지기간 중 영업을 하면 '영업장 폐쇄명령' 행정처분을 받는다.

597 **세탁업자가 신고를 하지 아니하고 영업소의 명칭 및 상호 또는 영업장 면적의 3분의 1 이상을 변경한 때 1차 위반 시 행정처분기준은?**

① 경고 또는 개선명령
② 경고
③ 영업정지 5일
④ 영업장 폐쇄명령

해설
세탁업자가 신고를 하지 아니하고 영업소의 명칭 및 상호 또는 영업장 면적의 3분의 1 이상을 변경하여, 1차 위반 시 '경고' 또는 '개선명령'의 행정처분을 받는다.

598 **「공중위생관리법 시행령」 기준 과징금 산정기준 중 영업정지 1월의 기준일로 옳은 것은?**

① 28일 ② 29일
③ 30일 ④ 31일

해설
「공중위생관리법 시행령」 기준 과징금 선정기준 중 영업정지 1월의 기준은 30일이다.

599 **다음 중 「공중위생관리법 시행규칙」은 어느 영으로 정하는가?**

① 훈령 ② 보건복지부령
③ 국무총리령 ④ 대통령령

해설
「공중위생관리법 시행규칙」은 보건복지부령으로 정한다.

정답 592 ④ 593 ④ 594 ③ 595 ③ 596 ④ 597 ① 598 ③ 599 ②

600 세탁업자의 행정처분기준 중 1차 위반 시 영업정지 10일에 해당하는 위반사항은?

① 시장, 군수, 구청장이 하도록 한 필요한 보고를 하지 않은 경우
② 시장, 군수, 구청장의 개선명령을 이행하지 아니한 때
③ 영업자의 지위를 승계한 후 1월 이내에 신고하지 아니한 때
④ 위생교육을 받지 아니한 때

해설

세탁업자의 행정처분기준 중 1차 위반 시 영업정지 10일에 해당하는 위반사항

- 시장, 군수, 구청장에게 보고를 하지 않거나, 거짓으로 보고한 경우
- 관계공무원의 출입, 검사 또는 공중위생영업 장부 또는 서류의 열람을 거부, 방해하거나 기피한 경우

정답 600 ①

세탁기능사 필기

발행일 | 2021. 1. 30 초판발행

저 자 | 이승민 · 조경애 · 이철한
발행인 | 정용수
발행처 | 예문사

주 소 | 경기도 파주시 직지길 460(출판도시) 도서출판 예문사
TEL | 031) 955 – 0550
FAX | 031) 955 – 0660
등록번호 | 11 – 76호

정가 : 18,000원

ISBN 978-89-274-3863-2 13570